Friedrich Schleiermacher's

sämmtliche Werke.

Dritte Abtheilung.

Zur Philosophie.

Dritter Band.

Berlin,
gedruckt und verlegt bei G. Reimer.
1835.

Reden und Abhandlungen,

der Königl. Akademie der Wissenschaften

vorgetragen

von

Friedrich Schleiermacher.

Aus Schleiermachers handschriftlichem Nachlasse

herausgegeben

von

L. Jonas,
Prediger an der St. Nikolaikirche zu Berlin.

Berlin,
gedruckt und verlegt bei G. Reimer.
1835.

Friedrich Schleiermacher's

literarischer Nachlaß.

Zur Philosophie.

Erster Band.

Berlin,
gedruckt und verlegt bei G. Reimer.
1835.

Vorwort des Herausgebers.

I.

Schleiermacher, mein verehrter Lehrer und väterlicher Freund, hat mir kurz vor seinem Tode seine Papiere überwiesen mit dem Auftrage, den Theil derselben, welcher die Dialektik, die christliche Sittenlehre und seine Ansichten über die Apostelgeschichte enthält, zu ordnen und in Druck zu geben. Was aber das Uebrige betrifft: so hat er sich zwar über einiges günstiger erklärt, über anderes ungünstiger, dennoch aber die Bestimmung darüber, was davon dem Publicum vorzulegen sein werde und was nicht, lediglich dem Urtheile anvertraut, das sich mir nach gewissenhafter Prüfung des vorhandenen Materials werde gebildet haben. Der erste Blick nun auf den mir anvertrauten Schatz lehrte mich zweierlei. Zuerst dieses, daß er im Allgemeinen von weit größerem Werthe sei, als Schleiermachers Aeußerungen vermuthen ließen, daß ich also weniger darauf bedacht sein dürfe, nur einiges Auserlesene mitzutheilen, als darauf, wenig oder gar nichts vorzuenthalten. Dann aber auch dieses, daß die Aufgabe an keinem Puncte werde zu lösen sein ohne langwierige und mühevolle Arbeit. Denn auch was für den Herausgeber als fertig angesehen werden konnte, nämlich die diesen Band füllenden akademischen Reden und Abhandlungen, war stellenweise so wenig zu entziffern, daß sich voraussehen ließ, es werde manches nie eigentlich gelesen, sondern nur in dem Maaße erschlossen werden können, in welchem zuvor sein Ganzes aus dem Lesbaren werde erfaßt sein. Alles Uebrige aber, bald mehr die Wurzel, bald mehr die Frucht, bald mehr die Stütze des in der Universität Vorgetragenen, bot zuvörderst einzelne in sich durchaus ungeordnete Notizen dar, die nur dem verständlich sein können, der die Schleiermacher eigenthümliche Construction derjenigen Wissenschaft, auf welche sie sich beziehen, schon kennt, für diesen aber auch von hohem Interesse sind. Glücklicherweise indeß zeigten sich doch nur zwei der von Schleiermacher vorgetragenen Disciplinen, die nichts aufzuweisen haben von seiner Hand, als solche Notizen; für die übrigen fanden sich ferner zwar in sich zusammenhangende aber sehr ungleiche, anfangs je vor dem mündlichen Vortrage, und dann sehr kurz ja fast nur andeutend gehaltene, später nach demselben niedergeschriebene, und dann mehr oder weniger ausführliche Darstellungen, wie er ihrer scheint bedurft zu haben, wenn er einerseits nicht in Gefahr sein sollte während der Vorlesungen den Faden zu verlieren, und wenn er andrerseits für zukünftigen Vortrag derselben Wissenschaft des einmal Gedachten auch im Einzelnen sicher bleiben wollte. Aber auch nur wenige Mappen boten nichts als diese Grundlage, die meisten gaben mehr, nämlich auch noch wieder vor oder nach wiederholtem Vortrage niedergeschriebene, bald stätig fortlaufende bald mannigfach unterbrochene, die Grundlage theils ausführende theils umgestaltende Rand- oder sonstige Nebenschriften, bis endlich für einige Disciplinen sich auch wol Ansätze zu gründlicherer nicht mehr auf die Vorlesungen allein berechneter Bearbeitung herausstellten, aber dann zwei drei auch nicht überall der eine die anderen überflüssig machende, sondern meistens sich einander nicht weniger voraussetzende und ergänzende als wiederholende Ansätze, so daß schon hieraus jedem einleuchten wird, daß zur Bearbeitung dieser Manuscripte nichts geringeres erforderlich scheinen konnte, als eine lange Reihe der verwickeltsten Operationen scharfer und besonnener Kritik und zwar aus einer so innigen Vertrautheit heraus mit Schleiermachers Anschauungen, System und Kunst, wie sie niemand von vorn herein zur Sache hinzubringen, sondern wie sie erst in und mit der Ausführung gewonnen werden könne. Noch bestimmter aber muß dies jedem hervortreten, wenn er hinzunimmt, daß, wo die Manuscripte nur andeuten oder gar schweigen, nirgend Hülfe zu finden ist als bei den Nachschriften der Hörer, deren jede für sich und deren verschiedene

Jahrgänge in ihrem Verhältniß zu einander doch natürlich nicht nur wieder dieselben Aufgaben stellen müssen, wie die Manuscripte selbst, sondern noch andere dazu von ganz eigenthümlicher Art.

Einem solche Schwierigkeiten darbietenden Stoffe nun, sei es daß er geordnet zu Tage gefördert, sei es daß er nicht ohne zuvor von allen Seiten scharf darauf angesehen zu sein für immer der Vergessenheit übergeben werden soll, können, das sieht jeder, die Kräfte eines Einzelnen, überträfen sie die meinigen auch noch so weit, nicht gewachsen sein; ich freue mich also melden zu können, daß es mir, wie es denn auch nicht anders zu erwarten war, ohne Mühe gelungen ist für beides, für die Mitprüfung und für die Mitbearbeitung desselben, aus der mir zugänglichen Zahl der Freunde und Schüler Schleiermachers Männer zu gewinnen, deren bei weitem die meisten durch ihren Namen allein Bürgschaft genug für den Werth der Bemühungen leisten, die sie auch dieser Sache widmen werden, die anderen aber auch durch das allein, was sie in dieser Sache leisten werden, es niemandem werden zweifelhaft lassen, daß wie ihrem Eifer so ihrer Umsicht und Einsicht mit Fug und Recht vertraut werden durfte. Das nähere Uebereinkommen aber, das wir getroffen haben, ist dieses. Die Dialektik, die Psychologie, die akademischen Reden und Abhandlungen, die christliche Sittenlehre und das Leben Jesu sind mir vorbehalten, des Uebrigen aber haben sich jene angenommen, und zwar

der Paulinischen Briefe Herr Professor Bleek,
der Kirchengeschichte Herr Professor Bonnel,
der Pädagogik und Politik Herr Professor Brandis,
der Schriften des Lucas Herr Professor Lachmann,
der Aesthetik Herr Professor Lommatzsch,
der Hermeneutik und Kritik, der Einleitung ins N. T., der Ev. des Matth. und des Joh., der katholischen Briefe und des Briefes an die Hebräer Herr Professor Lücke,
der praktischen Theologie Herr Professor Nitzsch,
der Geschichte der Philosophie Herr Professor H. Ritter,
der philosophischen Ethik Herr Professor Schweizer,
der Encyclopädie, der kirchlichen Statistik und der Predigten Herr Prediger Sydow.

Aber auch, nachdem nun die Arbeit gehörig getheilt ist, sieht jeder, daß, soll anders der Sache ihr Recht werden, immer nur langsam wird vorgeschritten werden können. Und so werden wir denn unsrerseits zwar eilen, aber auch nichts übereilen, überzeugt, daß der Tadel, der gegen uns laut geworden ist, und die Befürchtungen für die Sache, die hie und da gehegt werden, sich wenn nicht früher doch dann gewiß als ungegründet erweisen werden, wenn beharrliche Gründlichkeit Schleiermachers Schöpfungen im Gebiete der Wissenschaft so wird ans Licht gestellt haben, wie die uns zu Gebote stehenden Materialien, und zwar nur diese, es fordern und zulassen.

Was sonst gesagt werden muß, werde ausgesprochen, wo über das Einzelne Rechenschaft abzulegen ist. Hier sei nur noch bemerkt, daß der literarische Nachlaß der ursprünglichen Absicht entgegen nunmehr selbstständig hervortritt, und daß ich an der Herausgabe der auch sonst schon gedruckt vorliegenden Schriften Schleiermachers keinen Theil nehme, sondern meine Thätigkeit lediglich auf dasjenige beschränke was mir von ihm selbst anvertraut ist.

II.

Was nun die nachfolgenden Reden und Abhandlungen insbesondere betrifft: so ist zuvörderst eine zwiefache Inconsequenz zu bekennen. Die erste ist, daß zwei früher schon gedruckte Reden, I, 4 und 16, aufgenommen sind; die zweite, daß die unter I, 21 mitgetheilte nicht die Stelle einnimmt, die sie ihrem Datum nach einnehmen sollte. Aber diese zuletzt genannte Inconsequenz beruht bloß auf einer Unachtsamkeit, die ich zu entschuldigen bitte; die erste dagegen findet ihre Erklärung darin, daß die genannten Reden unter Umständen aufgenommen und abgedruckt wurden, welche noch die Verbindung, nicht die Trennung, des früher schon Gedruckten und des zum ersten Male Hervortretenden zu fordern schienen.

Zweitens ist zu berichten, daß ich drei zu I. gehörige Reden nicht habe abdrucken lassen. Die eine ist überschrieben, Preisertheilung der philosophischen Classe den 3. Juli 1822; die andere, Antwort an Herrn Ritter; die dritte, Anrede an Herrn Eichhorn. Die letzte ist zu unvollständig, die zweite zu flüchtig, die erste von zu geringem Interesse, als daß ihre Veröffentlichung wäre rathsam gewesen. Die Gedächtnißrede auf Buttmann ist handschriftlich gar nicht mehr vorhanden. Die übrigen unter I. mitgetheilten sind, 1 und 4 ausgenommen, alle von Schleiermachers Hand geschrieben. Sie fanden sich zusammengelegt in einem Umschlage, der die Aufschrift führt, Zurückgenommene Abhandlungen. Daß ich sie dessenungeachtet habe abdrucken lassen, wird hoffentlich niemand mißbilligen, da ihnen, wenn auch hier und da der wissenschaftliche, doch schwerlich so ungefeilt sie meistens sind der künstlerische Werth kann abgesprochen werden, und noch weniger der, daß sie sich als ächte Gepräge wie des Geistes so besonders auch der Gesinnung ihres Verfassers zu erkennen geben. So freimüthig war seine Treue, und so versöhnend so edel und fein seine Freimüthigkeit, wie sie sich hier aussprechen; und klar tritt auch hier hervor, was das Geheimniß ist seiner, des Redners, immer fesselnden Kraft, daß er nämlich, wozu nur Geist befähigt, der der Gesinnung dient, das scheinbar Kleinste und Vereinzeltste in dem Mittelpunct des geistigen Lebens zu erfassen und aus demselben heraus als überall vom Höchsten berührt und dasselbe seinerseits berührend darzustellen wußte.

Wo diesen Reden der Schluß fehlt, ist schwerlich zu folgern, daß Manuscript verloren gegangen sei; denn sie brechen nicht am Ende sondern auf der Mitte des Blattes ab.

Drittens ist zu bemerken, daß die unter V, 1. 2. und VI. gegebenen Abhandlungen nach einer unter der Leitung des Herrn Prof. H. Ritter, von welchem auch mit Dank anzuerkennende Citate herrühren, angefertigten Copie abgedruckt sind. Die erste und die letzte dieser Abhandlungen hat nämlich Herr Ritter unter Schleiermachers die Geschichte der Philosophie enthaltenden Manuscripten aufgefunden, und die zweite hatte ich ihm in der leider getäuschten Erwartung zugeschickt, daß sich ihr Schluß, der nicht ursprünglich kann gefehlt haben, unter denselben Manuscripten mögte auffinden lassen. Was unter **II**, 1. 2., **III**, **IV**, und **V**, 4. 5. gegeben ist, hat Schleiermacher selbst als mittheilbar bezeichnet.

Ferner habe ich über die in Anwendung gebrachte Orthographie und Interpunction zu bemerken, daß beide dem Systeme, das sich Schleiermacher in Beziehung auf sie gebildet hatte, so nahe als möglich gebracht sind. Er selbst hat es nie consequent ausgeführt, aus Mangel an Zeit, wie er sagte; aber die Sache war ihm doch so wichtig, daß er mir seine Principien entwickelte und zur Beachtung empfahl, als er mir etwa ein Jahr vor seinem Tode alle seine Correcturen übertrug.

Endlich ist anzuführen, daß nach einem mir von freundlicher Hand mitgetheilten „Verzeichniß der Vorlesungen, welche Herr Prof. Schleiermacher in der Akademie der Wissenschaften gehalten hat," folgende Abhandlungen vorhanden sein müßten:

A. In den Plenarsitzungen gelesene.

1) 1811. Jan. 29. Ueber Diogenes von Apollonia.
2) 1812. Nov. 11. } Ueber Anaximandros von Milet.
3) 1812. Dec. 24. }
4) 1813. Jun. 24. Ueber die verschiedenen Methoden des Uebersetzens.
5) 1814. März 24. Ueber den Begriff der verschiedenen Staatsformen.
6) 1814. Dec. 22. Ueber den Beruf des Staates zur Erziehung.

7) 1815. Jul. 27. Ueber den Werth des Sokrates als Philosophen.

8) 1816. Mai 16. Ueber die griechischen Scholien zur Nikomachischen Ethik des Aristoteles.

9) 1817. Dec. 4. Ueber die ethischen Werke des Aristoteles. I. Abhandl.

10) 1819. März 4. Ueber die wissenschaftliche Bedeutung des Tugendbegriffes.

11) 1820. Aug. 10. Ueber die verschiedenen Formen des Vertheidigungswesens.

12) 1821. Mai 17. Ueber die Commentare zu Aristoteles Kategorien und Analytik.

13) 1824. Aug. 12. Ueber die wissenschaftliche Behandlung des Pflichtbegriffes.

14) 1825. Jan. 6. Ueber den Unterschied zwischen Naturgesetz und Sittengesetz.

15) 1825. Jul. 28. Ueber Platons Ansicht von der Ausübung der Heilkunst.

16) 1826. Jun. 29. Ueber den Begriff des Erlaubten.

17) 1827. Mai 17. Ueber den Begriff des höchsten Gutes.

18) 1829. Aug. 13. } Ueber den Begriff der Hermeneutik.
19) 1829. Oct. 22. }

20) 1830. Jun. 24. Ueber den Begriff des höchsten Gutes. II. Abhandl.

21) 1830. Jul. 8. Gedächtnißrede auf Buttmann.

22) 1831. Aug. 11. } Ueber den Umfang des Begriffs der Kunst.
23) 1832. Aug. 2. }

B. In den Sitzungen der philosophischen Classe.

1) 1816. Jan. 8. Ueber den Begriff des Sophisten, besonders in Bezug auf den Protagoras.

2) 1816. Apr. 1. Ueber die Aechtheit der Aristotelischen Ethiken.

3) 1817. Jul. 28. Einige Gedanken über die Auswanderungsverbote. (Auch in der öffentl. Sitzung am 3. Aug. 1818 vorgetragen.)

4) 1820. Febr. 14. Skizze einer Untersuchung über den Philosophen Hippon.

C. In den Sitzungen der historisch-philologischen Classe.

1) 1814. Apr. 4. Einiges über die Fragmente des Demokritus.

2) 1815. Jan. 9. Ueber das Verzeichniß der Schriften des Demokritus bei Diogenes Laertius.

3) 1818. Jan. 11. Einiges über die Scholien zur Nikomachischen Ethik.

4) 1818. Apr. 6. Ueber die Ethik des Aristoteles.

5) 1820. (Datum nicht angegeben.) Einiges über die Fragmente des Empedokles in Bezug auf den Pythagoreismus desselben.

6) 1820. März 21. Einiges über des Pseudo-Origenes Zeugniß vom Hippon.

7) 1826. Aug. 8. Ueber eine Glosse des Timäus.

8) 1827. Oct. 22. Bemerkungen über die schwierige Stelle von der Platonischen Zahl in Rep. VIII. und die bisherigen Erklärungen derselben.

D. In der philosophisch-historischen Classe.

1830. März 30. Ueber Begriff und Eintheilung der philologischen Kritik.

Davon nun sind gedruckt

a. in den Jahrbüchern der Akademie: A, 1. 2. 3. 4. 5. 7. 8. 10. 13. 14. 16. 17. 20. 21. B, 3.

b. hier: A, 6. 9. 11. 15. 18. 19. 21. 22. 23. B, 4. C, 2. 7. D.

folglich fehlen: A, 12. B, 1. 2. C, 1. 3. 4. 5. 6. 8., die indeß schon lange vermißt sein müssen, wenn sich auf sie ein B (Buttmann) unterzeichneter Schleiermachers Papieren anliegender Zettel, Die Bücher der Bibliothek, worin Ihre übrigen verlornen Abhandlungen stecken, haben wir noch nicht gefunden, beziehen sollte.

Berlin, den 31. October 1835.

Jonas.

Inhalt.

I. Reden, bei besonderen Veranlassungen gelesen. S. 1—178.

VI. Zur Geschichte der Philosophie. S. 403 — 410.

I.

Reden

bei

besonderen Veranlassungen

gelesen

in der königlichen Akademie der Wissenschaften.

1. *)

Meine Herren!

Indem ich mich vor Ihnen darstelle, um in Ihrer ehrwürdigen Versammlung den Plaz einzunehmen, den ich Ihrer Wahl verdanke, befinde ich gewiß mehr als ein andrer mich in dem Fall, daß mir die Annahme desselben als Anmaßung könnte ausgelegt werden. Denn wenn auch die Verdienste derer, welche Ihre Stimme in diesen Kreis beruft, nicht immer gleich groß sein können: so kann doch nicht jeder sich damit beruhigen für sich selbst, sondern muß in dem was er thut oder geschehen läßt gerichtet werden nach seinen eigenen Ansichten. Leichter also hätte es ein andrer, der die Akademie nur ansähe als eine nähere von der Regierung unterstüzte Verbindung von gelehrten, die zufällig hier zusammen leben und bald nach Neigung bald von Umständen geleitet die entstandenen Lükken wiederum durch andere ausfüllen. Ich aber, obgleich ich vielleicht übergehen könnte was wol nur wenigen von Ihnen bekannt geworden ist, fühle mich doch genöthigt mich bei meinem Eintritt in diesen Kreis an die Aussage zu erinnern, daß ich mir eine Akademie nur zu denken vermag als einen das ganze der Wissenschaften darstellenden Verein derer, die in den verschiedenen Zweigen derselben Meister sind, und so, wohl wissend, daß ich alles was

*) Gelesen am 10. Mai 1810. J.

hier in Erwägung kommen kann immer nur als Liebhaberei betrieben habe, muß ich meine Berechtigung hier zu sein bezweifeln.

Jeder Freund und nach seinen Kräften Bearbeiter einer Wissenschaft, wenn ein ehrenvoller Ruf ihn mit einem bestimmteren Namen bezeichnet oder in den Kreis der vollendeteren versezt, kann sich selbst dessen nur für würdig halten, wenn entweder ein für die Wissenschaft selbst bedeutendes und wesentliches Werk ihn als Meister lobt, oder wenn er es durch die That geworden ist, indem er Schüler an sich gezogen und weiter gebildet hat. Wiewol immer das lezte ein mißliches Kennzeichen bleibt, weil die Jünglinge von der fremden Hand des Alters geleitet nicht selten dem schwächsten Wiederschein einer längst untergegangenen Sonne nachgehn müssen, sich selbst überlassen aber eben so leicht von falschem Glanze verführt einer gehaltlosen Erscheinung folgen. Wenn nun dieses überall zwar, am meisten aber in der Philosophie der Fall ist, so muß ich in die philosophische Klasse dieser Akademie berufen mir um so mehr die prüfende Frage vorlegen, welches wol in diesem Gebiet die für die Sache selbst so wichtigen und folgereichen Werke sind, daß sie den Meister verkündigen.

Unter allen neuern Völkern haben unlaugbar wir Deutsche den höchsten Begriff von Philosophie, die tiefste Ehrfurcht für sie, richten eben deshalb aber auch am strengsten über alles, was sich unter diesem Namen will geltend machen. Werke, die unter andern Nationen zu einem klassischen Ansehn gelangt sind und ihren Urhebern den Ruf ausgezeichneter Philosophen erworben haben, vermögen wir Deutsche nicht eben so anzusehn; seien sie auch voll richtigen Urtheils über die wichtigsten Gegenstände, offenbaren sie auch auf jedem Blatt einen seltenen Scharfsinn und ein nachdenkliches Gemüth, welches an höheren Betrachtungen mit Liebe hängt: wir können daran noch immer das vermissen, was uns den Philosophen macht; und nichts erscheint uns wunderlicher, als wenn Voltaire und Rousseau gleich sehr als des Cartes und Shaftesbury, oder Hume gleich sehr als Baco Philosophen sein sollen. So könnten wir noch viele Klassen von Werken durchgehn, die anderwärts und in einem weiteren Sinne philosophisch heißen, alle schätzbar theils wegen der Tiefe des Gemüths und des eignen Wahrheitssinnes, theils wegen des wissenschaftlichen Charakters; dennoch, in welchen sich nicht beides vereinigt und zwar auf eine eigenthümliche Art vereinigt zeigt, welche nicht an dem Mittelpunkte alles Wissens fest halten, von da aus mit Licht und Ordnung im schaffenden Geist Eine Richtung oder alle andeutend und verfolgend: diese werden wir auf dem Gebiet der Philosophie immer nur für untergeordnet erklären, entweder als unstäte Erscheinungen von flüchtigem nirgend fest wurzelndem Leben, oder als abgeleitet von andern und nur, sei es auch erweitert, wiederholend was schon da war. So daß nach unserer Schätzung als Meisterwerke nur die übrig bleiben werden, welche uns eine neue Betrachtungsweise jener geheimnißvollen Operation, des Erkennens, in einem lebendigen schon die Grundzüge seiner kräftigen entwikkelteren Gestalt in sich tragenden Keim offenbaren, oder eine früher nur unvollkommen mitgetheilte auf die großen Massen des Erkennens, die Natur und die Geschichte, zuerst lichtvoll und eigenthümlich anwenden, oder endlich eine nicht in einem einzelnen erzeugte sondern aus dem gemeinsamen Charakter einer Nation oder einer Zeit hervorragende Ansicht auf eine ursprüngliche Weise wissenschaftlich auffassen und geltend machen.

Wie wenig ich mich rühmen kann ein solches Werk erzeugt zu haben, weiß jeder, ich aber auch, daß ich nie eins hervorbringen werde, und ich muß mich nur an die Ueberzeugung halten, daß es vielleicht mit der Philosophie in Bezug auf Institute wie dieses eine etwas andre Bewandniß hat als mit den andern Wissenschaften, und daß für eine Akademie sich weniger diejenigen eignen, die neue Systeme gegründet oder vollendet haben, als die, welche die Philosophie historisch und kritisch zu behandeln bemüht sind.

Die Philosophie, dieses Versenken des Geistes in seine und der Dinge innerste Tiefe um die Verhältnisse des Zusammenseins beider zu ergründen, dieses Bestreben das höchste und unmittelbarste der Erkenntniß klar und sicher zu erreichen, hat sich vor unsern Augen schon unter unzähligen verschiedenen Gestalten wiederholt, jede mit mehreren andern zusammentreffend in gemeinsamen Zügen, jede auch von andern so abweichend, daß sie sich von selbst als Gegensätze darstellen. Die befangene Unfähigkeit einiger, der skeptische Kleinmuth andrer unter den Zuschauern weiß hieraus nur Beweise herzuleiten für die Unmöglichkeit der Philosophie und trostlose Abmahnungen von jedem Sichbefassen mit ihr als mit einem leeren Geschäft. Aber auch diejenigen selbst, welchen diese einzelnen Formen der Philosophie ihr Entstehen und ihre Ausbildung verdanken, sind größtentheils wie leider die Erfahrung zeigt ganz in den Moment versenkt, welchen auszufüllen sie durch ihre Natur und ihre Lage bestimmt sind; ja sie müssen, so will es die Nemesis, nicht selten durch alles was kleinliche Leidenschaftlichkeit was kleinliche Beschränkung nachtheiliges mit sich führt den Ruhm der Erfinder erkaufen. Die ganze Idee der Philosophie fällt ihnen zusammen mit der Gestalt, welche sie ihr geben, und oft ist alles was von ihnen geschehen ist oder neben ihnen geschieht für sie entweder gar nicht da oder nur als der Gegenstand eines zerstörenden Eifers. Beides nun sind Stimmungen unter der Würde eines Vereins wissenschaftlicher Männer und unverträglich mit dem Sinne, der in einem solchen herrschen soll. Alles was Wissenschaft zu heißen verdient zu einem ganzen vereinigend muß eine Akademie nothwendig den Glauben in sich ruhen haben an einen solchen Mittelpunkt aller Erkenntniß, wie die Philosophie ihn darstellen soll, weil ohne ihn ein ganzes der Wissenschaften nur ein leerer Schein wäre oder irgend einem Zwekk des geschäftigen Lebens untergeordnet; aber zugleich eine Reihe von Geschlechtern zu Einem zusammenhangenden wissenschaftlichen Leben verknüpfend darf nichts, was nur eine bestimmte Gegenwart erfüllt, sich ihrer ausschließend bemächtigen.

Fortschreitend zwar in ihrer Entwikklung darf sie doch, wenn sie in der That Eine Person höherer Ordnung darstellen soll, in keinen solchen Zwiespalt mit sich selbst gerathen, wie er unvermeidlich wäre, wenn entweder die Vertheidiger entgegengesezter Systeme als solche ihren Streit in ihrer Mitte trieben, oder wenn sie heute Einem System huldigte, ihre folgende Generation aber von ähnlichem Parteigeist nach einer entgegengesezten Seite getrieben das Werk der früheren nicht zu verbessern oder zu ergänzen strebte, sondern zu zerstören.

Vielmehr ziemt es der Akademie von der Gewißheit ausgehend, daß nichts was die ächte Form der Philosophie anzuziehen vermag baarer Irrthum sein kann, eben so überzeugt zu sein, daß nichts was Eine Periode hervorbringt die ganze Wahrheit in sich einschließt. In jeder Gestaltung der Philosophie erscheint ihr der höchste Forschungsgeist in einer eigenthümlichen Function begriffen, und es ist ihr Geschäft eben dies eigenthümliche im Vergleich mit früheren Bestrebungen richtig aufzufassen, den Zusammenhang dieser Erscheinung mit andern Ereignissen im Gebiet des menschlichen Geistes zu verstehen, das positive darin was eine Lükke in der bisherigen Behandlung ergänzt hervorzuheben, aber auch nicht zu übersehen, zu welcher Einseitigkeit sie sich hinneigt, und was für Bedürfnisse sie selbst der Zukunft erst zu befriedigen hinterlassen wird. Und für dieses Geschäft sind ihr auch nicht die Erzeugnisse der Gegenwart, von der sie sich nicht will beherrschen lassen, der einzige Gegenstand; sondern weil es nie ganz vollendet sein kann, stiftet es eine lebendige Wechselwirkung aller Zeiten und kehrt oft zur Untersuchung und Darstellung des alten zurükk, weil theils das alte nicht selten die überraschendsten Aufklärungen über das neuere gewährt, theils auch jede bedeutende neue Erscheinung ein neues Licht auf noch nicht völlig verstandene frühere Bestrebungen zurükkwirft.

Dies, meine Herren, ist es, was ich unter der kritischen und historischen Behandlung der Philosophie verstehe, und was mir das vornehmste Geschäft der philosophischen Klasse in einer Akademie der Wissenschaften zu sein scheint. In einem solchen Sinne hat auch dies preiswürdige Institut durch seine Arbeiten und seine Aufgaben gewirkt und nur unkundigen deshalb weniger zu wirken geschienen, weil es immer gleich ruhig über dem Streit der Parteien schwebte. In demselben Sinne hat auch jener treffliche Mann, mit dessen Schilderung Sie, Herr Secretair der philosophischen Klasse, nur kürzlich die Akademie beschenkt haben, die Ereignisse seines Zeitalters aufmerksam begleitet. Auch für mich, wenn es mir vergönnt ist mich hier unmittelbar anzufügen, haben Beschäftigungen dieser Art seit lange her einen vorzüglichen Reiz gehabt, nur daß ich, auch aus andern Gründen, vorzüglich aber aus gerechter Bedenklichkeit, mich an eine solche Betrachtung des gleichzeitigen weniger wage, und die mannichfaltigen Versuche des Alterthums in dem Gebiet der Philosophie mich vorzüglich anziehen, — überzeugt daß dergleichen Bemühungen auch denen, die mehr in der Gegenwart leben, nicht geringfügig erscheinen können, wenn sie nur den Geist athmen, dessen wesentliches ich eben anzudeuten versucht habe. Für meine künftigen Arbeiten dieser Art geht mir die Hoffnung eines besseren Gedeihens auf aus meiner Aufnahme in Ihren Kreis. Sich einem solchen verbunden fühlen ist das beste Mittel um sich immer in der ruhigen Würde des Forschers zu erhalten, der kräftigste Sporn um nicht zu weit hinter dem zurükkzubleiben, was die wohlgebrauchten Kräfte vermögen, und was das größte ist die sicherste Gewährleistung Rath und Beistand bei den verbrüderten Einsichten zu finden, wo die eigenen nicht hinreichen wollen.

2.

Oeffentliche Sizung

vom

3. Julius 1815.

Wenn unsere Akademie, wie sie verdiente und ausgezeichnete Mitglieder nach ihrem Tode Einmal zu loben pflegt, sich zur Pflicht gemacht hat ihres Stifters in jährlich wiederholter Gedächtnißfeier ehrenvoll zu erwähnen: so müßten wir, wenn dies nicht grade einen Mann wie Leibniz gölte, allerdings besorgen, daß wir bald dahin gebracht würden dasselbige zu wiederholen und nur durch Kunst der Rede und Mannigfaltigkeit der Wendungen die Erschöpfung des Inhaltes verdekken zu müssen. Was man von den Werken der Kunst gesagt hat, daß jedes nach dem Maaß seiner Vollendung und fast ohne Unterschied des Gegenstandes auch ein unendlicher Gegenstand für die Betrachtung ist, das freilich muß auch von den Meisterstükken der Natur gelten und also vornämlich von jedem nach allen Seiten durchgebildeten und vollendeten Manne. Allein die Kunst der Betrachtung geht auch wieder ihrerseits darauf aus das innere Wesen mit Einem Blikk zu durchschauen und entweder in Einem lebendigen Bilde darzustellen oder Eine möglichst leichte und einfache Formel aufzufinden, in der es ganz aufgehe; und ist dies einmal erreicht, so bleibt die Persönlichkeit auch des vortrefflichsten Wesens nur in sofern ein würdiger Gegenstand wiederholter Darstellung, als ein Reichthum fruchtbarer Relationen zu Hülfe kommt, deren aus jedem andern Standpunkt sich wieder andere darbieten. Es giebt daher eine zwiefache Art, wie die nicht mehr unmittelbar mitlebende Welt sich mit einem bedeutenden Manne beschäftigen kann. Die eine trägt noch das Wesen der von seinen Zeitgenossen ererbten persönlichen Zuneigung an sich; sie arbeitet an jenem Bilde mit Lust, sucht alle Einzelheiten in dasselbe aufzulösen, und wie die Liebe überall thut auch in diesen die unmittelbare Beziehung auf das eigene Sein und Leben aufzufinden und dankbar anzuerkennen. Diese aber ist auch für die bedeutendsten Männer nur in einen bestimmten Zeitraum eingeschlossen, so lange nämlich diejenigen Gebiete des Lebens, in welchen sich das Dasein eines solchen Mannes am kräftigsten entfaltet hat, noch in derselben Gestalt bestehen, und also die Standpunkte noch aufzufinden sind, aus welchen das einzelne immer neu lehrreich und lebendig erscheint. Ist diese Zeit vorbei, und eine große Umwälzung zwischen die Gegenwart und die Vergangenheit getreten, so verschwindet der Reiz solcher Betrachtung und tritt eine Entfremdung ein, in der die persönliche Zuneigung nicht mehr bestehen kann; und es bleibt dann nur die zweite Betrachtung übrig, die rein geschichtliche. In dieser ist es schwer das Bild des Menschen zu vervollständigen oder zu verbessern: es muß genommen werden und aufbewahrt, wie es früher ist gestaltet worden, und das einzelne behält nur so viel Werth, als davon geschichtliche Spuren in dem Zustand der Dinge selbst zurükkgeblieben sind. In diesem Verhältniß stehen jezt zu uns die großen Männer des Alterthums, von denen wir annehmen können, die darstellende Kunst habe ihre Schuld gegen sie abgetragen. Lange wird das geschichtliche Leben unseres Leibnitz dauern, wenn dieser Zeitpunkt auch für ihn eingetreten ist, und wegen seines vielseitigen Einflusses auf die Wissenschaften sein Andenken in denselben nicht untergehen, so lange sich die zusammenhangende Geschichte seines Zeitalters erhält. Aber noch ist er uns in diese Ferne nicht entrükkt, noch können wir nicht einmal sagen, daß ein ähnliches mit sicherer Hand kunstreich ausgeführtes Bild seines Geistes vollendet wäre; denn was es von Lebensbeschreibungen des Mannes giebt verdient hier kaum genannt zu werden, und wir, die wir ihm gleichsam persönlich verwandt und besonders dazu berufen sind, werden noch oftmals Beiträge mancher Art dazu liefern können. Denn wie viele Urtheile über ihn sind noch zu berichtigen, wie manches in seinen persönlichen Verhältnissen, die so mannigfaltig und verwikkelt waren, ist noch ins klare zu sezen, und wie vieles dadurch in den Wissenschaften selbst aufzuhellen. Denn der Stoß, den er den Wissenschaften gegeben, wirkt überall noch merklich fort, und diesen richtiger verstehen heißt also den Gang der Wissenschaft selbst aufhellen. Deshalb wird noch lange alles persönliche des großen Mannes uns interessiren, wenn gleich schon viele andere bedeutende Erscheinungen zwischen ihn und uns getreten sind. Ja unsere Gemeinschaft rühmt sich an ihm eines solchen Stifters, daß alle vier Abtheilungen, in welche sie zerfällt, in ihren bedeutendsten Beschäftigungen noch immer die Einflüsse seines Daseins fühlen, so sehr hat er überall auf die Grundideen und auf die Methoden eingewirkt. Die Mathematik verdankt ihm diejenigen Verfahrungsarten, ohne welche jezt schwerlich jemand diese Wissenschaft würde betreiben wollen. Wie viele Gegenstände hat er angeregt in der Naturwissenschaft, wie thätig ist er gewesen zu Untersuchungen im großen Styl aufzufordern, und wie tief hat er in das innere der Wissenschaft eingegriffen durch seine Theorie der Bewegung, durch seine Idee der Dynamik. Für den Historiker hat er durch seine Untersuchungen über die Verwandschaften der Völker eine neue Laufbahn eröffnet, die seitdem durch tiefere Sprachforschung unterstüzt mit mehrerem Glükk ist verfolgt worden und schon vortreffliche Resultate geliefert hat. Der Philosoph endlich erkennt in ihm den Stifter einer Schule, welche zwar als solche sich nur unter uns ausgebildet, aber doch weltbürgerischer als die übrigen sich auch einen bedeutenden Einfluß außerhalb unseres Vaterlandes zu verschaffen gewußt hat. Und mit dem allen ist man versucht zu sagen, daß die wissenschaftlichen Untersuchungen und Hervorbringungen nur den kleineren Theil seiner Thätigkeit ausmachten, wenn man denkt an seine publicistischen Arbeiten, an seine politischen Verhältnisse, an sein Verkehr mit den großen, so daß man glauben muß, dies alles habe ihm wenigstens eben so sehr am Herzen gelegen, auch wo man es nicht gradezu beziehen kann auf seine vielfältigen Bestrebungen alle geistigen Kräfte unter sich in Verbindung zu bringen und den Wissenschaften ein bürgerliches Dasein zu sichern.

In diesem mannigfaltigen und ausgebreiteten Leben findet man den hinreichenden Grund, warum Leibnitz kein einziges großes Werk hinterlassen hat; denn Sammlungen wie seine **scriptores** und sein **codex diplomaticus**, wie verdienstlich sie auch sind und wie viel Kraft an sie verwendet, können wir doch mit diesem Namen nicht benennen. Aber man kann es zugleich als etwas ihm fast eigenthümliches ansehen, daß er ohne Eine große imponirende Masse aufzustellen nur durch die Menge kleiner Productionen einen so hohen literarischen Ruhm erlangt hat. In der Mathematik freilich ist es möglich große und die Wissenschaft fördernde Untersuchungen in den engen Raum weniger Blätter zusammen zu drängen, und vielleicht ist Leibnitzens Vorliebe für diese kleine Form hiervon ausgegangen; aber er hat sie auch auf alle Gegenstände übergetragen die er behandelte, und sie ist ihm so eigen geworden, daß auch was äußerlich größer zu sein scheint, seine Theodicee, doch nichts anderes ist als eine Druse von solchen kleinen Krystallen, und daß man auffinden möchte, warum man sich ein umfassendes groß und von weitem angelegtes Werk von Leibnitz auch nicht einmal denken kann. Hiemit mag auch wol zusammenhangen, daß er die französische Erfindung der Zeitschriften auf deutschen Boden verpflanzte, die hernach durch Mißbrauch der wahren Wissenschaft in so mancher Hinsicht verderblich geworden ist, die aber das beste Mittel waren die Thätigkeiten seines großen Geistes, die sich in so kleine Körper gestalteten, schnell in Umlauf zu bringen.

Bei dieser Eigenthümlichkeit nun sind unter allen wissenschaftlichen Lorbeern, die er errungen, keine bewundernswürdiger als die auf dem Gebiet der eigentlichen Philosophie, auf welchem durch eine solche Form der Mittheilung gar wenig scheint erreicht werden zu können. Dennoch stellt ihn die Geschichte unter die verhältnißmäßig doch immer kleine Zahl derer, in denen sich ein neues System der Welterklärung gestaltet hat, ihn, der nirgend selbst aus seinem Gesichtspunkt eine Darstellung von dem gesammten Gebiet des menschlichen Denkens wirklich aufgestellt hat; er ist der Stifter einer Schule geworden ohne jemals nach unserer deutschen Weise öffentlicher Lehrer gewesen zu sein oder sonst einen Kern bildsamer Jugend unmittelbar um sich versammelt und eigentliche Schüler gezogen zu haben. Ja wenn man fragt, was er auf diesem Gebiet eigentlich geleistet, so sind es nur Keime, die er hervorgebracht, ein paar Gedanken, die man als seine eigentlichen philosophischen Erfindungen ansehen muß, ein paar andere, die er in ein neues Licht gestellt und ihnen einen größeren Wirkungskreis angewiesen hat, auch ursprünglich nur in jener ihm eigenen Form hingeworfen, hernach etwas mehr ausgebildet durch polemische Veranlassung, die jedoch auch keine irgend systematische Gestaltung begünstigte. Wenn man nicht die Wirkung, welche die von Leibnitz ausgestreuten philosophischen Keime auf die deutschen Schulen während mehr als eines halben Jahrhunderts ausgeübt, und die sich auch außer der Schule auf die ganze Lebensansicht verbreiteten, für nichts erklären will: so muß man gestehen, es müssen fruchtbare und den ganzen geistigen Typus dieser Zeit aussprechende und die Kraft derselben frei machende und beflügelnde Ideen gewesen sein, welche so wenig gepflegt und gleichsam unerzogen dennoch so viel in der Welt geleistet haben. Und gewiß, aus der Idee der Gottheit, wie Herr v. Leibnitz sie aufgefaßt hatte, und denen Gesezen ihres Handelns, die er so bestimmt aussprach, aus den Monaden und den Gesezen, wonach einer jeden der Verlauf ihrer Thätigkeiten und ihre ganze Stelle in der Welt bestimmt wurde, hätte sich ein

System der natürlichen und geistigen Welt bilden lassen, das wenn Leibniz sich dieser Arbeit unterzogen hätte ganz anders würde ausgefallen sein als die größtentheils trocknen und todten Systeme seiner Anhänger. Die Kraft dazu konnte Hrn. v. Leibniz nicht gefehlt haben, noch hatte er eine zu geringe Meinung von sich als fehle sie ihm, da er öfter das Bewußtsein äußert den Spinoza, dem sie ja nicht fehlte, an philosophischer Bündigkeit zu übertreffen. Aber seine Neigung ging durchaus nicht nach dieser Seite. Mathematik und Geschichte waren seine Hauptrichtungen, die lezte schon seitdem er dem Rathe jenes ausgezeichneten und gebildeten Edelmannes folgte, die erstere wenigstens seitdem er sie auf seinen Reisen in ihrem vollen noch frischen Glanz hatte kennen gelernt. Die Philosophie hingegen war aus einer ersten Liebe, was sie bei so vielen ausgezeichneten Jünglingen ist, eine Nebensache geworden, der er nur einen kleinen Theil seines Lebens widmete, und die ihn nur stoßweise zu verschiedenen Zeiten beschäftigte. Der philosophische Bildungstrieb, wenn er einem solchen Genius auch nur in einiger Stärke einwohnt, hat nicht genug an dem Bewußtsein Principien der Erkenntniß zu besizen, noch an einzelnen Andeutungen, welche wie lichte Punkte in das Dunkel der gemeinen und formlosen Vorstellungen hineinstrahlend nur Sehnsucht nach gleichförmiger Erleuchtung erregen müssen; sondern zur Einheit des Princips sucht er die Allheit der Ausführung und schafft wenigstens ein festes Gerippe allgemeiner gesezgebender Vorstellungen, welches dann mit Masse auszufüllen dem allgemeinen Verkehr mit den empirischen Kenntnissen überlassen wird, welche sich jenen Vorstellungen allmählig assimiliren müssen. Hiernach trug Herr v. Leibniz kein Verlangen, sondern blieb stehen bei Anwendungen seiner Grundideen auf einzelne Gegenstände, wie ihn jezt dieser dann jener besonders interessirte. Aber freilich, ein solches mehr oder minder ausgeführtes System kann schwerlich gelingen bei einer so vielseitig zerstreuten Thätigkeit des Geistes, worin sich Leibniz besonders gefiel, bei jenem rastlosen und regellosen Hinauf- und

Herabsteigen vom besondersten einzelner Disciplinen zu den allgemeinsten Wahrheiten, wie jenes die Form der Mittheilung und also auch des Denkens immer wieder anders modificirende Verkehr mit Menschen von der verschiedensten Bildung über die verschiedensten Gegenstände erfordert. In diesem aber lebte Herr v. Leibniz eigentlich und fand darin die Befriedigung seines innersten Triebes, so daß auch der Gedanke ein philosophisches System darzustellen nicht in ihm aufkommen konnte. Was den Spinoza, der allein unter den tiefsinnigen Geistern jener Zeit ein solches Gebäude schuf, in jene stille Zurükkgezogenheit hineintrieb, war nicht nur das gespannte Verhältniß zu seiner Nation und der daraus von selbst entstehende gesellig und religiös isolirte Zustand; auch nicht nur seine eigenthümliche Vorstellung von wahrer Glükkseligkeit: sondern eben so sehr sein Gehorsam gegen jenen innern Zug zu einem so großen Geschäft; oder vielmehr dieses beides war in ihm eben so eines und dasselbe, wie in Herrn v. Leibniz die Abneigung vor einem großen systematischen Werk und die Befriedigung, die er in einem so bunten literarischen Weltverkehr fühlte. Spinoza theilte sich freilich auch Menschen mancherlei Art mit, die auch sehr weit unter ihm standen, und mit eben solcher Geduld; aber wie gering ist das Volumen solcher Mittheilungen im Vergleich mit seinem Werk, und wie läßt er sich doch weislich mit jedem nur in dem Maaß ein, als er fähig war in das innere seiner Gedanken einzudringen. So daß man deutlich darin den Charakter der Pflichterfüllung das Gesez der Sparsamkeit erkennt, nicht die Neigung, die unbesorgt und unbedacht aus der Fülle giebt, wie Herr v. Leibniz sich jezt einem Prinzen jezt einem Jesuiten mittheilt, die beide gleich unfähig waren ihn zu verstehen. Ferner gehört zur Ausführung eines solchen Werkes, in welchem alles einzelne nur aus dem ganzen, alles äußere nur aus dem inneren muß verstanden werden, und dessen Werth nur auf diesem innigsten Zusammenhange beruht und auf der Nothwendigkeit, mit der das ganze aus dem innersten Gemüth seines Urhebers hervorgegangen ist, dazu gehört nothwendig jener ächte Künstlersinn, der, nur auf Vollendung bedacht auf genaueste Uebereinstimmung der Erscheinung mit dem inneren Urbilde von dessen Werthe er mit Begeisterung erfüllt ist, auf nichts außer sich sieht, auf keinen Beifall anderer bedacht nur sich selbst genügen will, unbekümmert ob das Werk zweien oder keinem genügen wird. Diesen besaß auch Spinoza in einem hohen Grade. Dies zeigt die Art wie er an seiner Ethik gearbeitet hat, die er so wenig in einem unvollendeten Zustand wollte erscheinen lassen, daß er es lieber darauf wagte sie als ein opus posthumum ganz ihrem eigenen Schikksal zu überlassen, ohne ihr irgend zu Hülfe kommen zu können; eben das sieht man aus der Strenge, mit der er gegen Arbeiten verfuhr, die ihm noch nicht vollkommen genügten. Dagegen hatte für Herrn v. Leibnitz keine Darstellung an und für sich einen Werth, jede war gleich auf eine unmittelbare bestimmte Wirkung berechnet, er hatte bei jeder eine einzelne Person oder ein sehr bestimmtes kleines Publikum im Sinne und deshalb auch für jeden Fall eine besondere Darstellungsweise, um sich dem Gedankengange und dem Fassungsvermögen derer auf die er wirken wollte anzunähern. Das rührendste und naivste in dieser Art ist wol, wie er sich bemüht für einen katholischen Geistlichen die Transsubstantiationslehre in der Sprache der Monadologie auszudrükken, ohnstreitig nur um ihm diese desto klarer zu machen. Diese bestimmten Wirkungen verfehlte Leibnitz wol nie, aber durch eine solche Mannigfaltigkeit in der Behandlung der Gedanken bekamen sie selbst etwas schillerndes, und wurden schon von jenem geheimnißvollen Punkt an, wo Stoff und Form Inhalt und Ausdrukk auf das innigste verwachsen sind, minder geschikkt in eine systematische Bildung einzugehen. Spinoza hingegen hatte sich in jener sammelnden Zurükkgezogenheit eine Festigkeit in der Darstellung erworben, die gleich weit von harter Manier und von weicher Unbestimmtheit entfernt ist, und deren Charakter sich selbst da wiederfindet, wo er sich einzelnen mit Rükksicht auf ihre abweichenden Vorstellungen mittheilt. Er war freilich nur mit einer mäßigen Kenntniß fremder Systeme genährt, aber wo er dieser in seinem Werke gedenkt, da hat die kritische Berükksichtigung ihren von der eignen Production streng gesonderten Ort, und die fremden Gedanken erscheinen wie sie von seinem System aus gesehen werden, wogegen bei Leibnitz überall beides sich in einander verliert und seine eignen Gedanken nur zu oft der leichteren Assimilation wegen in fremder Weise und Bekleidung erscheinen.

Diese daß ich so sage mehr dienstfertige als selbständige Behandlung hing in Leibnitz zusammen mit der ganzen Art, wie er in der Entwikklung seines geistigen Daseins fortschritt und wie er sich seine Thätigkeit bestimmen ließ. Auf unmittelbare Wirksamkeit gerichtet war er geneigt eine jede Aufgabe aufzunehmen, welche in seinem vertrauteren Kreise oder in dem Gebiet des allgemeineren Gedankenverkehrs eben entstand. Die großen Mathematiker jener Zeit hatten unter sich diese bis zum Wettkampf ausgebildete Weise, die sich leicht darbot in einer Wissenschaft, wo jede Aufgabe ausgedrükkt werden kann ohne Rükkweisung auf die Art wie sie einem grade entstanden ist, und wo jede Lösung eben so leicht divinatorisch die erste Entstehung aufdekken als auch ganz andere Combinationen enthüllen konnte. Herr v. Leibnitz aber verallgemeinerte sie und war eben so bereit aus jeder Wissenschaft Aufgaben zu lösen, die ihm vorgelegt wurden, und um so lieber, von je allgemeinerem Interesse sie waren, und mit großer bewundernswürdiger Beweglichkeit angefangene Untersuchungen und Arbeiten bei Seite zu legen, von einem Gebiet der Wissenschaft in ein anderes überzuspringen, und auch zu größeren Arbeiten ohne vorherrschende Neigung sich durch äußere Umstände bestimmen zu lassen. Als Sachwalter seines ersten Gönners und Freundes, des Herrn v. Boinaburg, vertheidigte er, was sonst gewiß gar nicht auf seinem Wege lag, die kirchliche Trinitätslehre auf philosophische Weise gegen die polnischen Unitarier, und von der Königin von Preußen veranlaßt suchte er die Angriffe des Bayle gegen die herrschenden Vorstellungen von der göttlichen Weltregierung abzuwehren. Man kann die wunderbare Zusammensezung der Theodicee und die Art wie sich Leibnitz darüber brieflich erklärt nicht verstehen, wenn man nicht eben sowol an die erleuchtete Fürstin, die das Buch veranlaßte, als an den scharfsinnigen und berühmten Gegner, den es widerlegte, und an die ganz verschiedenen Elemente des Publicums denkt, dem es bestimmt war. So war Leibnitz mit großer Selbstverläugnung immer im Dienst des Augenblikks, und auch bei einem noch längeren Leben würde es ihm nicht an Aufforderungen gefehlt haben, die ihn immer gehindert haben würden an große Arbeiten von langem Athem zu denken.

Wenn aus allem diesem das Ergebniß hervorzugehen scheint, daß eigene Neigung den großen Mann am meisten von systematischer Ausbildung seiner philosophischen Ideen zurükkgehalten hat: so mag dies jeder entschuldigen eben der Eigenschaften wegen, in denen wir den scheinbaren Mangel begründet gezeigt haben, und die so groß und bedeutend auf sein Zeitalter gewirkt haben und noch auf uns fortwirken. Und gewiß erscheint er auch grade in Beziehung auf die Philosophie deshalb nicht minder als verehrungswerther Stifter und als nachahmungswerther Patron unseres Vereins. Denn auch dessen und seiner philosophischen Abtheilung Geschäft ist nicht die Aufstellung eines eignen Systems, sondern mehr soll sie zurükkgehen von den einzelnen Wissenschaften, die innerhalb desselben bearbeitet werden, zu den allgemeinen Principien, soll den Einfluß, den die philosophischen Schulen auf jene Wissenschaften üben, bald befördern bald wenn er einseitig werden will im Zaum halten und ergänzen, soll endlich den Gestaltungstrieb jener höheren Principien, wie er sich in dem Wechsel der Systeme offenbart, kritisch begleiten. In diesen Bestrebungen muß es uns immer Unterstüzung und Ansporn sein auf das Vorbild jenes Mannes, der grade hierin so groß war, von Zeit zu Zeit zurükkzusehen, und so oft wir uns selbst, so oft wir dem Publicum Rechenschaft ablegen von unserer Thätigkeit, diese an sein Andenken anzuknüpfen.

3. *)

Ueber die Preisaufgabe, Welchen Einfluß hat die Philosophie des Cartesius auf die Ausbildung der des Spinoza gehabt? und welches sind die Berührungspunkte, die beide Philosophien mit einander gemein haben.

Die philosophische Klasse der Akademie hat diese Aufgabe zuerst im Jahre 1811 aufgestellt, und weil nur sehr wenige, ungenügende Arbeiten eingegangen waren, sie im Jahr 1813 für das gegenwärtige mit verdoppeltem Preise erneuert. Sie hat sich darin, daß die Aufgabe auch zum zweitenmal Interesse erregen würde, nicht getäuscht, indem vier Arbeiten eingegangen sind. Wenn dennoch die Klasse sich auch durch keine von diesen vollkommen befriedigt findet: so liegt der Grund wenigstens nicht durchaus in einem Mißverhältniß der Kräfte der Unternehmer zu dem Gegenstande, sondern dies gilt vorzüglich nur von der einen Abhandlung mit dem Motto, Natur führt unsern Geist zur Tugend und Tugend führt ihn zur Natur. Der Verfasser verweilt überall nur im allgemeinen, und indem er mehr eine Apologie des Spinoza schreibt als die Aehnlichkeiten und Verschiedenhei-

*) Gelesen am 3. Julius 1815. Vergl. Abhandl. der königl. Akad. d. Wissensch. in B. 1814 — 1815. pag. 5. T.

ten zwischen beiden Philosophen aufsucht, um daraus den Einfluß des einen auf den andern zu bestimmen: so betrachtet er beide weit mehr von Seiten der Gesinnung als daß er in das innere ihrer Systeme eindränge. Wenn man sieht, wie er dem ersten Theil der Aufgabe etwas ganz anderes unterschiebt, nämlich die leitenden Ideen des Spinoza aufzusuchen, und wie er unter diesem Abschnitt von dem natürlichen Gang von der mathematischen Form und von dem rechtlichen Charakter der Philosophie bei Cartesius und bei Spinoza handelt, und wie er im zweiten Abschnitt, anstatt einzelne Anschauungen und Lehrsäze beider Philosophen zusammenzustellen, die unerwarteten Ueberschriften, Von der Methodik des Denkens, der Hermeneutik des Verstandes, der Ascetik des sittlichen Charakters, Symbolik der Menschennatur und Heuristik des Lebenszwekkes, zu lesen giebt: so überzeugt man sich schon hieraus, daß er an der Aufgabe vorbeigegangen ist, aber man ahndet nicht, wie unglaublich wenig Kenntniß beider Systeme in der ganzen Abhandlung entwikkelt ist, so daß auch die dritte und die fünfte der genannten Ueberschriften ganz unbenuzt geblieben sind um wenigstens die ethischen Ansichten des Cartesius und Spinoza neben einander zu stellen. Nicht besser sind andere Veranlassungen, die sich bei dieser Behandlung noch darboten, benuzt, daher von dieser Abhandlung bei Ertheilung des Preises wol gar nicht die Rede sein kann ohnerachtet der lobenswerthen Gesinnungen, die sich in der Schrift äußern, denn ein großer Theil ist Anpreisung der Bescheidenheit im philosophischen Forschen und der Achtung für fremde Geistesfreiheit, und ohnerachtet der poetischen Anführungen, die man zur Zugabe erhält.

Zwei andere Schriften mit dem Motto, Spinozismus überhoch gesteigerter Cartesianismus, und, **Nous voyons toutes choses en Dieu**, zeigen bei weitem mehr Kenntniß beider Systeme, aber den Sinn der Aufgabe haben sie ebenfalls verfehlt. Wenn nach einem Einfluß des Cartesius auf die Philosophie des Spinoza gefragt wird: so wird in beiden eine Verschiedenheit vorausgesezt, die aber nicht ohne Abhängigkeit ist. Von der Philosophie eines bloßen Schülers wird man nicht sagen, daß die Philosophie des Meisters Einfluß auf sie gehabt habe, denn diese wiederholt sich nur in ihr. Und indem nach Berührungspunkten gefragt wird, werden theilweise Uebereinstimmungen vorausgesezt ohnerachtet der Verschiedenheit. Von dieser zwiefachen Voraussezung mußte jeder Bearbeiter ausgehen, gesezt auch seine Untersuchungen brachten ihn dahin zu beweisen, daß der Einfluß oder die Berührungspunkte oder beides nur eingebildet wären: immer mußte er das Verhältniß beider in dieser Hinsicht zu bestimmen suchen. Tiefer braucht man nicht in den Sinn der Aufgabe einzugehn, um schon zu finden, daß beide Verfasser sie nicht gelöset haben. Der erste ist in immer wiederkehrenden Widersprüchen befangen, von denen er durchaus keine Ahndung zu haben scheint. Im einzelnen findet er seinem Motto gemäß alle Begriffe des Spinoza cartesianisch, so daß er auch allgemein ausspricht, im cartesianischen Begriff der Substanz sei schon das ganze spinozistische System eingeschlossen. Dasselbe behauptet er dann auch von den beiden Attributen, ja sogar meint er, die spinozistische Lehre vom Sein der Dinge in Gott sei einerlei mit der cartesianischen Lehre von der Erhaltung der Dinge durch Gott, nur sei jene eine gehaltvollere und prägnantere Ausführung des Gedankens. An einem andern Ort aber verweiset er alles, was vom Cartesius herübergenommen ist, nur in den Vorhof des spinozistischen Systems, ja, wo er noch mehr im allgemeinen spricht zieht sich sehr gegen den Sinn seines Motto eine bestimmte Ahndung durch von einer dem Cartesius widersprechenden philosophischen Eigenthümlichkeit des Spinoza. Wird aber dieses angenommen, so kann ja unmöglich die eine Philosophie nur die Steigerung der andern sein. Dieselbe Ansicht scheint da angedeutet, wo der Verfasser zugesteht, nach Cartesius müsse die Gottheit willkührlich handeln und nach Spinoza könne sie es unmöglich. Denn nimmt man dies an: so muß man auch gestehen, daß der Grund dieser Differenz bereits in dem Begriff der

Substanz liegen, dieser also bei Spinoza ein anderer sein muß, und nicht der cartesianische schon das ganze System des Spinoza in sich schließen kann. Wenn nun der Verfasser gegen das Ende sogar sagt, Spinoza habe seiner Natur nach unmöglich ein Dualist sein können, welches hingegen dem Cartesius so nothwendig war, daß er sich willkührlich feststellte hierüber mit seiner philosophischen Forschung nicht hinauszugehen: so ist hiermit ein Gegensaz aufgestellt, durch welchen nothwendig wird erst zu erklären, wie so ohnerachtet desselben Spinoza so viel einzelne Begriffe von Cartesius habe annehmen können. Indem nun der Verfasser dieses gar nicht beachtet, hat er weder den einen noch den andern Theil der Aufgabe gelöset. Aber noch von einer andern Seite hat er sie zu eng gefaßt. Er redet von der sittlichen Theorie des Spinoza, aber als ob dies zur Preisaufgabe gar nicht gehöre, sondern nur eine Zugabe sei, und so ist auch was er sagt wie Zugaben zu sein pflegen. Aber unmöglich kann die Klasse gemeint haben, für ihre Aufgabe sei die sittliche Theorie des Spinoza eine Nebensache, von der man eben so gut schweigen könne als reden, da ja Spinoza seine ganze Darstellung darauf angelegt eine Ethik zu bilden, und in der That auch in seiner sittlichen Theorie alle seine Ideen sich wie in ihrem Brennpunkt vereinigen. Dieses alles nun zeigt, was auch schon die sehr lose und willkührliche Anordnung des Verfassers darthut, daß er den ganzen Gegenstand nicht recht philosophisch aufgefaßt, so wie auch aus vielem einzelnen hervorgeht, daß er sich überhaupt weit mehr als Literator gefällt und nur eine Excursion in das ihm fremdere Gebiet der Philosophie versucht habe.

Mehr Ordnung herrscht allerdings in der Schrift, **Nous voyons toutes choses en Dieu**, aber es ist nicht die rechte, unt das gute Vorurtheil, was sie erregt, verschwindet bei näherer Be trachtung. Der Verfasser vereinzelt zu sehr, er stellt neben ein ander und vergleicht einzelne Begriffe und Lehrsäze unter gewiss Rubriken zusammengefaßt, und so denkt er müssen die Berüh rungspunkte bei dieser Heerschau sich wol finden; aber das Verhältniß beider Systeme zu einander im ganzen, also auch den Einfluß des einen auf die Ausbildung des andern, hat er ganz vernachlässigt. Nur in der Einleitung zeigt er, theils daß es einen Einfluß des Cartesius auf den Spinoza müsse gegeben haben, theils äußert er den bekannten Gedanken, Spinoza könne außerdem auch aus der alten Emanationstheorie geschöpft haben, und nimmt an, er sei zeitig von der Philosophie des Cartesius abgewichen. Daß ihm aber eben wegen dieser Annahme um so mehr obliege den Einfluß des Cartesius näher zu bestimmen, ist ihm nicht eingefallen, sondern er zeigt nur Abweichung und Uebereinstimmung an ohne nach den Gründen von beiden zu fragen. Und so hat er auch nicht einmal Berührungspunkte im eigentlichen Sinne nachgewiesen. Denn dies kann doch nur geschehen, wenn gezeigt wird, wie jeder solcher Punkt aus dem System, welchem er eigentlich angehört, construirt ist, und versäumt man dieses: so werden auch die aufgestellten Berührungen und Aehnlichkeiten oft nur scheinbar sein. Im zweiten Theil, der von der Lehre handelt, und in zwei Abschnitten, von Gott und vom Menschen, zuerst die Vorbegriffe dann die Hauptsäze vergleichend neben einander stellt, zeigen sich am deutlichsten die nachtheiligen Folgen dieser zerstükkelnden Behandlung, bei der kein Saz in seinem wahren Zusammenhange kann aufgefaßt werden. Da nun der Verfasser sich mit diesen einzelnen Angaben von Aehnlichkeiten und Verschiedenheiten, oft nur scheinbaren, begnügt: so hat er nicht sowol an die Lösung der Aufgabe selbst Hand angelegt, als nur Vorarbeiten geliefert, die aber auch nur mit großer Vorsicht könnten gebraucht werden, weil ihm bei seinem Verfahren natürlich vieles weit ähnlicher erscheint als es ist. Der Vorzug, den Cartesius der Gottheit als Substanz vor den andern Substanzen beilegt, wird viel zu sehr dem Saz des Spinoza von Einheit der Substanz gleichgestellt, und Cartesius Theilung der Substanzen in zwei Klassen dem Sezen der beiden Attribute in Gott. Eben so der bei Cartesius nur als Mittelbegriff ausgesprochene Saz, Gott könne nicht theilbar sein, dem bei Spinoza so fruchtbaren von der Untheilbarkeit der Substanz, da doch dieser bei Spinoza damit zusammenhängt, daß in Gott die Ausdehnung gesezt wird, jener aber bei Cartesius damit, daß sie in Gott geläugnet wird. Dagegen werden alle Säze, welche am deutlichsten die Differenz zwischen beiden aussprechen, gleichsam absichtlich in Schatten gestellt, als ob es bei der Aufgabe nur darauf ankäme die Aehnlichkeiten herauszuheben.

Vielleicht wäre über diese Abhandlungen schon zu viel gesagt, wenn nicht eben aus ihren Fehlern am besten erhellte, wie eigentlich die Aufgabe hätte müssen gelöst werden. Uebereinstimmendes mit Cartesius und abweichendes von ihm ist in Spinoza vorhanden und allgemein anerkannt. Man muß fragen, Hat beides dennoch eine und dieselbe Quelle oder jedes seine eigene? Man kann das erste annehmen; dann müßte das eigene des Spinoza sein Folgerungen aus den Säzen des Cartesius, die dieser selbst nicht gesehen, Anwendungen auf ein ihm fremdes Gebiet, Erweiterungen in einem weiteren Blikk in einem größeren Talent gegründet, oder Verbesserungen dessen, was in Cartesius etwa leichtsinnig folgewidrig oder sonst irrig construirt wäre. Man muß dann aber nachweisen, daß der ganze philosophische Typus in beiden wesentlich derselbe ist, daß beide sich zu anderen früheren Systemen gleich verhalten. Nimmt man eine andere Quelle an für das abweichende: so kann diese entweder ein anderes System sein, und dann wäre Spinoza ein Eklektiker oder Synkretist, wie man annimmt wenn man sagt, die Philosophie des Spinoza sei zusammengesezt aus dem Cartesianismus und der Emanationslehre. Alsdann muß aber nachgewiesen werden, wie sein ganzes System in Bestandtheile dieser beiden Arten zerfällt, und schwierige Verbindungen, ein schillernder Charakter in einzelnen Stellen wenigstens muß die Naht bemerklich machen. Sieht man aber die Quelle des abweichenden als etwas philosophisch eigenthümliches in Spinoza an: so kann dieses wiederum zu dem fremden in ihm, dem cartesianischen, in verschiedenen Verhältnissen stehen. Es kann diesem untergeordnet sein. Dann wird entweder weniger von Berührungs- als von abweichenden einzelnen Punkten die Rede sein können, oder wenn auch das abweichende sich mehr über das ganze verbreitet, wird es sich doch nur als individuelle Modification verhalten, immer aber das übereinstimmende die Hauptsache bleiben. Ist hingegen das eigenthümliche das vorherrschende: so werden die Berührungspunkte nur Nebensache sein, die Grundzüge aber abweichend, oder es wird nur in der Form und Behandlungsweise manches angeeignet sein, wie man sagen könnte, er habe die Terminologie oder die mathematische Form von Cartesius, oder höher hinauf die Einheit der Substanz sei seine eigenthümliche Anschauung, aber daß in dieser grade die beiden Attribute herausgehoben sind, sei der Einfluß des Cartesius. Kurz in Einer von diesen verschiedenen Ansichten oder den andern, die sich etwa noch aufstellen lassen, wobei aber wenigstens bis auf einen gewissen Punkt vorher auch die Frage müßte gelöst sein, was im Cartesius ihm eigenthümlich sei und was in ihm selbst aus anderen Quellen geflossen, mußte sich ein Bearbeiter des Gegenstandes festsezen und sie durchführen gegen die andern, deswegen aber auch diese immer im Auge haben. Ob das Resultat auch so je befriedigend ausfallen würde, wenn man nur auf Cartesius allein sieht und nicht die beiden zu Hülfe nimmt, die jeder auf eine eigene Art zwischen ihnen liegen, Geulinx, welcher dem Cartesius treu bleibend im Verhältniß Gottes zu den endlichen Dingen doch dem Spinoza ähnlich geworden ist durch vorzügliche Bearbeitung der ethischen Seite, und Malebranche, welcher im ganzen dem Wege des Cartesius folgend sich in manchen Punkten sehr dem Spinoza angenähert hat, dies freilich steht dahin. Eben darum weil ein so befriedigendes Resultat nicht leicht zu erwarten war, würde schon einer dem obigen gemäß festgehaltenen und durchgeführten Ansicht die Klasse den Preis nicht versagt haben.

Dem Verfasser der lezten Abhandlung mit dem Motto, In

magnis voluisse sat est, muß man zugestehen, daß er bei wenigstens eben so genauer Kenntniß beider Systeme in den Gegenstand weit tiefer eingedrungen ist, ihn weit mehr im Zusammenhang betrachtet, und eben daher in der Behandlung einen philosophischen Geist bewiesen hat, den man auch in der nächstbesten Arbeit, der, **Nous voyons toutes choses en dieu**, völlig vermißt. Allein hinter dem eben beschriebenen eigentlichen Ziele bleibt freilich auch dieser Verfasser bedeutend zurükk. Im ganzen freilich bekennt er sich zu der Ansicht, das System des Spinoza sei die berichtigende Durchführung des cartesianischen Princips. Allein einzelne Aeußerungen stimmen damit nicht überein. So wenn er sagt, Spinoza habe sich die Sprache des Cartesius nur angeeignet, um sich desto verständlicher zu machen, ferner daß auch bei größerer Consequenz Cartesius dem Spinoza doch nicht würde gefolgt sein wegen des Einflusses, den auf diesen seine Ansicht von den Gattungsbegriffen gehabt, wohin auch gehört, daß er anerkennt, in der Darlegung der göttlichen Eigenschaften, d. h. des eigentlichen Inhaltes von dem Begriff der Gottheit, gebe es nichts gemeinsames zwischen Cartesius und Spinoza. Eben so hat er auch die Aufgabe nicht vollständig aufgefaßt, indem auch er wo er auf solche gänzliche Verschiedenheiten stößt die Vergleichung abbricht, als ob hier das Gebiet der Aufgabe aufhörte. Daher findet sich denn am Ende mehr ausgeführt, warum Cartesius nicht habe auf den Spinozismus kommen können, als, ob und wiefern Spinoza durch den Cartesius auf den Spinozismus gekommen sei.

Diese Unsicherheit, mit welcher eine gewisse Ungleichförmigkeit der Behandlung zusammenhängt; dieser Mangel an bestimmter Sonderung des dem Spinoza eigenthümlichen, woraus auch einige Mißverständnisse im einzelnen entstehen, macht, daß die Klasse auch dieser Abhandlung den eigentlichen Preis nicht zuerkennen kann, und daß sie ihn, wenn es nur auf das Resultat ankäme, eben so zurükklegen müßte wie vor zwei Jahren. Allein man darf nur das Wesen und die Verhältnisse einer Akademie der Wissenschaften fest ins Auge fassen, um zu sehen, daß es zwei ganz verschiedene Hinsichten giebt, in denen sie Preise ausstellen kann. Die eine, um gelehrte Arbeiten zu fördern und Untersuchungen anzustellen, welche in Verbindung mit ihren eigenen Arbeiten stehen, wozu ihr aber entweder die Bedingungen fehlen oder die sie nicht selbst anstellen will, aber für wichtig hält. Hiebei kommt es auf das Resultat an; dieses kann beurtheilt werden ohne daß der Richter die ganze Arbeit selbst macht, und er wird den Preis billig nur ertheilen, wenn das Resultat seinem Zwekk entspricht. Ganz anders aber ist es, wenn Preise ausgestellt werden um geistige Kräfte in der Anwendung auf einen bestimmten Gegenstand zu üben, und dies muß überall der Fall sein, wo der Aufgabe genügt werden kann ohne noch nicht verrichtete geistige Arbeiten, durch Anstrengungen des Tiefsinns und der Urtheilskraft, und wo die Klasse um über die eingegangenen Arbeiten zu richten schon im Besiz der Auflösung sein muß. Die philosophische Klasse wird sich natürlich am häufigsten in diesem Falle befinden, und dies ist auch der gegenwärtige. Daher hält sich die Klasse befugt dem Verfasser der zulezt genannten Abhandlung, **In magnis voluisse sat est**, wegen der Vorzüge, die sie ihm einstimmig zugesteht, ohnerachtet sie urtheilt, daß auch er die Aufgabe nicht befriedigend gelöst habe, dennoch die Hälfte des zulezt ausgesezten Preises, also den einfachen Preis von 50 Dukaten als Accessit zuzuerkennen. Die öffentliche Bekanntmachung seiner Arbeit aber stellt sie dem Verfasser selbst anheim um ihm dadurch vielleicht zu mancherlei Verbesserungen Anlaß zu geben. Auch ohne ganz neue Untersuchungen anzustellen wird er immer, wenn er die scharfsinnige aber doch unverhältnißmäßige Untersuchung über die Beweisführung des Spinoza und Cartesius vom Dasein Gottes abkürzt, und dagegen das, was er auf den lezten Blättern nur eben berührt hat, etwas weiter ausführt, eine sehr anregende und dankenswerthe Arbeit geliefert haben.

4. *)

Am 24. Januar 1817.

Zwei wol gleich herrliche und selige aber sehr verschiedene Zeiten giebt es für die Wirksamkeit eines großen Mannes. Die eine geht an, wenn er die ihm gebührende Stelle in der Welt eingenommen hat, und anerkannt zu werden beginnt für das, was er ist, wenn seine belebende Kraft die Stokkungen auflöst im gesellschaftlichen Zustand oder in den geistigen Bestrebungen, wenn sein gebietender Muth das böse und verkehrte in die Flucht schlägt, wenn er seine Zeitgenossen hebt und erzieht, und das ihm angewiesene Theil der menschlichen Dinge allmählig ordnet und bildet. Von wie viel Hindernissen er auch bedrängt werde, wie vieles auch unvollendet bleibe was er gestalten wollte, ja wie vorübergehend sich auch die schönste Blüte seiner Schöpfung zeige: herrlich und selig für ihn ist diese Zeit immer nach Maaßgabe seiner Größe; denn nur der ist groß, der selbst indem er auf die bewegliche veränderliche Welt wirkt in der ruhigen sich immer gleichen lebt, über die Zufälligkeiten des Erfolgs erhaben in seiner Ueberzeugung in seinem Gefühl die Uebereinstimmung seiner Ideen und Zwekke mit der vorher bestimmten Ordnung mit der nothwendigen Entwikkelung der Dinge trägt und unaufgehalten vorwärts schreitet und sich nur durchdringend und siegend erblikkt.

*) Schon abgedruckt in dem von Pischon redigirten märkischen Provinzial-Blatte, im achten Stück August 1818. J.

Die zweite herrliche Zeit tritt ein, wenn dem irdischen Streit längst entrükkt der große Mann endlich ganz der Geschichte angehört, und von dort aus schon ungehemmt und immer gleich auf die fernen Geschlechter der Menschen wirkt nach dem Maaß der Empfänglichkeit eines jeden. Denn nicht nur, mit Platon zu reden, in den überhimmlischen Räumen der Weisheit, wo die ewigen Ideen auf unverrükkbaren Grundlagen stehend geschaut werden, nährt sich das edelste der Seele, sondern gedeihliche Nahrung kommt ihm auch her aus den irdischen zwar doch verklärten in heiterer Höhe schwebenden Gärten der Geschichte, wo die einzelnen ausgezeichneten Gestalten der Menschheit, denen vergönnt gewesen ist einen größeren Theil ihres Geschlechts zu leiten, und eben dadurch zu höherer Vollkommenheit heraufgebildet den irdischen Schauplaz zu verlassen, nun in gereinigtem Glanze wandeln, und bestimmt sind je nachdem sie zu dem ersten oder zweiten Plaz durchgedrungen waren längere oder kürzere Zeit, denn ewig ist nichts auf dem sterblichen Gebiet, durch das Mittel einer ungetrübten Luft geschaut, die Nachkommen zu erleuchten, und je tiefer ihr Licht eindringt durch das Auge in verwandte Seelen um so mehr diese zu stärken und zu erheben. Daß dieses, unbeschadet des eigenen Lebens was sie in uns unerreichten Welten führen, das selige und herrliche Schattenleben der edlen Geister auf dieser Erde sei, wird niemand bezweifeln.

Aber zwischen diesen beiden Zeiten müssen auch sie durch ein dunkles und verworrenes Dasein sich durchwinden. Denn nicht gleich wenn sie dem irdischen entrükkt sind gelangen sie zu jener geschichtlichen Ruhe, sondern erst wenn die menschlichen Dinge, denen sie vorstanden und die der Schauplaz ihrer Größe waren, nicht mehr in denselben Kreisen sich bewegend in einen neuen Abschnitt ihrer großen Bahn eingeschritten sind. Bis dahin nämlich dauert, sind sie selbst gleich verschwunden, ihre unmittelbare Wirksamkeit in nur allmählig sich verkleinernden Schwingungen noch immer fort; aber weil sie sich doch vermindert, weil doch neue Bewegungen geahndet werden oder gefühlt, die mit jenen im Streite sind: so ist dies die Zeit, wo die Kurzsichtigkeit das vorübergehende immer mit dem bleibenden, das zufällige mit dem nothwendigen verwechselnd mehr Uebel als gutes auf ihre Rechnung schreibt, wo die Verkehrtheit, die neidisch alles große zu hassen wünscht, ihr boshaftes Verkleinerungsgeschäft mit dem besten Erfolg treiben kann, wo dankbare Treue und hohe Einsicht sich vereinigen müssen, um das geliebteste und verehrteste zu vertheidigen, das keiner Vertheidigung je bedürfen sollte. Dies ist der Prozeß, welcher der Seligsprechung eines großen Mannes vorangeht, das Fegefeuer, durch welches er hindurch muß, um in den geschichtlichen Himmel einzugehen.

Und diesem Schikksal unterliegt noch immer jener große König, welcher der Held des heutigen Tages ist. Freilich wurde er auch lebend schon ungleich genug empfunden und beurtheilt; aber für seine unmittelbare Wirksamkeit war das unbeschadet. Denn wenn er handelte bewunderte doch alles, wenn er hintrat unter die Menschen war doch alles bezaubert, wenn er gebot eilte doch alles zur Vollziehung. Freilich ist er auf der andern Seite jezt nicht mehr so als ehe jene westliche Sündfluth uns erreichte, als ehe jene höllische Erscheinung uns verblendete, die in vielen Stükken sein Gespenst war und sein wollte, so ist er nicht mehr der einzige, mit dessen Gesez und Weise alles verglichen wird in der bürgerlichen Welt. Die ruhigeren Impulse, die er dem gesellschaftlichen Zustande gab, sind größtentheils verdrängt durch stärkere stürmische Bewegungen; die Institutionen, die er unter seinem Volk gründete, haben theils allmählig ihre Gestalt sehr verändert, theils haben sie schon weichen müssen der Zeit; das Geschlecht, das unmittelbar sein politisches Leben von ihm empfing, ist größtentheils schon abgetreten vom Schauplaz, und die meisten haben nur noch von seiner alternden Erscheinung einen lebendigen Eindrukk empfangen und bewahrt. Aber doch ist noch zu viel von seinem unmittelbaren Lebenshauch übrig, doch steht er uns mit seinem Wollen und Wirken noch zu nah, als daß wir ihn schon in reinem geschichtlichen Licht erblikken sollten.

Vielmehr, wie neben dem noch unbegrabenen Leichnam, streiten sich noch Wahrheit und Lüge, streiten sich noch gute und böse Genien um den hohen Geist; und dieser Streit erneuert sich noch oft lebhaft genug als ein Zeichen, welches diejenigen theilt, die, wie wir denn an der Grenze eines alten und eines neuen stehen, sich dem oder jenem leidenschaftlich hingeben. Je stärker aber die entgegengesezten Urtheile über den Helden des vorigen Jahrhunderts auseinander treten, um desto mehr ist zu besorgen, daß sie nur der Spaltung der Gemüther dienen. Nur schnöde Undankbarkeit und frevelnder Uebermuth kann behaupten, Friedrichs Sinn und Geist sei nur einer sowol roheren als schlafferen Zeit angemessen gewesen, und seine Weisheit und Kraft würden nicht hingereicht haben die gegenwärtige zu tragen, viel weniger zu lenken. Nur feige Unfähigkeit und blödsinnige Hartnäkkigkeit verzweifelnd an der Lösung der Aufgabe, die unserm oder dem künftigen Geschlecht gestellt ist, kann behaupten, könnte jener fortregiert haben, so hätten alle diese Bestrebungen, die eine neue Ordnung gestalten wollen, sich nicht entwikkelt, und dürfte der Heros wiederkehren sein kräftiges Zepter aufs neue schwingend über sein Volk und weit umher Ruhe und Ehrfurcht gebietend, dann würden bald alle diese Bestrebungen sich in die verborgensten Winkel flüchten, er aber würde nur die vorige Weise wieder geltend machen, und alles würde zufrieden und glükklich sein.

Nicht etwa von diesen Urtheilen selbst sei die Rede, nur von der Form, in welcher sie sich alle, die nüchternen wie die leidenschaftlichen, die wohlmeinenden wie die übelwollenden bewegen, daß man nämlich den großen König aus der Zeit, der er angehörte, die ihn und die er bildete, in die unsere herabziehen und bestimmen will, wie er erscheinen, was er wollen, was er leisten würde; nur in welchem Sinne eine solche Frage sollte aufgeworfen werden, und wie weit nur man sie beantworten kann, will ich prüfen, um an diesem seinem Andenken geweihten Tage das Andenken selbst von einer schlüpfrigen und gefährlichen Bahn abzulenken.

Kein Mensch kann getrennt gedacht werden von seiner Zeit und seiner Welt. Nicht nur ist das ganze Leben ein gemeinschaftliches Resultat der innern eigenthümlichen Kraft des Menschen und aller ihn umgebenden und auf ihn einwirkenden Kräfte, in jeder That in jeder Sitte in jedem Theil seines erscheinenden Wesens eben so viel von dieser als von jener, sondern die eigenthümliche Kraft selbst hervorgewachsen aus seinen Ahnen eingewachsen seinem Volk kann nur grade zu dieser Zeit und unter diesen Bedingungen da sein. Darum sind auch dieser wunderlichen verschiebenden Betrachtungsweise diejenigen nicht mehr unterworfen, die weil wir schon in ganz anderen Zeiten leben uns auch ganz geschichtlich geworden sind. Niemand fragt, wie Platon mit der Philosophie der jezigen Zeit umgehen, wie Homeros die Helden der jezigen Zeit besingen würde, niemand wie Cäsar in Frankreich wie Alexander von Macedonien in Rußland würde gehandelt haben; sondern ohne ein solches leeres Spiel betrachten wir diese großen Männer nur in ihrem Leben und Wirken, wie es war, und begnügen uns mit dem minder handgreiflichen aber gewiß desto innigeren und geistigeren Nuzen, den wir daraus ziehen können. Warum wollen wir denn fragen, wie Luther jezt in der Kirche rathen und walten, wie Baco die erweiterte Wissenschaft ausmessen, wie Friedrich die umgestaltete Zeit regieren würde? Warum lassen wir nicht die näheren todten ruhig ihrer geschichtlichen Auferstehung entgegen schlummern, sondern rufen sie in immer doch verzerrter Gestalt gespensterartig hervor? Freilich wir können es nicht lassen, und das dürfen wir wol auch gestehen, denn es ist die treue Liebe, die den neuen Einfluß der abgeschiedenen unmittelbar an ihr eben verhallendes Dasein anknüpfen, ihre Betrachtung nicht nur den künftigen Geschlechtern überlassen sondern sie auch selbst genießen will; es ist die gehorsame Verehrung, die noch immer unmittelbar Rath und Befehl von ihnen vernehmen möchte, und zu selbst nicht geglaubten Beschwörungen ihre Zuflucht nimmt, ob es doch etwa möglich wäre ihre Erscheinung zu sehen und ihre Stimme zu hören. Können wir denn dies Verlangen nicht ganz bändigen: so laßt uns wenigstens gestehen, daß wir die Aufgabe nie vollkommen lösen können, wenn wir nicht in ein leeres Gaukelspiel gerathen wollen, ja daß auch das mögliche nur durch die größte Vorsicht gelingen kann. Denn wie wollen wir den, dessen Kindheit ein ganzes Jahrhundert, dessen Tod ein ganzes Menschenalter hinter uns liegt, in die jezige Zeit versezen? Mit allem dem, was die vorige an ihm und aus ihm gebildet hat? oder wollen wir ihn aufs neue durchgebildet und erzogen denken durch eine dazwischen liegende? Wann soll das angefangen haben? wie weit soll es gediehen sein? In welchem Alter in welcher Reife wollen wir ihn wieder eintreten lassen in das thätige herrschende Leben? bei welchem Zeitpunkt soll er die Zügel wieder ergreifen? Hier ist der Willkühr ein so freier Spielraum eröffnet, daß eben deshalb keine bestimmte Gestalt hervortreten kann, sondern nur unstäte unvollendete Traumgebilde, die wenn man sie festhalten will alle verschwinden. Daher werden wir ein lebendiges Bild nie zu Stande bringen, nur nach den innersten Kräften und Principien werden wir fragen können, was die in gleicher Vereinigung lebend jezt wirken und bilden würden.

In einem Herrscher, soll ihm der Name eines großen Mannes gebühren, muß zweierlei sich vereinen. Er muß ausgezeichnet sein in seinem persönlichen Wesen, damit man fühlt, hätte er auch keinen Thron geziert, er würde doch mächtig gewirkt und gewaltet, vieles bewegt und beseelt und würdige Denkmäler seines Daseins zurükkgelassen haben. Er muß aber auch ausgezeichnet sein durch königlichen Geist und Sinn, er muß das Leben seines Volkes in sich tragen, von dessen Bedürfnissen durchdrungen sein, dessen Bestrebungen und Neigungen in ihren Verhältnissen und Entwikkelungen fühlen und theilen, dessen unentwikkelte Kräfte ahnden und zu befreien suchen, kurz nicht sowol der Schuzgeist seines Volkes muß er sein als vielmehr dessen lebendige Seele, in welcher von allem, was in der Erscheinung streitend sich zu beschränken und aufzuheben sucht, die verborgenste

Einheit als gemeinsame Kraft sich bewegt. Ist ein Herrscher zwar in dieser gemeinsamen und öffentlichen Beziehung groß, nicht aber in jener eigenthümlichen und persönlichen: so kann er zwar ein kräftiger Regent sein, ja unter schwierigen Umständen ein errettender und viel bewunderter, wenn er fromm und rein seinem königlichen Gewissen folgt, aber um ein großer Mann zu heißen ist er zu sehr eine allgemeine Gestalt ermangelnd einer glänzenden persönlichen Eigenthümlichkeit. Besizt er diese zwar, aber jene fehlt ihm: so kann auch ein solcher ein wohlthätiger und gesegneter Regent sein, wenn ihm gelingt in die Nähe des Punktes, von dem das ganze sich fühlen und übersehen läßt, diejenigen zu stellen, in denen das gemeinsame Leben des Volkes sich kräftiger regt; aber auch im günstigsten Fall wird seinem Regiment jene frische Kraft fehlen, die ein großer Herrscher hineinlegt, und im minder günstigen wird man sagen, seine Trefflichkeit würde besser erkannt werden, wenn nicht sein Schikksal wäre zu herrschen. Ja ein solcher, wie denn die Beispiele hiezu in der Geschichte nicht fehlen, kann bisweilen auch freiwillig dem Thron entsagen, was der große Mann nie thun wird, vielmehr unter welchen Umständen es auch sei lieber das eigene Leben lassen und noch viele Opfer mit sich hinunternehmen, als den erhabenen Posten aufgeben, den er sich würdig fühlt auszufüllen.

Diese beiden Seelen aber, wie wir wol sagen mögen, sind nothwendig mit einander im Streit. Das Herrschen ist ein göttliches Geschäft; aber eben deshalb droht es mehr als ein anderes den Menschen in dem Strudel der Unendlichkeit zu verderben. Immer tiefer taucht immer gewaltiger stürzt es ihn in die Masse, die er beseelen soll, unablässig vervielfältigt es nach allen Seiten die Gegenstände seiner Sorge, daß er ganz sich selbst zu verlieren in Gefahr ist. Die eigenthümliche Seele aber verlangt sich frei auszubilden und sich ihrer selbst zu freuen nach dem Recht jedes Erdensohnes, sie klagt unwillig seufzend über jenes fremde unwohlthuende Leben. und will ihre Bande lösen. Siegt sie nun so weit, daß der Herrscher entweder, wie sehr er auch selbst regieren könnte, doch lieber die Zügel untergeordneten Werkzeugen überläßt: so achten wir ja den, der nicht ganz er selbst sein will, zu gering um ihn groß zu nennen, und vergrübe er sich auch in der geheimnißvollsten Weisheit oder opferte den edelsten Künsten. Oder siegt sie so, daß er um weniger herrschen zu dürfen das Leben des Volkes hemmt, oder daß er es gewaltsam zu seiner Persönlichkeit hinüberbeugt, um herrschend zugleich seine besonderen Neigungen zu befriedigen: so wenden wir uns von ihm als von einem weichlichen oder eigensinnigen, immer selbstsüchtigen Gewalthaber. Siegt hingegen die gemeinsame Seele so, daß das ganze Leben dem Herrschertriebe gewidmet wird, daß immer mehr in das Geschäft vertieft ein König weniger sich selbst besizt und sich seines Lebens und Wesens freut als seine Unterthanen: so loben wir zwar seinen Eifer; aber den Ruhm der Größe verliert, wer selbst untergeht über seinen Beruf. Siegt zwar keine von beiden ganz, aber sehen wir ohne Gesez nach Laune oder Zufall jezt der einen dann der andern Herrschaft vorwalten: so bedauern wir den, der schwankend und unsicher den schwersten Weg zurükklegen muß, weil er nicht stark genug ist für die Last, die er trägt. Also nur wo fester Wille und eisernes Gesez den immer sich erneuernden Streit immer schlichtend zulezt beide Seelen versöhnt, nur da ist auf dem Throne der große Mann, und desto mehr strahlt seine Größe je kräftiger beide Triebe und also je schwerer die Versöhnung. Wie könnten wir anders als gleich von diesen Grundzügen zurükksehen auf den Helden, den wir heute feiern, wie er uns den härtesten Streit zeigt, und, verlangen wir nicht übermenschliches, die herrlichste Versöhnung. Von Natur freigebig, schönes um sich her zu sammeln begierig, edler Muße Freund, wie musenbefreundete Seelen pflegen, sehen wir ihn als König durchaus arbeitsam und sparsam, weil er das für den Grundton seines Volkes erkannte für die Grundbedingung alles gemeinen Wohls, sehen wir ihn den Schönheiten der Wissenschaft und Kunst sich entreißend jährlich auch die anmuthlosen Steppen seines

Staates durchwandern, um jene lebendige Anschauung vom Leben des Volks aufzufrischen, ohne die auch das verständigste Regiment todt bleibt und kalt. Fremder Zunge ergeben durch ein nie genug zu bedauerndes Geschikk, aber als König nicht ohne Ahndung von dem aufkeimenden einheimischen Geist, sehen wir ihn wenig thun, um jene auszubreiten unter seinem Volk, alles, um diesen von allen Seiten zu stärken und zu entbinden. In einer unseligen Zeit des Zweifels für sich selbst ohne den festesten Anker des Glaubens sehen wir ihn als König eben diesen Glauben hüten, und nur sorgen, daß nicht abgestorbene Formen in den höchsten Regungen des Geistes die herrliche Freiheit dämpften. Gern in friedlicher Ruhe sich pflegend sehen wir ihn als König plözlich sich zum Helden umgestaltend den ersten Augenblikk ergreifen, um durch preiswürdige Anstrengungen seines Zepters Macht zu mehren seines Volkes Selbstbewußtsein zu erhöhen, und durch gemeinsame Heldenthaten zum ersten Mal jenen Geist zu wekken, den seitdem jeder bei dem Namen Preußen erkennt, und den funfzig Jahre nachdem er den glorreichsten Frieden geschlossen eine zweite Kette von Heldenthaten zu einer noch herrlicheren Stufe erheben sollte. Bei dem allen aber sehen wir, und wie viel leichter müßte es dem einsamen verziehen werden, dennoch ihn nicht ermüdet sich selbst verlieren, sondern immer wieder den geliebten Künsten huldigen und dem Ruhm der Musen nachtrachten, und so erkennen wir den großen König.

Fesselt uns aber die Bewunderung nicht so, daß uns das stärkende Anschaun dieses Bildes genügt, wollen wir es dennoch in das niedere Gebiet des Nuzens herabziehen, sei es nun um von dem König für die gegenwärtige Zeit zu lernen, oder um gegen ihn die gegenwärtige Zeit für ihre Abweichungen zu vertheidigen: so laßt uns wenigstens dieses bedenken, daß beides, sowol das eigenthümliche Wesen eines Königs als auch sein königliches Leben, ein inneres hat und ein äußeres, und daß wir lezteres nicht ohne Widerspruch und Ungerechtigkeit in eine andere Zeit verpflanzen können. Wer hat nicht gehört von der

Ehrfurcht, welche des Königs Erscheinung jedem einflößte, die nicht Furcht war vor den nicht zu berechnenden Launen des Gewalthabers sondern überwältigende Empfindung eines großen Daseins! Wenn uns nun jemand den König jezt zeigen wollte in derselben Tracht und Sitte, mit derselben Vermischung der mühsam angelernten fremden und der ungebildeten eigenen Sprache, mit seinem beschränkten Antheil an vielen jezt gemein gewordenen Kenntnissen, und nun triumphirend fragen, ob eine solche Erscheinung uns wol außer Fassung bringen könnte: der will entweder in strafbarem Frevel nichts anders als den erhabenen König auf unwürdigen Sokkus stellen, oder er bedenkt nicht, daß was jezt allerdings noch in weit größerem Mißverhältniß stehen würde mit der umgebenden Welt auch nicht in ihr und mit ihr so könnte geworden sein, wenn doch Friedrich, sollte er jezt leben, auch müßte aufgewachsen sein mit einem Theil des noch jezt lebenden Geschlechts. Wie er aber dann reden würde und sich geberden, wie seinen Geist ausgefüllt haben und gewendet, das wäre eine Frage, deren Beantwortung die höchsten Aufgaben der Menschenkenntniß, die wir wirklich zu lösen vermögen, weit überschritte. Ist es nun etwa weiser gethan und lehrreicher gefragt, wenn wir uns bei Betrachtung seines königlichen Seins und Lebens eben so nur an die äußere Seite halten, und ihn mit dieser in die jezige Welt einführen wollen? Wer uns Friedrichs Formen und Maximen im ganzen und in einzelnen Zweigen der Regierung hinstellt, und fragt, ob sie jezt wol der Weg sein würden das Volk auf der Bahn des Glükks und des Ruhms weiter zu bringen, und König und Volk in höherer Treue und Liebe zu verbinden, der kann sich freilich die Antwort leicht geben; aber er wird weder sich noch uns im Ernst überreden wollen, daß Friedrich jezt dieselben Formen festhalten und dieselben Maximen verfolgen würde. Wahrlich so wenig er als Herzog von Venedig das Tabakks- und Kaffee-Monopol, als König von England die Kabinetsregierung, als römischer Consul die Invalidenschulmeister erfunden hätte: eben so wenig würde er sich wol jezt in diesen Maaßregeln gefallen. Denn seine Formen und Maximen waren auch nicht er selbst, sondern das Resultat auf der einen Seite freilich seiner Zwekke und seiner Persönlichkeit, auf der andern Seite aber auch des Zustandes, in welchem sein Volk sich befand, und den er nur zu genau kannte, da es erst durch ihn das Gefühl seiner wahren Bedeutung erhielt, und aus seiner geistigen Betäubung erwekkt ward. Sie konnten nicht anders sein, weil er zu sehr allein stand in der blühendsten Zeit seiner Herrschaft mit seinen Ansichten und Absichten und nur wenige und unzureichende Organe sich anzubilden vermochte in einer Zeit, wo es dem Regenten, der sich ja ohnedies wenige Länder ausgenommen behelfen muß ohne einen wohlgeordneten allseitig lebendigen Zusammenhang mit seinem Volk, auch noch an dem wichtigsten Organ fehlte, das zwekkmäßig gebraucht viele andere ersezen kann, das aber Friedrich erst mühsam zu schaffen suchte, an einer sich frei und natürlich äußernden öffentlichen Meinung. Wie aber Friedrich in irgend einem spätern Zeitpunkt sein Regieren würde gestaltet, wie er allmählig oder plözlich den vorigen Weg würde verlassen haben: das zu beantworten wäre mißlich, und kunstreich im höchsten Grade, wenn es einer auch nur mit einiger Wahrscheinlichkeit erreichte, aber doch von geringem Nuzen. Denn wenige nur können sich befugt halten nachzuahmen was ein großer Mann in einer solchen Stellung, wo er sich am wenigsten allgemeinen Formen zu unterwerfen braucht, zu seinem eignen Gebrauch gebildet hat.

Darum bleibt das einzige fruchtbare einer solchen Vergegenwärtigung, daß wir uns an das innere halten seines persönlichen Wesens sowol als seines königlichen Geistes. Erinnern wir uns, wie gebietend er auf seine größtentheils in kleinliche Bestrebungen versenkten Zeitgenossen wirkte, wir wollen uns nicht verbergen, das war die frische Kraft und der tiefe Ernst seines Willens, was sie so wenig ertragen konnten; und laßt uns fragen, ob diese nicht noch eben so wirken würden auf das an schnellem Wachsthum krankende und nach großen Anstrengungen immer wieder in dumpfes Hinbrüten versinkende Geschlecht, ob es viel mehrere geben würde jezt als damals, die sich nur sanft durchglüht nicht niedergebrannt von dem Feuer seiner Augen freimüthig und gleichsam brüderlich neben ihn stellen könnten. Erinnern wir uns der Sage von seiner bezaubernden Liebenswürdigkeit, aber auch wie selten sie hervorbrach und wie bald sich diese lächelnde Sonne immer wieder verbarg, so wollen wir gestehen, das war die innere Schönheit seines Gemüths, welches nur selten den Versuch wagte sich zu entfalten in einer eingeschüchterten unbelebten ihm immer fremd und fern bleibenden Umgebung. Und laßt uns fragen, würden wir jezigen ihm näher stehen als unsere Väter? würde er Wahrheit und Kraft genug in unserer Bildung sehen, um sich an sie mit seinen eigenen Bestrebungen anzuschließen? würde ihm das heimische, dessen heiligen Kern er wohl ehrte, unbefangen und rein genug hervortreten in unserer Kunst, um sich ihrer zu erfreuen und ihr seinen Genius zuzuwenden? würden wir ihm frei und fröhlich genug erscheinen in unserer Sitte, daß er nicht mehr nöthig hätte Erheiterungen für seinen Geist bei den Ausländern zu suchen, welche damals fast allein ihm nicht immer nur die dienstbeflissenen Unterthanen zeigten? würde es so sein, oder würde er auch jezt noch einer bessern Zeit warten? Das sind die Fragen, die sich, gilt es einmal eine solche Vergegenwärtigung, das Volk aufwerfe an seinem Gedächtnißtage. Und wenn wir sie bejahen können: so dürfen wir uns rühmen, daß wir durch unsere Fortschritte den edlen Schatten ganz versöhnt haben mit seinem Volk. Und die Fürsten die Staatsmänner die Volks- und Vaterlandsfreunde und Beschüzer alle, in das innerste seines königlichen Geistes mögen sie hineinschauen. Der so sein Volk zu beseelen wußte, als es eben in unbewußtem Schlummer sein Leben begann, der es so schnell wie keines über die Kindheit zur Jugendblüte förderte: wie würde der herrschende Genius jezt weiter streben, wie würde er den reifer gewordenen Geist des Volkes fröhlich genießen kräftig aufregen fördern und gestalten, wie würde er die erhöhte Macht des

Staats zum Wohl der Völker und des Welttheils benuzen, wie würde er fest in die Tiefe gründen, daß keine Erschütterung, und stolz in die Höhe bauen, daß keine Ueberragung möglich wäre, den Ruhm des Volkes, das so seiner würdig gewesen ist.

An diesen Fragen mögen alle lernen, die an das Ruder berufen sind, und aus jedem auch dem kleinsten Gliede der Antwort wird die Wahrheit hervorgehn, daß nächst einem Könige, dem vergönnt ist sein Volk dahin zu führen, wo es für immer großer Könige entbehren kann, kein größerer Segen für ein Volk möglich ist als ein großer König.

5.

Am 3. August 1819.

Wir haben mit den meisten ähnlichen Vereinen die Sitte gemein jährlich das Andenken unserer uns durch den Tod entrissenen Mitglieder zu ehren, und man pflegt diese Aufsäze gemeinhin Lobreden zu nennen. Bei uns wenigstens geschähe dies mit Unrecht; sondern es ist ein Theil unserer Geschichte, den wir zuerst der versammelten Zuhörerschaft mittheilen, und dann in unsern Denkschriften niederlegen. Und wenngleich allerdings die Hauptabsicht dabei die ist, den wissenschaftlichen Charakter der verstorbenen in sein rechtes Licht zu stellen: so liegt doch dabei überall das Bewußtsein zum Grunde, daß, von dem Standpunkt der Erkenntniß aus betrachtet, jedes unvermischte Lob Unwahrheit wäre, also Schmeichelei; denn enthält es auch an sich keine Uebertreibung: so wird es doch unwahr durch die Einseitigkeit. Lob und Tadel sind nur die nothwendig verbundenen Bestandtheile der Kritik; und soll von Wahrheit die Rede sein, so muß auch der strengste Tadler zugleich loben, auch der liebevollste Lobredner zugleich tadeln. Darum sind wir auch an jenen Gedächtnißtagen keinesweges gemeint auf lauteres Lob einzuladen; sondern, wenn sich auch keine Veranlassung findet den Tadel geradehin auszusprechen, so wird er doch durch leise Andeutung oder leicht bemerkliches Verschweigen für den aufmerksamen Leser deutlich genug bezeichnet sein.

Darum, wenn auch an des Königes Feste wir uns jährlich versammeln, und damit beginnen uns sein erhabenes Bild zu vergegenwärtigen: so sind wir noch weit mehr von der Anmaßung und von der Entweihung entfernt ihn durch ausgespendetes Lob verherrlichen zu wollen. Denn, eben weil Lob nicht ohne Tadel sein darf, wäre es Entweihung unseres Berufs, wenn die Rede des wissenschaftlichen Mannes, die immer ein Organ der Wahrheit sein soll, je auch nur von dem leisesten Anklang der Schmeichelei verstimmt wäre, und Entweihung dieses Tages, wenn der spähende Hörer, der Wahrheit zu Liebe, sich aufgefordert fühlte zu lauschen, ob nicht hinter den Ausdrükken der treusten Verehrung eine künstlich verborgene Beschränkung sich durchzöge; Anmaßung aber wäre es, derer ganz unwürdig, welche gelernt haben sollen nicht zu wissen, wenn wir, da des Fürsten Person weniger als die irgend eines anderen sterblichen von seinem erhabenen Beruf kann gesondert werden, denjenigen uns herausnehmen wollten zu loben, der nur von seines gleichen, den Meistern in der größten und herrlichsten aller menschlichen Künste, kann beurtheilt werden.

Aber wir sind Bürger des Staats, Mitglieder des Volkes, gleichviel ob durch Geburt oder Wahl, und freuen uns unseres Antheils an jenem herrlichen Gefühl der Gemeinschaftlichkeit des Daseins zwischen Fürsten und Volk, welche zwar durch das ganze Leben sich hindurchzieht, sich aber an festlichen Tagen wie dieser zu einem besonders lebendigen Bewußtsein entwikkelt. Ist dann das verehrte Antliz des Herrschers von sorgloser Freude umspielt: so fühlt sich das Volk sicher und geborgen; blüht des Volkes Wohlsein groß und fröhlich empor: so muß im Gefühl des wohlgelungenen Werkes auch das Herz des Königes frei und heiter schlagen. Deshalb will jeder an solchen Tagen sein eigenes Gedeihen noch eins so lebhaft empfinden, und es so weit er vermag zur Schau tragen. Eben deshalb erinnert auch die Akademie heute öffentlich an die nie veraltende Blüte der Wissenschaften, die sie in ihrem Schooße pflegt, und theilt aus ihrem Vorrath einzelne gewählte Gaben mit, um den wohlthätigen Schuz, den der König diesem wissenschaftlichen Verein angedeihen läßt, dankbar zu verehren.

Geschieht dies jezt in einem beschränkten Raume, der uns hindert dieser Feier ganz die gewohnte Oeffentlichkeit zu geben: so rührt auch dies nur daher, daß die väterliche Sorgfalt und der rege Schönheitssinn des Königes dieses ganze Gebäude ungetheilt in einen schöneren Palast der Wissenschaften und Künste umgestalten und auch unserm Vereine darin eine gewiß reichlichere und würdiger ausgestattete Wohnung, als die alte es war, anweisen will. Man behilft sich, während gebaut wird, in einem minder behaglichen Zustand; aber kann man auch nicht umhin diesen auf mancherlei Weise störend und bedrängend zu fühlen, wer wollte dennoch glauben zurükkgekommen zu sein, wenn die sichere Hoffnung auf eine baldige und desto würdigere und anmuthigere Zukunft ihn aufrecht erhält! wer wollte sich nicht frohen Sinn für das vorhandene bewahren, so lange das innere des Vereins, die zutrauliche Freundschaft, das Zusammenwirken der Kräfte, das rege Streben nach demselben großen Ziel, unvermindert erhalten wird!

Mögen die anwesenden dies mit uns empfinden, mögen sie diese Worte mit sich nehmen als ein nicht unwürdiges Bild unseres öffentlichen Zustandes; und, indem sie überall in der Gesellschaft das heilige Feuer des Gemeingeistes und der Vaterlandsliebe nach Vermögen pflegen, Vertrauen und Liebe überall anzufachen suchen, mögen sie dem innig verehrten Könige, nachdem er mit seinem Volk die äußeren Prüfungen, in denen er sich so herrlich bewährt hat, glükklich überstanden, und seinem Muth seiner Beharrlichkeit ein unvergängliches Denkmal gesezt, nun auch mit uns aus treuem Herzen Heil und Gedeihen wünschen zu dem großen auf eine unabsehbare Zukunft berechneten friedlichen Bau, in welchem er begriffen ist, damit er, noch ehe das erste halbe Jahrhundert seines köstlichen Lebens verläuft, den Grundstein desselben weihe, und im zweiten mit allen seinen Unterthanen, alten und neuen, das vollendete Gebäude, ein würdiges Denkmal seiner Weisheit und seiner Volksliebe, bequem und in ungetrübtem Frieden bewohne. Lange lebe der König!

6.

Am 24. Januar 1821.

Wenn wir in dem großen Könige, dessen Gedächtniß wir heute feiern, den Erneuerer und Ordner unseres wissenschaftlichen Vereins verehren: so müssen wir dabei nicht vergessen, daß er ein eben so eifriges Bestreben hatte den Unterricht des noch sehr vernachlässigten Volkes zu fördern und es auf eine höhere Stufe des Bewußtseins zu erheben, und daß er mit seinem herrschenden Geiste die Angelegenheit des menschlichen Wissens an ihren entgegengesezteſten Endpunkten ergriff. Durch den Volksunterricht wird die Masse aus der Dumpfheit und Barbarei gezogen, jeder einzelne zu einem lebendigen in sich regsamen Theil des ganzen gebildet, und wenn auch jeder die erhöhten geistigen Kräfte zunächst nur auf sein eignes Wohlbefinden wendet: so wird dadurch am sichersten das gemeine Wohl befestiget. Friedrich fühlte es, daß nur wie durch möglichst schnelle Vermehrung so auch besonders durch beschleunigte geistige Fortschritte seines Volkes der Staat sich auf der Höhe erhalten könne, auf welche sein Genie ihn erhoben hatte. Der gelehrte Verein wie eine Akademie der Wissenschaften ihn darstellt — sie sollte aber lieber ein Lyceum heißen, indem ihre Beschäftigungen besser durch den Stifter der peripatetischen Schule vorgebildet werden als durch den der akademischen — ein solcher Verein bildet den entgegengesezten Endpunkt des wissenschaftlichen Lebens, bestimmt sowol ruhig auf der Höhe der Betrachtung zu schweben als auch mit dem Strahl des erfindsamen Geistes das einzelne zu durchdringen, in dem kleinsten das größte kennend und offenbarend. Aber wenn Alexanders Züge in Asien und Afrika seinem großen Lehrer eine reiche Uebersicht von den Schäzen der Natur verschafften und ihm manches Geheimniß ihrer Werkstätte enthüllen halfen: so erfreute sich Macedonien keines unmittelbaren Einflusses dieser vermehrten Wissenschaft auf seine Betriebsamkeit und seinen Nationalreichthum, und Alexander verlangte es nicht. Eine Akademie gedeiht nur, wenn sie durch keine fremden Anforderungen gestört wird in ihrem Bestreben den Schaz von vorhandenen Wahrheiten zu vermehren; sie darf das nüzliche nicht suchen müssen; sie muß jede Anwendung des gefundenen, die selbst nicht mehr rein in dem Gebiete des Wissens liegt, andern überlassen dürfen. So scheint sie, dem praktischen abgewendet, allen unmittelbaren Zwekken einer Regierung fremd, nur geringe Ansprüche zu haben auf deren Unterstüzung; und wenn es ihr leztes Ziel sein muß, daß sie auch jeder Unterstüzung entbehren könne und in großmüthig verliehener und versicherter Selbständigkeit als ein vollkommen freier Verein der höchsten Günstlinge der Wissenschaft bestehe: so muß sie es desto dankbarer erkennen, wenn sie ihre erste Entstehung der Fürsorge der Regenten verdankt. Und vornämlich ist deshalb der große König zu bewundern, dessen ganzes Wesen auf das praktische gestellt und der in einem ganz vorzüglichen Sinn die Seele des Volkes war, und von dem niemand glauben kann, er habe aus Eitelkeit mit einer Akademie als einem Geschmeide des Staates prunken wollen, um sich auch hiedurch den mächtigsten Königen gleich zu stellen. Aber er ahndete, daß wenn ein solcher Verein auch keinen unmittelbaren Nuzen schafft, der unter Maaß und Gewicht fällt, dennoch nur durch das Zusammensein dieser beiden Pole eine geistige Kraft gewekkt werden könne, auf welcher das gemeine Wohl vornämlich seines Volkes mit Sicherheit ruhe. So erhob er sich über die Einseitigkeit sowol solcher regierenden, welche entweder nur mit dem Schein der höchsten und reinsten Wissenschaft prunken, die Bildung des Volkes aber eher scheuen als befördern, als auch solcher, die nur das dem Staat unmittelbar nüzliche erhalten mögen, die höheren Stufen der Wissenschaft aber idiotisch verachten.

Wenn wir indeß auf die Art, wie er doch in Bezug auf beide Gegenstände zu Werke ging, unsere Aufmerksamkeit richten: so finden wir unbeschadet unserer Verehrung uns versucht über manche Sonderbarkeit zu lächeln. Daß er den Volksunterricht am liebsten den ausgedienten Kriegern überließ, wer findet das nicht befremdlich und schief; und wie wir jezt hier nur Deutsche und Deutschgewordene sind, wem erscheint es nicht wunderlich, daß der König die Akademie zum größeren Theil aus fremden zusammensezte, aus Mitgliedern eines Volkes, von dem ihm selbst wohl ahndete, wohin leidenschaftlicher Ehrgeiz unter begünstigenden Umständen es führen könne; und wer lächelt nicht über das bunte Gemisch von ausgezeichneten und mittelmäßigen, welche lezteren natürlich sich am meisten damit brüsteten zu dem Beruf den wilden Norden zu humanisiren von einem König hergeholt zu sein, der fast verdiente ihr Landsmann zu heißen. Doch auch in ihren Irrthümern sind große Geister nicht verlassen von sich selbst. Denn so lange es noch fehlte an zwekkmäßig gebildeten Elementarlehrern war das durch die Tapferkeit erworbene Ansehn kein schlechter Ersaz für andere Vorzüge, und die Lebendigkeit, mit der das jüngste Geschlecht sich begeisterte für die Großthaten des Königs und seiner Heere, war der erste Keim des seit den Leiden des dreißigjährigen Krieges noch nicht wieder erwachten geschichtlichen Lebens. Und eben so ist auf der anderen Seite der unwillige Wetteifer, welcher dadurch erregt ward, daß fast nur Ausländer auf den Stühlen der Akademiker saßen, gewiß kein unbedeutender Antrieb geworden unsere wissenschaftlichen Fortschritte zu beschleunigen. Jezt würde auch Friedrich, so wenig als er ausgedienten Kriegern unsere Dorfjugend anvertrauen würde, eben so wenig auch unsern Verein wieder fremden übergeben wollen, sondern nur billigen würde er alle Veränderung, welche der natürliche Lauf der Dinge unter weiser Leitung in seinem Werk hervorgebracht.

Wer kann es berechnen, welche Wechsel der Gestaltung bei der Veränderlichkeit aller menschlichen Dinge diesem Verein noch bevorstehen. Je mehr das Reich der Wissenschaft sich erweitert, je mehr jeder seine Bemühung vereinzeln muß, um etwas bleibendes und hervorragendes zu leisten, um desto weiter gehen die Interessen aus einander, und dann entstehen entweder strengere Formen um das ganze zusammenzuhalten, oder es zerspaltet, wie auch schon manche Erfahrung gelehrt, das ganze wenn auch nur vorübergehend in verschiedene Zweige. Möge nur nie die Zusammengehörigkeit aller Zweige der Wissenschaft ihre Repräsentation in einer wenigstens nicht ganz unsichtbaren Vereinigung der Kräfte entbehren, und möge dieser Verein, der im nördlichen Deutschland der einzige seiner Art ist, in der Gemeinschaft mit allen ähnlichen fortfahren alle Schäze der Erkenntniß in sich zu sammeln, und indem er nur für sich selbst da zu sein und ruhig zu leuchten scheint nicht aufhören alle lebendigen Keime der Wissenschaft in dem Gebiet, das er unmittelbar bestrahlt, geheimnißvoll zu befruchten. Dann bleibt er wenn auch unter den verschiedensten Formen der ursprünglichen Idee treu ein würdiges Werk des großen Königes unsterblich wie er.

7.

Am 21. November 1822.

Schon seit mehreren Jahren hat die Akademie der Wissenschaften wegen Beschaffenheit der Räume, welche ihr angewiesen werden konnten bis nach der gnädigen Absicht des Königs ihr ein neues angemessenes und würdiges Lokal erbaut wäre, die gewohnte Oeffentlichkeit ihrer Sizungen unterbrechen müssen und an ihren feierlichen Tagen nur wenige Theilnehmer zulassen können, welchen dieselben auch ohne öffentliche Anzeige bekannt waren. Ja seit mehreren Monaten schon sind, weil auch jenes Gelaß aufhörte brauchbar zu sein, ihre Sizungen ganz unterbrochen gewesen, und auch das lezte Geburtsfest des Königs hat sie müssen hingehen lassen ohne das gewohnte Zeichen ihrer verehrungsvollen Huldigung auch nur in stillem Verein darzubringen.

Desto erfreulicher muß es ihr sein, daß sie nun eine neue einstweilige Wohnung durch eine außerordentliche öffentliche Feier weihen kann, deren Gegenstand alle jährlich wiederkehrenden Gedenkfeste weit überstrahlt, fünf und zwanzig solcher Tage, deren sie sich mit allen Unterthanen des Königs gefreut hat, in Eine frohe und dankbare Erinnerung zusammendrängend. Nachtheilig erscheint es freilich und könnte einer Rechtfertigung bedürfen, daß unsere Feier sich so spät erst den andern schon verklungenen anschließt. Allein Körperschaften wie wir geziemt vor allem nicht neuerungssüchtig zu sein, und da wir nicht wagten an dem Tage selbst unsere Freude zu bezeugen, welcher vor fünf und zwanzig Jahren das kindliche Herz des Königs mit schmerzlicher Trauer erfüllt hat: so geziemte uns nur nach alter Sitte den gewohnten Tag unserer Vereinigung diesem Andenken zu weihen. Auch dürfen wir den Nachtheil der Verspätung nicht scheuen, denn um zur Feier auch eines solchen Tages wissenschaftliche Erzeugnisse den Freunden der Wissenschaft vorzulegen ist uns nicht vonnöthen den Rausch der allgemeinen Freude zu benuzen, und um dieses Geschäft durch einige Worte ernster Betrachtung einzuleiten durften wir uns nicht an das Gefühl wenden mitten in jenem Zustande erhöhter Erregung, die auch bei dem edelsten nicht lange dauert, sondern das schönste ist indem diese Erhebung sich verlieren will sie festzuhalten, damit sie nicht ganz verschwinde; und das geschieht, wenn wir sie in ihrem Verhältniß zu dem Grundton des Lebens betrachten und diesen dadurch reiner und kräftiger zu stimmen suchen.

Diese Freude, welche sich in den abgelaufenen Tagen in inniger Andacht zum höchsten Wesen erhoben in lautem Jubel überall ergossen hat, ist ein schönes Eigenthum der monarchischen Lebensweise; die freien Staaten, sind sie auch sonst oft reicher an öffentlichen Festen, kennen doch diese nicht. Das Leben des Gemeinwesens selbst muß nach größeren Einheiten gemessen werden, und nur hundertjährig kann die Feier wiederkehren; das Jubelfest auch der geliebtesten obrigkeitlichen Person kann nicht solche Empfindungen erregen. Nur das Volk kann sich so freuen, wenn eines geliebten Fürsten Herrschaft einen solchen Zeitraum vollendet hat, und am meisten wenn es erwarten darf, ein gütiges Geschikk werde den abgelaufenen noch eine Reihe von Jahren hinzufügen. — Aber König und Volk, wie vieldeutig sind die Wörter geworden! wie mannigfaltig haben sich die Verhältnisse zwischen beiden gestaltet, und immer noch neue Gestaltungen scheinen sich bilden zu wollen, um die einfachen Formeln der Theoretiker zu beschämen. Aber nicht überall, wo es König und

Volk giebt, ist diese Freude zu Hause; und besonders sind es zwei Verhältnisse, welche sie gänzlich auszuschließen scheinen.

Wenn in der Kindheit der Geschichte ein einziger Geist zuerst eine Masse von Menschen, welche vereinzelt und nur mit kleinem beschäftigt neben einander lebten, zu einem größeren Leben vereinigt, eine solche Bewegung sich oft mit Blizesschnelle weiter verbreitet, oft in den Fluthen ihres Stromes lang bestandene Staaten fortschwemmt, wie uns die Geschichte an zahlreichen Beispielen lehrt: so ist solch ein königlicher Geist, heiße er nun König oder nicht, die einzige Seele vieler tausende; der Zustand des ganzen gleicht einem Rausch, der sich nach der Verschiedenheit des Temperaments hier in wilder Freude dort in blutigem Streit äußert aber eine solche Besinnung, wie zu einer ruhigen Freude gleich der unsrigen gehört, schon deshalb nicht zuläßt, weil Fürst und Volk sich einander nicht gesondert genug gegenüberstehen, sondern von einem und demselben völlig gemeinsamen Triebe fortgerissen sind. Dieser Zustand nun kann nicht lange währen, denn er ist nur eine gebärende Bewegung des geschichtlichen Lebens, die oft mißglükkt und nichts zurükkläßt, nicht selten aber gelingt und in diesem Falle der Grund wird zu einem längeren oder kürzeren in seinen Grenzen mehr oder minder fest beschlossenen in sich selbst mehr oder minder beruhigten immer aber doch geregelten monarchischen Leben, und erst in diesem können Tage wie der unsrige begangen werden.

Leider aber sehen wir auch ein entgegengeseztes Verhältniß zu allen Zeiten bisweilen eintreten, ich meine, wenn nach einem kräftigen und beifallswürdigen Staatsleben, das viele Geschlechter überdauert hat, zulezt aus mannigfaltiger oft sehr verwikkelter Schuld die königliche Würde herabgedrükkt erscheint und in der Person des Herrschers nur ein Schatten davon übrig. Ich sage zulezt, weil seiner Natur nach dieses Verhältniß eben so sehr auf Zerstörung deutet, wie jenes auf Geburt. Doch auch die Zerstörung kann mißlingen, wie die Geburt, eine glükkliche Krise kann die abnormen Organe, die sich gebildet hatten, wieder zerstören und aus der lebensgefährlichen Krankheit retten, der Monarchie kann die Gesundheit wiedergegeben werden, in die Person des Schattenköniges aber kann das Leben schwerlich je zurükkkehren, schwerlich der je wieder wirklich herrschen, der jemals sich selbst gestehen mußte als Herrscher durch eine innere ungeregelte Gewalt gezwungen worden zu sein. Wie aber auch das Ende sei, so lange ein solcher Zustand währt, unmöglich ist in demselben eine Freude wie die unsrige. Könnte sich irgend jemand freuen, wenn nach einem langen Zeitraume noch immer die Krone auf einem entwürdigten Haupte ruhet? und wendet sich nicht jeder weg von dem eben so traurigen als widrigen Anblikk der Entehrung der höchsten menschlichen Würde? Könnte ein Volk anders als mit leeren Worten und mechanischem Gebrauch die königliche Macht feiern, wenn sie in ihrem Wesen nicht mehr vorhanden ist? und muß nicht vielmehr jeder wohlmeinende die möglichst schnelle Rettung wünschen aus einem so höchst bedenklichen Uebergangszustande?

Zwischen diesen beiden Punkten aber ist überall Raum für bewußte Treue für eine frische und fröhliche Liebe des Volkes zum Fürsten, und also für lebendige Freude und Theilnahme an einer Feier wie die unsrige; in den verschiedensten Abstufungen und Formen, wie alles gute und schöne sich mannigfaltig gestaltet, aber wie verschieden auch der Geist der Völker sei, wie verschieden die Stimmung der Zeiten und der Einfluß der Verfassung und Verwaltungsweise: immer doch wird eine Reinheit und Vollständigkeit der Freude nur stattfinden können bei einer glükklichen und den besonderen Umständen eines jeden Staates angemessenen Mischung wie mir scheint folgender Momente. Der große Hause des Volkes ist noch nicht so weit entwikkelt ein politisches Auge und Urtheil zu haben, ja auch ein politisches Gefühl theilt sich ihm nur lebendig und wirksam mit in Augenblikken großer Entscheidungen. Er hat aber wenngleich geduldiger hier und ungeduldiger dort ein inneres Maaß für das Verhältniß der Leistungen, die er dem öffentlichen schuldig ist, zu seinen

Bedürfnissen. Daß dieses sich gleich bleibe und nicht in heftigen Schwankungen sei, oder das Gleichgewicht zwischen ihm und den andern Staatselementen einseitig aufgehoben werde, darin sieht er sein Recht, und gefährliche Leidenschaften können sich in ihm entwikkeln, wenn er durch unerwartete und in der Wiederholung drükkende Verlezungen desselben gekränkt wird. Hiegegen hat er ein Palladium in derjenigen Liebe zum Fürsten, die seiner Lage angemessen ist. Dies ist der in jeder wohlgeordneten und glükklichen Monarchie so allgemeine Glaube des Volkes, daß, was ihm auch gleichviel ob mit Recht oder Unrecht drükkend erscheine oder unbillig, es fest dabei bleibt, der Herrscher selbst wisse nichts davon. Möge niemand diesen gutmüthigen Glauben belächeln: er ist die unentbehrliche Grundlage aller Regentenliebe im Volke. Und wie oft er auch im einzelnen irren mag, weil nicht immer Unrecht ist was dem Volke so scheint, im ganzen liegt ihm eine tiefe Wahrheit zum Grunde. Denn ist es nicht dasselbe, ob ein Fürst etwas nicht weiß, oder ob er zwar weiß, daß es geschieht, ja selbst befohlen hat, daß es geschehe, aber nur aus einer unrichtigen Darstellung der Verhältnisse? Und bei der Einseitigkeit jedes abgesonderten Verwaltungszweiges, bei den vielen Streitigkeiten zwischen den verschiedenen Stellen und Behörden und den vielen auch einseitigen Darstellungen ihrer Verhältnisse, welche besser bevormundete Klassen der Gesellschaft vor den Thron zu bringen wissen, ist es nicht immer die Person des Königes, welche alle Interessen ausgleichen muß in allem was nicht schon durch den Buchstaben des Gesezes feststeht? Und mit welchem besseren Vertrauen kann also jene große Masse sich rüsten als mit dem, daß der König um ein Unrecht nur zu wissen brauche, um ihm abzuhelfen? Je mehr daher jener Glaube durch die Erfahrung gerechtfertiget wird, je ungestörter er sich fortpflanzt vom Vater auf den Sohn, desto reiner ist die Theilnahme des Volkes an jedem Feste des Herrscherhauses, desto kräftiger wird es sich zeigen, sobald nur von fern eine Gefahr der Trennung droht.

Auch der Mittelstand ist wenngleich von dem Gesammtleben inniger durchdrungen in die Geheimnisse der Staatskunst bei uns noch nicht eigentlich eingeweiht. Sein herrschendes Gefühl aber ist dieses, daß durch das ganze soll das Wohl des einzelnen sicher gestellt und erhöht werden, und von diesem Wohl hat er eine reinere und geistigere Vorstellung. Dem unter diesem Stande herrschenden Gefühl nach gehört zum Wohlsein des gebildeten Menschen und ist dasjenige, was der Staat leisten soll, Ruhe und Sicherheit der religiösen häuslichen und freundschaftlichen Verhältnisse, möglichster Vorschub zur Ausbildung aller Talente und möglichste Freiheit im Gebrauch aller äußeren Hülfsmittel. Wie natürlich also, daß die Glieder dieses Standes vorzüglich in dieser Hinsicht auf das Haupt des Staates sehen, und daß sie alle in allen diesen Verhältnissen ihren König mit der innigsten Theilnahme begleiten. Muntert er die Künste und Wissenschaften auf, deren sie sich befleißigen: so sind sie beglükkt, daß er sich dessen erfreut, worin sie leben; bezeichnet er alle unnüzen Beschränkungen der persönlichen Freiheit mit seinem Mißfallen: so verehren sie freudig seine Edelmüthigkeit; sehen sie, daß auch er sein vorzüglichstes Glükk in seinem Hause sucht: so giebt es keine Freude und kein Leid im Königshause, das sie nicht auf das innigste mitfühlten; und wenn auch ihr König sich in Freude und Leid vor dem höchsten Wesen demüthigt: so drükkt dieses das Siegel der Unzerstörbarkeit auf ihre Verehrung und ist ihnen selbst die kräftigste Befestigung im göttlichen Leben. Wenn so die Liebe zum Könige alle heiligsten Verhältnisse durchdringt, sich in jede schöne Empfindung mischt und jeden bedeutenden Moment des Privatlebens erhöht und veredelt, dann ist das Band zwischen Fürst und Volk fest geschlungen; und wie wahr und tiefgefühlt ist dann Freude und Rührung bei einer Feier wie diese.

Aber in einem wohlgeordneten Gemeinwesen soll auch die Zahl derer immer mehr zunehmen, und zwar ohne daß sie auf einen bestimmten Stand beschränkt wäre sondern in allen Abtheilungen der Gesellschaft, welche das Leben des Staates in seiner ganzen Beweglichkeit verstehen und seine Fortschritte sowol als auch seine Erschütterungen nicht nur mitfühlen, wie leise sie auch seien, sondern auch ahnden. Diesen kann es unmöglich entgehen, wie wenig der gedeihliche Bestand des ganzen gesichert werden kann durch den Buchstaben der Geseze allein, sondern wie viel immer abhängt von der Persönlichkeit der handelnden. Wenn sie also in dieser Hinsicht die öffentlichen Charaktere die bedeutenden Organe der Verwaltung sowol als die Organe der öffentlichen Meinung beobachten und aus ihrem Auf- und Abtreten aus dem Verhältniß eines jeden zu seinem Wirkungskreise zu errathen suchen was bevorsteht: so sehen diese eingeweihteren auf den König wir wollen nicht sagen wiewol es ein großer Fürst gesagt hat als auf den ersten Beamten des Staates, wol aber als auf die Quelle aller persönlichen Macht im Staat. Er wählt selbst die bedeutendsten Organe der Oberherrschaft und bestimmt besonders auch die, denen er die Wahl der untergeordneten anheimstellt. Was sie nun in dieser höheren Beziehung am liebsten an einem Regenten sehen und woran sie sich am meisten erfreuen, ist, wenn er auch in Zeiten, wo verschiedene Ansichten unter denen, welche Organe der Herrschaft sein wollen, bis zu Parteiungen ausarten, sich von keiner beherrschen läßt, sondern über ihnen steht, überall Maaßregeln abwendet, welche sich zum äußersten neigen, wenn er seine Diener so wählt und so mit ihnen wechselt, daß das nicht leicht ganz zu vermeidende Vorherrschen dieser oder jener Einseitigkeit nur vorübergehend erscheinen kann und bald durch das Hervortreten des entgegengesezten gemildert und aufgehoben wird, wenn er persönliche Zuneigung und Abneigung, soweit sie rein gemüthlich ist, gesondert zu halten weiß von amtlichem Vertrauen, wenn endlich keine äußeren Vorzüge eines anderen ihn jemals bestimmen die billigen Ansprüche eines verdienteren zu übersehen.

Wenn so die Liebe der eingeweihteren vorzüglich auf der Regierungsweisheit des Königes ruht, die Liebe der gebildeten auf seiner allseitigen Humanität, die Liebe des nahrsamen Volkes auf seiner unerschütterlichen Gerechtigkeit, und diese Stimmen verhältnißmäßig besezt sind, das ist der anmuthige und herzerhebende Chor der monarchischen Freude. Wenn sein Wohllaut uns umwogt, fühlen wir nur unser Glükk, und manches erscheint uns minder bedeutend, worauf ein großer Werth gelegt wird, wenn diese lebendigen Gefühle sich leiser vernehmen lassen und Nachahmung oder Theorie ihre Gewalt über uns ausüben.

Die Anwendung dieser wenigen Züge liegt klar vor Augen, aber was sagen wir erst von der Freude des Volkes an solchen Tagen, wenn es im Zusammenleben mit seinem Fürsten inhaltschwere Jahre durchlebt, wenn sich ihm eine Fülle der lehrreichsten Erfahrungen, wie sie sonst in Jahrhunderten nicht wiederkehren, in Eine Dekade zusammengedrängt hat, in welcher Fürst und Volk sich auch als Dulder und Helden verherrlicht und durch beides um so inniger verschmolzen haben. Dann redet das Schweigen der Dankbarkeit noch lauter als der Jubel der Freude; und indem wir mit gestärktem Auge heiter in die Zukunft hineinschauen, bedauern wir den weit verbreiteten Wahn, als könne ein Volk genug haben an der unverlezten Achtung für die Würde des Fürsten, und freuen uns, daß weder wir noch unsere Kinder je Mangel haben werden an festgegründeter Anhänglichkeit an die Person derer, welche der gnädige Himmel uns zu Herrschern bestimmt hat. Lange lebe der König und immer blühe sein Haus!

8.

Am 3. August *).

Die Pfleger der Wissenschaft sind nicht selten darüber getadelt worden, daß sie der Liebe zum Vaterlande minder fähig wären als andere, oft auch ist ihnen dasselbe nachgesagt worden zum Ruhm, daß ihre Gesinnung allgemein menschlich wäre und frei von allen politischen Beschränkungen. Wenn dies nun so wahr wäre als beide und so gut als die lezten es meinen: so wäre es falsch und tadelnswerth, wenn ein Verein wie der unsrige, der nur aus dem Gesichtspunkt der Wissenschaft gestiftet ist und nur für sie besteht, einen Tag feierte, der, dem Oberhaupt eines Staates geltend, auch nur für diejenigen Werth hat, welche diesem von Herzen zugethan sind.

Die Wissenschaft ist allerdings etwas allgemein menschliches, und diejenigen, welche sich ihr gewidmet haben, müssen allem menschlichen und somit der ganzen Erde, um nicht mehr zu sagen, wiewol auch darin das höchste schon mitgesagt ist, mit gleicher Liebe zugethan sein, so jedoch, daß sie sich dem fernen und fremden mit ihrer Liebe um so mehr zuwenden, je weniger dieses sich ihnen von selbst entgegenträgt. Wenn nun im Staat die Akkerbau treibenden am meisten an den Grund und Boden

*) Wahrscheinlich 1823. J.

gebunden sind, und diejenige Bevölkerung bilden, welche ihr Schikksal am wenigsten von dem des Landes trennen können und also auch billig am meisten bei allen Einrichtungen und Begegnissen desselben betheiligt sind, die Handel treibenden aber viel weniger, doch aber auch diese am meisten erst alsdann gelöst sind, wenn sie den reinen Geldhandel so ins große treiben, daß alle Staaten gleich sehr ihre Schuldner werden können: so nähern sich die Männer der Wissenschaft allerdings mehr den Handel treibenden, so jedoch, daß auch unter ihnen diejenigen am meisten vom Staate gelöst sind, welche ohne einiges Apparates zu bedürfen als eigentliche Philosophen nur auf dem Papiere speculiren, weniger aber schon die, welche mit köstlichen Werkzeugen und reichen Sammlungen aller Art eingebürgert und mit ziemlich unbeweglichem Gut von solcher Art angesessen sind, welches je nach dem Geist einer Regierung sehr verschieden geschäzt geschüzt besteuert und unterstüzt werden kann.

Doch dieser etwas materiellen Ansicht, welche wir nicht gern zum Nachtheil der Speculation geltend machen möchten, steht eine andere gegenüber, nämlich die, daß die Wissenschaft wesentlich an der Sprache hängt, und daher, wenn auch nicht im politischen Sinne patriotisch, doch wenigstens volksthümlich ist. In der schönsten Zeit Griechenlands finden wir dies so rein ausgesprochen, daß sogar wenig Neigung vorhanden war in fremde Sprachen einzudringen, welches freilich einer unvollkommnen Entwikkelung des menschlichen Geistes zuzuschreiben ist. In der spätern Zeit hat freilich nächst der christlichen Religion am meisten die Wissenschaft nach einer Gemeinschaft aller Sprachen gestrebt, weit mehr als die Politik oder der Welthandel, welche für ein bestimmtes Bedürfniß in dem einen System mit dieser, in einem andern mit jener Sprache ausreichen; aber wie sehr auch auf die Gemeinschaft ausgehend, findet doch auch die Wissenschaft nicht nur überhaupt die Gemeinschaft schwieriger, je mehr die Sprachen von einander entfernt sind, sondern vorzüglich auch bleibt doch mit wenigen Ausnahmen lebendige und reiche Production bei jedem auf die Sprache beschränkt, welche das ganze Leben beherrscht. Nur der Mathematiker producirt mehr in allgemeinen Zeichen, die für alle Sprachen gleiche Geltung haben, so daß ihm für das wenige, wozu er noch der Sprache bedarf, jede fast gleich lieb sein kann. Der Naturforscher entlehnt seine Terminologie bald aus der einen bald aus der andern, und bildet so zugleich eine Geschichte, welchen Weges die Entdekkungen gekommen sind. Aber der Ausdrukk der höchsten Ideen behält doch einen nationellen Charakter, und die Volksthümlichkeit wird darin nie ganz zu verkennen sein.

Doch hat zu verschiedenen Zeiten diese Gebundenheit an die Sprache das Verhältniß der gelehrten zu den Völkern und Staaten auf sehr verschiedene Weise gestaltet. Als das Alterthum unterging pflanzten sich in dem westlichen Europa sparsame Reste der Wissenschaft durch die lateinische Sprache fort, und wie die Kirche lateinisch war, waren auch alle gelehrten nur Lateiner. Aus der bunten Mischung der Stämme gestalteten sich erst allmählig größere Massen, die Sprache bildete sich erst allmählig zu einem reicheren und geistigeren Verkehr, und die Genossenschaft der wissenden war älter als die Völker und Staaten, die von ihr bevormundet wurden. Daher verpflanzten sich klerikalische gelehrte, und andere gab es kaum, mit Leichtigkeit aus einem Staat in den andern, und dem älteren geistigen Bande nicht mit Unrecht mehr vertrauend als dem politischen jüngeren nahmen oft die gelehrtesten am meisten Partei mit der römischen Kirche, welche der Stüzpunkt der wissenschaftlichen Sprache war, gegen die jungen noch nicht genug befestigten Regierungen. Daher war zu dieser Zeit auch die Volksthümlichkeit immer noch schwach, Liebe zum Staat aber konnte bei der politischen Zerspaltung der meisten großen Volksmassen in der Wissenschaft gar nicht einheimisch sein. In England und Frankreich hat dieser Zustand aufgehört, und wie das Volk in Einen Staat zusammengeflossen, so ist auch kein Unterschied mehr zwischen Volksthümlichkeit und Loyalität, also auch kein Grund, warum die wissenschaftlichen Vereine minder als jede andere einzelne Organisation innerhalb des Staates dem Impuls des ganzen folgen sollten.

Anders verhält es sich in Deutschland, wo die Differenzen der Sprache, auch die stärksten, für einen gewissen Bildungskreis wenigstens ganz verschwunden sind, die politische Trennung aber geblieben ist. Hier erscheint es daher natürlich und weniger zu entschuldigen, wenn die gelehrten öfter, nicht nur wo sie vereinzelt stehen sondern auch wo sie Glieder einer Corporation sind, ihren Aufenthalt aus oft untergeordneten Gründen wechselnd sich aus einem deutschen Staat in den andern begeben, zufrieden mit dem Bewußtsein, daß ihre Wirksamkeit als eine deutsche überall auf deutschem Boden gleich gut gedeihen könne. Für die kleineren Staaten giebt es gegen den wenn zu häufig doch nachtheiligen Wechsel der Mitglieder in gelehrten Vereinen, unter welche Benennung unsere Universitäten eben so gut zu begreifen sind als die Akademien, kein besseres Mittel als diese Vereine durch ausgezeichnete Vorrechte und durch ein wohlgesichertes Gesammteigenthum zu heben, wodurch die Vereine an dem Staate selbst ein wahrhaft bürgerliches Interesse gewinnen, welches auch auf die einzelnen Mitglieder in dem Maaß übergeht als ihnen die Mitgliedschaft selbst werth ist. Die größeren leitenden deutschen Staaten haben diese Maxime, über deren Werth im allgemeinen hier nicht der Ort ist zu urtheilen, bei neueren Vereinen, welche sie gestiftet, nicht in Anwendung gebracht, und auch in Beziehung auf die schon bestehenden sie eher beschränkt als erweitert, und dennoch erfreut sich namentlich Preußen seit geraumer Zeit einer großen Anhänglichkeit und Beharrlichkeit nicht nur von Seiten solcher gelehrten, welche des Königs geborene Unterthanen sind, sondern auch solcher, die aus anderen Theilen Deutschlands in die verschiedenen Institute des Landes gezogen worden sind. Ja auch unter den wenigen, welche von Zeit zu Zeit durch besondere Umstände wieder ins Ausland zerstreut worden, fehlt es nicht an solchen, welche die ausgezeichnetsten Beweise von einer weit über die gewöhnlichen Formen dieses Standes hinausgehenden Liebe und Anhänglichkeit gegeben haben. Wie denn auch in den Zeiten der Bedrängnisse des Staates ein erfreulicher Geist der Treue und Aufopferung in allen gelehrten Vereinen vorgewaltet hat.

Dies also lehrt die Erfahrung, daß es einen moralischen Grund giebt, der auch innerhalb desselben Volkes dem einen Staat vor dem andern eine entschiedene Zuneigung derer erwerben kann, welche der Wissenschaft leben, und der ist das Interesse, welches der Staat selbst an der Wissenschaft und an ihren edelsten Früchten nimmt.

So hat unser Verein, älter als der Grad von Macht, dessen sich der preußische Staat jezt erfreut, und älter als der Grad von Bildung, welcher jezt innerhalb desselben verbreitet ist, Preußen immer erfahren. Von der wachsenden Macht hat er Vortheil gezogen für seine Endzwekke, von der vermehrten Bildung kommt auch etwas auf seine Rechnung. Es ist sein Glaube durch diese Erfahrung befestigt, daß Preußen, so lange es sich dieses gesegneten Herrscherhauses erfreut, was für Modalitäten auch die Persönlichkeit der Monarchen und ihrer höchsten Staatsdiener herbeiführen könne, dennoch niemals aufhören wird die wachsende Intelligenz für die Hauptquelle seiner inneren Kraft zu halten, und auch solche wissenschaftliche Institute zu pflegen, deren Bestrebungen nicht unmittelbar auf das bürgerliche Leben berechnet sind, welche sich aber als Schloß und Veste bewähren für den reinen wissenschaftlichen Geist, welcher auch über den die Wissenschaft für das Leben bearbeitenden Anstalten walten muß, wenn sie nicht von ihrem rechten Standpunkt sollen hinabgezogen werden.

In diesem Sinne hat auch der glorreiche Monarch, dessen Fest wir heute begehen, die Sorge für das Gedeihen der Wissenschaft mit in den Kreis seines hohen Berufs hineingezogen; auch unsere Freiheiten hat er geschüzt und gemehrt, und wenn vielleicht andere ähnliche Vereine an Opulenz ihrer Mittel uns weit überragen: so erfreuen wir uns doch der Sicherheit, daß bei einem hinreichenden Maaß von Kräften große und würdige Unternehmungen nicht an äußeren Hindernissen scheitern dürfen. Mit Recht also feiern wir auch ...... *)

*) Der Schluß der Rede fehlt. J.

9.

Am 3. Julius 1824.

Kürzlich in unseres Leibniz Theodicee lesend, um mir die zierliche Darstellung wieder zu vergegenwärtigen, wie das höchste Wesen die in dem Tempel der Geschikke aufgestellten möglichen Welten mustert und die beste zur Wirklichkeit beruft, blätterte ich zufällig auch die der deutschen Uebersezung derselben vorangestellte Lobschrift auf Leibniz von Fontenelle auf; und indem ich sie durchlief, konnte ich mich der Bemerkung nicht enthalten, wie gut es sei, daß, ohnerachtet wir Leibnizens Fest feiern, wir doch nicht genöthiget sind ihn jedesmal zu loben. Ja es fiel mir ein, daß der höfliche Spruch, es sei schön von einem gelobten Manne gelobt werden, schwerlich würde aufgekommen sein oder viel Verbreitung bekommen haben, wenn dabei der Akademien und gelehrten Gesellschaften wäre gedacht worden. Denn gelobt soll in diesen jeder werden, nachdem er nicht länger hat aushalten wollen, sondern sich der Mitgliedschaft durch den Tod entzogen hat; und wie schon lobenswürdig sein muß, wer einem solchen Verein angehören kann: wieviel mehr muß der ein selbst gelobter sein, der dort als lobender auftritt! Aber wahrlich es schien mir, als ob das Geschäft lange nicht so oft wiederzukehren brauchte als Fontenelle in seinem langen akademischen Leben es geübt hat, um weder dem lobenden zu großer Freude noch dem gelobten zu großem Ruhm und Nuzen zu gereichen. Deshalb wollen wir uns auch nicht grämen, daß über manchem von den unsrigen schon längst die gesezlich bestimmte Zeit verflossen ist, ohne daß diese wenngleich noch so klar ausgesprochene Pflicht ihnen wäre geleistet worden. Zweierlei Arten vorzüglich kann ich mir denken, wie eines abgeschiedenen gelehrten Mitgliedes in lobender Rede kann gedacht werden, mehr rednerisch die eine, mehr literarisch die andere. Jene darf streng genommen nicht einheimisch sein in einem solchen Verein; der lobende soll nicht Blumen der Beredsamkeit herabwerfen von einem Orte, welcher sonst den Hörern nur strenge Wissenschaft reicht. Und jeder, welchem bevorsteht gelobt und auf solche Weise noch einmal ins Leben zurükkgerufen zu werden, soll sich auch bescheiden, daß er nur als geschichtlicher Stoff kann behandelt und daß, wie wir denn einander immer zurufen müssen, Amicus socius sed magis amica veritas, nur durch die Strenge der Kritik ihm als Mitglied eines solchen Vereins würdige Gerechtigkeit widerfahren kann. Was können auch solche Gedächtnißreden anders sein sollen, als daß sie auf der einen Seite zusammengenommen ein belegtes Verzeichniß der Mitglieder des Vereins bilden, auf der andern Seite, wenn sie nicht nur in den Archiven des Vereins ruhen sondern ins öffentliche treten, eine fruchtbare Fundgrube sind für den künftigen Literator und Bibliographen. Wenn jener Zwekk im Auge behalten wird, so wird der lezte schon immer von selbst erreicht. Denn nothwendig muß ja der Sprecher des Vereins nachweisen, auf welchen Grund dieser einen gelehrten in seine Mitte aufgenommen, und was derselbe seit seiner Aufnahme geleistet habe. Wohlthätig ist es daher gewiß, wenn die künftige Gedächtnißrede jedem gelehrten Verein, der sich einer freien Wahl seiner Mitglieder erfreut, bei jeder Wahl als ein heilsames Schrekkbild vor Augen schwebt. Bleibt es aber nicht dabei, sondern soll die Gedächtnißrede wirklich gehalten werden: so kann nur selten etwas gründliches oder erfreuliches sich ergeben, nämlich nur dann, wenn ein gelehrter auf eine beharrliche und ausgezeichnete Weise seine Thätigkeit einem einzelnen Gegenstande widmet. Denn dann kann mit einer gewissen Reinheit und Zuverlässigkeit übersehen werden, was in der That des Einen Werk ist in der Wissenschaft. Nur in diesem Fall aber ist auch ein wissenschaftliches Leben ein leicht zu begreifendes ganze, das sich in regelmäßigem Wachsthum zu einer schönen Gestalt entwikkelt, deren Ebenmaaß und Kraft dem Exegeten, der sie darlegt, und dem Beschauer, dem sie dargelegt wird, gleiches Vergnügen gewährt. Wie aber die meisten wenn auch nicht wie Leibnitz in allen Wissenschaften etwas schaffen oder zurechtlegen, doch vielseitiger wenigstens als jener aber auch zerstükkelter in das ganze Gebiet ihrer besonderen Wissenschaft eingreifen, je nachdem theils eigene freiere Combinationen es mit sich bringen, theils äußere Anlässe dazu auffordern: so ist es schwer das einzelne wissenschaftliche Leben als ein ganzes hinzustellen und es in seinem eigenthümlichen Wesen zur Anschauung zu bringen. Dies aber doch einigermaßen zu leisten und nicht ein bloßes Verzeichniß einzelner Leistungen zu geben sollte doch das Ziel jeder solchen Rede sein, wenn sie sich irgend über den Ton der Chronik erhebt.

Wer nun so viel zu loben hat als Fontenelle gethan, der wird aus mehr als einem Grunde sich diese Aufgabe nicht stellen können, durch die allein das Geschäft ein rechtes Interesse erhalten kann. Auch ist seine Behandlungsweise im allgemeinen sehr leicht. Er führt gewöhnlich in chronologischer Ordnung die Hauptpunkte der wissenschaftlichen Wirksamkeit auf und würdigt sie zugleich in ihrer Beziehung auf die Wissenschaft. Dabei aber gemahnt es den aufmerksamen Leser nicht selten, als wolle er sich bald an seinem Gegenstande bald an dem Publicum für die verursachte Mühe rächen, und freue sich so oft er gleichsam unvermerkt und bei Seite dem einen oder dem andern etwas anhängen könne. Das eigenthümliche der Person sucht er nur zu ergreifen am Anfang und am Ende seiner Darstellung. Am Anfang, indem er zeigt, wie eine bestimmte wissenschaftliche Richtung sich gebildet hat; am Ende, indem er bald versucht die

Hauptzüge des sittlichen Charakters zu zeichnen, welches hie und da mit großer Liebe geschieht, bald einzelne Anekdoten aus dem amtlichen oder Privatleben, wobei denn am meisten jener Satyr hervortritt, zu diesem Behuf zusammenstellt. Auf diesem Wege entsteht freilich nicht leicht eine durch und durch charakteristische Darstellung, wie wir deren einige auch in unserer Literatur besizen, aber doch kann der Leser sich leicht ein ziemlich bestimmtes Bild selbst gestalten. Und wenige der von ihm dargestellten mögen so schlecht gefahren sein als unser Leibnitz, bei dem er von dieser gewohnten Weise abweichen zu müssen glaubte. Der Mann war ihm für dieses Verfahren nicht sowol zu groß als vielmehr zu vielseitig und zusammengesezt. Zu viele Bestrebungen gehen immer neben einander her, zu oft hätte, wie beim Spizenklöppeln, jeder Faden sauber müssen bei Seite gelegt und dann wieder aufgenommen und mit immer anderen verschränkt werden, als daß nicht Verwirrung wäre zu besorgen gewesen. Darum sagt er scherzhaft, er müsse es mit Leibnitz entgegengesezt machen wie die alten mit dem Herakles; sie nämlich hätten aus vielen Einen gemacht, er aber müsse aus Einem Leibnitz viele machen, und so führt er uns denn von der wol vergessenen lateinischen Poesie durch die Geschichte und Politik zur Jurisprudenz, von da zur höheren Physik und Mathematik, und endlich zur Metaphysik und Theologie. Den Gedanken mit der allgemeinen Sprache weiß er unter keine dieser Rubriken zu bringen, ohnerachtet es eine höchst interessante Combination gäbe dies Problem mit der Monadologie oder der prästabilirten Harmonie zusammenzustellen. Hiemit nun schließt die eigentliche Darstellung, und so bildet sich der Uebergang zu den kleinen persönlichen Anekdoten, die nicht sehr beitragen können den Ruhm des gefeierten zu erhöhen. Wie wäre es möglich, daß aus so ruhig neben einander liegenden Fäden ein Tapetenbildniß entstehen könnte? Nur indem man diese so ganz verschiedenen Bestrebungen in ihrer Gleichzeitigkeit und Aufeinanderfolge zu verstehen und diese wissenschaftliche Thätigkeit überall auf die rastlose Correspondenz und die mannigfaltigen höfischen Verbindungen so wie diese wiederum auf jene zu beziehen versucht, kann man daran denken den großen Mann in seiner außerordentlichen Geschäftigkeit verstehen zu wollen; und nur wenn man die Verfahrungsart auf diesen verschiedenen Gebieten immer vergleicht, kann man seiner eigentlichen wissenschaftlichen Gesinnung auf die Spur kommen. Welche Aufgabe, nur zu verstehen, in welchem Sinne seine politisch historischen Studien ein ganzes bilden von der Schrift über die polnische Kronbewerbung bis zu der projectirten Geschichte von Braunschweig, welche mit der Periode der Versteinerungen anfangen sollte. Oder seine mathematischen von der unvollendet gebliebenen Wissenschaft des unendlichen bis zu dem wirklich zu Stande gekommenen Rechentisch. Aber welche zerstörende Verwirrung in der Lebensbeschreibung, die uns unmittelbar vom Codex diplomaticus zu seinem jugendlichen Verkehr mit den nürnberger Alchimisten als dem Anfang seiner physikalischen Laufbahn, und wiederum von dem Rechentisch als dem Ende der mathematischen zu den metaphysischen Axiomen vom zureichenden Grunde und vom größten und besten hinführt.

So geht es mit den Elogen! Je größer der Gegenstand, desto weniger können sie leisten; und wir wollen uns darüber trösten. Die wenigen, welche es verdienen als ausgezeichnete Kunstwerke der menschlichen Natur ausgestellt zu werden, haben noch immer einen gefunden, der von ihrer Erscheinung begeistert eine kunstgerechte Lebensbeschreibung, Wahrheit und Dichtung nach unvermeidlichem Geseze mischend, zu Stande bringt. Diejenigen, welche es aus irgend einem Grunde ersprießlich halten, daß ihre Arbeiten als die einzigen Punkte, die für sich einem größeren Kreise sichtbar werden, auch für diesen durch zusammenhängende Commentarien über ihr Leben verbunden werden, diese mögen am liebsten selbst den Stoff einfältig und treu verarbeiten. Auch sie werden, und hätten sie auch den reinsten Zwekk, um lehrreiche Confessionen zu schreiben doch jenem Gesez sich irgendwie fügen müssen; denn jeder dichtet sich selbst, wenn er sich aufführt. Wir übrigen, wenn wir unsere Zeit hindurch an dem stillen Werk der Wissenschaft nach Vermögen gearbeitet haben, wollen uns begnügen auf die schlichteste Weise in die Register derselben eingetragen zu werden zum etwanigen Nachschlagen. Denn anders als so kann doch von dem einzelnen nicht lange die Rede sein, wenn nicht politische Bedeutsamkeit oder künstlerische Trefflichkeit ihm eine bedeutendere Stelle sichern.

Was aber unsern gefeierten besonders betrifft: so wollen wir uns daran vornämlich halten, womit Fontenelle seine Lobrede schließt, es heiße großer Männer Leben verlängern, wenn man ihre Werke würdig fortseze. Denn wenngleich Leibnitz vieles rühmlich begann, dessen Vollendung nicht in dieser besten Welt konnte zu schauen sein, indem schwerlich jezt oder künftig irgend jemand den abgerissenen Faden so wieder fortspinnen möchte: so liegen doch nicht nur vielem in der wissenschaftlichen Fortschreitung seine Entdekkungen immer noch zum Grunde, sondern auch vornämlich war sein großes Geschäft die Kräfte der einzelnen zu wissenschaftlichen Zwekken zu vereinigen und die Freigebigkeit der Regierungen für diese Angelegenheiten auf eine dauernde Weise durch wohlbegründete Institutionen in Anspruch zu nehmen. So hat er auch diesen unsern Verein veranlaßt. Indem dieser im Dienst der Wissenschaften fortbesteht wird des Stifters Werk fortgesezt, und jede Unternehmung, welche danach strebt unsere Kenntniß von den Erzeugnissen der Natur zu erweitern, in ihre Geseze tiefer einzudringen und das Maaß, ohne welches es keine Erkenntniß giebt, vollkommner zu handhaben, verborgene Denkmäler der Geschichte hervorzuziehen, sie mit der Fakkel der Kritik zu beleuchten, und in Ermangelung der allgemeinen Sprache die Gemeinschaft aller Sprachen zu fördern, jede solche ist in seinem Sinne gedacht und eine Verlängerung seines reichen und fruchtbaren Lebens.

10.

Am 24. Januar 1825.

Ein Verein wie der unsrige, ruhend auf einer großen Masse geistiger Production und nur in dem freiesten Verkehr derselben wahrhaft gedeihend, kann des großen Königes, dem diese Stunde gewidmet ist, wol nicht gedenken ohne sich auch zu erinnern an die großartige und freisinnige und alles geistige Verkehr so sehr erleichternde Weise, in welcher er die Aufsicht des Staates auf die schriftstellerische Hervorbringung führen ließ, welche in andern Staaten und zu andern Zeiten oft so schwer auf dem geistigen Leben gelastet hat. Ob Friedrich dieser Maxime wegen politisch durchaus zu loben sei, dies ist eine so vielfältig besprochene Frage, daß es vergeblich wäre in wenigen Worten darüber etwas neues oder entscheidendes sagen zu wollen. Daß er aber als Mensch deswegen glükklich zu preisen sei, dies ist wol wenigerem Zweifel unterworfen. Denn welch ein wohlthätigeres und befriedigenderes Bewußtsein für einen Herrscher, wenn er die strebenden Kräfte frei läßt und ein frisches Leben ihn überall umgiebt, als wenn er sich genöthiget glaubt sie zu binden, und also weiß, daß sein Bild sich überall zu den Beschränkungen gesellt, welche jeder am drükkendsten empfindet. Nicht grade als ob ein Herrscher sich unglükklich fühlen müßte, wenn er beschränkende Maaßregeln auflegt; aber doch wenn wir die Bedingungen betrachten, unter denen hiebei allein eine persönliche Befriedigung stattfinden kann, werden wir uns leicht überzeugen, daß der eigentliche Siz derselben auf jener Seite liegt.

So wie niemals Strafgeseze gegeben werden über Verbrechen, welche noch nie vorgekommen sind und zu denen auch gar keine Neigung vorauszusezen ist: so auch keine prohibitive Maaßregeln, welche ja immer bestimmt sind Verbrechen oder gemeinschädlichen Handlungen vorzubeugen, wenn keine Neigung zu diesen Handlungen. Wäre nie etwas lascives und empörerisches nie etwas höhnendes und frevelndes geschrieben, wären nie ähnliche Reden laut geworden, von denen man glauben muß, daß sie gern einen größeren Wirkungskreis suchen würden: so hätte auch auf natürlichem und gesundem Wege keine Aufsicht über die Presse entstehen können mit dem Zwekke zu verhüten, daß etwas gegen die Religion den Staat und die guten Sitten geschrieben würde. Aber gesezt auch es erschiene dergleichen, wenn die Erziehung überall wohlgeordnet wäre, wenn die Jugend aus der väterlichen Gewalt überginge in die Obhut einer wohlgeordneten und reinen Sitte, welche auch den leisesten Hauch der Unreinigkeit nicht ungerügt ließe: so würde keine Verbreitung üppiger Schriften und Bilder möglich sein auch ohne Aufsicht des Staates. Wenn das kirchliche Leben ein wahres Herzensverhältniß wäre, die Lehrer einsichtsvoll und eifrig darauf bedacht jede Verwirrung der Gewissen aufzulösen, und die Gemeinden voll Vertrauen zu den Lehrern: so würde wenig zu besorgen sein von Schriften gegen die Religion, wie denn auch alle diejenigen, die ein gewisses Selbstgefühl haben, über dieses Lebensgebiet immer die Meinung äußern, man könne Schriften der Art ruhig gewähren lassen, die gute Sache könne dabei nie verlieren sondern immer nur gewinnen. Und wenn das öffentliche Leben recht durchdrungen wäre von eifriger Vaterlandsliebe: so würde derjenige übel anlaufen, der etwas schriebe gegen den Staat, und die Regierung möchte eher nöthig haben schüzende Fürsorge für ihn eintreten zu lassen. Die Kirche nun ist eine große Institution; aber wo einmal ein bürgerlicher Verein blüht, ist die Erziehung es da weniger, wenn sie auch nicht großentheils unmittelbar von der Regierung geleitet wird? Gilt nicht dasselbe auch von der herrschenden Sitte und von allem, was wir zum öffentlichen Leben rechnen? Denn in allen diesen Dingen waltet ein gemeinsamer Geist, de.i zwar jeder bilden hilft, aber dessen Impulsen auch jeder folgt. Also prohibitive Maaßregeln sind immer verdammende Urtheile über die großen Institutionen des gemeinsamen Lebens, entweder daß der sie beseelende Geist zu schwach sei oder daß er eine verkehrte Richtung genommen habe. Indem also der Herrscher diese spricht, kann er nur von Schmerz durchdrungen sein, so gewiß als er das Leben des ganzen klar und besonnen in sich trägt. Indem er sie ausführen läßt, übt er nur eine mechanische Gewalt aus, die ihm keine Befriedigung gewähren kann; der wahren lebendigen Herrschergewalt kann er sich nur bewußt werden, und also in sich selbst glükklich sein, wenn er kräftigend und berichtigend auf diese Institutionen mittelbar oder unmittelbar einwirkt und sein überlegener Geist sie durchdringt. So Friedrich mit seinen oft und vielleicht mit Recht getadelten prohibitiven Maaßregeln auf dem Gebiet des Verkehrs. Sie sprachen auch die Ueberzeugung aus, daß ein uneingeschränkter Welthandel und eine überwiegende Neigung zum Verbrauch fremder Erzeugnisse eine für den damaligen Zustand des Staates verkehrte Richtung sei, wobei ein Gefühl von der Unzulänglichkeit der eigenen Production und des inneren Verkehrs zum Grunde lag. Darum wendete sich der König nun auch mit so vorzüglicher Kraft auf die Belebung dieser Functionen. Sei es nun auch nicht immer die beste Art gewesen, wie er suchte die Bevölkerung zu vermehren, den Boden überall urbar zu machen und die weitere Verarbeitung aller ersten Erzeugnisse innerhalb Landes so weit zu treiben als möglich, unentbehrlich gewordene fremde Erzeugnisse aber nur im möglichst rohen Zustande einzuführen: so bildete doch das so sehr belebende Streben selbst und dessen vielfältiges wenigstens augenblikkliches Gelingen einen wesentlichen

Theil seiner königlichen Zufriedenheit; und nur dieses konnte das drükkende Gefühl übertragen, welches ihm sonst aus seinen prohibitiven Gesezen müßte entstanden sein.

Und eben dieses, daß er fühlte wie sehr er in den wesentlichsten Beziehungen die Seele seines Volkes sei, sezte ihn in Stand es so leicht zu nehmen mit allem, was über den Staat und dessen Einrichtungen so wie über ihn selbst gesagt und geschrieben ward. Er wußte, daß auch der beißendste Spott des einzelnen in der Masse nur als eine Würze ihrer liebevollen Verehrung wirken würde, etwa wie eine leise Ironie über Kleinigkeiten die zärtliche Liebe für einen angebeteten Gegenstand nur recht hervorlokkt und erhöht. Eben so hing nun auch allgemein die Leichtigkeit seiner Handhabung der Censur zusammen mit dem guten Vertrauen in den reinen und tüchtigen Sinn seines Volkes, in dessen nicht leicht zu erschütternde natürliche Gesundheit des Geistes, und mit dem Bewußtsein seiner eignen unermüdeten Bestrebungen auf allen Stufen das System des Unterrichts zu verbessern und das geistige Auge zu schärfen.

Und gewiß ruhte ein Theil dieses Vertrauens auch auf unserm von ihm gegründeten Verein. Auf die Höhe der streng wissenschaftlichen Behandlung aller Gegenstände unseres Bereiches gestellt nehmen wir zwar keinen Theil an den Bewegungen auf der breiten Ebene des unwissenschaftlichen Raisonnements. Aber wenn wir nur eine Warte sind, an welcher jene Bewegungen sich orientiren und ihr richtiges Maaß finden können, wenn nur von hieraus immer Grundsäze ausgesprochen werden, welche allen Täuschungen ihr Spiel verderben, und ein wissenschaftliches Leben dargestellt wird, in welchem die Forschung nirgends durch Eigensinn oder irgend eine Parteilichkeit verunreinigt ist: so wird die Idee des Stifters erfüllt werden, und wir werden wesentlich beitragen, daß das Volk sich immer mehr der Freiheit des geistigen Verkehrs würdig und zu derselben reif zeige.

11.

Am 24. Januar 1826.

Die Sitte, welche unter uns eingeführt ist, Friedrichs als des Erneuerers unsers Vereins jährlich am Tage seiner Geburt öffentlich zu gedenken, würde eine unangemessene Feier sein, wenn er selbst an dieser Erneuerung nicht mehr Antheil genommen hätte als die meisten Fürsten an den Verordnungen nehmen, die ihnen im Rathe der Staatsdiener vorbereitet zur Unterschrift vorgelegt werden. Aber bei allem Werthe, den Friedrich auf diese Angelegenheit legte, würde doch eine solche Feier eine lästige Verpflichtung sein, wenn abgerechnet diese Liebhaberei für die Wissenschaften der König ein dürftiger Gegenstand wäre für die Betrachtung und für die Darstellung. Allein wenn schon lange keiner mehr unter uns sein wird, der noch ihn und sein Zeitalter gesehen hat: so wird doch den Rednern dieses Tages der Stoff nicht mangeln, ohne daß sie sich weder in solche Einzelheiten verlieren dürften, die ihrer Natur nach immer kleinlich sind, noch auch einer gerathen fände auf die Rede eines früheren zurükkzukommen.

Wenn aber dieses allerdings großen Männern zukommt unerschöpflich zu sein, so daß alles uns ergreift und in uns anklingt, was von ihnen gesagt wird, aber nach allem wir immer noch einen Ton in uns finden, der noch nicht angeschlagen worden ist: so gilt dasselbige auch von dem, was im allgemeinen über den Begriff und das eigenthümliche Wesen des großen Mannes mag gesagt werden. Jede nicht ganz ungeschikkte Hand von einem Auge geleitet, das nur irgend geübt ist auf das wahre zu sehen und in die Tiefe zu dringen, wird etwas treffendes und richtiges zeichnen; aber wie vieles auch schon mag aufgedekkt und ans Licht gezogen sein von den Vorzügen, welche eine Stelle erwerben unter den Lichtern und Heroen des Geschlechtes: immer noch wird der Eindruk, den jeder solcher auf uns macht, nicht ganz wiedergegeben sein und zum klaren Verständniß erhoben. Jedes Kunstwerk höherer Gattung und so auch der Begriff eines solchen schließt eine Unendlichkeit in sich, aber auch durch dieses Merkmal wird es nicht begriffen. So auch, wovon hier die Rede ist, das größte Kunstwerk der geistigen Natur. Auch das also, was hier auf Veranlassung des heutigen Tages über diesen Gegenstand angedeutet werden soll, unterliegt demselben Geschikk, und kann nur höchstens ein weniges hinzufügen wollen zu dem vielen, was schon sonst und auch hier anderes und besseres von besseren ist gesagt worden.

Wenn wir an den Helden dieses Tages zurükkdenken: so entgeht uns auch an ihm nicht das Loos wol aller, welche wir durch die Benennung großer Männer auszeichnen, daß er nämlich lebend wie er auf der einen Seite sehr zahlreiche und eifrige Verehrer und Bewunderer gehabt hat, so auch auf der andern Seite nicht minder ist gehaßt und angefeindet worden, nach seinem Tode aber seine ganze Gestalt mehr in den Hintergrund zurükkgetreten ist und die verehrungsvolle Bewunderung von ihrem Glanze nicht wenig scheint verloren zu haben. Solche Ungleichheit des Urtheils möchten wir gern überall besonders aber in Beziehung auf diejenigen aufheben, welche am meisten die Gegenstände der Liebe und der Bewunderung sind. Der Gegensaz zwar unter den mitlebenden wissen wir ist unvermeidlich verbunden mit jener Schwäche, von der fast nur große Männer selbst eine Ausnahme machen, die meisten aber unterliegen dem, daß ihr Urtheil sich selten zur reinen Objectivität läutert sondern mitbestimmt wird dadurch, ob ihre persönlichen Interessen verlezt erscheinen oder gepflegt, und diese Schwäche allmählig zu vertreiben vermag nur der steigende Einfluß wahrer Philosophie, welche, indem sie zu jedem gegebenen, und als solches nothwendigen, sein Gegenstükk aufsucht, auch am sichersten alle Einseitigkeiten unter einander verbrüdert. Aber jene andere Ungleichheit zwischen den mitlebenden und den Nachkommen giebt uns nur zu leicht den allerdings unerfreulichen Eindrukk, daß für bei weitem die meisten Menschen die Beziehungen, welche sie machen, eingeschlossen sind in den Kreis der lebendigen Ueberlieferung. Was in der Kindheit einer Generation noch unmittelbar da war, was in den Erzählungen der Eltern die kindliche Fantasie aufregte, das ist eben dadurch für das Leben befestigt; alles andere aber, was schon weiter zurükkliegt, zieht sich in den engen Kreis der kundigen zurükk, welchen durch die schriftliche Ueberlieferung alle Zeitalter gleich nahe treten.

Aber werden hier alle Eindrükke so aufbewahrt und für alle künftigen Zeiten erhalten, wie sie einst in dem lebendigen Bewußtsein der mitlebenden waren? Oder sind nicht vielmehr fast nur die großen Männer des klassischen Alterthums als einzig bevorrechtet glükklich zu preisen, welche in den Zeiten, wo sich das geistige Auge zuerst zu öffnen anfängt, der aufknospenden Fantasie dargestellt werden, alle anderen aber wenn auch ehedem noch so groß geachtet treten allmählig zurükk, je nachdem die geschichtlichen Massen sich häufen, wie auf dem ruhigen Wasserspiegel, wenn nach einem glükklichen Wurf gewaltige Kreise sich bilden, die Spuren früherer Bewegungen bald gänzlich verschwinden, so daß fast nur am Anfang der größten und durchgreifendsten geschichtlichen Entwikklungen Gestalten stehen bleiben, welchen das Gepräge der Größe für alle Zeitalter unverlöschlich aufgedrükkt ist. Daß aber nur nicht, wenn dem so ist, wie es scheint, der Begriff des großen Mannes ganz zu zerfließen droht. Wenn die Nähe mit parteiischer Vorliebe färbt und indem sie glänzend erheben will oft durch ein fremdes Licht entstellt: so dürfen wir nicht wagen alles groß zu nennen, was dafür gepriesen wird in den nächsten Geschlechtern. Wenn die Entfernung verschleiert und ausbleicht: so werden wir auf der einen Seite dem ohnerachtet nicht sagen dürfen, alles sei groß, was uns auch nach einer Reihe von Jahrhunderten noch so erscheint im Zauber der Darstellung, eben weil die Darstellung auch schmeichlerisch zaubert und uns wieder wie das Urtheil der Mitwelt in einen Kampf von Parteien reißt, auf der andern Seite aber doch vielleicht vieles zu bedauern haben, was nur die Entfernung unserer erhebenden Bewunderung entzieht, und manches, was mit Recht als groß empfunden wurde, da es war, werden wir nicht mehr anerkennen, nur weil es uns an Mitteln fehlt die Gestalt zu sondern aus den farblosen und namenlosen Schatten der Masse. Wenn aber dem Minos die Seelen nakkt dargestellt werden ohne alle Bekleidung der äußern Verhältnisse und Umstände, damit er sie gebiete an den Weg der gerechten oder der ungerechten, können sie dem zeitlosen gar nicht dargestellt werden ohne jenem veränderlichen Licht unterworfen zu sein, damit er groß und klein scheide und die wenigen hingeleite zur Tischgenossenschaft der Götter? Worauf sieht er und wonach spricht er diesen Spruch?

Wenn die Seele entkleidet sein muß, damit der Richter nichts anderes sehe als die Art und Weise des Handelns, um gut und böse zu scheiden: so wird hingegen seinem geweiheten Auge vieles sichtbar werden müssen, wenn er entscheiden soll über groß und klein, was sonst unsichtbar und verborgen bleibt. In dem geistigen Gebiet giebt es keine Größe, als Kraft, und es giebt keine Kraft, welcher die Wirkung fehlt, vielmehr Kraft und Wirkung sind einander immer gleich. Die ganze Atmosphäre der Seele muß dem Auge des Richters erscheinen, auf daß er sehe, wie weit ihr belebender Hauch sich erstrekkt hat und wie viele sich an ihr genährt haben und erfrischt.

Hört eine geistige Erscheinung auf den Eindrukk der Größe zu machen, sobald sie anfängt sich im Gewühl der Masse zu verlieren: so ist gewiß diejenige nie groß gewesen, welche nie im Stande gewesen ist sich diesem Gewühl zu entreißen und den Beschauer zu einer ausschließlich ihr geweihten Betrachtung zu zwingen. Gerecht kann eine solche Seele gewesen sein und so weit ohne Tadel; sie kann in dem reinen Ebenmaaß ihrer Bestrebungen alle Elemente des schönen in sich vereinigen und dem Auge des Wohlwollens auch so erscheinen, jenem unerbittlichen aber ist sie doch das kleine. Wo aber finden wir das entgegengesezte? und lassen sich überhaupt hier feste Punkte aufstellen? Man ist geneigt genug diese Frage zu verneinen, und die Erfahrung drängt uns alle mächtig nach dieser Seite hin; das Bedürfniß aber und also auch die Forderung der Vernunft spricht sich aus in dem Worte eines alten weisen, daß ja unmöglich groß und klein nur könne ein fließendes, sondern daß auch hier wie überall in den Begriffen müsse etwas festes sein. Ja es scheint sogar, als ob nach dieser Regel auch unsere Aufgabe zu behandeln nicht könne allzu schwierig sein, da wir ja schon in dem veränderlichen und fließenden selbst doch haben ein festes Element ergreifen können. Denn wenn wir sagen, der einzelne verliert sich unter der Masse, und ihn deswegen zum Kleinsein verdammen, nun so finden wir eben dadurch das Nichtverlieren, und dies führt auf eine Mannigfaltigkeit freilich von Verhältnissen zwischen dem einzelnen und der Masse, auf eine solche aber, der eine bestimmte Zahl zum Grunde liegt. Eingestanden wird wol von allen werden, daß auf dem geistigen Gebiete der Ausdrukk Masse nur in einem bestimmten und untergeordneten Sinne gebraucht wird. Wo wir eine Menge auf einander wirkendes durch einander wogendes einzelnes Leben sehen, in welcher aber weder eine wahrhaft organische Gestaltung hervortritt noch auch das einzelne sich als selbständiges sondert, das nennen wir Masse. Je mehr der einzelne hier nur ein Ort ist, wo die verschiedenen in der Gesammtheit waltenden Bewegungen sich begegnen sich kreuzen und brechen oder verdrängen, je nachdem die Weise ist, wie, und die Stärke, mit welcher sie zusammenstoßen, ohne daß in dem einzelnen selbst ein den Erfolg regelndes Princip erscheint, um desto mehr erscheint er nur als ein Element der Masse. Denken wir uns nun das äußerste, fehlt die Eigenthümlichkeit ganz, und dieser innere Regulator, der der ganze Eine Factor des Lebens sein soll, ist Null: so ist nothwendig auch die ganze Erscheinung als Zahl zwar zählend aber als eigenes geistiges Leben betrachtet das unendlich oder absolut kleine, und von dieser gilt auch nicht, daß sie tugendhaft sein kann oder schön, denn wenn zufällig ohne Tadel so ist sie auch nothwendig ohne Lob, und spielten in dem gestaltlosen unstäten Flimmern auch lauter anmuthige Farben: so wäre doch keine Schönheit darin. Wo aber das eigenthümliche, der Charakter, nicht fehlt, und alle Einwirkungen selbstgemäß bestimmt, so daß man unterscheiden kann und als wesentlich zusammengehörig fassen was Moment eines solchen Lebens ist: da ist in den mannigfaltigsten Abstufungen, die wir aber alle als Eines zusammenfassen, das Verhältniß der Gegenseitigkeit zwischen dem einzelnen und der Gesammtheit, einer Gegenseitigkeit des Gebens urd Empfangens des Bestimmens und Bestimmtwerdens, in freier Bewegung erscheinend aber doch nach ewigen Gesezen geordnet, nicht mehr das kleine und gemeine aber auch nicht das große sondern das gewöhnliche. Der allgemeine Ort, wo das bessere und das schlechtere neben einander wachsen, wo alle Tugenden und Trefflichkeiten gedeihen alle Talente blühen und Früchte tragen, ja wo auch das Genie glänzt — wenn ein Gewinn ist bei dem Gebrauch solcher durch die Umprägung zweideutig gewordener Münzen, deren oft wechselnden Curs niemand genau kennt — kurz alles gute und schöne ist hier zu finden, aber das große nicht. Sondern der große Mann zeigt sich uns erst diesem allen gegenüber nicht etwa als der schönste und kräftigste aus der Masse oder als der begünstigtste, zu dessen Förderung und Wachsthum alle Bewegungen, die dort vorgehen, oft auf das wunderbarste gelenkt werden, sondern der ist es, der nichts von ihr empfängt und ihr alles giebt. Freilich ist auch er nicht ohne die Gemeinschaft, und wie möchte einer ein großer

Mann sein ohne die ihn umgebende Welt in sich aufgenommen zu haben. Aber doch als das vollkommne Gegentheil müssen wir ihn stellen von dem, was wir als das schlechthin kleine gesezt haben in menschlichen Dingen. Das Empfangen und Insich-aufnehmen, unentbehrlich in dem Rhythmus jedes Lebens, ist in dem seinigen immer nur daß ich so sage der schlechte Zeittheil, nur nothwendig um den guten zu heben, vorangehend damit dieser sei, ja selbst von diesem so beherrscht, daß der in jenen mit hineinklingt, so daß was er im buchstäblichen Sinne empfängt immer nur ein nichtseiendes ist, ein Chaos, das sich in ihm erst für ihn bildet und gestaltet kraft jenes inneren Regulators, der in ihm nicht Null ist sondern alles. Das wahre aber und wesentliche, wodurch er ist was er ist, das sind die eigenthümlichen Ausströmungen seines Wesens, die Idole des Epikuros, die sich jeden Augenblikk von ihm losreißen in alles eindringen und alles in Bewegung sezen. Der große Mann ist nur der, welcher die Masse beseelt und begeistert, ganz herausgetreten aus dem Verhältniß der Gegenseitigkeit, er auf keine Weise ihr Werk, sie aber auf seine Weise das seinige. Wer aber meinen wollte unter dem Begeistern sei etwa zu verstehen, daß die Masse dadurch daß sie des großen Mannes Thaten und Wesen anschaut mit etwas größerem als gewöhnlich erfüllt und so über sich selbst erhoben werde, der bliebe bei etwas geringem stehen was auch schon jedes schöne Talent leistet; nur auf die Empfänglichkeit wirken ist zu wenig für den großen Mann. Denn Nachahmungen hervorbringen, durch Werke und Thaten ein lange fortwirkendes Urbild werden, durch sich selbst in irgend einem Zweige menschlichen Thuns neue Bahnen brechen, zu einer unerreichten Höhe sich erheben und dort aufgestellt sein als ein immer angestrebtes aber nie getroffenes Ziel — dies mag vielleicht mit zu dem gehören, was wir Genie zu nennen pflegen; aber so einseitig ist nicht das Wesen und Wirken des großen Mannes; und auf die lezte Art diejenigen beseelen, welche gleiches oder ähnliches hervorbringen, auf die erste Art aber die, welche es genießen wollen, beweiset eben die Verwandtschaft mit beiden und das Leben mit ihnen an demselben gemeinsamen Ort. Der große Mann ist gesonderter von dem allen, nicht selbst in dieses mannigfaltige Leben verflochten, aber der Urheber desselben. Oft ist es ein solcher gewesen, der, wie ein göttlicher Hauch einer noch ursprünglich starren bewegungslosen Masse mitgetheilt, das mannigfaltige Leben in ihr erregt, wie ein himmlischer Funken hineingeworfen, alle diese schönen Lichter in ihr entzündet hat, öfter noch war es ein solcher, der eine durch widriges Geschikk gedrükkte und in sich zusammengesunkene Masse wieder erwekkt hat zu einer neuen und schöneren Periode ihres Daseins. Kurz der große Mann ist nur der, durch welchen in irgend einer Beziehung die Masse aufhört Masse zu sein, durch welchen sie erregt wird, daß sie sich sondere, daß Selbstgefühl an die Stelle eines träumerischen Schlummerlebens trete, nur der ist es, durch den sie so erregt kraft des ihm einwohnenden Gesezes sich zum organischen Gesammtleben entweder zuerst gestaltet oder auch sich nach einer Zeit des Verfalls und der Zerstörung neu entwikkelt.

So wäre es also. Wo eine neue geschichtliche Entwikklung, wo ein neues oder erneutes gemeinsames Leben von Einem ausgeht, da und nur da ist ein großer Mann. Bisweilen erscheint er die freieste Gabe des Himmels ungeahndet und unbegehrt, öfter nach den heftigsten Bewegungen und langem Seufzen der hülflosen Kreatur. Wenn wir aber sehen, daß an der Grenze zweier Zeitalter des alten überdrüssig und nach neuem ringend die geistige Kraft sich abmüht in Erscheinungen, die keinen Bestand gewinnen, ein vergängliches das andere drängend, wie in den Zeiträumen der noch unreifen Schöpfung, ehe fortbestehende Gattungen sich bilden konnten: da kennen wir die Lösung. Die Masse ist nicht gewekkt genug um ihr neues Leben als ein gemeinsames Werk hervorzurufen; alles harrt eines schöpferischen Wesens, aber der große Mann will nicht erscheinen.

Vor diesem segensreichen Bilde seltener göttlicher Werkzeuge stehen wir als nicht vor unseres gleichen. Es sind die Heroen der Gattung, es ist jenes dämonische Geschlecht königlich und herrschend seiner Natur nach, das aber nur in einzelnen weit von einander entfernten Erscheinungen aus geheimnißvollen Zeugungen der Natur hervorgehend sich offenbart. Aber es ist unser Stolz, daß unsere Sprache uns übermenschliche Ausdrükke weigert. Ein großer Mann, größeres können wir nicht sagen; ein großer Geist, ein Held, das ist weniger; jeder besondere Name gehört auch nur einzelnen Beziehungen, alle Häufungen können nur Verringerungen sein. Etwas aber giebt uns die genauere Betrachtung der hehren Gestalt an die Hand, was uns derselben wieder näher bringt. Soll freilich Einer gedacht werden, in welchem die Kraft liegt in dem ganzen menschlichen Geschlecht aller Zonen und aller Zeiten ein neues Leben zu wekken, und das ganze in Einer alles umfassenden Organisation zu befreunden, der müßte alles menschliche Maaß überschreiten und er wäre zugleich der, welcher alle menschliche Größe vernichtet. Dieses Geheimniß aber, das in dem sich immer wieder erneuernden und immer wieder reinigenden Glauben von Millionen lebt, können wir hier nur erwähnen um es auszulassen aus unserer Betrachtung. Alle großen Männer aber innerhalb des rein menschlichen Gebietes, wenn sie eine Masse beleben sollen und organisiren: so können sie auch nur einer bestimmten Masse angehören, innerhalb deren ihre eigenthümliche Wirkung beschlossen ist; denn sehr verschieden zwar ist das Maaß organischer Bildungen, aber gemessen und begrenzt sind alle. Und hier findet der zweite Theil des schon angeführten alten Wortes seine Bewährung und seine Anwendung. Nämlich an demselben Orte, wo Platon behauptet, auch das große könne nicht bloß relativ verstanden werden, sondern etwas festes müsse in dem Begriffe gesezt sein, eben da stellt er auch eine Formel dafür auf; groß, sagt er, sei was den ganzen Umfang erfüllt, innerhalb dessen es in seiner Art noch Eines sein könne. In diesen Grenzen ist auch der große Mann nothwendig beschlossen; die Masse, auf die er wirkt, muß ein zusammengehöriges und in sich abgeschlossenes entweder schon gewesen sein oder nun durch ihn werden, damit Einheit sein könne in dem Leben, das er in ihr erwekkt. Das Talent das Genie erfreuen sich einer äußerlichen Unendlichkeit ihrer Wirkungen. Das Bildwerk von seiner Heimath aus fernen Regionen zugetragen wird auch dort zur glükklichen Stunde den Sinn entwikkeln, den Geschmakk erwekken, und seine Wirkung ist dann dieselbe. Die Dichtung, nachdem sie eine verwandte Kunst erzeugt, läßt sich in fremde Sprachen übertragen, und die Wirkung im wesentlichen ist dieselbe. Der große Mann ist mit seiner eigenthümlichen Wirkung auf das ihm von der Natur angewiesene Gebiet beschränkt, er hat eine bestimmte Heimath, sei sie nun räumlich begrenzt oder durch einen geistigen Typus, welcher wo er sich auch finde dieser Gewalt unterliegt, außerhalb dessen sie aber ohne Wirkung bleibt.

Doch nun ist es Zeit einer Frage zu horchen, die gewiß schon lange hat hervorbrechen wollen, ob nämlich nicht diese Rede den Ausdrukk, welchen sie erläutern will, ganz gegen den Gebrauch unserer Sprache und gegen das allgemeine Gefühl auf eine viel zu enge Weise beschränkt. Denn worauf deutet das zulezt gesagte, als daß es große Männer nur giebt im Staat und in der Kirche. Die räumlich begrenzte Heimath, in welcher der große Mann wirkt, ist die Volksthümlichkeit, und das organische Leben derselben ist das bürgerliche. Der geistige Typus, den wo er sich auch finde der große Mann sich aneignet, ist die religiöse Sinnesart, und diese wird zu einem organischen Gesammtleben wo es eine Kirche giebt, so daß auch das früher gesagte dazu stimmt, denn es giebt keine anderen Organisationen aus der Masse als diese. Also die Gründer und Wiederhersteller der Staaten, wo hiebei einzelne auf eine ausschließende Weise geherrscht haben und gewaltet, die Stifter und die Reiniger der Religionen, das sind die großen Männer. Zwei Arten derselben giebt es, seitdem Staat und Kirche mehr zur Besonnenheit gelangt sich von einander geschieden haben, und die leztere kein Reich sein will von dieser Welt; nur einartig zeigte sich der Begriff, so lange noch beide theokratisch unter einander verworren waren. Die Kunst aber und die Wissenschaft mögen sich mit dem Talent begnügen oder dem Genie; wie herrlich sich auch ihre Kraft in einzelnen Günstlingen der Natur offenbart, das Gepräge der Größe vermag sie ihnen doch nicht aufzudrükken. Ich läugne es nicht, so scheint sich mir die Sache zu stellen. Aber sollte das wirklich gegen den Gebrauch der Sprache sein und gegen unser geheimstes Gefühl? Unser Friedrich war Tonkünstler und Dichter; aber wenn er beides gewesen wäre in der höchsten Meisterschaft, würden wir ohne Bedenken sagen, auch das wären Elemente seiner Größe, oder nicht vielmehr er wäre das gewesen noch neben dem großen Mann? Ich hätte mich zu dem lezten entschlossen, ja auch nur zu demselben, wenn sein Philosophiren sich zu dem wohlgeordnetsten und tiefsinnigsten System hätte gestalten können. Der große Mann ist nicht was er ist durch einzelne Werke und für einzelne Klassen; ja auch eine Schule zu stiften in der Kunst oder der Wissenschaft ist etwas weit unter seiner Aufgabe. Nicht eine Schule stiftet er sondern ein Zeitalter. Wenn man Recht hat in demselben Sinne von einem Zeitalter des Perikles oder des französischen Ludwig zu reden — ohne es zu bejahen seien dies nur erdichtete Beispiele — so waren dies auch Zeitalter der Kunst und der Wissenschaft, aber ohne daß der Schüler des Anaxagoras selbst wäre ein Philosoph gewesen oder der viel besungene Ludwig selbst ein Dichter. Ein Zeitalter Friedrichs hat es gewiß gegeben. Der Umfang, in welchem sein Geist belebend und organisirend wirkte, war nicht etwa sein Staat wie er ihn fand oder wie er ihn ließ — denn das ist einmal das deutsche Geschikk, daß die politischen Abtheilungen wechselnd sind und zufällig — sondern dasjenige Deutschland, welches wir ohne es geographisch zu nehmen oder gar einen immer mehr verschwindenden Parteigeist wekken zu wollen das nördliche nennen. Mittelbar unmittelbar hat er hier alles belebt und gestaltet, ja selbst die Sprache, die sich hier in seinem Zeitalter bildete, und die Kunst und Wissenschaft in dieser Sprache, wiewol von ihm selbst nicht geübt und wenig beachtet, gehört doch mit zu dem Werke seines Geistes.

So ist sein Gedächtniß ein Theil unserer Selbsterkenntniß, seine geheim fortwirkende Kraft durchströmt noch alle unsere Bestrebungen. Das größte Maaß aber des großen Mannes, das Maaß, worin sich jenes übermenschliche spiegelt ...... *)

*) Hier bricht das Manuscript ab. J.

12.

Am 3. August 1826.

Diesen Tag, der uns festlich versammelt, verlebt der König in gänzlicher Abgeschiedenheit von dem freudigen Getümmel der Hauptstadt und den Verehrungen der Unterthanen. Ein anmuthiges Eiland in unserm märkischen Strom, welches unter dem Schatten ehrwürdiger der Vorzeit angehöriger Eichen die mannigfaltigste und üppigste Fülle jugendlicher Rosen schüzend erzieht, welches überall in seiner Anlage und Einrichtung einen Besizer verräth, der das verlassene aufnimmt, das fremde die verlorene Heimath vergessen macht und den Reichthum aller Künste und Erfindungen auch in einem beschränkten Raum und zu untergeordneten Zwekken edel zu gebrauchen weiß, welches überall den zartsinnigen und kundigen Grundherrn, den König aber nur dadurch verräth, daß es keine andere Ueberfahrt giebt in diesen überall offenen Hain als die er selbst gastlich gewährt — dieses Eiland nimmt ihn heute auf, und sind die Glieder seines hohen Hauses, sind wenige nur von den treuen Dienern, die zu seiner Person in dem nächsten Verhältniß des Vertrauens stehen, übergeschifft: so ist es für diesen Tag allen übrigen unzugänglich. Keine glänzende Waffenschau, keine Freudenschüsse des Heeres, kein feierlicher Empfang der hohen Staatsdiener und des Hofes lassen ein Fest erkennen, keine Belohnungen werden gespendet, keine Beförderungen werden bekannt gemacht, keine Gnadenbezeugungen ausgetheilt.

Was spricht sich hiedurch bestimmter aus als dieses, daß der König diesen Tag nicht will als ein bürgerliches Fest behandelt wissen. Das ist eine Ansicht würdig eines großen Herrschers, der wenn er sich als den Mittelpunkt vieler Millionen Menschen betrachtet, nur in eine weite Vergangenheit zurükk und nur in eine weite Zukunft hinaus sehen kann. Ein Geschlecht vergeht, die herrschenden nicht minder als die gehorchenden; der Staat bleibt unverändert derselbe. Dieses Verschwinden selbst, was jährlich ja täglich so viele einzelne zum tiefsten Schmerz bewegt, es wird im ganzen nur bemerklich durch seine beständige Ordnung, nach der alle Einrichtungen gemessen und berechnet sind. Verwikkelungen und Zufälle, welche zerstörend in das Leben von tausenden eingriffen, sind in dem langgemessenen Leben des Staates nur leicht vorübergehende kaum merkliche Wellen. Sein Gang ist dem Staate bestimmt durch Geist und Charakter des Volkes, durch die großen äußeren Verhältnisse; und wenn zu gewissen Zeiten Aenderungen eintreten in den Marimen der Verwaltung, wie wünschenswerth ja wie wesentlich muß es nicht sein für die innere Ruhe eines Fürsten zu wissen, sie seien von jenen großen Beziehungen ausgegangen und haften nicht an seiner einzelnen Persönlichkeit. Dieser große Maaßstab für die Lebensthätigkeiten des Gemeinwesens, dieses unverkennbare Uebergewicht einer inneren Nothwendigkeit, diese heilsame Stabilität der Marimen — wie ist es anders möglich, als daß je mehr der Herrscher genöthiget ist hierauf zu verweilen wenn er sich selbst im Mittelpunkt des Staates als das Herz dieses großen ganzen betrachtet, um desto mehr ihm seine eigene Persönlichkeit verschwindet. Darum hat sich der Wille des Königes schon seit langer Zeit dahin ausgesprochen, das politische Fest, das uns jährlich wiederkehrt, sei der Jahrestag der Monarchie. An diesem will er vor den Altären der Religion alle Gefühle der Vaterlandsliebe beleben, an diesem zeigt er sich an der Spize der Regierung, theilt einigen ermunternde Zeichen des Beifalls aus, und läßt Mißfallen ahnden indem er andere übergeht.

Der Jahrestag der Geburt aber ist für jeden, dem er nicht unbemerkt vorübergeht, grade die Vertiefung in die einzelne Persönlichkeit, die keine andere Erweiterung und keine bestimmte Umgrenzung hat als die Häuslichkeit. Darum achten wir es mit Recht für eine gute Sitte und ein günstiges Zeichen dafür, daß der Sinn für das ursprünglichste im Leben noch nicht verloren gegangen ist, wenn zumal Hausväter und Hausmütter es den ihrigen vergönnen den Tag ihrer Geburt als ein solches ganz in den Grenzen des häuslichen Kreises eingeschlossenes Fest zu begehen. Wenn sich da die herzliche Freude an dem heiteren Verlauf eines leitenden und versorgenden Lebens ausspricht; wenn das ernste Bewußtsein der Vergänglichkeit des irdischen, das sich so gern an solche Abschnitte heftet, durch das fröhliche Spiel mit der Gegenwart besiegt wird, wozu ein frischer jugendlicher Sinn grade jeden Ruhepunkt am liebsten benuzt, wenn alle natürlichen Verhältnisse sich in dem Glanz vergessender und ermuthigender Liebe verklären: welche Mühen des Lebens werden da nicht weggeworfen, und für welche Lasten desselben nicht neue Kräfte gesammelt! Wenn nun ein Herrscher jenen Spruch des weisen begriffen hat, daß wer herrscht nichts an sich schönes und erfreuliches vollbringt sondern sich nur mit nothwendigem abmüht für andere, und er ist zugleich glükklicherweise als Hausvater in die Mitte vieles schönen und erfreulichen gestellt: wie kann er anders den seinigen erwerben, daß sie sich auch jener guten Sitte erfreuen, als daß indem er sich mit ihnen abschließt und sich seiner persönlichen Verhältnisse erfreut er die des Herrschers mit allen andern Aeußerlichkeiten des Lebens für den Augenblikk wegwirft, um sich für die Lasten seines Berufes aufs neue zu stärken.

Welche reinere Freude kann es geben für ein Volk, eine Freude, welche durch keine Festlichkeiten die ihm bereitet würden ersezt werden könnte, welche reichere Quelle persönlicher Zuneigung der Unterthanen zu dem Herrscher, die so rein durch keine

Gunst- und Gnadenbezeugungen erwekkt werden könnte, als wenn das Volk an solchem Tage seinen Herrscher fröhlich weiß als Menschen unter den seinigen. Nichts ist so geeignet der Verehrung für seine Würde eine herzliche Zuneigung zu seiner Person hinzuzufügen als die Kunde, Wenn der König sich seines Lebens erfreuen will, so steigt er herab von jener uns fremden Höhe auf den gleichen Boden mit uns; er schöpft aus derselbigen Quelle wie wir und stellt sich uns so menschlich gleich, daß, wenngleich keiner von uns ihn auf dieser glükkseligen Insel dem Capreä des tugendhaften Mannes des reinen Ehegatten des gesegneten Vaters belauschen kann, wir doch wie es ihm da gemuthet besser verstehen, als bei jenen prachtvollen Festen bei jenen glänzenden Schaustellungen der Majestät, wozu uns die Thüren so oft geöffnet sind. Darum ist auch die Insel von heilbringenden Wünschen umgaukelt, und wo heute festliche Kreise versammelt sind, da sind in herzlicher Mitfreude dorthin die Augen des Geistes gerichtet.

Mögen denn alle, die sich heute besonders eines solchen Königes und ihres Verhältnisses zu ihm erfreuen, durch die That selbst darauf geführt wohl bedenken, welch eine Täuschung es ist, wenn man es für ein höheres Gut achten will die Verhältnisse der Gewalt und des Gehorsams durch irgend einen todten Buchstaben sicher gestellt zu wissen, als wenn durch solche Liebe ein lebendiges Band geschlungen ist um den Fürsten und das Volk. Sehen wir doch nicht nur in der Ferne deutlich genug, wie leicht da, wo das ganze Gemeinwohl auf Ein Chartenblatt gleichsam gesezt ist, auch alles wieder verschwendet werden kann, was mühsam gerettet ist, sondern auch in der Nähe muß uns an jedem untergeordneten Verhältniß des Gebietens und Gehorchens zwischen vielen und einem entgegentreten, wie leicht jede Form zu umgehen ist wo der wohlwollende Wille fehlt, wie leicht auf der einen Seite der Mißbrauch der Gewalt zu beschönigen, wie leicht auf der andern sich gegen den Buchstaben zu rechtfertigen, während der Geist des Gesezes geschmäht wird und gekränkt;

und gewiß gilt hier der Schluß, daß noch mehr im großen der todte Buchstabe des Gesezes nur belebt werden kann und befruchtet durch den Geist des Vertrauens und der Liebe. Nur das finden wir einen verzeihlichen Wunsch, der tadellos auch heute nicht nur halblaut sich unter die andern mischen darf, sondern zu jedem, der sich auf die Person und das Haus des Königes bezieht, sich gesellen kann wie die wiederkehrenden Zeilen eines Rundgesanges, daß, da Liebe und Vertrauen zarte Pflanzen sind und die Menge die von dem Wink des Herrschers abhängt ein leicht erregbares Geschlecht, wo das gemeinsame Wohl die Interessen bald dieser bald jener Klasse zerstörend durchschneidet, jede solche Entscheidung immer erscheinen möge sei es nun als das Werk einer unbezwinglichen Nothwendigkeit, sei es als das nachzuweisende Ergebniß der zusammengerechneten und gegen einander aufgehobenen Wünsche und Forderungen Aller, nie aber ausgegangen von der persönlichen Willkühr des Einen, auf dessen eigne Wirksamkeit immer nur was gewiß hilft und fördert möge zurükkgeführt werden.

Für uns zwar die Glieder dieses wissenschaftlichen Vereins, in dessen Namen ich zu reden die Ehre habe, ist dieses kein Wunsch mehr; die Ordnungen unserer gemeinsamen Thätigkeit, welche der König vollzogen hat, sind aus unsern eigenen Berathungen hervorgegangen. Fördern sie uns in unserm Wirken: so verdanken wir es Ihm, der sie festgestellt hat; leben wir uns immer mehr mit einander ein und freuen uns jedes neuen Zuwachses von Kräften: so verdanken wir es Ihm, der seit diese neuen Ordnungen bestehen uns noch nie weder ein gewünschtes Mitglied versagt noch aus eigner Machtvollkommenheit eines in unsere Reihen gestellt hat. Gedeihen unsere Bemühungen: so finden wir selbst unsern Lohn in dem Gedanken, daß der einzige Dienst, den wir dem Gemeinwesen leisten können, dem Könige immer genehm und erfreulich sei, wenn durch unsere Arbeiten die wissenschaftlichen Kleinode der Vergangenheit bewahrt und genießbar gemacht, wenn durch unsere Forschungen die Wahrheit mehr ans Licht gefördert und festgestellt wird. Und in dieser Gewißheit liegt auch das Vertrauen, daß wenn uns noch etwas unvollkommen erscheinen sollte in unsern Einrichtungen, der König auch eine Verbesserung, die sich als allgemeiner Wunsch zeigte, nicht versagen wird. Denn von dieser huldreichen Nachgiebigkeit liegt die Gewähr, und gern kehrt auf diese Weise das Ende meiner Rede zu ihrem Anfange zurükk, darin, daß so sehr auch der König liebt an diesem Tage sich dem öffentlichen Leben zu entziehen, er uns doch durch Vollziehung unserer Statuten ausdrükklich aufs neue ermächtiget hat diesen Tag festlich zu begehen und öffentlich den Wunsch auszusprechen, Lange lebe und immer heilbringend regiere der König.

13.

Am 3. August 1827.

Platon vergleicht in seinem berühmten Werke vom Staat auf eine sinnreiche Weise die wesentlich verschiedenen sittlichen Zustände der Menschen mit den verschiedenen Verfassungen des bürgerlichen Gemeinwesens, indem er die Seele selbst nämlich gleichsam als ein solches betrachtet, und die edelste gleicht ihm einem königlich regierten Staat, die schlechteste und verwerflichste aber einem tyrannisch beherrschten, so daß die Alleinherrschaft die äußersten Enden einnimmt, die mittleren Zustände aber den verschiedenen Arten der Vielherrschaft gleichen. Für unser gegenwärtiges Leben aber ist auch hievon, wie von vielem schönen und trefflichen des Alterthums, kein Gebrauch mehr zu machen. Denn die einfachen Formen der damaligen Vielherrschaft sind so gut als verschwunden und finden sich nach dem Ausdrukk der staatsklugen Männer nur noch als zusammengehörige Elemente in den gemischten Verfassungen; oder wo sie noch für sich vorkommen, da erscheinen sie, mit den Staaten von anderen Formen verglichen, in einem so verjüngten Maaßstabe, daß der Zwekk jenes weisen kleineres an dem größeren leichter kennen zu lernen doch nicht würde erreicht werden. Und wenn die tyrannische Herrschaft, als welche immer nur aus der Umwälzung entsteht, wie wir ja hoffen mit den Umwälzungen selbst aus dem Kreise des gebildeten europäi=

schen Lebens ganz vertrieben ist: so ist uns dagegen vielleicht eben deswegen und im Zusammenhange damit das königliche Regiment ein so vielgestaltiges geworden von solcher Verringerung an, daß zwischen einem eingesezten ersten Beamten und dem sogenannten Monarchen nur wenig Unterschied bleibt, bis zu einer solchen immer gesezlichen also nicht tyrannischen aber doch ungemessenen Gewalt, daß nichts, was der Herrscher thue, für Unrecht kann gehalten werden, und daß er nichts zu scheuen hat als dasjenige, dem er sich freiwillig unterwirft, so daß ein königlich beherrschter Staat bei dieser großen Verschiedenheit der Sache und daher großen Unbestimmtheit des Ausdrukks nicht mehr das Bild sein kann derjenigen vortrefflichsten Beschaffenheit des Gemüthes, welche die bestimmteste ist und immer und überall am meisten sich selbst gleich.

Etwas ähnliches, aber nicht philosophisch ausgesonnen und darum auch minder scharf und bestimmt gefaßt, finden wir bei uns allgemein verbreitet und in die Sprache des gebildeten Lebens aufgenommen, eine Art und Weise nämlich nicht grade den sittlichen Zustand ausschließend aber den Totaleindrukk, den uns die Art zu sein eines Mannes giebt, durch die Aehnlichkeit mit den verschiedenen Ständen der Gesellschaft zu bezeichnen, und zwar wie auch jeder Stand sein Verderben hat tadelnd sowol als lobend.

Zwar das bäurische Wesen zuerst kennen wir fast nur als Tadel. Aber doch habe ich von einem nicht unbedeutenden Schriftsteller, der nicht in der Stube sondern so viel als einer mit bedeutenden Menschen aus allen Ständen, namentlich aber mehr als wol ein anderer auch mit dem Volke gelebt hat, von diesem habe ich oft gehört, daß er Männer aus den edleren Kreisen nicht ihrer eigenthümlichen Beschaffenheit angemessener zu loben wußte, und es gab mir allemal einen bestimmten Eindrukk von Wahrheit und Angemessenheit, wenn er sagte, Das ist ein Mann wie ein Bauer. Aber wie auffallend das Wort auch klinge, unläugbar giebt es doch etwas schönes und edles, was diesem

Stande wo er sich frei entwikkeln kann vorzüglich eignet, schlicht und wahr herausgehn, sich kräftig und tüchtig rühren im angewiesenen Kreise, alles fremde aber unbeachtet lassen und was ihm selbst von außen kommt frisch und heiter aufnehmen, weil es nämlich die Natur so mit sich bringt. Wo immer und an welchem Ort der Gesellschaft wir diesen Sinn finden, da wird uns wohl zu Muth, und wir werden den Ausdrukk unseres Ehrenmannes Arndt zu würdigen wissen. Ja auch das möchte ein Vorurtheil sein, wenn jemand beschränkend sagen wollte, in der Nähe des Gegenstandes selbst sei diese anerkennende Bezeichnung am meisten zweideutig, denn wenn man sie von einem unserer großen Landbesizer gebrauche, so würde sie zu leicht den Refler bekommen, er sei wie seine Bauern, und dies erinnere dann an die noch nicht längst vergangenen Zeiten, wo geistige Bildung bis zu jenen Sizen noch nicht durchgedrungen war, und es spiele bis zum Verwechseln in das bäurische was wir immer tadeln hinein. Vielmehr kenne ich auch unter dieser Klasse solche, die an aller geistigen Bildung theilnehmen, und doch wegen der Schlichtheit ihres Betragens und der Einfachheit ihres politischen Wandels jene Bezeichnung sich in dem schönsten Sinne wohl aneignen können. Wissenschaftliche Männer nun giebt es viele dieser Art, ja auch geniale Künstler von solchem Gepräge würde es nicht schwer halten vorzuführen. Nur von den Bürgern kann man wol sagen, es gebe davon eine Klasse, für welche eben nichts besonderes ausgesagt werde durch jene Bezeichnung. Aber das sind auch vorzüglich nur solche, deren Gemeinden man es z. B. freistellen konnte, ob sie wollten städtische sein oder ländliche.

Nicht viel anders ist es nun mit dem bürgerlichen, welches wir auch am meisten dafür kennen, daß es von der feinen Welt schon durch Ton und Geberde und auch ohne Zusaz als ein spottendes Tadelwort bezeichnet wird, wenn man über einen beschränkten Lebensstyl klagen will, der den Mangel großartiger und freier Lebensansichten hinter einer peinlichen Pünktlichkeit verbirgt und feiner zierlicher Darstellung unfähig ein breites Wohlgefallen an steifer Förmlichkeit zur Schau trägt. Aber wie diese Unvollkommenheiten keinesweges dem Bürgerstande allein eignen, sondern wir sie einestheils auch bei dem Landmann finden, wenn er über seine Sphäre hinausgehend sich ziert, anderntheils auch in den höchsten Geschäftskreisen alles formulare Wesen nicht minder spießbürgerlich ist, und eine abgestorbene Etikette ebenfalls den Mangel an Talent beweist in neuen Zeiten auch die Lebensverhältnisse angemessen zu gestalten: so giebt es auch eine edle Art zu sein wie ein Bürger, welche in allen diesen Stellungen und Ständen anzutreffen ist. Durchdrungen von dem Bewußtsein zu einem Gemeinwesen zu gehören, welches wenn es nicht einmal selbständig war doch, wie noch übrig gelassene Proben zeugen, selbständig sein könnte, lebt der rechte Bürger immer in dem Bewußtsein seiner bestimmten Rechtsverhältnisse, zeigt sich aber wie fest und oft unbiegsam er auch sei doch um so mehr bescheiden, als doch sein Gemeinwesen in ein größeres eingefaßt oder von größeren umgeben selbst nicht nach allen Seiten hin sicher ist und selbständig, und er sucht in regem Spiel seiner Kräfte verbunden mit vorsichtigem Zusammenhalten seiner Mittel die Sicherheit, daß er nicht leicht durch ungünstiges Geschikk aus seinem Verhältniß herausgeworfen werden könne. Wo sich also in der Gesellschaft ein freudiges Wohlbehagen kund giebt an sichergestellten Rechten, welche nicht sowol ein Uebergewicht geben als vielmehr eine ruhige Gleichheit begründen, wo ein Bestreben vorwaltet alle Verhältnisse rein zu bestimmen, wo anspruchslose Umsicht auch verwikkelte Lagen fest und klar beherrscht, wo Vertrauen auf das Recht sich in einer gewissen Gleichgültigkeit gegen die Macht äußert, wo eine weise Wirthschaftlichkeit nirgend etwas wesentliches dem Schein aufopfert, eben deshalb auch die große Veränderlichkeit in Sitten und Gebräuchen scheut, da ist ein Mann wie ein Bürger, und wem wäre der nicht ein erfreulicher Anblikk, in welchen Lebenskreisen er sich auch bewege. Ja wir würden uns schlecht auf den Vortheil des Gemeinwesens verstehen, wenn wir glauben wollten, daß wir irgendwo sei es nun in den höheren Kreisen der Gesellschaft oder auch auf dem Gebiet der Wissenschaften und Künste diese ehrenfeste Gesinnung entbehren könnten, welche weder demokratisch noch aristokratisch sich überall als die zuverlässigste Schuzwehr der wahrhaft wünschenswerthen Stabilität bewährt, und überall auch einen solchen ehrt und ziert, dessen Geburt und äußere Verhältnisse eher ein anderes erwarten ließen.

Doch je höher wir steigen, desto schwieriger wird es sich fest zu halten und sich der Gegenstände mit Klarheit zu bemächtigen, und von dem Manne, der wer und wo er auch sei immer ist wie ein Edelmann, weiß ich schon kaum zu reden als indem ich mir den Edelmann theile in den, der mehr hofmäßig ist, und in den, der mehr ritterlich. Zwar nicht vollkommen scharf ist die Theilung aber doch kenntlich. Denn mehr ist gewiß jeder das eine als das andere, und wer beides in gleichem Grade vereinigte, so daß auch nichts unschönes als bindende Masse in die Mischung einginge, der wäre fast ein zu vollkommner Mann, als daß er sollte gefunden werden. Gemeinsam ist beiden und unterscheidet sie von den vorigen das Bewußtsein der Macht und der Auszeichnung. Je mehr nun dieses in den Trieb ausschlägt die Macht als eine Schuzwehr überall geltend zu machen, wo es gehemmte Kräfte giebt und unterdrükkende Gewalten, in die Bereitwilligkeit keinen Kampf zu scheuen um den untergeordneten hülfreich zu werden, um desto mehr waltet das ritterliche vor. Aber wenn sich die hervorragenden weniger wollen unter den übrigen vereinzeln, sondern lieber, indem sie sich zusammenhaltend jeder in der anderen Vortrefflichkeit spiegeln, eine strahlende Masse bilden, welche die Gefühle der Ehrfurcht lebendig erhält, die für ihre leitende Thätigkeit die sicherste Grundlage bilden, da ist das hofmäßige. Wo nun eine Geldmacht entsteht aus der Gewerbsthätigkeit unterstüzt von der geistigen Bildung, ohne welche jene niemals eine solche Höhe erreicht, wo sich im Bürgerstande eine bedeutende Ungleichheit entwikkelt zwischen den großen Unternehmern und den kleinen Arbeitern, und also ein großer Einfluß einer kleinen hervorragenden Klasse, da kann auch hier die adelige Weise und Gesinnung sich unter beiden Formen entwikkeln. Und wie es auf dem geistigen Gebiete der Wissenschaft niemals, wenngleich auch hierin verschiedene Zeiten dem Grade nach verschieden sind, an einer großen Ungleichheit der Talente fehlt und auch hier ähnliche Unterschiede eintreten: so kennen wir gewiß alle aus verschiedenen Zeiten und von verschiedenen Gebieten her auch ritterliche Schriftsteller, welche immer kampfgerüstet auftretend immer rettend erscheinen für das gute und wahre, was eben kräftiger Hülfe bedarf, und welche mit der Schärfe die Milde verbinden und nach tapferen Kämpfen in Zeiten der Ruhe mit freundlicher Herablassung auch unter den minder begabten Geistern weilen. Aber eben so giebt es wahrhaft vornehme Schriftsteller in dem edelsten Sinn von der andern Art. Am liebsten die Nähe geringerer Geister vermeidend und darum auch leicht den fallen lassend, welcher sich in dem Werth den sie ihm beilegen wollten nicht zu behaupten weiß, ist es ihr liebstes Bestreben sich mit den gleich ausgezeichneten eng und ausschließend zu verbinden; und indem jeder weiß, daß auch in den Werken der andern Er am besten das feinste in der Ausbildung der Sprache und des Styls, die edle Haltung in der Entwikklung der Gedanken und den Glanz der Wahrheit wie hell er leuchtet oder wie unmerklich er getrübt ist zu schäzen weiß: so denkt auch jeder indem er sich selbst darstellt mehr an diesen auserlesenen Kreis als an das plebeje Publicum, und so giebt es von Zeit zu Zeit einen wahren Hof der Wissenschaft und des Geschmakks. Aber freilich hier wie auf jedem andern Gebiet hat auch der ritterliche Mann den fantastischen fahrenden Ritter als Zerrbild neben sich, so wie dem wahrhaft vornehmen und hofmäßigen Mann das der leeren Vornehmthuer und der Schranzen beigegeben ist wie Afterkrystalle, die doch neben jene leuchtende Masse gehalten niemanden täuschen können.

Doch lassen wir diese kaum genannt wieder verschwinden, und betrachten wir nun das gesagte in Beziehung auf die heutige Feier: so ist freilich von dem König und dem königlichen Manne noch nicht die Rede gewesen; aber wie doch der König vorzüglich für sein Volk und in demselben lebt, was können wir ihm besseres wünschen, als daß jede gedeihliche Gestalt des Lebens auf allen verschiedenen Gebieten sich frei und reichlich entwikkeln möge, und daß alles ausgezeichnete wie es auch erscheine in dem natürlich guten Sinn einer empfänglichen Masse seine Anerkennung finden möge. Und wenn man in einem Reiche von solchem Umfang und solcher Geschichte vielleicht nicht mit Unrecht sagen kann, daß auch die verschiedenen Provinzen desselben aus einer gewissen Entfernung und im großen betrachtet die eine mehr diesen die andere mehr jenen Charakter in ihrer ganzen Lebensweise darstellen, mögen sie auch aus diesem Gesichtspunkt immer mehr lernen sich gegenseitig zu schäzen und anzuerkennen, und sich als zusammengehörige zu betrachten, die sich unter einander ergänzen. Und dieses gewiß ist zu jeder Zeit zu erreichen und vieles davon der Sorge und Weisheit des Herrschers überlassen.

Anders aber ist es freilich mit dem königlichen Manne. Denn wenn wir gleich sagen müssen, daß er auch anderwärts sei als auf dem Throne — wie sollten auch die Throne anders entstanden sein als durch von Natur königliche Männer? — so ist er doch eine seltene Erscheinung, und die menschliche Natur ist solche hervorzubringen nur in einem gewissen Maaße geschikkt. Das bürgerliche Leben selbst freilich bedarf immer eines Herrschers, und wohl dem Volke, dessen König nie stirbt. Wenn aber doch auf andern Lebensgebieten der königliche Mann nur der sein kann, dessen Selbstbewußtsein in dem Beruf zu herrschen ganz aufgeht, und dem auch, wie er erscheint, sich alles von selbst unterwirft, weil auch seine ganze Erscheinung nur dieses ausdrükkt, ja unmittelbar wie durch zauberische Kraft Ehrerbietung und Gehorsam hervorruft: so müssen wir gestehen, selten nur und nur wenn einem Theile des Geschlechts sei es in der Wissenschaft und Kunst, oder in seinen Verhältnissen zu der äußern Natur, oder auf dem

Gebiete des heiligen eine neue Entwikklung bestimmt ist, bedarf es solcher gewaltiger Geister, und lange können wir ausreichen das so gewonnene und geordnete erhalten und weiter ausbilden, wenn es nur überall an solchen nicht fehlt, welche auf ihrem Gebiet den Charakter der andern Stände entwikkeln. Dafür aber ist auch nicht zu läugnen, und es hängt damit zusammen, daß die Alleinherrschaft so vielgestaltig ist, daß unter der großen Menge der Herrscher uns auch häufig jene anderen Bilder erscheinen.

Der Fürst über einen kleinen Staat, wie wir sie ehedem häufiger hatten aber wie sie auch noch nicht verschwunden sind, isolirt auf seinem Besizthum und in diesem selbst attent und auf das einzelne sein Auge heftend, ohne den Ehrgeiz sich draußen bemerklich zu machen, der ihm auch nur eine falsche Stellung geben würde, eben deshalb auch allen Einfluß, den die großen Weltbegebenheiten auf sein Gebiet ausüben, nur heiter und ergeben als Naturereignisse aufnehmend, ein solcher wird gewiß seiner Würde am sichersten den rechten Ton geben, wenn er sich die patriarchalische Einfalt bewahrt, welche wir als das ursprüngliche uns zu denken haben.

Ein König aber, der ein Mann ist wie ein Bürger, wie trefflich kleidet der einen eben in ruhiger Entwikklung begriffenen Staat auch von größerem Umfang! wie wohlthätig wird eine Verwaltung, welche diesen Charakter trägt, darauf wirken, daß unter begünstigenden Umständen das rechte Maaß nicht verloren gehe, welchen sicheren Grund wird sie legen für bedeutendere und verwikkeltere Zeiten, so daß es keinen größeren Segen geben kann, als wenn ein Volk von einem solchen Herrscher regiert wird so eben ehe es großen Geschikken entgegengeht. Welchen erquikklichen Ton gemüthlicher Pietät hält unter einem solchen das Verhältniß zwischen Fürst und Volk. Ja viele preiswürdige Herrscher wird die Geschichte nicht besser zu bezeichnen wissen als damit, daß sie bürgerliche Könige waren.

Und wie wird auch bei der unumschränktesten Gewalt auch in dem größten Reiche der blendende Glanz der Majestät gemildert, wenn der Herrscher wo er persönlich hervortritt sich überall die freie Anerkennung erwirbt, daß er der feinste Mann sei. Ja in Zeiten, wo die Staaten nicht mehr dürfen isolirt sein sondern alles immer an ein enges Band erinnert, durch welches sie verknüpft sind, wo die Herrscher danach streben in persönlicher auf das wahre Wohl der Menschen gerichteter Vereinigung sich der Welt darzustellen, was für eine beruhigendere erhebendere Erscheinung kann es da geben als einen König, welcher sich bewährt als zu den schlechthin vornehmen zu dem hohen Adel des menschlichen Geschlechtes gehörig, würdig einer glänzenden Stelle an diesem europäischen Gesammthofe! Das Lob eines ritterlichen Königes zu verkündigen enthalte ich mich billig, denn zu oft ist das reizende Bild schon aufgestellt und zu bekannt einem jeden. Aber was bleibt doch der höchste Preis eines Volkes? Wenn sein König ein königlicher Mann ist. Nicht zum ersten Male ist diesem Volk ein solcher gegeben. Noch lange bleibe uns dieser Genuß! lange lebe der König! lange freue sich seiner sein Haus und sein Volk!

14.

Am 24. Januar 1828.

Wenn der große Mann, dessen Gedächtniß uns hier versammelt, auch kein Philosoph war in dem engeren Sinne der Schule: so darf er es doch nicht scheuen, wenn jenes Wort eines anderen großen Mannes für wahr anerkannt würde, es werde nämlich um die Staaten nicht eher wohl bestellt sein, bis entweder die Philosophen herrschten, oder diejenigen, welche herrschen, ein philosophisches Leben führten. Denn auch dieses Wort ist nicht in jenem engeren Sinne geredet. Was nämlich Platon von einer Natur verlangt, welcher beides eignen solle, wohlthätig zu herrschen und fruchtbar zu forschen, daß sie nicht zerstreut und einzeln besizen müsse, was freilich bei den meisten Menschen sich einander ausschließt, das anhaltende milde gemessene auf der einen, das schnelle scharfe kräftige auf der andern Seite, das besaß in hohem Grade vereint der Weltweise von Sanssouci, und darum waren auch beiderlei Werke solcher edlen Natur in seinem Leben vereint, das Herrschen war kräftig und mild, und die forschende Theilnahme an allem wahren guten und schönen war eifrig und besonnen. Darum ward ihm auch zu Theil, was jener weise als den ersten Tribut der Gerechtigkeit gegen solche Naturen aufstellt, daß nämlich, weil sie das Herrschen nur übernehmen nicht als ein ersehntes Gut oder einen seligen Genuß, sondern theils nur um nicht selbst schlechteren unterworfen zu sein, theils als eine des gemeinen Wohls wegen zu tragende Bürde, sie auch nicht gezwungen werden dürften beständig zu herrschen, sondern nur zu Zeiten müßten sie herniedersteigen in die Region der gemeinen menschlichen Dinge, den größten Theil des Lebens aber sei ihnen zu gönnen der Aufenthalt in den höheren Gegenden der Betrachtung. So Friedrich! Nicht wie die meisten auf diese vielstufige Leiter des Gebietens gestellten, welche nur herrschen, und mit der Herrschaft angehörigem beschäftiget sind in der ganzen dem thätigen Leben gewidmeten Zeit, sondern wenige Wochen des Jahres genügten ihm, um die Provinzen zu durchlaufen und die Saat künftiger Beschlüsse in seine Seele zu streuen, und wenige Stunden des Tages reichten hin, um auf die lebendigste Weise das ganze seiner Monarchie zu beseelen und in Ordnung zu halten. Während dieser war Sanssouci der Staat, die übrige Zeit war es der Wohnsiz des einsamen weisen, der sich in den Gefilden der Wissenschaft und der Kunst erging.

Aber nicht nur daß er sich dort erging, sondern er baute sie auch an. Und nicht alles, was er hervorbrachte, blieb so verborgen wie die Töne, in denen er das innerste seines Gemüthes aushauchte, und welche fast nur die begleitenden Meister vernahmen. Ein König als Schriftsteller, welche seltene Vereinigung, aber auch welch ein bedenkliches Verhältniß! die Majestät hervortretend auf das Blachfeld der literarischen Oeffentlichkeit, wo alles von Freiheit und Gleichheit ertönt, und zwar von Gleichheit nicht vor einem Gesez, welches bestimmt und deutlich aufgestellt jeden in Stand sezt sich vorzusehen, sondern vor einer schwankenden und leicht beweglichen Meinung. Wohl dem Könige, wiewol ein jeder dies können sollte, welcher sich ohne einen andern Schuz als den seiner Würde auch in die dichtesten Massen leidenschaftlich bewegter Unterthanen wagen kann, wissend daß überall wo er erscheint Maaß und Ordnung hervortreten; aber übel berathen ist eine Literatur, in welcher das Urtheil über ein Werk bestimmt wird oder auch nur gelenkt durch den Werth seines Urhebers in den geselligen Verhältnissen. Sollte nicht eben dies der Grund sein, weshalb gekrönte Schriftsteller eine so seltene Erscheinung sind? und sollte nicht auch in der That diese Betrachtung hinreichen, um jedem Fürsten das öffentliche Vortreten mit literarischen Versuchen irgend einer Art gänzlich zu verleiden? Wer als Regierungsoberhaupt eines freien Staates nur zu einer wechselnden Herrschaft gewählt ist und auch in der Uebung des Regimentes selbst öffentlichem Tadel immer ausgesezt, würde vielleicht nur sich zu zieren scheinen, wenn er gewohnten literarischen Beschäftigungen während dieser Zeit mehr entsagen wollte als der Drang des Berufs nöthiget. Aber wie anders ist das Verhältniß des Fürsten, der einmal auf dem Throne zeitlebens nicht wieder herabsteigt. Zwar der Zwingherr, so lange er der allein freie ist in seinem Reich und nur gethan wird was er befiehlt, kann unbesorgt wie Nero mit der Oeffentlichkeit des Urtheils spielen. Denn trägt er seine Werke vor: so hat er auch schon geboten, wie geurtheilt werden soll; und es kann fast nur als ein Zaum, den er der Schmeichelei anlegen will, erklärt werden, wenn er selbst die Formel abfaßt, mit welcher er als Sieger ausgerufen werden will. Aber der Regent eines weiter entwikkelten oder noch nicht so tief wieder zurükkgesunkenen Volkes, wenn er in den Wettkämpfen der Musen als Mitstreiter auftritt, scheint aller Mühe zu spotten, welche Verfassung und Sitte aufbieten, um die geheiligte Person so auszuscheiden aus allen menschlichen Verwikklungen, daß kein Tadel wegen irgend etwas im öffentlichen Leben sich ereignenden sie treffen könne, ja um so mehr sich zu vernachlässigen, als entweder die Wichtigkeit des Gegenstandes den kundigen gebietet Gebrauch zu machen von dem Rechte strenger Prüfung, oder als der Drang der Zeiten heischt die einströmende Mittelmäßigkeit, welcher Gattung und welchen Ursprunges sie auch sei, auf jede wirksame Art zurükkzuweisen, ohne einiges Ansehen der Person.

Friedrich hat keinen Nachtheil dieser Art erfahren von seinen Werken, selbst nicht durch den oft heftig entzündeten religiösen

Eifer. Aber freilich, seine Werke hätten auch als die leichtesten Spiele seines Geistes in dem entschiedensten Mißverhältniß stehen können auf der einen Seite zu ähnlichen Hervorbringungen der Zeitgenossen, auf der andern zu seinen eigenen Thaten im Staat und für den Staat, und doch würden die inneren Huldigungen, die ihm unwillkührlich überall dargebracht wurden, durch irgend ein unvermeidliches Lächeln über mißlungene Versuche auf einem fremden Gebiete nicht sein verringert worden. Denn es hätte ihm nicht begegnen können auf irgend einem Gebiete irriges auf solche Weise vorzutragen, daß es eine heilige Pflicht hätte sein können den unheilbringenden Irrthum mit öffentlichem Tadel ernst und streng zu bezeichnen.

Wenn sich nun aber freilich nach einer so seltenen Persönlichkeit keine allgemeine Regel bilden läßt, wollen wir lieber in dem Gefühl, daß auch die Ehrfurcht gegen die Herrscher ein Kleinod sei, das in zerbrechlichen Schalen bewahrt wird, nur warnen, daß doch kein Fürst einem so bedenklichen Vorgang folgen möge? Sollen die Herrscher für ihre hohe Stellung auch noch durch diese Entsagung büßen, wie reich mit Kenntnissen geschmükkt, wie regsamen und zu schönen und würdigen Hervorbringungen aufgelegten Geistes sie auch sein mögen? Wenn das wahre das schöne und das gute die gleichen ewigen Gegenstände des menschlichen Strebens sind: so kann es wol als eine billige Theilung erscheinen, daß diejenigen, welche schon als die Spender des guten über tausende gepriesen werden, sich begnügen sollen das wahre und das schöne nur von andern verarbeitet zu empfangen, und als deren dankbare Gegengabe zu genießen. Aber wissen wir nicht, daß alle Werke des Geistes nur von denen am besten gewürdiget und am vollständigsten genossen werden, die sich in gleicher Thätigkeit selbst versucht haben? und soll denen, welchen wir unter allen sterblichen am meisten schuldig zu sein bekennen, auch Auffassung und Genuß des schönen und wahren erschwert werden? Oder wenn sie doch wo ein lebendiger Trieb dazu waltet in der Stille hervorbringen: soll immer erst das folgende Geschlecht nach ihrem Tode die Bekanntschaft ihres Geistes machen, sie selbst aber von dieser reinen menschlichen Freude, der an den Wirkungen ihrer Werke auf ihre Zeitgenossen, ausgeschlossen bleiben, da wir doch sonst jeden beklagen, der durch unglükkliche Zeitverhältnisse genöthiget wird was er hervorbrachte nur den Nachkommen zu hinterlassen?

Wenn wir es uns in einem Staate als allgemein anerkannt denken, daß denen, die zum Herrschen geboren sind, keine schriftstellerische Thätigkeit, keine öffentliche Mittheilung künstlerischer Werke anständig ist: was wird die natürliche Folge sein? Daß dieselbe Regel auch gelten wird für den Kreis, der den Thron zunächst umgiebt, und dann so weit sich verbreiten als noch irgend ein Vorzug der Geburt anerkannt ist, so daß zulezt dieses ganze Gebiet geistiger Thätigkeit den unedeln Beschäftigungen beigezählt wird, durch welche man, wie bedeutende Dienste sie auch leisten, unvermeidlich der untergeordneten Masse anheimfällt. Das ist der Zustand der Gesellschaft, wir dürfen ihn Barbarei nennen, welchem Friedrich auf alle Weise entgegen arbeiten wollte. Deshalb verschmähte er es nicht, wenngleich auf eine Meisterschaft der ersten Klasse in den meisten Gebieten, die er bearbeitete, keinen Anspruch machend, außer den kriegerischen auch mit dichterischen und geschichtlichen Werken, mit ernsten würdig ausgedrükkten Gedanken über die wichtigsten Momente des Lebens ungenannt zwar aber allgemein erkannt öffentlich hervorzutreten. Deshalb bemächtigte er sich dieses damals in einem Zustande des Verfalls und der Herabwürdigung schmachtenden Vereines, um ihn nach einer würdigeren und zeitgemäßen Umgestaltung geltend zu machen als eine vom Staat anerkannte, von dem Oberhaupte desselben besonders geehrte und gepflegte Körperschaft. Deshalb würdigte er was uns als Mitgliedern obliegt selbst als der Akademie Beschüzer zu thun, Lobreden auf die nach seinem Urtheil am meisten wissenschaftlich ausgezeichneten Männer zu schreiben und in der Akademie vorlesen zu lassen. Sehen wir nicht etwa nur in dem einen eine vielleicht zu weit getriebene vielleicht gar irrende Dankbarkeit gegen hervorragende Geister, in dem andern eine für seinen Standort vielleicht zu große persönliche Liebhaberei für die allgemeinen und schönen Wissenschaften. Nein, Friedrich war so ganz König, daß auch hier vornämlich sein königlicher Sinn waltete. In ihm lebte zuerst die Ueberzeugung, die wir nun freilich alle theilen, daß sein Volk das, wozu er es zu machen so eifrig strebte, nur werden und bleiben konnte durch eine große und regelmäßige Entwikklung geistiger Kräfte, und eine so wohlgestimmte Seele konnte nicht in den Irrthum verfallen, daß eine solche Entwikklung auch eine einseitige sein könne. Das ist der Geist, der sich in seiner Ode an die Preußen ausspricht, der auch die für unsern Verein so ruhmvolle auf die Erneuerung der Akademie durchzieht.

So geziemt es denn vor andern wol diesem Lande, eben weil es das Ziel im Auge behalten soll durch geistige Entwikklung aller Art zu gelten und zu glänzen, daß in seinen Annalen die so seltene Erscheinung eines königlichen Schriftstellers prangt. Und wie in dem großen Könige bei diesem Theile seines öffentlichen Lebens und bei der zweiten Schöpfung unseres Vereins dieselbe Idee zum Grunde lag: so möge es, damit seine Absicht ganz in Erfüllung gehe, der Akademie in keiner Generation an solchen Mitgliedern fehlen, welche den höchsten Kreisen der Gesellschaft durch die Geburt angehörig und mit den höchsten Ehren des Staates ihrer Verdienste wegen bekleidet, zugleich als Meister der Wissenschaft den würdigen Bund zwischen dem bürgerlichen Ansehn und der literarischen Thätigkeit ruhmvoll unterhalten. Wünschen wir aber, daß keine Abtheilung der Gesellschaft sich für zu edel halten möge wissenschaftliche Beschäftigungen zu theilen: so dürfen wir uns nicht verschweigen, daß es gegenüber jener unwillkommnen Absonderung noch ein anderes Uebel giebt, zu welchem wir Deutsche sei es nun aus Schuld unserer Natur oder vermöge der Geschichte unserer Bildung, lieber aber glauben wir das lezte, uns mehr als andere hinneigen, ein Uebel welches bisweilen auch an Barbarei grenzen kann, nämlich das einer nicht immer unpersönlichen nicht immer schonenden Kritik, welche ohne der Wissenschaft zu nüzen nicht unbillig diejenigen von dem Verkehr mit derselben zurükkschrekkt, welche da nicht weilen mögen, wo die feineren Formen des Lebens nur zu leicht verlezt werden. Die Akademie übt zwar keine Kritik und soll auch keine üben als über ihre eigenen und die unmittelbar von ihr veranlaßten Werke; wie es ja aber heißt von edlen Naturen, daß sie auch durch das zahlen und leisten, was sie sind: so möge auch sie durch ihre Haltung und ihren Einfluß von diesem Irrwege immer mehr zurükkzuführen beitragen.

Wenn wir so auf der einen Seite die hohen Stände immer mehr mit dem wissenschaftlichen Geiste befreunden, auf der andern Seite durch unsere Verhältnisse zu dem Personal und den Geschäften des vielfältig abgestuften Lehrstandes auf die mittleren Klassen des Volkes, denen die wissenschaftliche Bildung zugänglich ist, immer kräftiger einzuwirken suchen: dann wird die Akademie, ohne weder in eine ihr nicht geziemende unmittelbar praktische Wirksamkeit abzuirren, noch einem immer falschen Streben nach äußerem Glanze Raum zu geben, doch durch den Glanz ihres zweiten Stifters verklärt werden, indem sie immer mehr dem entspricht, weshalb er selbst an ihr einen so lebendigen Antheil nahm.

15.

Am 3. August 1829.

Wenn man schon immer gesagt hat, um den sittlichen Werth des einzelnen Menschen zu wägen müsse man die Seele nakkt auf die Wage legen entkleidet von allem äußerem Schmukk, ja von allem, was nicht sie selbst ist, so daß genau betrachtet am Ende nichts übrig bleibt, was zu wägen wäre, als der Wille seine Stärke und seine Richtung: so scheint es sich anders zu verhalten, wenn es darauf ankommt den geschichtlichen Werth des einzelnen zu bestimmen. Wir würden uns in die Unmöglichkeit versezen irgend ein Ergebniß auszusprechen, wenn wir ihn entkleiden wollten von der Tüchtigkeit und dem Ruhm seines Geschlechts, von der Kraft und Bildung seines Volks, von den geistigen Umlaufsverhältnissen seiner Zeit. Vielmehr mit dem allen ausgerüstet müssen wir fragen, was er daraus gemacht hat in seinem einzelnen Dasein; oder umgekehrt wenn uns seine Werke und seine Thaten unmittelbar gegeben sind: so gilt es zu berechnen, wieviel davon seinem Volk und Geschlecht angehört und wieviel ihm selbst. Oder kurz zu sagen, es giebt keine andere Formel um diesen Werth zu bestimmen als die, in wiefern der einzelne ein Werk ist seines Geschlechts und seines Volkes, oder umgekehrt Volk und Geschlecht das seinige sind. Was also hier zuerst gegeben sein muß, das ist offenbar die Art, wie hier und dort, jezt und dann, der einzelne und die Masse das Geschlecht und das Volk sich gegen einander verhalten. Doch es ist mir nur fast unwillkührlich entschlüpft des ersten zu erwähnen, da doch diese Gedanken ihre Abzwekkung haben sollten auf den heutigen festlichen Tag. Wo es überhaupt noch eine Beziehung giebt zwischen dem einzelnen als solchem und der Masse als solcher, da ist entweder ein früheres organisches Dasein zerstört oder es ist noch keines da gewesen; wir sehen entweder die ursprüngliche Gährung, aus welcher sich das Leben erst entwikkeln soll, oder die abgeleitete, die ein Werk ist der Zerstörung, das gewaltsame Ende eines nun nicht mehr so wiederkehrenden geschichtlichen Verlaufes. Das andere aber zieht unsere Blikke auf sich; wie mußten sich die Verhältnisse entwikkeln zwischen Geschlecht und Volk, ehe ein königliches Leben nach dem Styl unserer jezigen europäischen Welt konnte zu Stande kommen?

Denken wir uns wenige Familien auf unwirthbarem noch nicht durch die Verwesungen einer Reihe von thätigen Generationen veredeltem Boden unter einander her sich bewegen, die neuen Familien, die sich bilden aus dem heranwachsenden Geschlecht, theils nur die Stelle der früheren einnehmend, theils wenn ihnen eine solche nicht geboten werden kann die Ferne suchend, ohne daß ein bestimmtes Interesse die Gemeinschaft mit ihren angehörigen unterhält: so ist dann auch in der Heimath nichts, was das Andenken der Vorfahren, die nicht mehr selbst gesehen und belebt worden sind, sicher stellte; unter solchen Verhältnissen giebt es noch kein Volk und kein Geschlecht. Sammeln sich nun solche immer wieder aufs neue verwandtschaftlich unter einander verwachsende Familien näher zu einer nicht mehr so leicht zersprengbaren Horde, oder baut und befestiget sich gar eine Stadt: so bildet sich allmählig eine bestimmtere Gestaltung, ein durch größeren Lebensumfang erheiterter aber gleichmäßiger und beschränkter Zustand, in dem noch immer nichts vorgeht, was den Blikk über Menschengedenken hinaus an sich zöge und sich eine Erinnerung stiftete bis ins dritte oder vierte Glied. Ein bewegteres Leben muß erst entstehen, Gefahren müssen bestanden werden, Thaten verrichtet für das nur in solchem Drang sich entwikkelnde Gemeinwesen, günstige Momente glükklich ergriffen und kräftig benuzt werden um demselben neue Mittel zu erwerben: wenn dann ein heldenmüthiger begeisternder Bürger Nacheiferer findet unter den seinigen, die seine Verdienste wiederholen; dann entstehen Eupatriden, Geschlechter, die einen Namen haben, die den Glanz des edelsten Metalls, welches der Masse beigemischt ist, in vorzüglichem Grade von sich strahlen, und auf welche immer zuerst das Volk sieht, wenn Bedrängnisse sich nahen. Doch vergänglich sind diese Blüten! Nicht nur daß nur zu oft solche begünstigte Geschlechter je mehr sie der Gegenstand der allgemeinen Verehrung und Bewunderung sind in feindselige Leidenschaften gegen einander entflammen und zu kämpfenden Parteien werden, die alles in blutige Verwirrung stürzen: sondern auch die Natur, damit sich nicht aus jeder solchen Tragödie eine neue entwikkle, zieht lieber ihre Begünstigung zurükk und wendet sie anders wohin. Festere Haltung allerdings haben die hervorragenden Geschlechter, wenn durch einen auf größere Wirkungen als die bisher beschriebenen berechneten elektrischen Schlag zwei verschiedene Massen zusammengeschmolzen sind, von denen die eine, weil sie allein Kraft Bildung und Sitte in das ganze gebracht hat, auch ausschließend der Siz der Gewalt und des Ansehns geworden ist. Dann entsteht ein festes Verhältniß zwischen diesen Geschlechtern von edlerem Stamm und dem übrigen Volk, und leicht genug ist es den Nachkommen gemacht dieses Uebergewicht nicht nur zu besizen als ein von der Weisheit und Tapferkeit der Vorfahren überkommenes Erbgut, sondern es in jeder Generation wieder zu gewinnen durch selbsterworbene Vorzüge.

Doch ehe wir von hier den Uebergang finden zu dem jezt bestehenden, müssen wir uns erst losmachen von jenen Zuständen, wo die Gesellschaft sich in allen Abstufungen, auch der höchsten, begnügen kann mit wechselnden Obrigkeiten, die wenn ihre Zeit abgelaufen unter die Zahl der untergebenen wieder zurükktreten. Ist dieser Kreislauf auch beschränkt durch Gesez oder Sitte auf eine Anzahl von Familien: so sind diese dann in einem höheren Sinn ausgezeichnete Geschlechter; aber erst wenn die Gesellschaft sich über diese Wechselfälle erhebt, oder schon früher und ohne solche Zwischenstufen durchgangen zu sein unter eine feste an dasselbe Geschlecht geknüpfte Einzelherrschaft gestellt ist, entsteht eine Dynastie, giebt es ein regierendes Geschlecht hoch über jene ausgezeichneten gestellt, gleichviel ob der jedesmalige Herrscher aus seinem Geschlecht sich seinen Nachfolger ernennt, oder ob eine gesicherte Ordnung der Erbfolge besteht. Gleichviel, für den Vorzug des Geschlechtes nämlich, nicht für das Wohl des ganzen, welches gewiß um so besser gedeihen wird, wenn, wie lokkend es auch für den Herrscher selbst sonst sein möge die Krone auf das Haupt des jedesmaligen reifsten und besten unter seinen Söhnen oder Brüdern sezen zu können, doch keiner menschlichen Willkühr hier Raum gelassen ist. Würden wir indeß dieses wol so getrost nachsprechen, wie die Institutionen aller heutigen europäischen Staaten, die aus allen Zerrüttungen und Umwälzungen immer wieder in dieser Gestalt der erblichen Monarchien hervorgegangen sind, es uns vorsagen, wenn wir nicht glaubten voraussezen zu dürfen, daß bei der Art wie dieses Eine Geschlecht von der Gesammtheit der geistigen Kräfte des ganzen Volkes getragen wird und emporgehalten, bei dem Bande welches jeden einzelnen des Geschlechtes mit allen übrigen verknüpft, noch ehe der jedesmalige Thronfolger an die Spize des ganzen gestellt wird, kurz bei dem hier natürlichen gegenseitigen Verhältniß des Familiensinnes zu dem Gemeingeist, in dem gewöhnlichen Lauf der Dinge wenigstens der persönliche Unterschied der einzelnen in seinem Einfluß auf das ganze ein gewisses Maaß nicht überschreiten werde.

Freilich wird diese Voraussezung falsch sein, wenn es an dem einen wesentlichen Element, der lebendigen Wechselwirkung zwischen dem Volk und dem herrschenden Geschlechte, fehlt, wenn der Monarch sich mit den seinigen in ein geheimnißvolles Dunkel verhüllt, um nur bei einzelnen Gelegenheiten in nur anders verhüllendem Pomp hervorzutreten. Aber dann ist auch entweder das ganze eine todte eigentlich nur durch das hergebrachte nicht durch irgend einen lebendigen Geist bewegte Masse, oder das regierende Geschlecht verliert bald seine Bedeutung, und eine andere Gestalt der Dinge tritt ein. Da aber, wo ein Fürstenhaus nicht nur an die Spize sondern zugleich auch in die Mitte des Volkes gestellt ist, entsteht auch in demselben ein eigenthümlicher von allen andern auch ausgezeichneten Geschlechtern es bestimmt unterscheidender Geist. Der einzelne Mann auch von den größten Gaben hängt von günstigen Umständen ab, wenn er sich ohne Unterstüzung eines angeerbten Glanzes dahin erheben soll ein öffentlicher Charakter zu sein, er muß sich in gefährlichen Zeiten gezeigt haben und in glänzenden bewährt, dann wird sein Name der freudige Stolz der Menge, und wer wollte ihm nicht sein Bewußtsein beneiden, sofern ihm an der schönen Gegenwart genügt. Aber so wie er nichts vor sich hatte, so wird er auch nichts nach sich haben; er wird von Einer großen Welle der Zeit hoch emporgetragen, die sich vielleicht lange mit majestätischem Stolze fortwälzt; aber früher oder später wird sie ereilt von einer folgenden, und versinkt unter dieser mit allem was sie trug. Ein nur nicht unwürdiges Glied eines berühmten Geschlechtes kann sich, auch wenn es ihm an dem Wunsch sich auszuzeichnen nicht fehlt, doch mit ungetrübter Ruhe der glükklichen Zeiten freuen, wo es mitten in dem allgemeinen Wohlbefinden des ganzen nicht leicht für den einzelnen möglich ist sich glänzende Verdienste um dasselbe zu erwerben, aber er weiß, daß wo er hinkommt wohlthuende und erhebende Erinnerungen sich an seinen Namen knüpfen, und daß diese gern von einem freundlichen Vertrauen begleitet sind, welches er nur zu nähren braucht durch Treue gegen das, was ihm überliefert ist; und wie er durch die Vergangenheit lebt, so hat er nur sein Geschlecht dem Geist der Zeit gemäß zu erhalten und fortzubilden, um selbst befriedigt zu sein und die Ansprüche seines Volkes zu befriedigen. Aber wie ganz anders gestaltet sich das Bewußtsein in jedem Gliede eines königlichen Hauses. Nur das herrschende Familienhaupt selbst ist was es ist durch seine Person. Für jedes andere Glied des Hauses sind persönliche Verdienste um das Vaterland nur eine zufällige Zugabe; denn sie können sie nur erwerben an Stellen, welche auch durch andere könnten ausgefüllt werden. Nie können sie in Versuchung kommen und nie sollen sie in Verdacht gerathen persönlichen Ruhm eigenliebig zu suchen; denn wo sie hingestellt werden, versteht sich das beste und vortrefflichste von selbst, weil sie wie kein anderer von Kindesbeinen an als Glieder dieses Hauses mit dem ganzen und für dasselbe gelebt, nur den Namen des Landes als ihren gemeinsamen Familiennamen gekannt und das Bewußtsein ihres Berufs mit der umgebenden Luft eingeathmet haben, und es ihnen mit jedem Beweise der Ehrfurcht, die ihnen schon in ihren Kinderjahren gezollt wird, tiefer ist eingeschärft worden, so daß bei ihnen allen, zumal aber den männlichen Gliedern, Familiensinn und Gemeingeist, Kindesliebe Geschwisterliebe und Vaterlandsliebe, Sorge für ihre Nachkommen und Sorge für den Staat nur eines ist und dasselbe.

Doch um den gegenwärtigen Zustand der Dinge richtig zu würdigen, müssen wir noch die Frage aufwerfen, wie ein solches Haus sich erneuern kann und fortbestehen. Was kann natürlicher scheinen, als daß, wie ein Herrscher seine gesellige Umgebung findet in der Auswahl des Volks oder den ausgezeichneten edlen Geschlechtern, so auch die Familie selbst sich in diese versenkt und aus diesen verstärkt, die Töchter des Königshauses den edelsten des Landes vermählend und wiederum die Töchter der edelsten den Söhnen des Hauses zuführend. Wenn so das dem höchsten menschlichen Beruf für sein Volk geweihete Haus sich von aller fremden Beimischung frei hält und nur was von dem edelsten der Gesammtheit herstammt in sich aufnimmt: so muß es wol den Geist und Charakter des Volkes am reinsten bewahren und am vollkommensten in sich entwikkeln. Aber freilich auch am schroffsten und mit der stärksten Spannung gegen alles fremde, also einer solchen Zeit freilich nicht sehr angemessen, wo die Völker ohne die mannigfaltigsten Berührungen nicht nur sondern Verbindungen mit einander nicht mehr bestehen können. Doch nicht nur dieses, sondern durch eine solche Art zu sein verliert auch das regierende Haus seine Stellung über demselben und verwebt sich zu sehr in dasselbe; es verliert seine gleichmäßige Beziehung zu dem ganzen, und gehört unvermeidlich denen näher an, denen es verwandt und verschwägert ist. Und welche schauderhafte Menge von List und Ränken im Wetteifer um diese Verwandtschaft, von blutigen Fehden aus Eifersucht über dieselbe, ja von bürgerlichen Kriegen, von Entthronungen und offnen oder verlarvten Königsmorden aus getheilten Ansprüchen, die auf diese Weise entstanden sind, zeigt uns nicht die Geschichte schon eines einzigen Landes. Daher haben je länger je mehr die europäischen Königshäuser dieses System nur den Völkern überlassen, bei denen das Familienleben überhaupt sich verbirgt und so ganz von dem öffentlichen Leben abgerissen ist, und also kein Einfluß von Verschwägerungen existirt. Sie selbst aber, unsere Fürstenhäuser, haben immer mehr alle Eheverbindungen mit dem eignen Volke vermieden und sich nur unter einander verschwägert; und so hat sich diese vorher in der Geschichte noch nie so da gewesene Erscheinung gebildet, daß unser ganzes Staatensystem von einem einzigen Familiennez regierender Häuser umschlungen ist, in welchem sich höchstens zwei Hauptstämme noch unterscheiden lassen, ein germanischer und ein romanischer, um sie nur mit allgemeinen ethnographischen Namen zu bezeichnen, welche beide aber doch durch mehrere Mittelglieder mannigfaltig mit einander zusammenhangen, so daß sich nun alle unter einander mit verwandtschaftlichen Namen begrüßen.

Seitdem diese Maxime sich festgesezt hat ist wol nirgends eine Besorgniß entstanden, der Regent werde dereinst dem Vaterlande weniger angehören, wenn seine Mutter nicht eine eingeborene desselben ist, sondern sie selbst ist gleich eine Tochter des Landes geworden, dessen Preis und Ehre auf sie mit übertragen wird, so wie sie in dies geheiligte Revier eintritt, und so kann sie auch nur Söhne des Landes gebären und erziehen. Aber über den Einfluß dieses Institutes auf die Verhältnisse der Völker hat man sehr verschieden gedacht. Es hat freilich Zeiten gegeben, wo die größeren Staaten noch zu wenig in ihr neues Selbstgefühl eingelebt sich in der Erinnerung an die ehemaligen ritterlichen Fehden in einer Lust zu kleinen Kriegen aus unbedeutenden Ursachen erschöpften, und wo eine Vermählung, die einen Friedensschluß besiegelte, nicht viel mehr war als eine schlechte Maske über den Vorsaz bei der nächsten günstigen Gelegenheit wieder loszubrechen; aber diese Zeiten sind vorbei. Gewaltigere Explosionen haben der politischen Atmosphäre eine andere Spannung gegeben und die Staaten von der krankhaften Neigung zu solchen kleinlichen Erschütterungen geheilt, und in großen Geschikken Kämpfen und Prüfungen aller Art hat wo so viel auf Geist und Sinn der einzelnen beruht auch in den Häusern der Herrscher der Sinn für das Leben der Familie sich ein größeres Recht wiedergewonnen, und treue Liebe im häuslichen Kreise ist wieder erkannt worden als das Heiligthum, in welchem am sichersten das Gemüth sich besänftiget reiniget und stärkt. Auch seitdem haben wir freilich auf der politischen Rednerbühne und sonst oft genug den Spruch gehört, daß die Völker und die Staaten weder Vettern haben noch Schwäger. Dieser einfache Spruch ist auch in so fern wol richtig, daß wenn die Interessen der Völker sich einmal bis auf einen gewissen Grad verwikkelt haben andere Gründe als solche Verwandtschaften dazu gehören, um jeden andern auch mit Aufopferungen verbundenen Ausweg der Entscheidung durch die Waffen vorzuziehen. Aber nicht minder gewiß ist dieses, daß solche Befreundungen doch nicht unwirksam sind heftige Ausbrüche weiter zu entfernen, die Keime der Zwietracht eher zu unterdrükken, die friedlichen Wege beiden Theilen wünschenswerth und erfreulich zu machen und in ruhigen Zeiten auch die Völker einander zu nähern. Auf alle Weise also ist jenes Nez ein starkes Band der Einigkeit für unsern Welttheil, ein

Nez des Friedens über Europas Reiche gespannt, durch dessen sanften Zauber die Abneigungen und Vorurtheile der Völker sich allmählig lösen, gesellige Verhältnisse aller Art sich unter allen leichter anknüpfen, die Verhandlungen der Staaten immer mehr den Charakter eines verborgenen Krieges verlieren, der Geist der Wahrheit und Offenheit mächtigen Vorschub gewinnt, und in allem was zum Leben der Staaten gehört gemeinsame Interessen und gemeinsame Liebe alles immer mehr zu einer allgemeinen Verbrüderung stimmt.

Wie gesegnet also das Haus des Königes, welches gleich einem kräftigen Baum seine Aeste ausstrekkt gen Ost und West, und edle fürstliche Frauen als holde Genien des Friedens aussendet und empfängt. Und diese Tage hoffnungsvoller Verbindungen und seltenen Wiedersehns, auf die der König auf die wir alle heute mit besonderer Freude zurükksehen, diese Umarmungen, als die theure Tochter dem Vater in dem künftigen Beherrscher eines großen Reiches seinen Enkel hinreichte, sie sind, obgleich ganz und ausschließend dem innern Familienkreise angehörig, dennoch nicht nur eines der gehaltreichsten Blätter in dem Lebensbuch des Königs, nicht nur mit Recht die Freude und das Jauchzen eines getreuen Volkes, sondern sie verdienen ein Gegenstand des Interesse und des Wohlgefallens für Europa zu sein, wenn es sein schönes Geschikk, wenn es die menschlichen Wege, auf welchen es seinem Ziel entgegengeführt wird, versteht und zu würdigen weiß.

16. *)

Gedächtnißrede

auf

Philipp Buttmann.

Der Tag, an welchem wir die Gedächtnißfeier unseres Stifters begehen, ist zugleich nach den Ordnungen unseres Vereins dazu bestimmt, das Andenken der Mitglieder, welche der Tod unserem Kreise entrükkt, den übriggebliebenen noch einmal zurükkzurufen. Eine löbliche wiewol nicht allen Vereinen dieser Art gemeinsame Sitte! Es sagt dem Gemüthe zu, denen von welchen wir voraussezen dürfen, daß sie unvernommen irgend einmal Abschied von uns genommen haben, eine Antwort auf ihren lezten Gruß nachzurufen; es gehört zur Ordnung einer enger geschlossenen Gemeinschaft, ein Verhältniß, welches der Tod oft auf das unerwartetste und immer wol unwillkommen abbricht, durch eine ehrende Aeußerung der Liebe mit Bewußtsein und Besonnenheit abzuschließen. Daher erscheint mir auch unsere Weise, daß dieser Nachruf recht aus der Mitte des Vereins und von den Geschäftsführern desselben sich vernehmen lasse, richtiger und natürlicher, als wenn anderwärts diese Pflicht den neuen Mitgliedern obliegt, welche die verlassenen Pläze einnehmen. Berühmte

*) Gelesen am 8. Julius 1830. Schon abgedruckt in den Abhandl. der königl. Akad. d. Wissensch. in B. 1830. pag. XI. J.

Namen würdiger Vorgänger geschikkt und beredt zu feiern ist freilich für neu eintretende ein dankbares Geschäft, und sehr geeignet ihnen günstigen Eingang zu gewähren bei den neuen Genossen; aber ein treues und wahres Wort über das Verhältniß eines dahingegangenen zu dem Verein ist doch wol nur nach unserer Weise zu erwarten. Und hierauf glaube ich doch müssen wir unsere Gedächtnißreden bei dem gegenwärtigen Zustand der literarischen Welt vorzüglich beschränken. Denn hat uns irgend ein wissenschaftlicher Mann verlassen: so wetteifern nach Maaßgabe als er ausgezeichnet war gleich alle literarischen Blätter um den besten Nekrolog, gehn auch dem gelehrten Deutschland mit möglichst genauen Verzeichnissen seiner Schriften an die Hand und voran, ja auch das allgemein menschliche wird in dem Maaß wie es sich darbietet mit in die Darstellung gezogen, so daß uns, die wir nur an Einen Tag jährlich gebunden sind, selten etwas übrig bleiben würde, als berichtigende und ergänzende Wiederholung dessen, was schon außer unserm Kreise gesagt worden ist. Nur die Beziehungen zu uns, dasjenige, wodurch einer der unsrige war, wird seltener unserer Feier vorweggenommen; und dieses am meisten eignet sich auch dazu in unsere Denkschriften mit der Jahresgeschichte unseres Vereins als ein Theil derselben niedergelegt zu werden. Wenige Tage waren erst nach dem Tode unseres Buttmann verflossen, als schon zwei seiner Freunde, auch Glieder unserer Akademie, in hiesigen Blättern *) die Hauptzüge seines Lebens zusammenfaßten, seine wissenschaftliche Art und Kunst in ihrer Eigenthümlichkeit darstellten und den mannigfaltigen Kreisen, in welchen dieser Virtuose der Geselligkeit sich bewegt hatte, das liebenswürdige Gemüth des Mannes vergegenwärtigten. Sind nun auch die Vorgänger nicht immer so trefflich: so würde dennoch, wenn wir uns nicht auf unserm besonderen Standpunkte festhalten, oft genug der Fall auf ähnliche Weise eintreten, daß der akademische Sprecher nichts anderes sein

*) Allg. Pr. St.-Zeit. 1829 Nr. 177 und Berl. Nachrichten 1829 Nr. 147.

könnte als das treue Echo einer oder mehrer früherer Stimmen. Bei unserm **Buttmann** kommt noch die bekannte von ihm selbst verfaßte Lebensbeschreibung *) hinzu, in welcher er mit der rühmlichsten Offenheit angiebt, nicht nur wodurch jedesmal sein äußeres Leben eine neue Richtung bekommen, sondern auch wie ihm der Gang seiner Studien ist bestimmt, und wie er zu seinen Arbeiten ist veranlaßt worden; ja auch das hat er nicht übergangen, was man als die Schranken seines Genius ansehen kann, so daß nichts übrig bliebe, als das schon gesagte zusammenzustellen, und das authentische zwar aber doch fast nur hingeworfene ausführlicher oder kürzer zu kommentiren. Diese eigne Nachricht **Buttmann's** von sich selbst endet gerade mit seinem Eintritt in unsere Akademie und mit dem Geständniß, es sei ihm eher ängstlich zu Muthe bei dieser ausgezeichneten Erweiterung seiner literarischen Wirksamkeit. Wie er überall nichts weniger leiden mochte als die falsche der Ziererei verwandte Bescheidenheit: so hat er gewiß auch hier sein Gefühl wahr ausgesprochen; aber es ist doch ein irriges gewesen. Man braucht nichts von seinen Forschungen zu kennen, aber nur gelesen zu haben wie unsere beiden Freunde den Geist seiner Arbeiten beschreiben, um gleich zu wissen, daß sie zu den Zierden unserer Sammlungen gehören. Ich möchte aber noch weiter gehen und behaupten, daß nicht leicht einer so ganz von der Natur dazu gemacht war, und so ganz — und zwar mit dem besten Gewissen — seinen Beruf darin finden konnte Akademiker zu sein, als er. Wenn ich mir hiebei freilich die Frage denke, was ein Akademiker eigentlich sei: so kann einige Verlegenheit entstehen, da über die Abzwekkung solcher Vereine in einem wissenschaftlichen Zustand wie der gegenwärtige gar verschiedene Ansichten stattfinden. So oft diese unter uns selbst zur Sprache kamen, gesellte er sich immer zu denen, welche in unserer Akademie am liebsten eine wirkliche Vereinigung von wissenschaftlichen Kräften zu gemeinsamen Zwekken

*) Bildnisse jezt lebender Berl. Gelehrten mit Selbstbiographien 3te Samml.

sehen wollten, kraft deren bedeutende Werke ausgeführt werden könnten, die jedem einzelnen zu groß wären. Allein wenn auch andere den Nuzen unseres Vereins sicherer zu finden glaubten in den Arbeiten der einzelnen, welche dadurch erleichtert, veranlaßt, und, ohne daß wir uns mit dem lästigen Theil der Sache zu befassen brauchten, an das sachkundige Publikum gebracht werden: Buttmann war in beider Hinsicht mehr als irgend einer ein Akademiker. Gehen wir von dem ersten Gesichtspunkt aus: so war er in seinen wissenschaftlichen Arbeiten durchaus gesellig bestimmbar, freilich in dem Kreise, in welchem er sich Leistungen mit einer gewissen Sicherheit zutrauen konnte, so daß er sich nicht verleiten ließ mit zersplitternder Vielthätigkeit bald in diesem bald in jenem ganz neuen Felde mit anderen zu arbeiten. Allein auch diese schüzende Vorsicht ging aus von der geselligen Maxime, die er selbst als eines der bedeutendsten Regulative seines Lebens angiebt, daß er nämlich nie in einen geselligen Kreis eingetreten sei, bis er die Sicherheit gehabt in demselben etwas zu sein und etwas zu leisten. Und in diesem Sinne der wissenschaftlichen Geselligkeit hat er schon lange gelebt und gewirkt, ehe er in unsern Kreis eintrat. So war seine erste philologische Wirksamkeit die Hülfsarbeit am Schweighäuserschen Polybius, so hier seine gemeinschaftlichen Studien mit dem etwas älteren Spalding, dessen Hauptarbeit er deswegen zu vollenden im Stande war; wie er auch den Biesterschen Dialogen, mit des würdigen Mannes Vergunst sei es gesagt, durch seine Hülfe und durch seine spätere Ueberarbeitung erst einen eigentlich philologischen Werth gab; so hernach sein Verhältniß mit dem bedeutend jüngeren Heindorf, den er während seiner ganzen Laufbahn förderte und unterstüzte; so der freundschaftliche größere Kreis mehr auf Förderung der Theilnehmer als auf Bereicherung des Publikums gerichteter griechischer Lesungen, von dem er eine Reihe von Jahren hindurch der am meisten belebende Mittelpunkt war. Ja wenn nach den ersten ordnenden Vorarbeiten, die er an der hiesigen königlichen Bibliothek verrichten half, er hernach wünschte in diesem Wirkungskreise zu bleiben und ihn für denjenigen erklärte, der ihm immer am meisten zugesagt habe: so war es, weil er sich nun für geschickt hielt in den Gesammtkreis der wissenschaftlichen Thätigkeit Berlins als literarischer Rathgeber und Helfer einzutreten. Denn das war eigentlich seine Freude an diesem Geschäft, daß er mittelst der Bibliothek allen, die sich an ihn wendeten, in ihren literarischen Bedürfnissen hülfreich sein konnte, und gewiß hat er nie Zeit und Mühe sich verdrießen lassen, auch Studien, die ihm selbst ziemlich fern lagen, auf diese Weise zu fördern. Ja wenn er auch nie die erste Stelle an der königlichen Bibliothek ausgefüllt hat und erst spät eigentlicher Bibliothekar geworden ist: so sind doch die Verwaltungsgrundsäze, die besonders bei Errichtung der hiesigen Universität neu aufzustellen waren, wenigstens ihrem ersten seitdem immer beibehaltenen Principe nach großentheils seinem Einfluß zuzuschreiben, wie sie auf den liberalsten Gebrauch des vorhandenen und auf die Abhelfung jedes sich zu Tage legenden Bedürfnisses ohne alle Vorliebe für besondere Fächer berechnet sind. Ja wenn er es selbst bemerklich gemacht, daß seine literarischen Productionen später als gewöhnlich angefangen haben, und daß er überall erst und nur in Berlin geworden sei was er sei: so kommt dies daher, weil es ihm früher an der geselligen Anfassung fehlte, die er hier in vollem Maaße fand. Vieles würde vielleicht immer als gesammelter Stoff oder als höchst flüchtig skizzirtes Resultat in seinen Papieren geruht haben, wenn er nicht durch gesellige Verhältnisse aufgefordert worden wäre damit hervorzutreten. Und genau betrachtet möchte man sagen, daß er auch nur auf diesem Wege dazu gekommen ist, sich die Hauptrichtung seines Lebens auf das klassische und namentlich griechische Alterthum zu bestimmen. Denn wenn wir die Nachrichten von seinen göttingenschen Studien zusammennehmen: so sagt er selbst nur, nachdem er von der Theologie — ungesagt weshalb — abgegangen, sei er bei der Philologie, die er schon als Grundlage zu jener trieb, stehen geblieben; und das klingt nicht sonderlich, als ob ihm damals schon ein verstärkter innerer Beruf dazu gekommen wäre. Es war aber auch nicht nur die klassische sondern auch hebräische Philologie, wie denn mehrere von seinen später ans Licht getretenen Arbeiten von fortgesezter Beschäftigung mit dieser zeugen. Und wenn er einen Ruf nach Dessau annahm, der sich auf Mittheilung geographischer und statistischer Kenntnisse bezog, und wir ihn hernach lange Zeit mit lebendiger Theilnahme bei der Redaction unserer politischen Zeitung finden: so dürfen wir uns nur erinnern, daß er in Göttingen auch besonders auf Gatterer gehalten, um zu glauben, daß er auf diese Gegenstände damals einen nicht unbedeutenden Theil seiner Zeit gewendet habe. Und wenn er gleich selbst sagt, beides wären nur Nebenbeschäftigungen gewesen, wie er dergleichen immer bei seinen Hauptbeschäftigungen getrieben habe: so möchte ich ihm entgegen behaupten, es habe mit diesem Unterschiede bei ihm von vorne herein nicht sehr viel bedeutet, sondern alles, worauf ihn die Lehrgesammtheit der Universität nach Maaßgabe der anziehenden Kraft jedes einzelnen hinleitete, habe ihm ziemlich gleich gestanden, bis ein geselliger Anstoß dem einen Gebiete einen Vorsprung vor den übrigen gab. Diesen gewann die griechische Sprache zuerst in Strasburg, und, nachdem sie in Dessau zurükkgedrängt gewesen, aufs neue und für immer in Berlin durch eine damals hier rege gewordene Liebe zu dieser Sprache, und durch seine persönlichen Verhältnisse mit den Männern, die diesen neuen Aufschwung am entschiedensten förderten. Und hier würde freilich die etymologische Richtung immer die Vorhand behalten haben, aber sie hätte sich eben so leicht nach seinen ersten Arbeiten zu urtheilen dem lexikalischen zuwenden können, als dem eigentlich grammatischen, wenn nicht abermals ein geselliger Anstoß ihn auf diese lezte Bahn vorzüglich getrieben hätte. Grammatische Untersuchungen würde er immer angestellt haben; sie würden auch wol in einzelnen Abhandlungen ans Licht getreten sein, aber die Grammatik hätte sich schwerlich zusammengefunden, wenn sie ihm nicht wäre über den Kopf genommen worden als Ergänzung der Arbeit eines anderen. Vielleicht hätte ich dieses überhaupt nicht oder wenigstens nicht so sagen sollen, aus Furcht jemand möchte vielleicht deshalb sein Talent und seine Arbeit geringer anschlagen. Aber was ist wol der Beobachtung würdiger an einem einzelnen Leben als zu sehen, wie der Geist, nachdem er in den Leib eingeschlossen als einzelne Seele erscheint, sich nun seine Einzelheit von innen selbst genauer bestimmt, und diese Richtungen des geistigen Lebens sich aneignend andere aber anderen überlassend ein solcher wird? Und wer ist in dieser Selbstbestimmung ein freierer und erquikklicherer Spender und Bildner der mitgebornen Gaben? ist es derjenige, der in einen ganz ins einzelne hinein bestimmten Trieb zusammengezogen, in ungünstiger Lage entweder sich mühsam abarbeitet und doch nur kümmerliches zu Stande bringt, oder erst gewaltsam durchbrechen muß dahin wo er das Eine anvertraute wirksam und geltend machen kann; oder ist es derjenige, der sich, ehe er so ganz bestimmt ist, unbefangen den Forderungen des umgebenden Lebens hingiebt, und dem deshalb jede Lage günstig ist, um bald so bald anders einzugreifen und von dem, was nach dem Ausspruch des Gemeinsinnes und Geistes noth thut, zu verrichten was er kann? Ein solcher war **Buttmann**. Angeboren war ihm als einem überwiegend forschenden Geist ursprünglich nur die Richtung und Neigung zur Geschichte im Gegensaz der auf Erforschung der Natur, dies aber so sehr, daß, wäre er durch überwiegenden Einfluß in die entgegengesezte Bahn geworfen worden, er sich doch auch dort nur an das geschichtliche und sprachliche würde gehängt haben. Dieses ganze Gebiet aber stand ihm offen von Natur, und er hat sich auf das vielfältigste darin versucht; aber zu ausgearbeiteten Leistungen innerhalb desselben bestimmte er sich nur für das, was wissenschaftliche Geselligkeit ihm entlokkte. Das übrige half sich dann durch, wie er selbst sagt, als Nebenbeschäftigung, erwartend daß es auf dieselbe Weise auch, wenn gleich nur einzeln und zerstreut, ans Licht werde gefördert werden. So war es ihm denn ganz angemessen, daß seine Grammatik als ein so entstandenes Werk dadurch, daß sie sich bei der nächsten Erweiterung aus dem Zusammenhang mit fremder Arbeit löste, und durch unabläſſige Pflege und neue Ausstattung sich zu seinem Hauptwerk herausarbeitete, zu einem Werke von dem größten Einfluß, welches noch mancher jugendlichen Generation unseres Volkes die schönste der Sprachen aufschließen wird, und durch welches ihm gelungen ist zwischen Nachkommen und Vorfahren vermittelnd die Nachkommen selbst in die Sprache ihrer Ahnen einzuweihen. Ist ihm nun nicht vergönnt gewesen es in jener größern Ausführlichkeit, welche ihm gestattete manche seiner eigenthümlichen Ansichten schärfer zu entwikkeln und tiefer zu begründen, ganz zum Ende zu führen: so wollen wir uns damit trösten, daß er noch den Theil, der immer am meisten würde geglänzt haben, vollenden konnte, ehe die Krankheit ihn ganz darnieder warf.

War er nun durch seine Natur so ganz auf die wissenschaftliche Geselligkeit angewiesen und dadurch so zum Akademiker bestimmt, daß er sich jedem wissenschaftlichen Verein gern anschloß, und daß sich ihm jede wissenschaftliche Befreundung zu einer Art von akademischem Verhältniß in diesem Sinne, zu Gemeinschaft der Forschung und der Production, gestaltete: so war er nicht minder akademisch, wenn wir von der andern Voraussezung ausgehen, durch die fast ausschließende Richtung seines wissenschaftlichen Strebens auf einzelne Untersuchungen. Wer in irgend einem systematischen Verfahren in zusammenhängenden Constructionen vornämlich begriffen ist, der kann sich zwar eines solchen Vereins wie der unsrige sehr freuen in vielen Hinsichten, aber zu einer bestimmten Zeit etwas einzelnes in sich vollendetes abliefern zu sollen, das kann ihm eher beschwerlich sein. In dieser Verlegenheit war Buttmann nie, denn er war immer in einzelnen Arbeiten begriffen, und ist darum auch, so lange er mit uns arbeitete, von einer großen Regelmäßigkeit gewesen in seinen Beiträgen. Wie er von Natur dem einen der beiden großen Hauptobjecte des Wissens zugewandt war, dem andern aber fern stand: so war ihm auch von den beiden Hauptformen, der speculativen Zusammenschauung und der geschichtlichen Forschung, diese mitgegeben, jene aber versagt. Wenn der sterbliche noch geboren werden soll, der sich in beiden mit gleicher Leichtigkeit bewegt: so können wir diese Einseitigkeit eben so wenig ihm als einem anderen zum Mangel anrechnen; Buttmann durfte wenigstens nur so sein, wenn er so in sich zusammenhängend so sich selbst gleich sein sollte als er wirklich war. Denn diese Richtung seiner Thätigkeit steht mit seinem Bestimmtsein für die Geselligkeit und durch die Geselligkeit in der engsten Verbindung. Der speculative Denker auch im weiteren Sinn kann nur Vorarbeiter haben und Schüler, Genossen aber nicht; uud die Geselligkeit muß ihm etwas besonderes für sich sein abgesondert von seiner Hauptrichtung. Buttmann aber liebte die Geselligkeit nicht nur für das Leben, wiewol er auch dort Meister darin war, sondern auch für das Wissen, und er liebte sie so frei und gleich als möglich; er wollte und suchte grade Genossen, und so wenig er sich als Meister aufdrang, so wenig suchte er auch Schüler festzuhalten, sondern mochte, daß jeder so bald als möglich auf eigenen Füßen stände. Darum war natürlich die geschichtliche Forschung, und nun, nachdem er sich einmal für diese vorzüglich bestimmt hatte, die geschichtliche Sprachforschung insonderheit sein eigenthümlichstes Gebiet. Denn hier gilt es Genossen je mehr je besser, Autoritäten aber sind nichts; weshalb er auch hier auf das festeste an jenem Gegensaz hielt, und nicht wollte, daß die Sprache sollte auf speculative Weise construirt werden, da sie ein geschichtlich gewachsenes ist. Darum machte ihm auch in jeder Sprache das die meiste Freude, wodurch sie sich jenem Ansinnen am schroffsten widersezt, der Sprachgebrauch, der als Thatsache hingestellt werden kann, je räthselhafter desto lieber. Ja faßte er auch schon die Regeln mit der größten Vorsicht in dieser Beziehung: so waren ihm doch die Ausnahmen die eigentlichen Gegenstände seiner Liebe, und er freute sich wenn sie lange ihn diese jugendliche Frische genießen ließen, weil er ja doch nicht anders konnte, als auch für sie Analogien zu suchen und sie dadurch unter Regel zu bringen. Hierin aber war er auch ein Meister, wie es wenige gegeben hat; die Einzelheiten der Sprache standen ihm zu Gebote auf eine fast magische Weise zu jedem Spiel und zu jedem Ernst. Durch entfernte Verwandtschaften das deutlich machen, was am meisten vereinzelt erscheint und unerklärlich, Vergleichungen und Verständigungsmittel herbei bringen, von wo ein anderer sie nicht gesucht hätte, mit dieser Virtuosität überraschte er immer wieder aufs neue. Aber nicht leicht konnte auch etwas ihn so leicht in eine ihm nicht gewohnte Spannung versezen, als wenn er fürchtete, daß selbst Freunde und Kenner eine Zusammenstellung, mit der es ihm Ernst war, und die er schon in einer gewissen Gestaltung vortrug, eher scherzhaft nehmen möchten. Dies war vielleicht das einzige, worüber er bisweilen wenigstens schien keinen Scherz verstehen zu wollen. Das Systematisiren aber in der Sprache und in der Geschichte haßte er aufrichtig, theils weil er es von einer Seite als eine absolute Verkehrtheit erkannte, von der andern Seite aber als einen Zustand der Wissenschaft voraussezend, der noch gar nicht vorhanden ist, theils weil es, wenn einmal anerkannt, auch eine tyrannische Autorität ausübt, indem es die einzelne Forschung lähmt und einen tödtenden Mechanismus an die Stelle sezt. Dieses ist die ihm widerwärtige Anmaßung, fast das einzige nebst ausgesprochner Schlechtigkeit, was seinen duldsamen und nachsichtigen Geist in Harnisch bringen konnte. Daß er an den Bemühungen die philologischen Studien selbst zusammenhängender zu gestalten und sie als ein geschlossenes ganze darzustellen keinen Theil nahm, damit hängt es anders zusammen. Er erkannte sie an, aber sie afficirten ihn nicht, weil sie ganz außerhalb seiner Richtung liegen. Und wer weiß, ob nicht hiebei etwas von dem gesunden Skepticismus zum Grunde lag, der ein so großes leitendes Princip für ihn war, und den wir gewiß alle für ein wesentliches Element akademischer Wissenschaftlichkeit ansehen. Denn wenn wir unsern Charakter so aussprechen, daß wir nicht bestimmt sind die Wissenschaft zu überliefern sondern weiter zu fördern: so würde diese Richtung etwas ganz unbestimmtes sein und nur auf Gerathewohl und gutem Glükk beruhen, wenn sie sich nicht gründete auf eine immer erweiterte Untersuchung der Art, wie der gegenwärtige Thatbestand der Wissenschaft entstanden ist. Denn jeder versündigt sich an der Wissenschaft, der indem er in den Gang derselben eingreift seinen Vorgängern gradezu Decharge ertheilt über das, was sie an ihn abliefern; alle bedeutenden Verbesserungen gehen aus von der Revision des früheren Verfahrens. Und eben hierin muß **Buttmann** vor anderen gerühmt werden. Man kann im besten Sinne des Wortes von ihm sagen, daß sich nichts für ihn von selbst verstand; sobald etwas für ihn Gegenstand eigner Forschung wurde, erkannte er keine Autorität an, sondern fragte unmittelbar die Sache und wußte sie zum Reden zu bringen. Und daß man so bestimmt inne wird, er will nichts als dieses, und er versteht sich auf das Anklopfen um jeder verdächtigen Stelle einen verrätherischen Ton zu entlokken, das gab allen Untersuchungen, die er uns vorgetragen hat, die ihm eigenthümliche jeden, auch dem der Gegenstand fern liegt, anlokkende Frische. Damit nun hing aber auch zusammen, daß er auch in den wissenschaftlichen Regionen, wo er nicht selbst einwirkte, nicht zu den gläubigen gehörte, zumal wo er die Spuren einer fleißigen Kritik des zurükkgelegten Weges vermißte. Und so mag er über die encyclopädische und andere theoretische Bemühungen auf dem Gebiete der Philologie wol auch unsicher gewesen sein, ob wol die Begriffe, von denen man ausging, auf die gehörige Weise festgestellt wären, und Hoffnung gäben in ein einfach geordnetes ganze zusammenzugehen.

Als **Buttmann** in unsere Akademie aufgenommen ward, hatte er nicht nur die volle persönliche Anerkennung der Akademiker für sich, mit denen er in näherer Verbindung stand, sondern seine Grammatik war schon so weit ausgearbeitet, daß sie seinen philologischen Ruf in Deutschland begründete; auch hatte er sich auf dem Gebiet historischer Forschungen über die Mythen mit Glükk versucht; ja es war ihm schon mehrere Jahre vor seinem Eintritt die Auszeichnung geworden, daß die Akademie eine ihr überreichte Abhandlung in ihre Denkschriften aufnahm. Seine in der Akademie vorgelesenen und in deren Denkschriften abgedrukkten Abhandlungen sind sämmtlich einzelne selbständige Forschungen, theils über mythische Gegenstände, theils über Personen und Sachverhältnisse aus dem früheren und dem weniger gekannten Alterthum. Die meisten davon sind schon in seinem Mythologus gesammelt, so wie in seinem Lexilogus manches sich findet, was er in mehreren Klassensizungen immer unter sehr lebhafter Theilnahme der anwesenden mitgetheilt hatte. Die lezte, die er las, wich um etwas hievon ab, und ist soviel ich weiß das einzige öffentliche Zeugniß von einer Liebhaberei, die immer nur Nebenbeschäftigung geblieben war, nämlich der Astrognosie; er führte uns zurükk auf die frühere Gestaltung der noch gangbaren Sternbilder, und suchte die Entstehung derselben auf die möglichst natürliche Weise deutlich zu machen. Wiewol damals das Leiden, welches seinen Tod herbeiführte, schon bedeutende Fortschritte gemacht hatte, überfiel doch wol keinen unter uns eine bestimmte Ahndung davon, daß dies seine lezte Leistung sei, und daß er gleichsam unter dem gestirnten Himmel Abschied von uns nehme, bemüht auch jene Sphären mit dem Auge des Volkes zu sehen, dessen Art zu sehen und zu denken in seiner Sprache zur rechten Anschauung zu bringen der wissenschaftliche Beruf seines Lebens war. Und doch war es so; denn nicht gar lange darauf trug er uns in Bezug auf seinen körperlichen Zustand den Wunsch vor, von den regelmäßigen Arbeiten an der Akademie dispensirt zu werden — bis auf weiteres sagte er zwar, denn er wollte weder uns noch sich die Hoffnung rauben — aber er selbst war tief bewegt in diesem Augenblikk, und an keinem wol ist diese Bewegung ohne eine eigne vorübergegangen.

Nach unseres Spalding's Tod war das von diesem verwaltete Sekretariat der historisch-philologischen Klasse auf Buttmann übergegangen. Er hatte freilich nie eine Neigung zu äußerer Geschäftsführung, theils weil er complicirte Verantwortlichkeiten scheute, was auch wieder mit seiner, wenn man auf den Erfolg sieht, den er darin hatte, ganz unbegründeten Abneigung gegen den eigentlichen Lehrstand zusammenhängt, ja auf das innigste in seine Eigenthümlichkeit verwebt war, theils aus gesunder Abneigung gegen alles was bloß Förmlichkeit ist. Diesem Geschäfte aber glaubte er doch nicht sich entziehen zu dürfen. Ein freier Verein von gleichen kann seinen Geschäftsführern keine Verantwortlichkeit aufladen; sie werfen sie auf die Gesammtheit zurükk, indem sie immer nur die bestehende Ordnung vollziehen oder in bestimmten Aufträgen handeln. Und einem solchen Verein von wissenschaftlichen Männern glaubte er es angemessen bloße Förmlichkeiten so viel möglich fern von ihm zu halten. In dieser Hinsicht verdanken wir ihm manches bequemere, ohne daß doch je das wesentliche darunter gelitten hätte. Aber schon seit mehreren Jahren fühlte er immer besonderen Drang sich dieses Amtes zu entledigen, und konnte nur eine Zeit lang durch Rükksicht auf das Wohl der Akademie davon abgehalten werden. Er legte es aber nieder, noch ehe er sich jene allgemeine Entbindung erbat.

Ich bin an meinem Ziele angekommen, und wünsche mir Glükk, daß ich nicht mehr übernommen habe. Sollte ich von der Zeit reden, nachdem er aufgehört unter uns wirksam zu sein, von dieser Zeit, die zumal in Vergleich mit einem solchen früheren kein Leben mehr war, sondern nur der noch nicht gekommene Tod, von jenem allmähligen Verfall nicht des Geistes wollen wir zwar sagen aber doch seiner Wirksamkeit und Aeußerungskraft, nur weil der Leib ihm täglich mehr den Gehorsam versagte: so würde ich der Wehmuth meines Gefühls erliegen. Sollte ich ihn darstellen rein menschlich in seinem ganzen Wesen, in der männlichen Kräftigkeit seines ganzen Lebens, in der nie verlezten Achtung für die Freiheit anderer, in seinem lebendigen Eifer für das gute und wahre und seiner gänzlichen Abneigung von allem Parteiwesen, in der großartigen Freiheit seiner sittlichen Gesinnung und in seiner fast ängstlichen bürgerlichen Gesezlichkeit, in der lebendigen ächt christlichen Frömmigkeit seines Herzens und der antiken Ungebundenheit seines Mundes, in dem wahren Ernst seiner Handlungsweise und der unbeschreiblichen Milde seines Urtheils, in der unübertrefflichen Kekkheit seines Wizes und seiner Laune und der immer gleichen Weichheit für das Mitgefühl fremden Leidens: ich thäte, was denen doch nicht befriedigend sein könnte und noch weniger anschaulich, die ihn nicht kannten, und was doch überflüssig wäre für uns die wir ihn kannten — und nicht leicht einer der unsrigen ist in unserem Kreise so ganz gekannt so übereinstimmend gewürdigt so ungetheilt geliebt worden, als er.

17.

Am 3. August 1830. *)

Sehr verschieden nach der Zeiten und Personen eigenthümlicher Art ist immer die Frage beantwortet worden, welches Loos glükklicher sei, zu herrschen oder beherrscht zu werden. Aber keine auch, über welche sich beide Theile so leicht täuschen können, die beherrschten, welche der Schimmer der Gewalt, weil sie ihm fern genug stehen, nur lokkt ohne sie zu stechen und zu ermüden, die herrschenden, wenn sie die stille Verborgenheit des Lebens in dem magischen Halbdunkel erblikken, welches sie sich selbst künstlich nicht natürlich nachbilden in ihren einsameren Sizen. Eine ehrwürdige Stimme des Alterthums von einem Manne dieser Täuschung weniger ausgesezt wegen großer Schärfe des geistigen Blikkes und großer Erfahrenheit des Lebens, das sich in solcher Nähe von allen heimischen Gestaltungen der Gewalt bewegt hatte, in welcher jede Täuschung verschwindet, läßt sich dahin vernehmen, daß diejenigen, welche am meisten oder vielmehr allein geschikkt wären zu herrschen, dessen am wenigsten begehrten und nur durch eine aufgelegte Nothwendigkeit dazu könnten vermocht werden. Somit entscheidet der sokratische weise gegen das Glükk

*) Gelesen am 6ten Aug. 1830. Anmerk. Schl's.

der Herrscher; denn das steht ihm immer voran, daß keiner sich wohl befinden könne, der sich in einem Geschäft bewegt, wozu er nicht geeignet ist. Aber welches sind ihm nun jene geeigneten, die sich nur freuen, wenn sie der Nothwendigkeit des Regierens glükklich wieder entkommen? Besinnen wir uns, daß es diejenigen sind, welche sich mit dem Urquell alles Seins, der selbst über das Sein hinausliegt, mit der wahrnehmbaren Dinge allein wahren Begriffen, welche nur das innere Auge erschaut, und mit den ewigen Gesezen der Massen und ihrer Bewegungen am meisten beschäftigen; denken wir uns, diese sollen, wenn sie nach einer Reihe von Jahren aus ihren einsamen Denkstätten herabsteigen in das gesellige Gewühl, nicht nur im Besiz sein der rechten Principien über das gute und rechte — denn das vielleicht könnten wir ihnen zugestehen — sondern auch in dem Besiz ihrer richtigen Anwendung auf das vorliegende Leben: was für eine unbewegte fast leblos ruhige Welt muß dann vor ihnen liegen, und wie fremd erscheint uns deshalb, wie unangemessen dem Boden, auf welchem wir stehen, diese Entscheidung des Streites. Dennoch scheint es fast, als hätte man oft und lange Zeiten hindurch auch in der modernen Welt nach dieser Entscheidung sich gerichtet. Denn wenn man die durch ihre Geburt zur Herrschaft bestimmten an alle mit derselben verbundenen zum Theil beengenden Lebensformen von Kindheit an gewöhnte, damit sie das beschwerliche davon weniger fühlen möchten, sie aber zugleich nicht nur von jenen erhabenen Erkenntnissen zurükkhielt, sondern auch von vielen, welche der Aufgabe, das Maaß und den Werth der menschlichen Dinge richtig zu bestimmen, bedeutend näher liegen: was kann dabei anders zum Grunde gelegen haben, als wenn auch nur eine bewußtlose Sorge sie das nicht kosten zu lassen, woneben ihr nächster Beruf ihnen unschmakkhaft werden müßte. Doch auch diese Zeiten liegen uns zu fern, als daß wir uns ihre Denkart aneignen könnten. Indeß finden wir auch in der unsrigen einen etwas verschiedenen aber nicht minder triftigen Grund zu ähnlicher Entscheidung, nämlich die unter uns weit verbreitete Scheu eine große und umfassende Verantwortlichkeit zu übernehmen Je zusammengesezter die Verflechtung der Verhältnisse, je größer der Umfang von Gegenständen, welcher überschaut werden muß, je mannigfaltiger beweglich die Kräfte, die geleitet werden sollen, je getheilter die Interessen derer, die von den Einrichtungen des Herrschers ihre Befriedigung hoffen, je unübersehbarer die Möglichkeit störender Einwirkungen von außen: um desto leichter beschuldigen wir den der Unkunde seiner selbst und der Verhältnisse, die ihn erwarten, der sich plözlich und ohne Nothwendigkeit in einen solchen Strudel hinabstürzt; um desto mehr beklagen wir denjenigen, der dieser Nothwendigkeit nicht entgehen kann.

Allein auch aus diesem Gesichtspunkt betrachtet findet sich in den Verhältnissen beider Theile, der Herrscher und der beherrschten, eine fast unübersehbare Mannigfaltigkeit, und sie entwikkeln sich von einer dem Anschein nach vollkommnen Gleichheit zu der höchsten Spannung aber durch diese hindurch auch wieder zu der schönsten Uebereinstimmung und zur lebendigsten Mittheilung dessen, was auf jeder Seite das glükklichste ist, an die andere. Es giebt in kleinen Gesellschaften von geringer Entwikklung einen solchen Zustand vollkommner Gleichheit, daß, weil alle dasselbe Maaß halten und innerhalb derselben Grenzen gebunden sind, auch der Alleinherrscher — denn einen solchen sezen wir — nicht nur in seinem besonderen Leben dasselbe ist und thut, was auch seine untergebenen, sondern auch wo er gebietet, wiewol es wenig zu gebieten giebt, doch nichts anderes ist als der Ausrufer dessen, was auch jeder von selbst würde gethan haben. Es giebt große Völker, unter denen ein ganz anderes Maaß der Gewalt des Herrschers gilt, ja das größte was man sich denken kann. Ohne alle Zwischenstufen ohne alle bestimmte Form hängt das Leben eines jeden an seinem Wink; der heute begünstigtste Diener hat morgen schon sein Dasein dem gebietenden Willen mit Leichtigkeit geopfert, oder wandert gleichgültig in eine von aller Theilnahme an der Macht weit abgelegene öde und hoffnungslose Verbannung. Aber keine noch so rasche That bringt den Machthaber zur Besinnung über eine zu schwere Verantwortlichkeit, die auf ihm ruhe; er selbst und alle, die er beherrscht, sind von einem gemeinsamen Gefühl beseelt, dem eines über alle gleichmäßig waltenden Fatum, und in diesem finden sie sich alle gleich. Es gab große Völker, bestimmt in einer gewaltigen Aufregung roher Kräfte bedeutende geschichtliche Wirkungen hervorzubringen, die schon zerfallenden Reiche umzurennen durch ihren Stoß, und indem sie sich zur Ruhe sezen den Grund zu legen zu einer neuen Welt. Der Herzog giebt das Zeichen, die Schaar folgt: aber alles bewegt sich durch denselben unverstandenen Impuls eines allen gemeinsamen gewaltigen Lebens. Nur wenn das Bewußtsein sich weiter entwikkelt, wenn das besondere Leben und das gemeinsame bestimmter auseinandertreten, wird der Unterschied wahrgenommen zwischen denen, die ihr einzelnes Leben dem gemeinsamen unterordnen, in welchem sie nichts selbstständiges thun können, und dem, der von seinem einzelnen aus vermittelst des gemeinsamen Lebens, das aus jenem seine Impulse bekommt, dem besonderen Leben vieler tausende freien und anmuthigen Raum geben kann oder auch störend und verwirrend in dasselbe eingreifen. Wird nun dieser Unterschied so aufgefaßt, daß der Herrscher weniger beneidet wird wegen seines Einflusses als die Last seiner Verantwortlichkeit mitgefühlt: so ist das nicht etwa nur eine gutmüthige Regung, geeignet die leichter zu trösten, in Bezug auf welche von oben herab scheint etwas versehen worden zu sein; sondern auch wenn wir uns ganz außerhalb des Verhältnisses stellen, müssen wir gestehen, der Unterschied zwischen der Verantwortlichkeit eines Alleinherrschers und der eines einzelnen Unterthan ist so groß, daß auch der größte Unterschied der Einsicht, der Geisteskräfte überhaupt und aller Momente in dem einzelnen dagegen wie nichts verschwindet. Dieser leztere Unterschied bleibt, ja wenn wir die neuere Geschichte im ganzen fragen, werden wir wol sagen müssen, der Unterschied zwischen dem großen Mann oder dem schöpferischen und begeisternden Genius und dem einzelnen im Volke nimmt eher ab von einer Generation zur andern, als daß er zunähme; je mehr aber die Bevölkerung wächst, je höher der Wohlstand steigt, und je mehr die Quellen desselben sich vervielfältigen: in diesem zusammengesezten Maaß wächst auch der Einfluß aller einzelnen Bestimmungen, welche von dem Herrscher ausgehen. So daß kaum zu denken ist, ein einzelner sollte freiwillig und besonnen eine so unverhältnißmäßige Last auf sich nehmen, sondern nur die Nothwendigkeit macht es begreiflich, sei es nun, daß einen einzelnen das Loos treffe nach dem gesezmäßigen Gang der Dinge, oder daß ein gemeinsamer Nothstand eintrete, aus welchem kein anderer Ausweg sich darbietet als dieser.

Sollen wir es auf die Stärke und Allgemeinheit dieses richtigen Gefühls zurükkführen, wenn die Völker sich bereit erklären alle Verantwortlichkeit abzulenken von dem Herrscher auf die von ihm selbst gewählten Diener und Werkzeuge? Eine solche Institution mag den Völkern selbst heilsam sein, nicht nur weil ihnen für jeden Fall Einer hingestellt ist, an den sie sich halten können auf dem gesezlichen Wege, sondern noch mehr weil nun jeder um so bestimmter daran gewiesen ist das Bild des Einen unter seiner schweren Last heilig zu halten. Für den Alleinherrscher selbst hat sie, wie weise sie auch gestellt sein mag und wie sehr verbrieft, in der Hinsicht, daß sie ihn von einem Theil seiner Verantwortlichkeit befreit, keinen Werth. Denn die Diener werden ihm nicht gegeben, sonst hörte er auf Monarch zu sein, sondern er wählt sie, und muß sich alles zuschreiben, was sie in ihrem Wirkungskreise thun, und wenn sie schuldig befunden werden, muß er sich in seinem Gewissen auch schuldig finden. Geht man noch weiter, werden Formen aufgestellt, nach welchen der Monarch über alle Gegenstände, welche er zur Frage bringt, etwas ansehn kann als die gemeinsame Stimme derer, die kundig an dem Gegenstande theilnehmen, das ist eine hülfreiche Einrichtung, wiewol nicht leicht in unsern Tagen und bei unserer Lebensweise ein Fürst sich täuschen wird über die Wünsche und Bedürfnisse seiner Unterthanen, wenn sie selbst schon klar darüber sind und sich nicht feindlich entgegenstreben. Noch wohlgemeinter und hülfreicher sind Formen, welche die lezte Entscheidung schüzen sollen vor jeder Uebereilung; wiewol einerseits wo viel auf dem Spiel steht schon von selbst am wenigsten sollte an Uebereilung zu denken sein, andererseits diese durch keine äußere Form kann verhütet werden, sondern nur durch die innere Durchbildung und Reife der zusammenschauenden geistigen Kraft. Diese Anstalten können heilsam sein um das Volk zu wekken und wach zu erhalten, aber dem Herrscher wird dadurch das drükkende Gewicht der Verantwortung auch nicht im mindesten erleichtert: immer bleibt über jedes wichtigste in dem Gesammtleben von Millionen die lezte Entscheidung bei demselben Einen; immer kann er durch einen einzigen Mißgriff einzelne ins Elend stürzen oder den ruhigen Gang des ganzen stören und hemmen, statt des Wohlstandes die Noth, statt der Uebereinstimmung die Zwietracht hervorrufen. Wie vermöchte ein nicht ganz frevelhaftes Gemüth auf so schlüpfriger Bahn fröhlich zu wandeln; und doch wenn jemand sollen die Herrscher ein heiteres Leben führen. Wenn nun die Ungleichheit zu groß ist, das ist der natürliche Lauf der menschlichen Dinge, so bricht der verlezte durch und sucht auf jede Weise einen Zustand herbeizuführen, welcher der Gleichheit näher kommt. Wird dem Herrscher in einem vorgeschrittenen Volk die Last der alleinigen Verantwortlichkeit zu schwer, kommt er in Gefahr in Sorgen zu ermüden, oder wo die Umstände am dringendsten sind da am leichtesten in Unentschlossenheit zu erstarren; hat ihm die Erfahrung gezeigt oder hat ihn sein Sinn gelehrt, wie wenig mit jenen Formen, die ihn berathen und sicher stellen sollen, für das, was ihm die Hauptsache ist, gewonnen werden kann: was bleibt ihm übrig als seine Unterthanen auf alle Weise aufzuregen, daß sie sich nicht nur jeder in seinem besonderen Leben tüchtig rühren, denn das thun sie schon, sondern daß sie inne werden, es sei Trägheit für das ganze alles von oben her zu erwarten, und es gezieme ihnen einen Antheil daran selbst zu übernehmen, und durch freie Vereinigung der Kräfte etwas für das ganze zu schaffen. Sind sie nun dazu entwikkelt, so daß, wenn des Herrschers Anordnung das heilsame andeutet, sie dann auch frei ohne auf das Gebot zu warten sich zusammenthun um es zu fördern oder vorzubereiten, so haben sie sich selbst mit verantwortlich gemacht und ihn entledigt. Findet er aber für seine Andeutungen diese freie Willigkeit nicht: so ist er besser gewarnt als die abstimmende Mehrheit irgend einer Versammlung ihn warnen könnte. Eilt irgendwo die freie gemeinsame Thätigkeit seinem leitenden Worte voran: so weiß er sicherer was er zu schüzen zu ordnen zu befreien hat, als durch irgend eine ihn um ein Gesez angehende Petition. Wo im Staatsleben alles wird durch Anmuthung von der einen Seite, die ihre Zustimmung findet auf der andern, da bleibt Regieren und Regiertwerden in ungestörter Ordnung, aber die Verantwortlichkeit ist getheilt und das Gewissen gemeinsam. Nur durch solche freie gemeinnüzige Thätigkeit eines wohl unterrichteten kräftig entwikkelten Volkes stellt sich mitten in dem großartigsten und vielseitigsten Leben jene schöne Uebereinstimmung auf einer höheren Potenz wieder her, die nur dem ruhigen nie dem bewegten Zustand der Natureinfalt anzugehören schien, daß nämlich Herrscher und Volk wie von selbst und von innen heraus nur dasselbe wollen und thun, Eine Richtung verfolgend und weit entfernt sich einander dies oder jenes Schuld zu geben vielmehr sich mit einander und an einander erfreuend des glükklichen Laufs und des immer edleren Daseins. Sagt dann der Fürst, Ich bin der Staat: so will dieses sonst so gefürchtete Wort nichts sagen, als daß des gesammten Volkes Geist und Leben in ihm Gestalt gewonnen hat. Sagt dann das

Volk, Der Fürst ist unser: so heißt das nur, daß er dem Volke gehört mit allen seinen Kräften und aller seiner Liebe.

Wie ruhig konnten wir die Frage aufwerfen! es war nicht möglich, daß sie einen Verdacht wekkte oder einen Argwohn erregte. Wie leicht ward es uns sie zu beantworten. Wir durften nichts erschließen nichts zusammensinnen, sondern nur zeichnen, was vor uns liegt. So ist unser Entwikklungsgang; so haben unsere Könige sich ihr Volk aus der Unmündigkeit heraus erzogen und angebildet, so sind wir von oben gereizt und gepflegt zu einem frischen vielseitig gebildeten Leben herangereift.

18.

Am 7. Julius 1831.

Auch die unausgeführt gebliebenen Entwürfe großer Männer sind etwas nicht außer Acht zu lassendes, so oft wir das Gedächtniß derselben auffrischen, um die Beziehungen zwischen ihrem und unserm wissenschaftlichen Leben zu erneuern. Nicht leicht vergönnt das Geschikk, welches hienieden waltet, denen, in welchen ein reicher Schaz geistiger Kraft niedergelegt ist, alles wozu die Keime sich in ihrem innern regen auch aus sich heraus zum unabhängigen Dasein zu gestalten. Was nun so immer durch andere Werke und Thaten aufgehalten zurükkblieb, das muß von Zeit zu Zeit in Erinnerung gebracht werden, ob sich nicht ein verwandter Geist finde, der sich geeignet fühlt den zerrissenen Faden wieder aufzunehmen. Anderes bleibt zurükk aus Schuld der Unempfänglichkeit der Zeiten, wie denn nicht selten einzelne Geister so weit voraneilen, daß ihre besten Gedanken nur als Ahndungen hervortreten aus ihren strengen Aeußerungen über die Mängel ihrer Zeitgenossen. Dann lohnt es von Zeit zu Zeit denselben Spiegel den späteren Geschlechtern vorzuhalten, ob nun einer weit genug vorgeschritten ist um Hand anzulegen an die Verwirklichung dessen, was früher nur als Weissagung konnte ausgesprochen werden. Endlich unterliegen nicht selten auch ausgezeichnete Forscher einem tükkischen Zauber, indem sie sich mit

Liebe an Fantome hängen, denen kein wahres Leben einwohnt. Haben sie aber den Gedanken nur ausgesprochen, der troz ihrer Liebe doch nicht gemacht war in die weitere Entwikklung der Wissenschaft einzugreifen, und mit zu wenig Lebenskraft ausgestattet war, als daß er hätte können zur vollen Reife ausgetragen an das Licht der Sonne treten: aber auch dann bleibt es auf mancherlei Weise lehrreich nicht nur zu sehen, auf welche Weise auch große Männer dem Irrthum anheimfallen, sondern noch mehr zu ihrer Rechtfertigung zu untersuchen, wie nahe sie auch da wo sie fehlschossen dem Ziele geblieben sind.

Ein solcher embryonischer Gedanke ist immer der unseres Leibnitz geblieben der Metaphysik für immer eine feste Begründung zu geben und allen Streitigkeiten auf diesem Gebiet eine eben so leichte als sichere Lösung zu bereiten durch ein System von allgemeinen Charakteren, welches zugleich sollte eine Technik der Erfindung und der Kritik abgeben; aber zu entscheiden welcher von jenen Klassen er angehöre ist nicht leicht. Wenn wir hören, daß nicht nur in seinem Knabenalter, als Leibnitz nur eben anfing die Spize des Fußes in jenen oft durchkämpften Wellen des weltumschließenden Oceans der Metaphysik zu nezen, also auf einer Entwikklungsstufe, wo es nur zu leicht ist verschiedenartiges verwechselnd sich in einer großen Aufgabe zu vergreifen, dieser Gedanke in ihm auftauchte, sondern daß auch der Jüngling sich seine Laufbahn mit einer Arbeit *) eröffnete, die er in Beziehung auf diese immer noch nicht weiter entwikkelte Aufgabe gedacht hatte; wenn der Greis noch zwei Jahre vor seinem Tode eben diesen Gedanken brieflich einer neuen Bekanntschaft vertraut **), bei der er gern das beste gelten wollte: so mag der Aufsaz, der die bestimmteste Notiz darüber enthält, welchem Zeitraum immer angehören, es ist unläugbar, daß Leibnitz diesen Gedanken bis an das Ende seines Lebens festgehalten hat. Lesen

*) De arte combinatoria.

**) Lettre a Mr. de Remond.

wir nun, wie wenig ihm selbst nur schien an der Ausführung zu fehlen, wie sehr er zu bedauern scheint, daß ihm die Kräfte nicht zur Verwendung gestanden, die sich damals anfingen zu gemeinsamen wissenschaftlichen Werken von großem Umfang zu verbinden; erzählt er uns, wie leicht wenige ausgezeichnete Männer in nicht mehr als einem Lustrum zuerst das große Elementarwerk Grammatik und Wörterbuch der Urzahlen der Dinge vollbringen konnten und dann gleichsam im Umsehen Metaphysik und Moral, diese beiden leitenden und alles was noth thut in sich fassenden Disciplinen auf unwiderlegliche Rechnung zurükkführen; zeigt er uns im Hintergrund pythagorische Weisheit und knüpft seinen Gedanken an die ersten Anfänge der Weltweisheit an: so können wir kaum anders als eine tief verborgene Wahrheit ahndend die Unempfänglichkeit der Zeiten schelten, welche dem Manne, den sie so oft nicht nur bewunderten, sondern auch zum Führer nahmen, doch zu seinem größten Werk einen so unbedeutenden Beistand versagten. Bedenken wir hingegen, wie auch die folgenden Zeiten in derselben Unthätigkeit blieben, und wenige mehr abenteuerliche als wissenschaftlich ausgerüstete Männer abgerechnet niemand jene Aufgabe eines allgemeinen auf jede Sprache gleich leicht und sicher zurükkzuführenden Systems allgemeiner Bezeichnung, deren Elemente die wahren Zahlen aller Dinge sein sollten, wieder aufgenommen hat: so legen wir behutsam den allgemeinen Instinkt in die andere Schale, damit die des großen Mannes nicht zu rasch emporschnelle, und müssen glauben, es sei doch wol eine warnende Stimme gewesen, die auch ihn selbst zurükkgehalten, nicht mehr Zeit und Kräfte in ein Unternehmen zu verwenden, welches keinen Ausgang haben konnte, und wir fangen an durchzusehen, daß, wenn er selbst gesteht, es sei ungemein schwer auch nur einiger Dinge wahre Zahl als den richtigen Ausdrukk ihres Wesens und ihrer Verschiedenheit von anderen zu finden, hinter diesem Geständniß eigentlich schon das unentwikkelte Bewußtsein lag, es sei gleich unmöglich alle solche zu finden oder auch nur Eine. Ja wir haben es leicht zu sagen, es habe nur im Rausch mathematischer Begeisterung geschehen können, daß er die Grenzscheidung zwischen beiden Gebieten übersehen, und nur die natürliche Freude an den ungeheuern Erfindungen auf dem einen Gebiet habe ihm die Möglichkeit aufs neue vorgespiegelt Begriffe in Zahlen aufzulösen und durch mathematische Künste auch den philosophischen Stein der weisen zu entdekken.

Gestehen wir dieses ein; aber fragen wir nun auch zu seiner Rechtfertigung, wie nahe Leibnitz gefehlt, und nach welchem Ziel er eigentlich diesen irrenden Pfeil abgeschossen.

Wenn alles, was wir irgend im engeren Sinne Wissenschaft nennen, Anspruch darauf macht dasselbige zu sein für alle ohne Unterschied des Ortes und der Zeit und der Sprache, überall zu gelten wo das gleiche Bestreben erwacht ist; wenn eben dieses vorzüglich gelten muß von der Metaphysik, der Wissenschaft aller wissenschaftlichen Principien, oder wie wir sonst immer dasselbe meinend diese höchste Richtung des Denkens in verschiedenen Beziehungen mit verschiedenen Namen benennen; wenn aber dieses immer nicht erreicht wird, weil die Sprachen nicht nur nicht rein in einander aufgehn sondern auch innerhalb einer jeden selbst der Werth der Wörter nirgend genau auszumitteln ist, wo wir nicht das bezeichnete neben das Zeichen hinstellen können, und eben deshalb dieser Werth immer schwankt und wechselt; wenn unter allen Wissenschaften die Mathematik am wenigsten ihre Entwikklung durch Widersprüche vollbracht hat, und am meisten in der That dieselbige geworden ist für alle, weil sie am wenigsten Sprache verbraucht: wie natürlich war es nicht zu versuchen, ob nicht auch der Metaphysik und durch sie dann allen andern Wissenschaften dadurch geholfen werden könne, daß man sie auf Mathematik zurükkführe. War also die Methode wie wir fürchten müssen verfehlt: so war doch die Aufgabe richtig gefaßt, nämlich die Philosophie über die Irrungen hinauszuheben, welche nothwendig sowol aus der Irrationalität der Sprachen gegen einander als aus der Unbestimmtheit der Elemente einer jeden unvermeidlich entstehen und kein System zu einer allgemeinen Geltung gelangen lassen. Haben wir nun diesen Anspruch nicht aufgegeben und doch den Weg, den Leibnitz eingeschlagen, nicht weiter verfolgt: so sind wir ihm Rechenschaft schuldig, was wir denn seit seiner Zeit unsererseits gethan um die Aufgabe zu lösen.

Leibnitz selbst war was die Ausgleichung verschiedener Sprachen gegen einander betrifft am wenigsten in Verlegenheit. Er selbst bediente sich zu seinen philosophischen Mittheilungen mit gleicher Leichtigkeit der lateinischen und der französischen; aber man kann diese für den wissenschaftlichen Gebrauch eben auch kaum als zweie ansehn, da fast alle eigentlich philosophischen Ausdrükke der modernen doch von der alten und mittelst derselben zum Theil von der griechischen entlehnt waren. Aber seitdem auch wir die gemeinsamen Sprachen verlassend den Franzosen und Engländern nachfolgend angefangen haben uns auch für die Philosophie der Muttersprache zu bedienen: was für Fortschritte haben wir gemacht in der Lösung der zwiefachen Aufgabe? Wie hat unser Philosophiren auf die Sprache gewirkt, um sich ein dem Bedürfniß entsprechendes Gebiet zu bilden, innerhalb dessen, wie mannigfaltig sie sich auch außerhalb desselben mögen verschieben und hin und her wenden lassen, jedes Wort und jede Form feststehe als für alle und in allen Verbindungen dasselbe, vollkommen klar und vollkommen bestimmt? Wie haben wir dieses Gebiet bearbeitet um unsere eigene philosophische Kunstsprache auch den andern Sprachgenossen eben so zugänglich zu machen, und auch die ihrige mit Sicherheit in die unsere zu übertragen? Auf zweierlei Methoden scheint man was geschehen ist zurükkführen zu können. Früher drükkten wir am nächsten die Fußtapfen der Franzosen und suchten eine Kunstsprache zu bilden, welche möglichst deutsch sich doch als möglichst getreue Uebertragung an die lateinische Schulsprache anschlösse, wie sie sich seit der Reformation von Barbarismen, die nur leeren Spizfindigkeiten dienen konnten, gereinigt und in milderer Form erneuert hatte. Späterhin, und Kant ist hier der große Urheber, haben wir uns einer ungezähmten Sprachmengerei hingegeben nicht etwa nur fremde Elemente reichlich einsprengend sondern so, daß ein großer Theil unseres philosophischen Sprachschazes nur der äußeren Form nach deutsch war, die ganze Masse aber ausländisch, und unsere Säze zwar durch deutsche Partikeln vermittelt, aber der ganzen Bildungsweise nach undeutsch sind. Zwischen beides zieht sich nun noch sei es auch scheinbar untergeordnet eine puristische Tendenz hindurch, die philosophische Kunstsprache immer mehr aus unserm alten Eigenthum dadurch zu bereichern, daß Wörter und Phrasen, die sich unbestimmt und abgegriffen im gemeinen Verkehr umtreiben, mit mehr oder weniger Willkühr zu einem bestimmten wissenschaftlichen Werth gestempelt werden. Und dieses alles hat sich immer mehr durch einander gerührt zu einem abenteuerlichen Gemenge, lächerlich durch seine Buntschekkigkeit, abstoßend durch seine widerborstige Oberfläche, aufs bitterste getadelt von allen wahren Sprachkünstlern, jedem muthwilligen Spott tausend Blößen gebend und selbst aus der Mitte unseres vielleicht nur zu ernsthaften Volkes die ergözlichste Parodie fast mit Gewalt hervorlokkend. Das ist unsere philosophische Sprache geworden. Welches sonderbare Geschikk hat uns so zu absoluten Antipoden jener mathematischen Einfachheit gemacht, zu welcher Leibnitz uns hinführen wollte. Doch sollen wir darüber uns oder vielmehr den geschichtlichen Gang unserer Entwikklung vor dem großen Mann rechtfertigen, darüber, daß wir seine Bahn auch mehr als nöthig war scheinen verlassen zu haben: so müssen wir das Werk der Wissenschaft an der Sprache aus dem Gesichtspunkt einer allgemeineren Aufgabe betrachten, der es doch als ein Theil ihrer Lösung angehört.

Vorüber ist einmal für immer die Zeit des Hochmuths einzelner sich selbst überschäzender Völker, die des eignen Ursprunges vergessend allein glaubten in ihrem Dasein die wahre Menschheit auszuprägen, alles andere um sich her als der Knechtschaft würdig nur zu allerlei Gebrauch bestimmt geringschäzend oder als zur Ausrottung verurtheilt haßten. Diese durften wähnen, die

Musen seien in ihre Sprache gebannt, alles andere nur barbarisches Getön. Jezt verbreitet sich immer weiter um die Erde der Gürtel der geistigen Schönheit, innerhalb dessen wir genöthigt sind bei aller Verschiedenheit der Gestaltung doch die gleiche Bildsamkeit mithin die Gleichheit des geistigen Lebens anzuerkennen. Thun wir dies mit Recht auch da, wo die einheimische Selbstthätigkeit ursprünglich gering ist, aber doch beim Hinzutreten eines fremden Lebenshauches die schlummernde Empfänglichkeit plözlich hervorbricht oder sich allmählig entwikkelt: so sprechen wir dadurch die Hoffnung aus, daß auf diesem Wege der Lebensübertragung das Gebiet der geistigen Entwikklung sich immer weiter verbreiten werde, bis jener Gürtel die ganze Erde umschlingt. Weder dann aber noch auch jezt schon darf sich innerhalb desselben irgend ein Volk ganz in seine Sprache verschließen, sondern alle sollen mit allen Gemeinschaft haben nach Vermögen. Doch darf dies auf keine Weise dadurch bewirkt werden, daß etwa alle Sprachen allmählig untergingen in Einer, die als die vollkommenste Siegerin bliebe in diesem Kampf. Denn soll auch die Abgeschlossenheit aufhören, so sollen doch die Eigenthümlichkeiten bewahrt bleiben. Hiezu nun ist, was die Sprache betrifft, vor allen die Dichtkunst gesezt, welche um dieses heiligen Heerdes zu hüten zu Hause bleibt, wenn die andern Triebe des Menschen das gesammte Gebiet des Geistes durchwandern, um auch in dem fremden die heiligen Bilder zu schauen. Was jene auch zurükkbringen von ihren Wanderungen, sie eignet sich nur an für ihre Werke was in heimischen Tönen verkündbar ist; sie ist am unerbittlichsten um eingedrungene Fremdlinge, durch welche doch immer beides die Stätigkeit des Klanges und die Ursprünglichkeit der Darstellung gefährdet wird, zu vertreiben, sobald sie nur ersezbar sind durch einheimisches. Aber das Gleichgewicht herstellend fördert der Kunstsinn die Vielsprachigkeit. Für die edlere Gastfreiheit der Völker, welche alles umher zum Mitgenuß des individuellen Lebens einladet, giebt es keine größere Befriedigung, als wenn jedes die eignen Gedichte in ihrer ursprünglichen Zunge auch aus fremdem Munde vernimmt; so wie dem liebenden Wunsch sich in fremde Art hineinzuschauen und zu leben nichts größeres gelingen kann, als theils selbst aus dem eigensten Sein für einen Augenblikk herausgetäuscht in fremder Zunge zu reden, theils auch das, worin sich die fremde Eigenthümlichkeit am bestimmtesten ausprägt, in die eigene Sprache zu übertragen. — Diesem selbstthätigen Festhalten und freundlichen uneigennüzigen Austausch der Sprachen gegenüber erblikken wir das Menschengewühl auf dem geschäftigen Weltmarkt, der, wie er das allgemeine Leben ist, aus welchem sich alle bestimmten Völkerverhältnisse in dieser neueren Zeit entwikkeln, so auch das allgemeine Auflösungsmittel aller Sprachen ist. Der ist ein Thor, der hier etwas eignes festhalten will, auch die Sprache opfert jeder willig wie es das Gesez des gegenseitigen Vortheils erheischt, und nach dessen Gebot mischt sich alles bunt durch einander. Ist auch auf dieser Küstenstrekke die eine, auf andern die andere Sprache überwiegend herrschend: immer mischt sich fremdes angrenzendes sowol als entferntes hinein. Bald sind es die Arten des Verkehrs und die dabei zu beobachtenden Vorsichten, bald sind es die Stoffe und ihre Behandlungsweisen, welche bald von ihrem Ursprunge her ihren Namen wie mannigfaltig auch verstümmelt durch die halbe Welt fortführen, bald nach Art der Sieger, welche die Sprache der überwundenen annahmen, durch ihren Namen nicht von ihren Urhebern Zeugniß ablegen, sondern von denen, welche sie verbrauchen.

Zwischen den beiden jezt dargestellten Gebieten in der Mitte steht in derselben Beziehung die Wissenschaft. Sie will nicht volksthümlich sein wie die Dichtkunst, auch nicht mit dem Vorbehalt einer auf alle Weise erleichterten gegenseitigen Anschauung des so gebildeten, sie strebt nach allumfassender Geltung, sie will wahrhaft Eine sein für alle. Aber wenngleich sich bewußt, daß auch sie das Loos alles irdischen theilt, will sie doch nicht Eine sein für alle um den Preis einer solchen rastlosen Beweglichkeit eines solchen fließenden Wechsels, ohne bestimmte Regel ohne klares Bewußtsein des Verfahrens, wie man sich auf dem Gebiet des Weltverkehrs gegenseitig verstattet. Aber um ohne volksthümlich beschränkt zu werden doch zu einer möglichst festen Sprachbildung zu gelangen, hat sie doch keinen neuen Weg einzuschlagen, sondern kann nur einen von jenen beiden einschlagen oder beide verbinden. Etwas anders thun dies die realen Wissenschaften, etwas anders die Speculation. Von jenen sollte man denken, daß sie am leichtesten könnten sowol in jeder Sprache für sich zu einer festen Sprachbildung gelangen, weil sie ihre Gegenstände aufzeigen können, als auch der Forderung unseres Leibnitz genügen und sich auf Calculus zurückführen lassen, sobald nur feststeht, was als das einfache und primitive zu betrachten sei, und es fehlt auch nicht an solchen Versuchen. Aber die ursprünglichen Einheiten wollen nicht feststehn. Die Entdekkungen überholen einander und erzeugen neue Theorien und jede wirft die vorigen Einheiten um. Was fest bleibt sind die aufzeigbaren Gegenstände; aber indem jedes wissenschaftliche Volk von diesen hinzubringt und Recht hat das gefundene zu benennen: so bilden sich sehr verschiedene Massen in die wissenschaftliche Sprache hinein, aus den verschiedensten Sprachen herrührend, aber wenn sie die erste Probe der Haltbarkeit bestanden haben, mit großer Leichtigkeit von jeder in diesem Fach mitarbeitenden Sprache aufgenommen und angeeignet, eine Masse, welche ganz der Formel entspricht, die Leibnitz aufgestellt hat, daß sie nämlich in jeder mit andern zu einer solchen Gemeinschaftlichkeit verbundenen Sprache Zeichen aufstellt, die mit derselben Leichtigkeit und vollkommen übereinstimmend gelesen werden. Waltet also hier das wissenschaftliche Streben nach Allgemeingültigkeit vor und überwindet die Schranken der Sprachverschiedenheit, vergegenwärtigt sich in der Mischung selbst sogar in der Fortdauer solcher Bezeichnungen, die zu nicht mehr geltenden Theorien gehören, die Geschichte der Wissenschaft sehr anschaulich:

so können wir an der Angemessenheit dieses Sprachverhältnisses zu dem Zustande jener Wissenschaften selbst nicht zweifeln.

Und nicht weit entfernt sich doch hievon das vorher flüchtig gezeichnete Bild von der Beschaffenheit unserer philosophischen Kunstsprache, so unvortheilhaft es auch zu sein schien. Anmuthiger würde es freilich sein, wenn unsere Speculation wie die der Griechen sich ganz in der eigenen Sprache bewegte; aber unmöglich würde es uns sein auch durch eine völlig puristische Umbildung dasselbe zu erreichen. Entweder übertragen wir möglichst buchstäblich die philosophischen Elemente aus den andern Sprachen in die unsrige mittelst neugebildeter Zusammensezungen, denen man doch immer anmerken muß, daß sie keine ursprünglichen Sprachgebilde sind, und das wäre dann nicht die sprachbildende Kraft, und also auch nicht die Spracheinheit des Platon oder Aristoteles sondern nur die des Cicero. Oder wir wollen unsere Sprache rein deutsch bilden eben so verfahrend wie Platon und Aristoteles, nämlich, da man nicht Sprachelemente erfinden kann für den wissenschaftlichen Gebrauch, aus den am meisten angrenzenden Gebieten auswählen was am mindesten abgegriffen ist und am leichtesten für diesen besonderen Gebrauch durch Umgebungen zu bezeichnen oder auf sprachgemäße Weise zu beugen. Dieses nun ist auch niemals unter uns vernachlässigt worden; vielmehr hat jeder, der irgendwie Erfinder geworden ist in der Philosophie, mit mehr oder weniger Glükk hier das seinige gethan, und es wäre nicht unbelohnend zusammenzustellen, was für ein Schaz von rein deutschen gangbaren Sprachelementen und Formeln seit Wolf's Zeiten in unsere philosophische Terminologie aufgenommen und für sie bezeichnet und gestempelt worden ist. Ja es ist dies eine Gerechtigkeit, welche wir unserer Sprache desto mehr schuldig sind, je weniger wir uns mit ihrem Reichthum allein begnügen können. Denn es kommt auf diese Weise ans Licht, wie bewußtlos tiefsinnig sie sich zu solchen Zeiten und auf solchen Gebieten entwikkelt hat, denen die bestimmten Aufgaben des Tiefsinns völlig fremd waren. Allein dies gilt von allen neueren Sprachen, in denen die Wissenschaft getrieben wird, gleichermaßen. Aber möchten wir es sein oder andere, welche diese Richtung ausschließlich verfolgen wollten, um hierin gänzlich den Griechen uns gleich zu stellen: so müßten wir auf der einen Seite den geschichtlichen Zusammenhang des philosophischen Denkens zerreißen, der für jene nicht da war, welche in diesem Vernunftgebrauch zuerst vorangingen, auf der andern Seite müßten wir den der Wissenschaft natürlichen Anspruch auf wahrhaft allgemeine Geltung aufgeben, und uns begnügen, wenn unsere Philosophie nur eigentlich gilt für uns und nur so sehr es geschehen kann als solche auch verstanden wird von andern.

Stellen wir nun auf der einen Seite diesen Anspruch fest, daß jede Wissenschaft im engeren Sinne des Worts dieselbe sein soll für alle, die eigentliche Philosophie aber ganz vorzüglich, und bedenken auf der andern Seite, daß keine Sprache rein philosophische von jedem andern Gebrauch gesonderte Elemente besizen kann, daß also jene Gültigkeit wesentlich davon abhängt, daß im wissenschaftlichen Gebrauch auch nur der wissenschaftliche Werth eines Ausdrukks aufgefaßt und nachconstruirt werde: so werden wir gestehen müssen, daß der Grundidee unseres Leibniz wenn auch nicht was die Technik der Erfindung betrifft doch für die Sicherheit der philosophischen Verständigung und für die Erleichterung der Kritik nichts näher kommt als grade das Verfahren, in welchem wir Deutsche schon seit geraumer Zeit begriffen sind, daß wir nämlich für die philosophische Kunstsprache aus allen in unserm Geschichtskreise liegenden philosophirenden Sprachen diejenigen Elemente in Besiz nehmen, in welchen sich der speculative Gehalt am reinsten vorfindet und was ihnen aus andern Gebrauchsweisen anhaftet am leichtesten auszusondern ist, so daß dieses, wo sie in philosophischem Zusammenhang vorkommen, gar kein Mißverständniß hervorrufen kann. Und diese Besizergreifung geschieht unter beiden Formen, durch

Assimilation an die Sprache oder durch eine Uebertragung in dieselbe, welche den fremden Ursprung nicht zu verläugnen sucht. Auf diesem Wege sollen wir allmählig dahin kommen für die Wissenschaft eine Kunstsprache zu gewinnen, bei deren Gebrauch der Unterschied zwischen einem wissenschaftlichen Werk in einer Sprache und seinen Uebersezungen in andere möglichst gering ist ja allmählig verschwindet, und das heißt wie Leibnitz es wollte ein System von Bezeichnungen, welche jeder mit Leichtigkeit in seiner Sprache und als seine Sprache liest.

19.

Am 26. Januar 1832.

Ein großer Herrscher, der sein Volk einem würdigen und edlen Ziele zuführt, ist nicht selten genöthiget wegen schon obwaltender Verhältnisse oder leicht vorherzusehender Krisen solche Institutionen aufzustellen, welche nachtheilig wirken, wenn sie, wie es vermöge der menschlichen Trägheit oft geschieht, länger fortbestehen als die Umstände, durch welche sie bedingt waren. So ist es auch unserm zweiten Friedrich ergangen, und viele Vorwürfe sind ihm hintennach mit Unrecht gemacht worden, weil man seine Anstalten nach ihren späteren Wirkungen beurtheilte, und nicht nach dem Gedanken, der ihnen zum Grunde lag. Seine ausländischen Werbungen, die ganz natürlich auf der Betrachtung ruhten, daß so lange es nicht an Menschen fehlte, die zufrieden waren sich ihren Lebensunterhalt als Söldner zu verdienen, es besser sei diese woher auch immer zu entnehmen als zuviel einheimische Hände ihrem friedlichen Beruf zu entziehen, waren wohl berechnet, so lange der Soldat nur als eine möglichst vollkommne Maschine verwendet ward: aber sie konnten nicht anders als schlechte Resultate geben, sobald man bei Vertheidigung des Landes auch auf die Benuzung moralischer Kräfte in der Masse rechnen mußte. Seinen immer wieder auseinanderlaufenden Kolonien, größtentheils aus dem schlechtesten Abhub des menschensprudelnden Schwabenlandes herbeigelokkt, war es späterhin leicht eine lächerliche Seite abzugewinnen, wenn sie die ausschweifendsten Ansprüche darauf gründen wollten, daß sie als Mehrer des Reichs aus der Ferne hergerufen wären, und jezt ist es uns ganz einleuchtend, daß Fremdlinge fast nur scheinbar die Kräfte des Staats vermehren: aber damals war es dringende Noth die Bevölkerung des jungen von mächtigen und verdächtigen Nachbarn umgebenen Reiches so schnell als möglich zu steigern, wenn es sich auf der höheren politischen Stufe erhalten sollte, zu der es sich nur eben erhoben hatte. Seine künstliche Unterstüzung der Fabrication und seine Monopole sehen wir jezt als ein tadelnswerthes System an: aber sie mögen wol ganz gerechtfertigt werden können als eine transitorische Maaßregel um ein trägeres Volk schneller mit einer großen Mannigfaltigkeit von Erwerbszweigen bekannt zu machen und seine Unabhängigkeit vom äußeren Verkehr für den Fall der Noth desto eher zu sichern. Ohnstreitig haben wir von allen diesen Maaßregeln reiche Früchte geerndtet, und Nachtheil konnte nur daraus entstehen, wenn man sie über ihr natürliches Ziel hinaus noch immer fortdauern ließ.

Wenn nur nicht jemand auch von der Handlung des großen Königs, auf welche sich unsere heutige Feier bezieht, dasselbige sagt. Die Wiederherstellung unseres gelehrten Vereins sei wol vielleicht auch eine nüzliche Maaßregel gewesen für damals, aber, daß solche Körperschaften auch jezt noch fortbestehen, sei der Höhe und Freiheit, zu welcher sich die Wissenschaft emporgeschwungen, eben so wenig angemessen, als wenn die vorher beschriebenen Einrichtungen auch bei der jezigen Entwikklung unseres politischen und industriellen Systems gewaltsam sollten aufrecht erhalten werden. Ziemt es mir aber auch in einer Versammlung wie diese so mißtönende Reden vernehmen zu lassen? Mir kommt dabei ein Jugendfreund ins Gedächtniß, der keinen geringeren Maaßstab der Unparteilichkeit anerkennen wollte, als wenn sich einer in vollkommner Unbefangenheit und Klarheit mit dem, der ihm nach dem Leben trachtet, nicht nur über die Sittlichkeit der

That im allgemeinen sondern auch über die Zweckmäßigkeit und Ausführbarkeit derselben in dem vorliegenden Fall unterhalten könnte. Warum also nicht auch wir, da wissenschaftliche Männer ja nach jenem Lobe vorzüglich streben sollen? Müssen wir doch solche Reden genug hören, ob gerade auf unseren Verein besonders bezogen oder nicht, das kann völlig gleich gelten, aber jedes Landes Akademien sind oft genug in öffentlichen Schriften und in der Gesellschaft Gegenstände eines solchen lächelnden Bedauerns, als seien sie abgestorbene Körperschaften, die nur noch als Schatten umhergingen; und von jedem öffentlichen Auftreten derselben wird geredet wie wenn in die Gesellschaft des Tages eine Anzahl Personen in veraltetem Costüm einträten, die sich daher mit ihren Bewegungen auch nicht in die der andern zu schikken wüßten. Was würde es helfen zu thun als hätten wir dergleichen nie vernommen? Alle Akademien aber sind verschwistert und führen nicht umsonst denselben Namen; und ist die ganze Idee veraltet, so ist es unser Verein auch.

Von diesem nun könnte man insbesondere sagen, damals als Friedrich ihn aus der Nichtigkeit, in die er durch ungünstige Behandlung versunken war, heraushob und neu gründete, seien die Wissenschaften in seinem Lande nicht einheimisch gewesen; er aber habe nicht nur ganz richtig geahndet, daß sein Staat sich nur auf ein Uebergewicht geistiger Kräfte verlassen könne, sondern auch das sei ihm klar gewesen, daß das ganze Gebäude einer mannigfaltigen Bildung nur feststehe, wenn die Wissenschaft in dem eigentlichsten und strengsten Sinne der Schlußstein des Gewölbes sei. So habe er denn recht gethan wissenschaftliche Männer wie exotische Pflanzen aus ihrer Heimath zu verschreiben, und zur gedeihlichen Pflege derselben besondere Einrichtungen zu treffen. Wie viel oder wenig nun diese beigetragen haben die Wissenschaft einheimischer zu machen in unseren Gegenden, das möge dahingestellt bleiben: aber nun sie schon seit so langer Zeit, daß wir vollkommen sicher darüber sein können, wirklich einheimisch ist und überall im freien gedeiht, wozu noch so besorgliche nur mit beträchtlichem Aufwand zu unterhaltende Anstalten, welche sich doch im ganzen des wissenschaftlichen Verkehrs nur eben so ausnehmen, wie ein mühsam und sorgfältig unterhaltener botanischer Garten aus lauter wild wachsenden Pflanzen! Denn welcher Akademiker möchte wol behaupten, daß er nicht seines gleichen habe außerhalb der Akademien, oder daß er so hervorragend nur geworden sei in der Akademie und durch dieselbe? Welche ernste Bedenklichkeiten erregt nicht diese Rede! Ja wenn sich an dieselbe nur Vorhaltungen knüpfen könnten, die uns insbesondere zu machen wären: so könnte sie uns nur zu unserer Verbesserung gereichen; aber es handelt sich um das Leben selbst und zwar aller solcher Gesellschaften. Denn müßten wir bei jener längst erfüllten Bestimmung stehen bleiben, können wir nicht fortwährende und eigenthümliche Leistungen angeben, die von diesen Vereinen ausgehen: so wird der alte Spruch, daß alles überflüssige schadet, mit seiner ganzen Strenge uns ereilen und unser Todesurtheil fällen. Und doch ist alles, was man zu Gunsten der Akademien anführen kann, je offener es zu Tage liegt um so weniger haltbar. Jede solche Gesellschaft giebt ihre Denkschriften heraus: aber wie lange sind die Zeiten schon vorbei, wo es eines Vereins bedurfte, der selbst etwas daran zu sezen hatte, damit nur Abhandlungen von einem streng wissenschaftlichen Gehalt das Licht der Welt erblikken könnten! wie wimmelt es jezt überall von Zeitschriften für alle Gebiete des Wissens, und welcher Aufsaz eines Akademikers, wie tiefsinnig wie schwierig er auch sei, fände nicht an mehr als einem solchen Ort den bereitesten Plaz! Und noch dazu wieviel freier arbeitet sichs für eine Zeitschrift. Denn wer ist nicht beengt vor gewissermaßen gezwungenen Zuhörern von sehr ungleichem Interesse an der Sache! und wer möchte gern einen bedeutenden Theil der Schuld auf sich nehmen, wenn ein Band von Den schriften zu einer unförmlichen Corpulenz anschwillt. Doch man sagt, für diejenigen, die ohnedies schreiben würden, bedürfe es keiner Akademien, aber es gebe so viele gelehrte von dem reichsten Wissen, die aber leider

— nicht etwa es nicht von sich geben können, denn dies ist veraltet und darf nicht mehr gesagt werden — aber die alles nur für sich allein besizen wollen und denen an der Mittheilung nichts gelegen ist. Werden aber solche Männer in eine Akademie aufgenommen, und das ist ein Ehrenruf, den es einmal nicht gebräuchlich ist abzulehnen, dann sind sie gefangen, dann müssen sie bald mit diesem bald mit jenem hervortreten, und tragen doch so ihre Schuld ab an die Welt. Aber ist die Ehre mächtig: so üben doch auch Schmeichelei und wenn ich es sagen darf Langeweile eine große Gewalt aus. Und wie schmeicheln die Redactoren und Verleger der Zeitschriften, wenn sie einen kirren wollen zum Mitarbeiter, wie hören sie nicht auf zu drängen und zu quälen, und hat einer aus Ungeduld ein Versprechen gegeben: so ist er doch eben so gebunden, als wenn er auf der Liste einer Akademie steht. Wahrlich, die wenigen, die hiegegen unerbittlich bleiben, ich will sie hiermit ungenannt aufs ehrenvollste begrüßt haben: aber das Mißverhältniß zwischen Zwekk und Mittel wäre doch ungeheuer, wenn um ihretwillen Akademien sollten gestiftet und erhalten werden! Wohl, werden wir besser fahren bei unsern Kritikern, wenn wir ihnen zu bedenken geben, daß doch in jeder Wissenschaft gar vieles theils gar nicht theils weit unvollkommner geleistet werden könne von einzelnen, und deshalb müsse es solche Vereinigungspunkte geben, wo mehrere sich zusammenfinden? Schwerlich werden sie etwas anderes sagen als, auch das gelte nur von Zeiten die längst vorüber sind. Jezt bei dieser Allgemeinheit des wissenschaftlichen Verkehrs wisse jeder gelehrte, den es zu einer solchen Unternehmung drängt, auf das genaueste, wo er den rechten Mann zur Hülfe findet, wogegen grade in einer Akademie er schwer zu finden sein würde; denn je mehr diese alle Zweige der Wissenschaft in ihrem Kreise haben wolle, um desto weniger könne sie in irgend einer einzelnen Richtung mehrere Mitglieder besizen. Aber auch den Fall angenommen von Unternehmungen, wozu sich gelehrte von verschiedenen Bestrebungen vereinigen müssen: wie wenig bedarf es dazu solcher feststehenden Genossenschaften, und wie vieles dieser Art geschicht nicht ohne sie zu vollkommner Zufriedenheit! Ist es nicht in der wissenschaftlichen Welt grade wie in den Sachen des Handels und der Gewerbe? Wie leicht bilden sich Vereinigungen mehrerer zu bestimmten Zwekken, wie natürlich giebt die neue Freundschaft auch der Thätigkeit einen rascheren Schwung, als wenn sie aus alten und immer doch ziemlich lau betriebenen Verhältnissen hervorgehen soll! Und ist der bestimmte Zwekk erreicht und das Werk vollendet: nun dann löst sich die Verbindung wieder auf, und es bleibt nur ein erfreuliches Andenken zurükk, aber keine lästige Fessel. Und solche Privatvereine sind es am meisten, neben welche gestellt die Akademien auch in dem öffentlichen Urtheil so oft den kürzeren ziehen. Denn solchen freien Privatvereinen ziemt es ganz wohl von sich reden zu machen und die Aufmerksamkeit des Publicums für sich in Anspruch zu nehmen, denn das gehört zu ihrem Gedeihen. Auch rühmen sie sich selbst, wie viel kräftiger sie ihr Werk anzufassen wüßten, wie viel freier sie sich in ihren Bewegungen zeigen, wie vortheilhaft ihre ganze Führung absteche gegen die schwerfälligen akademischen Formen. Und die Bestimmung der Akademien alle Zweige der Wissenschaft in sich zu fassen, so wie die Nothwendigkeit, welche ihre Verbindung mit dem Staat ihnen auflegt, daß sie nämlich müssen in manchen Stükken auf eine ähnliche Weise wie die öffentliche Verwaltung verfahren, kann nicht anders als nachtheilig wirken. Das leztere bringt natürlich Weitläuftigkeiten in den Geschäftsgang und führt Formen herbei, denen nicht ohne Zeitverlust genügt werden kann, welches immer den Eifer wissenschaftlicher Männer etwas abkühlt. Das erste muß je mehr sich der wissenschaftliche Stoff anhäuft, so daß die einzelnen nur einen geringeren Theil des ganzen umfassen können, um desto mehr das Interesse aller an den Früchten der Bemühungen einzelner verringern, und dies muß sich um desto mehr bemerklich machen, je mehr eine solche alles umfassende Gesellschaft doch als ungetheilte Einheit erscheinen will. Wahr ist wenigstens soviel, daß solchen Vereinen die Beschränkung eigenthümliche Vorzüge giebt. Wollen sie an den bestimmten Zwekk, der nur ein kürzeres Zusammenleben fordert, etwas immer dauerndes anknüpfen: so sezt sich ihr frisches bewegliches Leben in eine steife Kleinstädterei um, und erweitern sie ihre Bestrebungen zu einer großen Allgemeinheit: so rükken sie auch früher oder später in die Reihe der incorporirten Akademien ein und suchen auch ähnliche Bevorrechtungen zu gewinnen. Können nun aber auch gemeinsame wissenschaftliche Werke auf diesem kürzeren Wege zu Stande kommen, was bleibt als die eigenthümliche Leistung der Akademien übrig? Sollen wir uns nur hinter das Mißverhältniß zwischen den Geldmitteln der gelehrten und den Aufgaben der Wissenschaft verstekken, als ob deshalb solche vom Staat dotirte Anstalten nothwendig wären, weil es so viele Beobachtungen Versuche und Untersuchungen zu machen giebt, wozu der Aufwand nicht gedekkt werden kann durch den Gewinn, den auch im günstigsten Fall die Darstellung oder der Gebrauch des Ergebnisses gewähren würde? Schwerlich möchte die Erklärung hinreichen, und schwerlich möchte auch der Sache in diesem Fall eine richtige Berechnung zum Grunde liegen. Denn jede freisinnige und nicht über die Gebühr beschränkte Regierung, wieviel solche Versuche unterstüzt sie nicht noch ganz außerhalb der Akademie, die von ihr dotirt wird, wozu sollte sie sich also die übrigen noch um den Betrag dieser Dotation vertheuern? Und genau betrachtet um weit mehr. Denn wenn eine Akademie angehende gelehrte auffordert diese oder jene Hülfe zu einem Unternehmen zu leisten: so fordert der Anstand, daß sie freigebig sei. Die gewöhnlichen Geschäftsmänner der Wissenschaft aber, die Buchhändler, dürfen sich sparsam zeigen und werden immer dieselbe Hülfe um einen geringeren Preis zu stellen im Stande sein. Immer würde also ohne die Firma einer Akademie dasselbe von denselben Männern, also auch eben so vollkommen aber mit minderen Unkosten vollbracht werden. Läßt sich also auch darauf nicht das Fortbestehen der Akademien gründen: sollen wir noch weiter suchen, oder sollen wir einfach gestehen, das Geheimniß unseres Daseins sei nur das so vieles erhaltende Gesez der Trägheit, vermöge dessen nicht gern aufgehoben wird, was besteht, auch wenn die zureichenden Gründe zum Fortbestehen lange nicht mehr vorhanden sind? Was soll uns auch weiteres Suchen helfen, wenn wir doch bei dem nicht bleiben könnten, was sich Friedrich, als er die Akademie gründete, gedacht hat. Denn hätte sich irgendwann unsere Bestimmung geändert: so wären wir dann gewiß nicht mehr derselbe Verein, und führten unser Dasein mit Unrecht auf den großen König zurükk. Denn diese Bewandniß hat es mit allen so genannten moralischen Personen; der Staat wechselt nicht nur beständig die Individuen, er erweitert sich und zieht sich zusammen, er macht Fortschritte und rükkgängige Bewegungen, ja er kann seine ganze Form ändern, tyrannisch werden aus der Demokratie, republicanisch aus der Monarchie, er kann den ganzen Kreis der Formen mehrfach durchlaufen und bleibt doch derselbe, weil seine Bestimmung dieselbe bleibt. Und eben so könnte umgekehrt die Akademie noch aus denselben Männern bestehn, die Friedrich hier zusammenrief, hätten sie aber irgendwann im Widerspruch mit seiner Absicht ihrer Verbindung einen andern Zwekk untergelegt: so wäre doch seine Stiftung aufgehoben und an ihre Stelle etwas anderes getreten, und wir müßten unsern Anfang nur von diesem lezten Akt an rechnen. Könnte aber wol irgend etwas einzelnes von dem, was wir jezt untersucht haben, sein Gedanke gewesen sein? Das wird wol niemand behaupten wollen, denn es ist auch so jenen Zeiten nicht angemessen; theils hängt es wol zusammen mit den Ordnungen der Akademie, oder gehört zu ihren Facultäten, aber die Idee drükkt es nicht aus. Aber sollte er so wie wir anfangs hörten bestimmte Erwartungen von dem Einfluß der Akademie auf den Unterricht überhaupt oder auf die allgemeine Bildung gehegt haben? Das geht wenigstens aus der Art, wie er sie hingestellt hat, nicht hervor, und kann ihm nur sehr unbestimmt und in der Ferne vorgeschwebt haben. Gehört es aber unstreitig zu unserm Begriff einer Aka=

demie, daß sie kein Privatverein ist, sondern vom Staat ausgegangen, begründet sowol als ausgerüstet, warum betrachten wir sie nicht gleich so als ein Werk der königlichen Kunst? Ja ich möchte auch auf dieses den bekannten Charakter eines Kunstwerkes anwenden, daß ihr eine Zwekkmäßigkeit zukommt ohne Zwekk. Bei jedem einzelnen Zwekk, den wir solchem Verein unterlegen, kommen wir mit der Rechnung zu kurz. Aber von welchem Gedanken dieses Institut der Ausdrukk sei, das haben wir oben schon angegeben, es ist die positive thätliche schlechthin uneigennüzige Anerkennung der Wissenschaft in ihrem abgesonderten selbständigen Leben. Die Universitäten drükken dieses nicht aus, denn sie sind in den Geschäften des Staates wirksam; aber indem der Staat eine Akademie gründet: so erkennt er an, daß es ein Gut für ihn sei, denn nur ein solches kann er hervorrufen wollen, daß die Wissenschaft in seiner Mitte ein freies selbständiges Leben führt. Alle Privatvereine ignorirt er nur, oder wenn er ihnen etwas gewährt, so ist das nur eine Begünstigung wohlberüchtigter Personen, die Akademie aber sezt er, und sie spricht also etwas von seinetwegen aus. Aber er sezt sie zu keinem bestimmten Geschäft. Es ist eine Beeinträchtigung, wenn er von ihr fordert, daß sie in den Unterricht eingreifen solle, wenn er von ihr fordert, daß sie die Anwendung der Wissenschaft auf das Leben angeben solle, sie ist nur um so mehr was sie sein soll, je weniger er von ihr fordert und nur alles von ihr erwartet. Akademiker als solche sind nur zu freier Muße gesezt. Wie sie diese ausfüllt und in sich gesellig gestaltet, wie sie die ihr entstehenden Lükken ausfüllt, wie sie mit den Ergebnissen ihrer Thätigkeit öffentlich hervortritt, denn freilich wenn sie sich gar nicht manifestirte, so spräche sie auch die Idee des Staates nicht aus und wäre also auch nicht; aber alles dieses, ingleichen was für Verhältnisse sie mit wissenschaftlichen Männern außerhalb anknüpft, das bestimmt sich durch ihre Ordnungen, aber sie ist auch nur ganz Akademie, wenn sie sich diese Ordnungen selbst weiter ausbildet und nach den Bedürfnissen der Zeit umgestaltet, und die Regierung dies nur anerkennt, wenn sie ihre Mitglieder aller Art selbst wählt und — was jedoch nie geschehen möge — ausschließt, und die Regierung dies nur anerkennt. Je mehr leztere hierin noch selbstthätig einwirkt, um desto mehr ist noch die Regierung gleichsam im Aufstellen der Akademie begriffen, und hat sie noch nicht als vollendet proclamirt. Ist sie aber so zu ihrer vollkommnen Stellung gelangt: so kann auch wol nicht vorausgesezt werden, daß sie dem wissenschaftlichen Streben außerhalb ihres eignen Umkreises fremd bleibe, vielmehr ist ihr davon die vollkommenste Kenntniß zuzumuthen, und das Verhältniß des Staats zur Wissenschaft ist erst zur vollkommnen Consequenz gestaltet, wenn auch die Regierung von dieser Voraussezung ausgeht. Keinesweges etwa als ob sie sollte von der Akademie Rath begehren oder gar ihr die Entscheidung anheimgeben über das Personal oder die Organisation des öffentlichen Unterrichtswesens; denn dieses gehört zu den Geschäften des Staats, denen die Akademie ganz fremd bleibt. Aber wenn die Regierung rein wissenschaftliche Unternehmungen von einzelnen oder von Privatvereinen durch besondere Begünstigungen unterstüzt: wäre dafür nicht, wenn sie ihrem eigenen Grundgedanken treu bleiben will, die Akademie das natürliche Tribunal, um über die Würdigkeit der bittstellenden und die Angemessenheit der Unterstüzung zu entscheiden, da es ja mit zu ihrem Beruf gehört nach Maaßgabe ihrer Ausstattung auch einen Theil ihrer eigenen Mittel auf ähnliche Weise anzuwenden? Daher scheint immer ein leises Mißverhältniß angedeutet, wenn anders verfahren wird, es müßte denn sein, daß der Staat solche Unterstüzungen nicht um der Wissenschaft willen sondern aus andern Motiven ertheilt, über welche dann natürlich die Akademie gar kein Urtheil hat. Sonst aber ist immer wenn etwas dieser Art ohne sie geschieht vorauszusezen, daß die Organe der Regierung entweder der Akademie die Vollständigkeit nicht zutrauen, daß sie den wahren Berichterstatter über den Gegenstand in sich hätte, oder daß sie sie nicht frei halten von einer parteiischen Einseitigkeit. Doch nicht allein dieses gehört zu der Vollkommenheit welche die Akademie anstreben muß, daß sie das anerkannte Sensorium des Staats werde für alles rein wissenschaftliche Leben innerhalb desselben, und der allgemeine Kanal, durch welchen diesem Gebiet alle besonderen Begünstigungen der Regierung zufließen, sondern in dem Begriff derselben liegt auch, daß sie zwischen der Wissenschaft des Landes, dem sie angehört, und aller auswärtigen die anerkannte Vermittlerin sei. Keinesweges als ob sie ein Monopol begehrte zum auswärtigen wissenschaftlichen Verkehr, oder als ob sie das unendliche Geschäft der wissenschaftlichen Uebertragung aus fremden Sprachen in die eigene zu leiten habe; nein, kein Streben werde durch die Akademie gehemmt, keine Schranke durch sie aufgerichtet, keine Anmaaßung müsse ihr mit Recht Schuld gegeben werden können. Sondern nur so ist es gemeint. Der Staat, indem er die Akademie unter der aufgestellten Idee einsezt, erkennt zugleich die Wissenschaft als wesentlich Eine an. Sie modificirt sich zwar, die verschiedenen Zweige derselben in verschiedenem Grade, für jedes Volk besonders in seiner Sprache: aber wie die vollkommenste Gemeinschaft der Sprachen auch die höchste Aufgabe der Wissenschaft ist als die höchste Selbsterkenntniß des Menschen, so muß auch die Akademie in der Lösung derselben immer begriffen sein. Darum geziemt ihr Organe zu haben in allen zur Wissenschaft gebildeten Sprachgebieten, welches ja der vorherrschende Gedanke ist bei ihren correspondirenden Mitgliedern, aber für diesen Zusammenhang muß sie auch über alle Zufälligkeiten, die sich in den Verhältnissen der Völker und Staaten ereignen, hinausgestellt sein. Auch in Zeiten der Verwirrung und des Krieges gehen billig ihre Briefe unverlezt und unbeargwohnt in das feindliche Land; sie reiche ungehindert auch in solchen Zeiten dem gelehrten desselben den wohlverdienten Ehrenkranz, und ohne scheel dafür angesehen zu werden, ohne daß deshalb ein Zweifel erhoben werde gegen die gesezliche Treue oder gegen den vaterländischen Eifer ihrer Mitglieder stelle sie doch in ihrem innern Leben den unverlezlichen heiligen Frieden dar, der in dem Lande der Betrachtung thront.

Ist nun dieses lezte allerdings das schwierigste für den Staat: so können wir, weil grade dieses unverkennbar der Sinn des großen Königes war, der dem Kriege deshalb weil er ihn eifrig führte doch nicht minder abhold blieb, wir können sage ich hieraus um so sicherer schließen, daß auch das andere, womit dieses aus einem Stükk ist, bei der Stiftung unseres Vereins in seinem Gedanken lag. Wir können daher ihn nicht besser ehren, als wenn wir diesen soviel an uns ist immer deutlicher zur Anschauung bringen. Von Seiten des Staates ist schon das meiste geschehen. Die schüzende Macht hat uns nie geweigert unsere Ordnungen zu verändern nach unserer besten Ueberzeugung, die Verwendung unserer Mittel zu wissenschaftlichen Zwekken hat nie Schwierigkeiten gefunden, die Wahl unserer Mitglieder ist in unsere Hände zurükkgegeben, und keinem Namen, den wir uns zuzugesellen wünschen hier oder in der Ferne zu thätiger Theilnahme oder zum Schmukk unsers Vereins, hat die königliche Bestätigung, durch die jeder erst der unsrige wird, jemals gefehlt. Wir nun unsererseits haben der Nichtigkeit ernst entgegenzutreten, mit welcher dieses wie ja vieles andere gemeinsame von der lauten Menge behandelt wird, als ob Vereine wie der unsere nur dazu da seien, damit einige einzelne sich größerer Annehmlichkeit erfreuen oder auf wohlerworbenen Lorbeeren beneidenswerther Ruhe pflegen. Wenn wir jeder nach seiner Art der Augenblikke mit Treue wahrnehmen wann die Liebe zur reinen Erkenntniß in uns wirkt und gestaltet, wenn wir kein schönes Ziel übersehen, welches wir durch vereinte Kraft erreichen können, wenn wir umsichtig und frei, gerecht und weise, Unvollständigkeiten, welche die Erweiterung der Wissenschaft herbeiführt, zu ergänzen, und die Lükken auszufüllen suchen, welche durch das gemeinsame Geschikk in unseren Reihen entstehen: so werden wir freilich nicht so uns gleich bleiben, daß nicht unser Verein bald mit glänzenderem bald mit bedekkterem Lichte strahlen sollte; wir werden nicht immer dasselbe Bild der ganzen Wissenschaft darstellen, sondern bald wird dieses Gebiet unter uns ausgebildeter erscheinen und jenes zurükkbleibend, bald umgekehrt; wir werden nicht jeden Verlust ersezen können, den wir erfahren, aber mit alle diesem Wechsel werden wir doch in größeren Zeitabschnitten sagen dürfen, daß wir nicht schlechter seien als unsere Väter, vielmehr den Gedanken, durch den wir da sind, immer vollkommner entwikkeln und den wissenschaftlichen Bestrebungen in unserm Vaterlande würdig vorangehen.

Dieses Bekenntniß aber, daß wir nicht vermögen jeden Verlust zu ersezen, liegt uns heute besonders nahe, da wir an diesem Tage die Veränderungen, die in der Akademie vorgegangen sind, dem Publicum in Erinnerung zu bringen haben. Denn fast nur Verluste haben wir zu melden. Erworben hat sich die Akademie in diesem Jahre kein anwesendes ordentliches sondern nur als auswärtiges Mitglied Herrn Heeren in Göttingen; er gehörte uns aber schon vorher an als Correspondent. Verloren dagegen haben wir, ich darf um denen nicht vorzugreifen, die dereinst ihre Gedächtnißreden vorzutragen haben, nur ihre Namen nennen, verloren haben wir Herrn Seebeck, Herrn Fischer, Herrn Niebuhr. Lezterer zwar hatte schon seit einer Reihe von Jahren seinen Wohnsiz nicht mehr unter uns, aber wir konnten es nicht über uns gewinnen ihn nicht immer als ordentliches und nur zufällig abwesendes Mitglied zu betrachten, wie er denn auch in ununterbrochener Verbindung mit uns gestanden hat.

20.

Am 24. Januar 1833.

Zweierlei habe ich schon oft gehört fehle noch an der Verherrlichung des großen Königs, ein dieser Hauptstadt und der gegenwärtigen Zeit eben so sehr als seiner würdiges Denkmal aus der Werkstatt der bildenden Kunst, und eine im Zusammenhang seines Privatlebens und seiner königlichen Thaten sein geistiges Bild ähnlich und vollständig wiedergebende Geschichtschreibung.

So dringend scheint der Wunsch, daß schon öfter gleichsam ohne zu bedenken, von wem allein der Impuls dazu ausgehen kann, auch öffentlich an ein großartiges Denkmal ist gemahnt worden. Wie oft und seit wie langer Zeit haben sich schon die Künstler damit beschäftigt, und wie mancher Entwurf mag schon im stillen mehr oder minder ausgebildet worden sein! Auf dem friedrichstädtschen Markt nicht etwa zwischen beiden Domen, wo das Schauspielhaus steht, damals noch das erste stand, sondern mit Aufopferung dieser Gebäude auf ihrem gemeinsamen Raum, und noch größer wollte er die Grundfläche genommen haben, sollte sich eine Riesentreppe vierseitig pyramidalisch erheben bis an die Höhe der Kuppeln und dort auf einem Raum, noch groß genug um eine Menge Beschauer mit Sicherheit zu fassen, sollte sich die Reiterstatue des Königs erheben in verhältnißmäßiger Größe, das ist ein Entwurf, den ich am Ende des vorigen Jahrhunderts von einem geistreichen Manne jener Zeit öfters mit Begeisterung erörtern hörte. Mit welcher Freude sah er im Geist jene kolossalen Gebäude, die doch auch den König ins Gedächtniß zurükkrufen, ihrem Urheber wieder zu Füßen gelegt und verschwunden! wie großartig, daß nun die stattlichen Häuser die den Plaz umgeben nur erscheinen würden wie ein mäßiges Staket um jenes Denkmal! Nicht mehr sollten hier Stätten sein für jene gemeinsame Verehrung des höchsten, der ja so viele erbaut sind in beiden Sprachen, nicht mehr sollten in dem vorhandenen Raume zwischen beiden fremde Geschichten versinnlicht oder an dem, was nach des Dichters Ausdrukk der misère begegnen kann, die Sitten einer kleinlichen Zeit bespöttelt und wo möglich spottend veredelt werden: sondern in dem großen Mann sollte hier das weltordnende Wesen als in seiner schönsten Gabe gepriesen, durch das mächtig ergreifende Standbild des Helden hier wie mit einem Zauberschlage alles kleinliche aus den Gemüthern vertrieben und alle in Einem gewaltigen Gefühl der Vaterlandsliebe erhoben werden. So sah er hier die Waller niemals ausgehn, nur jezt mehr vereinzelt dann in größeren Massen sich auf- und abwärts bewegen, und von hier aus nach allen Seiten in die Kirchen und Schulen, auf die Uebungspläze der Truppen, in die Gebäude des öffentlichen Dienstes so wie in die Stätten des Gewerbes denselben begeisterten Eindrukk hinübertragen, jeder voll von dem, was der große König für das ganze gewesen, was er auch für eines jeden besonderen Beruf gethan und gewollt hat. Und gewiß vieles ist schön an diesem Gedanken. Sogar das traurige, daß die Thürme mit ihrem Anhang zum Fundament sollen verwendet werden, ist nicht ohne Bedeutung! Denn ist auch der preußische Staat in seiner europäischen Bedeutsamkeit das geistige Denkmal, das der König selbst sich errichtet hat: so mußte ja, damit sich dieses zu seiner vollen Höhe erhöbe, schon manches eingerissen werden, was er mit Liebe gebaut hat. Und wenn man scherzhafterweise schon das als einen Vorzug rühmen könnte, der ihm würde vor seinem großen Ahnherrn, wenn er so hoch gestellt wäre, daß es nicht leicht einer gewöhnlichen Fantasie einfallen kann ihn bei nächtlicher Weile herabsteigen und als ehernen Gast umgehen zu lassen: so ist dieses doch im Ernst wünschenswerth, daß er zugleich so hoch stehe und doch so zugänglich sei, nicht in dem Grade, daß man ihn leicht im Vorübergehn mit einem leichten Blikk beehren könne, sondern daß jeder wollen muß und sich mühen, der den Eindrukk in der Nähe haben will, aber doch daß es dazu nicht eines bewaffneten Auges bedarf, und daß die Beschauung auch in der unmittelbarsten Nähe noch eine gesellige in bedeutendem Maaßstabe sein kann. Denn das ist ein Anspruch, den wir machen müssen an ein solches Denkmal, wenn es jemals zu Stande kommen soll. Nicht nur sei es königlich sondern auch volksmäßig, nicht nur sei es ein Meisterwerk der Kunst sondern es übe auch eine lebendige politische Wirksamkeit aus.

Der Laie kann nur Forderungen aussprechen, wie ihnen zu genügen ist findet der Künstler. Mögen denn unsere glükklichen Genien nur fortfahren auch aus diesem Gesichtspunkt sich mit Entwürfen zu beschäftigen, damit der Gedanke im Gange bleibe. Bis aber ein glükklicher Augenblikk einen solchen ans Licht fördert, der nicht ein bloßes Gesicht bleibt, wie jenes, sondern wirklich ausführbar ist, wollen wir das Denkmal selbst nicht vermissen. Wer sich bis dahin auf ähnliche Weise von dem großen König durchdringen will, der gehe die Potsdamer Straße entlang und besteige zunächst jene Höhe jenseit des Stroms, von der wir die beiden durch den schönen Lusthain verbundenen Paläste erblikken, die er sich erbaut, den einen für sein stilles Leben und Wirken, den andern für königlichen Pomp und Feste, und wenn er dann die Gegenwart vergessend voll dieser Erinnerung näher tritt, die Stufen zu Sanssouci hinansteigt, sich in dem Gebäude die tägliche Lebensordnung des Mannes wiederholt und ihm dann bald ein schöner Zug aus seinem nur zu engen Einzelleben, bald eine von seinen öffentlichen Thaten einfällt, oder er an diese und jene seiner schriftlichen Ergießungen sich erinnert, und so der Geist Friedrichs ihn von allen Seiten umweht: wie sollte der wol ein Denkmal vermissen!

Und jezt vermißt es noch niemand, die lebendige Ueberlieferung dauert noch fort. -Die jezt Großväter sind haben seine Gestalt noch geschaut näher oder ferner, und können noch auf ihre Enkel das Bild übertragen; von ihren Vätern her kennen sie seine Uebungen seine Heerschauen seine Reisen, des siebenjährigen Krieges Bedrängnisse und Errettungen, Niederlagen und Siege, was er angebaut und urbar gemacht, sein Walten in Krieg und Frieden. Jezt noch nicht, aber nicht lange mehr. Noch eine Generation weiter hin, und die Ueberlieferung hat nicht mehr dieselbe Haltung; alles, was jedem ins Auge fällt, die Gestalt und Ordnung des Heeres, die Art und Weise der Staatsverwaltung, das Verhältniß selbst des Unterthanen zum Oberherrn, hat sich über das gewöhnliche Maaß hinaus verändert, die Einzelheiten in Wort und That sind nicht mehr so klar und verständlich, das Bild dunkelt immer mehr nach, die Züge werden sagenhafter, und die Wahrheit des Bildes muß ihren Siz in der Schule suchen, ich meine überhaupt in dem Einfluß, den um es kurz zu sagen der lesende Theil des Volks auf das übrige ausübt; und so entsteht auf dieselbe Weise freilich bald das Bedürfniß einer Geschichte des Königs und eines Denkmals für ihn, welche beide nur in Verbindung mit einander die Stelle der lebendigen Ueberlieferung vertreten können.

Doch man wird sagen, was hat die Schule für das Volk mit einer solchen Geschichte gemein, welche in gleiche Linie gestellt werden soll mit einem großen Nationaldenkmal? Lezteres hat seinen Ort in der Hauptstadt des Reichs, dem Kern des ganzen, der sich aus den geläutertsten Lebenssäften bildet. Da ist es für alle und muß der besten jezigen und künftigen würdig sein, und nur Abrisse davon, unvollkommen genug natürlich, verbreiten sich nach allen Seiten hinaus unter das Volk. Von einer Geschichte aber, die eben so als ein Meisterwerk der wissenschaftlichen Kunst der besten aus mehreren Generationen werth wäre, der Stolz der Preußen die Bewunderung des Auslandes, was kann davon unter das Volk kommen? Die Schule des Volks sind die Kinderbücher und der Kalender. Sehr wahr! aber wir wollen uns nicht schämen den Zusammenhang derselben mit den edelsten Werken der Kunst und Wissenschaft einzugestehen. Die uns verschwisterte Akademie der Künste und die Gewerbschulen in unsern Provinzen sind eine wohlverbundene Kette, und bald werden diese lezten Glieder derselben ihren Einfluß auf die ganze Landschaft erstrekken. Wir wollen immer anfangen uns umzusehen, ob die Bilder der königlichen Personen, die uns auf allen Straßen aufstoßen, nicht einen Anflug bekommen von dem gegenwärtigen Zustande der Kunst. Nicht umsonst auch in diesem Sinn war früher der Kalender unter die Aufsicht der Akademie gestellt, ihr Einfluß hat viele Thorheiten daraus vertrieben, und darin wird mit zwekkmäßiger Bedächtigkeit vorgeschritten werden; und je mehr diese verschwinden, desto mehr Raum wird gewonnen für angemessene Rathschläge und Belehrungen aus unserm Schaz erweiterter Naturkunde. Und eben so ist es auch mit der Geschichte. Auch die geschichtliche Seite unseres Vereins, wiewol auf keine Weise zur Mittheilung der schon erworbenen und sichergestellten Kenntnisse bestimmt und verpflichtet, steht doch mit unsern Hochschulen in vielseitiger Berührung, und an diese reiht sich eine ununterbrochene Kette bis zu denen, die unmittelbar am Unterricht des Volks arbeiten. Der Stoß, den das Volk empfängt, beginnt bei dem obersten Glied, und wie dieses die Geschichte auffaßt und behandelt, davon hängt ab, ob was dem Volk, sei es auch in Kinderbüchern und im Kalender, von Geschichte mitgetheilt werden kann, es auch wirklich lebendig ergreife, mit dem ganzen befreunde und geistig erhebe.

Glauben wir aus unserer vaterländischen Geschichte Persönlichkeiten im Volk lebendig erhalten zu können, die über die Reformation hinausliegen, so würden das leere Hoffnungen sein; denn diese finden gar keinen Anklang mehr in der Unmittelbarkeit des Lebens. Vom großen Churfürsten werden sich noch einzelne Erinnerungen fortpflanzen, aber der große König ist die erste Gestalt, welche mehr im Zusammenhang festgehalten werden kann. Und nur ein geschichtliches Meisterwerk über ihn wird auf alle untergeordneten mehr vereinzelten Darstellungen den rechten reinigenden und belebenden Einfluß üben. Werden wir ein solches bald erhalten? Man sagt zwar, Geschichte dürfe nicht zu früh geschrieben werden, und es wäre sehr überflüssig die Wahrheit, die hierin liegt, erst auseinandersezen zu wollen; aber gewiß trifft das mehr den Verlauf großer und verwikkelter Begebenheiten als das einzelne Leben. Für dieses tritt eher der Zeitpunkt ein, wo alle Materialien, die wirklich ersprießlich sind, auch zusammengebracht werden können, und wiederum eher auch der, wo manche Verhältnisse nicht mehr in ihrem wahren Licht können betrachtet werden, mithin auch der Geschichtschreiber störende Verzeichnungen schwerer vermeidet. Jezt können noch zwekkmäßige Vorarbeiten geliefert werden durch Sichtung des vorhandenen Materials und durch Sammlung von vielem vielleicht, was noch außerhalb des Gebietes der Oeffentlichkeit verborgen gelegen hat, und möge nur keiner, der dies in einem größeren Maaß und mit einer gewissen Ausführlichkeit thut, verleitet werden zu glauben, er sei schon der Geschichtschreiber, der uns freilich nun gewiß erwünscht sein wird, sobald die großen Bewegungen sich gesezt haben.

Was für eine Literatur besizen wir nicht schon über den König! Wie strömten gleich nach seinem Tode, als hätten sie nur darauf geharrt, die einzelnen Züge aus seinem Leben in zahlreichen Sammlungen hervor. Welche Lobreden folgten, und selbst unter dem Drang der umstürzenden Weltbegebenheiten hörte er nicht auf die Federn zu beschäftigen. Sehen wir von allem ab, was nur — und zwar oft sehr problematischer — Stoff ist oder ganz einseitige Betrachtung: so bleiben drei untergeordnete Formen stehen, in welchen ein solcher Gegenstand behandelt zu werden pflegt, die eigentliche Lebensbeschreibung, die Regierungsgeschichte, die Charakterschilderung. Von denen Individuen nicht zu reden, über die weil sie nur der Masse angehören sich gar nichts sagen läßt, und mit erwogen, daß, wo es eine Amtsführung einen Beruf giebt, in dem der einzelne nicht ganz untergeordnet bleibt, da auch eine Regierungsgeschichte ist: werden wir gestehen müssen, daß keine Generation eines gebildeten Volkes gänzlichen Mangel haben darf an solchen, die eines von diesen verdienen. Wie sinnlos wäre es auch und nichtig, daß immerfort so viele Personen gedichtet werden, wenn nicht das Bewußtsein dabei zum Grunde läge, daß so viele wirkliche verloren gegangen sind, denen ihr Recht nicht widerfahren ist, oder daß die gedichteten wirklich müssen gewesen sein, wenn auch unbekannt. Und jede Zeit auch die scheinbar ruhigste hat ihre Bewegungen und Gegensäze, die sich oft am klarsten in einem einzelnen Leben spiegeln, welches rein in sich selbst betrachtet wenig merkwürdiges darbieten würde. Daher kann es an solchen nicht fehlen, an die eine von diesen Bestrebungen gewendet werden sollte, wer aber alle drei verdient, dem widerfährt auch durch alle drei nicht sein Recht, sondern ihm gebührt ein höheres, und ein solches ist die Geschichte, die ich meine. Eine Lebensbeschreibung des Königs in jenem engeren Sinne könnte sogar im Gebiet der Chronik stehen bleiben als Tagebuch oder Annalen, und es gehörte nur ein mäßiges Geschikk dazu, daß es doch ein lebendiges und erregendes Werk sei, aber mit gleichem Recht könnte dabei sein Geist und Gemüth auf die verschiedenste Weise vorgestellt werden. Eine Regierungsgeschichte, wie bedeutend müßte sie nicht sein, wenn sie auch nichts wäre als ein aus einer europäischen Staatengeschichte desselben Zeitraums gleichsam ausgeschnittenes Kapitel, worin von dem Könige nur auf dieselbe Weise gehandelt würde, wie es Recht und billig ist bei manchem regierenden Haupt, wo es gleich gilt ob man sagt, der Fürst der König, oder der Hof das Kabinet die Regierung that ordnete entschied dies und jenes. Und eine Charakterschilderung, wenn sie auch nur aus den einzelnen Zügen, die in solcher Masse vorliegen, eine verständige Auswahl in wohlhergebrachten psychologischen oder ethischen Kapiteln zusammenstellte, und sie mit Fragmenten aus seinen Herzensergießungen in Briefen und Gedichten durchwirkte: wie ergreifend könnte sie nicht sein, wenngleich die rechte Einheit zu alle diesem jeder sich doch um so freier selbst construiren könnte, je mehr ihm die Darstellung die entwikkelnden Veranlassungen aus dem Auge rükkte, und je weniger sie zugleich irgend etwas enthielte von seinem Einfluß auf die Welt. Nun aber denken wir uns jede von diesen dreien in ihrer höchsten Vollkommenheit, so daß uns dann im einzelnen nichts wesentliches fehlt: doch werden wir nicht befriedigt sein durch diese Vereinzelung. Sondern wenn wir hier einen Zauberschlag thun könnten, wie er uns auf dem Gebiet der Natur hie und da zu Gebote steht, daß wie von einem elektrischen Funken entzündet alle drei sich vollkommen durchdrängen, keines für sich wäre sondern jedes in den andern: das würde die Geschichte sein, die ich wünschte. Auch hier nun möchte ich sagen, der Laie kann Forderungen aussprechen; wie ihnen zu genügen sei, das finde der Künstler. Allein die Werkstätten dieser Künstler sind nicht so zugänglich wie die der Bildhauer, man kann ihre Werke nicht so auf jeder Stufe ihres Fortschritts beobachten, wie die der Bauherren, und darum kann ich wol der Frage nicht ganz ausweichen, in welcher geistigen Temperatur denn jener elektrische Schlag erfolge, der den Geschichtschreiber macht. Ich sage aber, Gebt mir einen Mann, dem nichts zu groß ist und nichts zu klein, nichts zu nahe und nichts zu fern, der sich so ins einzelne einlebe mit seinem Helden, daß er jede Wolke, die sich auf dem beweglichen Antliz erhob, eben so gut versteht wie der wohlgehegte Diener, jeden leisen Ausdrukk der Schwermuth wie die schwesterliche Freundin, der wenn er an seine Jugend denkt nicht nur das Bild der zerfallenen Häuslichkeit, in der er aufwuchs, vor Augen hat, sondern auch die gesammte erhabene Gesellschaft der gleichzeitigen europäischen Fürstensöhne, der einen Blikk dafür hat, wie sich sein Auge für die Welt öffnete, wie sich die Geschichte in ihn hinein arbeitete, wie er das Treiben der Regenten und der Völker um sich her ansah, wie er die Bedeutung der ihm angewiesenen Stelle auffaßte. Er muß in sich bestimmt unterscheiden, und wenn er auch aus Mangel an Zeugnissen nicht wagt sein Urtheil auszusprechen, was der König geliebt und was er sich nur vorgeschrieben, was er an und für sich als gut gewollt und was er nur als vorübergehend nothwendig geordnet.

Doch ehe ich noch am Ende bin, unterbricht mich die Frage, ob denn wer dies vermag Zeit und Kunst verwenden soll an die Darstellung eines einzelnen Lebens. Ich will mich nicht darauf zurükkziehn, daß es für den Geschichtschreiber nichts zu kleines giebt und nichts zu großes; er wähle das kleinste und die ganze Zeit muß sich darin spiegeln, sondern unumwunden sagen, woran diese Forderung hängt. Nicht jeder Fürst, auch nicht jeder rühmliche und segensreiche, kann in demselben Maaß seinen eignen Geschichtschreiber verlangen. Aber es liegt ein eignes Geheimniß in der Grenze zweier Zeitalter. Ein ausgezeichnetes Individuum, welches da eine waltende Stelle findet und gleichsam auf der Hut steht, ist ein eminenter Gegenstand für die Geschichte. Da ringen entgegengesezte Kräfte, da walten geheimnißvolle Ahndungen, Gegenhalten und Vorbereiten, Abwehren und Anlokken, große Maaßregeln, scheinbare Uebereilungen, leise Anfänge und vergebliche Versuche, alles hat einen tieferen Zusammenhang. In dem, was sich weit umher regte, liegt der Schlüssel zu seiner Entwikklung, in dem, was er gewesen ist und geleistet hat, liegt der Schlüssel zu dem, wie die Stöße des krachenden Welttheils auf den von ihm umfaßten Boden gewirkt haben, und zu vielem, was sich noch aus diesen Wirkungen gestalten wird. Diese Wechselwirkung zwischen dem einzelnen und den allgemeinen Lebensbewegungen ist der Geist der Geschichte, und wer die Darstellung Friedrichs II. nicht auf diese Weise faßt, muß sie auch wesentlich verfehlen.

21.

Bei der Aufnahme des Herrn v. Raumer
am 3. Julius 1827.

Wenn Sie, mein Herr, aus Rükksichten, welche wir jedem einzelnen, gegenüber einer Genossenschaft, gern zu gute halten, es nicht ganz unbedenklich finden sich einem Verein wie der unsrige anzuschließen: so hat auch unsere Körperschaft, in deren Mitte Sie zuerst zu begrüßen ich jezt die Ehre habe, ihre Bedenklichkeiten und muß die größte Vorsicht beobachten bei der Wahl ihrer Mitglieder. Wie es deutscher Art und Sitte überhaupt nicht zusagen könnte, wenn alle großen wissenschaftlichen Talente in Einer oder seien es auch zwei Hauptstädte vereinigt wären: so sind bei uns auch Vorkehrungen hiezu nicht getroffen; und es bedarf keiner gar langen Zeit um schmerzhafte Erfahrungen darüber zu machen, wie schwer es gelingt, wenn es einmal gilt einen Mann von der ersten Virtuosität in seinem Fache von auswärts her unserm akademischen Vereine zu gewinnen, um so schwerer allemal als wir ihn am liebsten für uns allein erobern möchten. Desto mehr müssen wir uns daher hüten, daß nicht auch minder reichlich ausgestattete Geister sich uns durch ihre Nähe und durch die freundlichen Verhältnisse, welche diese mit sich bringt, zu dringend empfehlen, und wir so allmählig, von der rechten Höhe des wissenschaftlichen Standpunktes hinabsteigend, uns den ebneren Gefilden nähern; desto eifersüchtiger müssen wir darauf sein, daß nicht diejenigen, welche wir uns gewonnen haben, früher oder später überwiegend theils vom Staatsdienst in Anspruch genommen werden, theils die verdienstvollen Geschäfte des öffentlichen Lehramtes sie tieferen und mehr akademischen Forschungen mehr oder minder entziehen. Wie sollte es also in einer solchen Lage nicht auch unserer Akademie bisweilen begegnen, daß sie theils — und niemand wird sich wundern, daß grade ich dieses erwähne — sei es nun durch versprechende frühere Leistungen bestochen oder von gemüthlichen Aufwallungen einzelner Mitglieder hingerissen auch ungenügende Genossen sich aneignet, theils auch von den glänzenden Geschikken, welche einzelnen Mitgliedern bestimmt sind, überwunden, sich solche Männer auf kürzere oder längere Zeit fast entfremdet sieht, von denen sie die reichste Erndte zu erwarten berechtiget war.

Die Wahl, welche Sie, mein Herr, mit uns verbindet, droht uns mit keinem Mißgeschikk irgend einer Art. Ihre Leistungen liegen der Welt und uns vor Augen, und eine sichrere Bürgschaft dafür, daß ein Mann sein Leben ausschließend der Wissenschaft widmen wolle, giebt es nicht, als welche Sie geleistet haben, indem Sie eine politische Laufbahn voll der glänzendsten Aussichten verließen, aber in einem solchen Sinne und unter solchen Maaßnehmungen, welche einen lange überlegten und wohlgeordneten Entschluß zu Gunsten der Wissenschaft deutlich aussprachen.

Mögen die anwesenden es mir verzeihen, wenn ich diesen Umstand nicht berühren kann ohne sei es auch nur im Vorbeigehen Ihnen wohlzuthun und mich zu ehren, indem ich jenes trefflichen Mannes gedenke, der eine der schönsten Zierden unserer höheren Lehranstalt war, und zwischen dem und Ihnen eine von den wissenschaftlichen Zeitgenossen allgemein gekannte und gepriesene Freundschaft bestand, welcher Sie aber auch für die Nachwelt durch Ihren Antheil an der Anordnung und Bekanntmachung seines Nachlasses ein bleibendes Denkmal gesezt haben.

Auch er hatte in der Laufbahn des Staatsdienstes glükkliche Fortschritte gemacht, und nicht geringere Ehren winkten dort dem reichbegabten Manne als irgend einem andern; aber er lenkte ab der Wissenschaft zu Liebe noch zeitig genug, daß er, wäre ihm nur Zeit vergönnt gewesen, auch den ersten nicht würde nachgestanden haben. Er indeß, nachdem er einen der edelsten Dichter des Alterthums unsere Sprache gelehrt, widmete sich immer ausschließender jenen tiefsinnigen Speculationen, welchen aus einer Genossenschaft wie die unsrige wenig wesentliche Förderung entstehen kann, welche aber einer mehr als hundertjährigen Erfahrung zufolge am kräftigsten ja fast ausschließend auf unseren Universitäten in dem erfrischenden Leben mit forschbegieriger Jugend gedeihen.

Sie hingegen, mein Herr, verließen Ihre öffentliche Wirksamkeit im Staate nur um sich ganz dem Anbau der Geschichte zu widmen. Was mit dieser großen Selbstbetrachtung des menschlichen Geistes zusammenhängt, das neueste wie das älteste, wenn nur auch jenes in dem reinen Gebiet der darstellenden Betrachtung bleibt, bildet diejenige Hälfte unseres Vereins, welche zunächst gewünscht hat, daß Sie der ihrige werden möchten. Wir sezen gern voraus, daß jeder, der auf diesem Gebiet mit einem nicht unbedeutenden Eigenthum angesessen ist, sich gern und je tiefer er forscht um so lieber eines engeren Vereins mit treuen Genossen und eines bestimmten Anrechtes auf ihre Theilnahme an seinen Arbeiten erfreut. Vorzüglich aber hat die Erfahrung seit der neuesten Gestaltung unserer Akademie auf das erfreulichste gezeigt, wie überall auf diesem Gebiet die Thätigkeit des öffentlichen Lehrers und die des Akademikers in den verschiedensten Verhältnissen wohl zusammen stimmen. Gern versammeln sich diejenigen unter uns, welche an der hiesigen höheren Lehranstalt die verschiedenen Zweige dieser Kenntnisse auf die Jugend fortzupflanzen bestrebt sind, in unsern engeren Mauern zu vertraulichen Mittheilungen, und, auch die sich mit dem größten Eifer jenem Lehrgeschäft widmen, werden immer auf Forschungen geführt, die jedes akademischen Vereins würdig sind und sich allgemeiner Anerkennung erfreuen.

Sie, mein Herr, haben schon während Sie noch Staatsmann waren als politischer Schriftsteller in Ihren Dialogen Ueber Krieg und Handel, in Ihrem brittischen Besteuerungssystem, gezeigt, wie derjenige die Gegenwart betrachtet, welchem die Entwikklung der menschlichen Dinge in ihren allgemeinen Grundzügen wie in den eigenthümlichen Formen verschiedener Zeiten und Zonen lebendig vorschwebt. Seitdem haben Sie sich keinem von den verschiedenen Zweigen, welche diese Klasse der Akademie in sich vereinigt, fremd gezeigt. Sie haben uns mit einer geschichtlichen Darstellung des Alterthums beschenkt, Sie haben für das Mittelalter aus verborgeneren Quellen mit einsichtsvoller Auswahl geschöpft, auch das orientalische hat sich Ihrer berichtigenden Theilnahme erfreut, und was ist nicht von einem Manne zu erwarten, welcher kaum auf dem Gipfel des männlichen Alters angelangt ein Geschichtswerk wie das Ihrige, von dem Sie nicht nöthig gehabt hätten einen schnöden Vorwurf abzuwälzen, nachdem er es eine Reihe von Jahren in der Stille gehegt und bis zur Vollendung ausgearbeitet hat, plözlich hervortreten läßt, so daß es kaum erschienen seinen Ruf über den ganzen Raum der deutschen Literatur verbreitet?

Wenn Ihre Bescheidenheit versichert, daß Sie in diesem Werke Ihre beste Kunde des Mittelalters schon mitgetheilt haben, und daß Ihre geschichtliche Darstellung immer dem allgemeineren Bedürfniß zugewendet gewesen sei: so erlauben Sie auch uns zu wissen, wieviel tiefere Untersuchungen, welche unserm Kreise eigenthümlicher angehören, theils diesen Darstellungen zum Grunde liegen, theils durch dieselben bei Ihnen angeregt sind, und nur eines Sporns wie unser Verein ihn darbietet erwarten, um ans Licht gefördert zu werden. Wenn Sie sich in Ihrem Lehramte überwiegend mit der neueren Zeit und der Gegenwart beschäftigen, und zu besorgen scheinen, daß Ihnen wenig Zeit bleiben werde sich mit Ihren Forschungen wieder der Vergangenheit zuzuwenden: so zweifeln auch wir nicht daran, daß schon an sich, am meisten aber für denjenigen, der die Vergangenheit sich wissenschaftlich gestaltet hat, auch das neuere und gegenwärtige einer eben so sehr dem Gehalt nach tiefsinnigen als der Form nach wissenschaftlichen Behandlung fähig ist.

Darum lassen Sie uns gemeinschaftlich mit gutem und wohlbegründetem Vertrauen dem, was Sie unserm Kreise sein und in demselben leisten werden, entgegensehen! Und wenn ich es, aus Gründen welche ich eben angedeutet, ohne alle schmerzliche Empfindung bemerklich mache, daß ich in den zwölf Jahren, seit ich der Wortführer der philosophischen Klasse gewesen bin, nicht ein einziges mal Gelegenheit gehabt habe ein neues Mitglied in unserm Kreise willkommen zu heißen: so freue ich mich, daß mir diese gleich zu Theil wird, wie ich nur in der Stelle des Wortführers der historischen Klasse auftrete, und mit herzlicher Freude bewillkomme ich den Geschichtschreiber der Hohenstaufen, um seinen Namen in die Rolle einzutragen, wo — damit ich keinen anwesenden nenne — die Namen Müller und Niebuhr schimmern. Wenn jener leider, nachdem lange seine äußeren Lebensverhältnisse dem wissenschaftlichen Streben gedient hatten, doch zulezt seine gelehrte Thätigkeit in einem unfruchtbaren Staatsdienst untergehen ließ, Niebuhr aber, wie Sie, politisch angefangen, dem Staatsdienst aber zur guten Stunde Lebewohl gesagt hat, um dem, was die Wissenschaft an ihn zu fordern hatte, je ungetheilter desto vollständiger zu genügen: so werden Sie nur um so eigenthümlicher der dritte sein zu beiden, wenn, wie Niebuhr sich ganz dem Alterthume zugewendet hat, und das bisher allgemein gültige Bild desselben mit der tiefsinnigsten Kritik beleuchtet und mit eben so kühner als kundiger Hand hineinbessert und es umgestaltet, Sie im Gegentheil sich dem widmen wollen, was der Gegenwart näher liegt, um in den für die meisten noch allzu beweglichen und ihrer Nähe wegen oft verwirrenden Erscheinungen theils die ewigen Geseze des Verlaufs menschlicher Dinge zur Anschauung zu bringen, theils die

Verhältnisse der Gegenwart zu den früheren Zeiten, auf denen sie ruht, ins Licht zu sezen, auf alle Weise aber den ernsten und strengen Geist der Wissenschaft auf einem Gebiete geltend zu machen, dessen Betrachtung eben so oft durch eitle Frivolität als durch verderbliche Parteisucht herabgewürdiget wird.

II.

Zur Aesthetik.

Ueber den Umfang des Begriffs der Kunst in Bezug auf die Theorie derselben.

1. *)

Unsere Theorie der schönen Künste, auch Aesthetik, Theorie des schönen genannt, und was sonst noch für schwankende Benennungen von dem Schwanken des Gegenstandes zeugen, wird in ihrem dermaligen Zustande schwerlich bei irgend genauer Betrachtung auch nur einigermaßen befriedigen. Wir haben es an beiden Enden versucht; aber weder hat sich einer von beiden Wegen, der speculative oder der empirische, irgend allgemein geltend gemacht, noch ist es bisher gelungen beide mit einander auf die rechte Weise in Berührung zu bringen. Jede philosophische Schule, wie sie neue ideale Elemente aufstellt und nicht nur aus diesen auf neue Weise die Erscheinungen der geistigen Welt erklärt sondern auch neue Combinationen aus jenen Elementen als Beweise der eigenen Schöpfungskraft hervorruft, hat sich auch wenigstens beiläufig mit der speculativen Seite dieser Theorie beschäftigt. Aber die Regeln der künstlerischen Ueberlieferung, nicht nur die, welche es mit der Handhabung des Stoffs und der Werkzeuge zu thun haben, sondern auch jene höheren, welche auf

*) Gelesen am 11. August 1831 in der Plenarsitzung der königlichen Akademie der Wissenschaften. J.

jedem Gebiet die Erfindung innerhalb gewisser Schranken zusammenfassen wollen, so daß sich keine zu weit von der Aehnlichkeit mit den vorhandenen Formen entferne, haben von diesem Wechsel wie rasch auch und wie gänzlicher Umwälzung gleich kaum die mindeste Kenntniß genommen. Ja kaum in der äußersten Gefahr überläßt sich der ausübende Künstler dem Philosophen, sondern er befindet sich erst wieder wohl, wenn er mit Arion ausruft, Ich kann nicht hier du dort nicht wohnen, Gemeinschaft ist uns nicht verliehn; und doch können als Gesezgeber für die Kunst beide nur ihre Haltung finden in solcher Gemeinschaft und gegenseitigen Berufung auf einander. Bis diese hergestellt ist, streben vergeblich die Regeln der einzelnen Künste dem geflügelten Genius Zaum und Gebiß anzulegen, und beweisen eben in diesem Unvermögen ihre Unwahrheit. Der Genius, wenn er sein Werk geltend gemacht hat, zwingt den Gesezgeber zu einem neuen ihn rechtfertigenden Kanon, der aber wieder nur so lange gilt, bis ein folgender Meister die Schranken durchbricht. Kurz je mehr auf ein einzelnes Kunstgebiet sich beschränkend und von der Anschauung der darin vorhandenen Kunstwerke ausgehend, um desto mehr nimmt die Theorie die Richtung nicht sowol den Prozeß der Erfindung zu verstehen als nur ihn mit schüzenden Vorsichtsmaaßregeln zu umstellen, und nur wenn fast zufällig einer von der Höhe der Speculation her bis in diese Gegend sich verliert, zeigen sich einzelne Tendenzen zu einer positiven Theorie. Auf dieser Höhe nun entsteht freilich die Aufgabe, die künstlerische Thätigkeit, wenn sich doch in allem menschlichen Dasein Spuren derselben finden, wenn sie sich unter günstigen Umständen harmonisch mit allen bedeutenden Ausströmungen des Geistes entwikkelt, auch in ihrem Zusammenhang mit diesen zu verstehen, und sie treu und lükkenlos nach dem ganzen Verlauf von ihrem innersten gemeinsamen Keime aus ihren Verzweigungen folgend bis zu den äußersten Spizen der Mannigfaltigkeit ihrer Formen zu begleiten. Dies erscheint mir als die vollständige Aufgabe unserer Aesthetik. So wurzelt sie mit ihren allgemeinsten Säzen in der Ethik oder in der Wissenschaft von den Lebensthätigkeiten des Geistes, und trennt sich nur deswegen von derselben als ein besonderer Ausfluß oder eine angewendete Disciplin, weil sie in ihren weiteren Ausführungen auf gegebene Bedingungen des Daseins eingehen muß, um das mannigfaltige zu begreifen und so weit zu gelangen, daß auf jedem einzelnen Kunstgebiet die technischen Regeln sich mit Leichtigkeit eben so an die Aesthetik anschließen, wie diese selbst ihre Wurzeln hat in der Ethik. Vielleicht widerspricht dieser Rede auch der vortreffliche Mann nicht, welcher freilich zunächst nur von der bildenden Kunst redend den Rath giebt sie mehr aus der Wissenschaft von der Natur als aus der Lehre von der Seele begreifen zu wollen; denn was wir hier unter Ethik verstehen ist wichtiger und umfassender, als was wir die Lehre von der Seele zu nennen gewohnt sind. Aber doch auf der einen Seite sezt sie das Verstehen der Seele als des im vereinzelten Leben erscheinenden Geistes voraus, und auf der andern Seite müssen wir jedem von beiden seine eigenen Ansprüche zugestehen an unsere Theorie. Die Kunstthätigkeit muß in ihrer Einheit als Geistesthätigkeit begriffen werden aus der Natur der Seele und in ihrer Mannigfaltigkeit aus der Wissenschaft der Natur, weil doch diese die Bedingungen des Daseins enthält; und es würde mißlich stehen um die Einheit des Begriffs der Kunst, wenn das Verhältniß der bildenden Kunst zu beiden von dem der andern Künste zu denselben anders als nur dem Grade nach verschieden wäre. Eben diese Einheit des Begriffs der Kunst ist nun der nächste Gegenstand dieser Abhandlung. Sie will nicht an die in andern Abhandlungen aufgestellten Elemente der Ethik die ersten Principien unserer Theorie anknüpfen, welches in gehöriger Form und weit genug entwikkelt, um ersprießlich zu sein, in einem solchen Raum nicht geschehen könnte. Sie will nur einen untergeordneten aber doch nicht unwichtigen Dienst leisten, indem sie die Frage aufs neue vorlegt, ob und in wiefern die verschiedenen Hervorbringungen, welche alle wir durch den gemeinsamen Ausdrukk Kunst zu bezeichnen pflegen, wirklich als Thätigkeit des Geistes Eins sind, woraus ja erst folgen muß, ob und wiefern sie gemeinsame Principien haben und ein gemeinsames Maaß. Denn ich glaube nicht, daß die Antwort schon erwünschterweise gegeben ist. Das Gebiet der Kunst müßte uns sonst als ein völlig abgeschlossenes begriffen sein, das gemeinsame aller und das besondere einer jeden deutlich auseinandertreten, und jeder einzelnen Kunst durch den Zusammenhang aller selbst ihr Gebiet und ihre Aufgabe genau abgegrenzt sein. Aber welche Unsicherheit in diesem allem tritt uns statt dessen entgegen. Wie zweifelhaft ist die Selbständigkeit des einen Gebiets, wie bestritten das Bürgerrecht eines andern, und welche Verlegenheit entsteht oft im einzelnen, wenn bestimmt werden soll, ob diese oder jene Leistung zur Kunst gehöre oder nicht. Ja wenn es fast noch das beste in dieser Hinsicht ist, daß bald diese bald jene Kunst aus dem Standpunkt einer andern behandelt wird, so daß man von malerischem in der Musik, von plastischem in der Poesie und von poetischem überall redet: so werden hiedurch gegenseitige Beziehungen mehr angedeutet als begründet, und die tanzende Bewegung, in der jede Kunst bald diese bald jene vertraulich begrüßt, vergönnt keinen Schluß auf eine nothwendige oder auch nur feste ursprüngliche Stellung derselben gegen einander. So steht die Sache, und daß sie noch so steht, darf uns nicht Wunder nehmen. Denn die Beantwortung unserer Frage wird auch dadurch noch erschwert, daß die Ausübung der verschiedenen Künste überall so anfängt, daß jede nur auf sich sieht. Diese Ausübung ist immer schon bedeutend vorgeschritten, ehe etwas von Theorie auch nur keimt. Entsteht dann endlich eine: so bildet sie sich ihre Sprache von der Ausübung her, also vom einzelnsten aus nach dem allgemeinen hin, so daß das allgemeinste in jeder schon ein eigenthümliches ist, verschieden von dem allgemeinsten in anderen, und so sind sie auf alle Weise von einander getrennt, ehe von dem hohen wissenschaftlichen Interesse aus die Frage nach ihrer Einheit aufgeworfen wird. Haben wir nun hiezu keine andere Handhabe als den Namen Kunst: wie wenig ist dieser dasselbe in der antiken Grundsprache und in der modernen. Unser deutsches Kunst hängt mit Können zusammen und bezeichnet eben so die Meisterschaft in der Ausführung wie Kunde die in der Auffassung, das hellenische τέχνη hingegen mit Erzeugen und Gebären. Bei uns also wollte die Kunst von dem äußerlichsten an das mechanische streifenden benannt sein, dort von dem innerlichsten und lebendigsten. Welch ein verschiedener Ausgangspunkt! Wie natürlich, wenn jene unter demselben Namen mehr zusammengefaßt hat, was dem eigentlichen Kunstgebiet nur ähnlich ist durch Mühe Fleiß und Geschikk, und diese hinwiederum solches, was ihm nur ähnlich ist wegen des heimlichen verborgenen Ersinnens! Wie also ist die Grenze zu ziehen nach der einen und nach der andern Seite? Ja auch die Stellung der Frage schon ist eben wegen dieses Ganges der Sache schwierig. Ob wir fragen sollen, Was von dem vielen Kunst genannten läßt sich als wahrhaft gleichartig, weil von derselben Geistesthätigkeit ausgehend, in ein abgeschlossenes Gebiet mit Zurükklassung des übrigen zusammenfassen? oder, Auf wie vielerlei Art kann sich jene in aller wahren Kunst eine und selbige Geistesthätigkeit äußerlich manifestiren? das wäre, wenn das Wort des Räthsels schon gefunden wäre, völlig gleich. Bis dahin aber können wir nicht nur nicht erwarten auf dem einen Wege zu demselben Ergebniß zu gelangen wie auf dem andern, sondern nachdem wir auf den lezten schon vorläufig verzichtet wird schwer zu vermeiden sein, daß wir, wenn wir den ersten einschlagen, doch auf eine ganz willkührliche Weise beginnen, wenn wir doch nur einiges können mit in Rechnung ziehen und anderes müssen mit seinen Ansprüchen abweisen.

Denn wenn jede Kunst als Thätigkeit ihr Ziel findet in ihren Werken, was macht nicht alles Anspruch darauf ein Kunstwerk zu sein! Ich rede nicht von dem, was irgend einem Bedürfniß abhilft, oder irgend einem Zwekke dient, und wäre es auch der erhabenste wissenschaftliche: denn es ist jezt schon eine alte Rede, daß was nach der Angemessenheit zu irgend einem bestimmten Zwekk beurtheilt werden muß, aus dem Gebiet der eigentlichen oder schönen Kunst ausgeschlossen bleibt. Aber wenn wir uns auch auf diese Weise der mechanischen Künstler in Betreff ihres eigentlichen Berufs entledigen: so kehrt doch ein großer Theil von ihnen mit neuen Ansprüchen zurükk, indem sie uns zeigen, wie sie aus reinem Interesse an dem schönen ihren Erzeugnissen schöne Formen geben, die für den Zwekk derselben ganz gleichgültig sind, indem unbeschadet desselben die nämlichen Werke anderwärts roh und ungestaltet sind. Und wenn wir doch gestehen müssen, unser Wohlgefallen an diesen Formen sei der Art nach dasselbe wie das an den eigentlichen Kunstwerken: wie könnten wir umhin ihren Ansprüchen unsere Anerkennung zu geben, da keinen Unterschied zu machen zwischen groß und klein eher göttlich ist als verwerflich! — Und wie ist es mit dem Verhältniß zwischen Kunst und Wissenschaft? Nicht so, daß wir beide auf der einen Seite einander gegenüberstellen, auf der andern nicht zu läugnen begehren, daß, wie es eine Wissenschaft geben soll von der Kunst, so es auch eine Kunst giebt in der Wissenschaft? Wie oft huldigen wir nicht trefflichen wissenschaftlichen Productionen aus allen Fächern ohne Unterschied, selbst mathematische nicht ausgenommen, wie sehr auch der Calculus mit der Kunst scheint in Widerspruch zu stehen, doch zugleich als wahren Kunstwerken! Und zwar nicht nur wegen kunstreicher Behandlung der Sprache, selbst wenn diese für die unmittelbare Abzwekkung wenig austrägt, sondern tief aus dem innern heraus geht uns die Schönheit hervor in dem Ebenmaaß und der Fülle der wohlgerundeten Theile, in dem Reichthum der Beziehungen, in der klaren Uebersichtlichkeit des Zusammenhanges. Und wenn wir so der Analogie der Eindrukks folgen und sagen, was so geartet ist und erscheint, das ist ein Kunstwerk: warum sollen wir den Ausdrukk auf das beschränken, was der einzelne hervorbringt, und was eine bestimmte Einheit in sich selbst hat? Wenn an festlichen Tagen große Volksmassen sich in mannigfaltigen

Verhältnissen ordnen und sich mit Würde und Leichtigkeit bewegen, wenn bald einzelne dies und jenes kunstreich darstellend hervortreten, bald die Massen selbst sich spielend zerstreuen und wieder sammeln, wenn in solchem Gewühl Freiheit und Ordnung sich gegenseitig unterstüzen und lebendig erhalten, und auch mitten darin jeder ein sicheres Gefühl hat von der freudigen Zusammenstimmung und der leichten Entwikklung des ganzen: ist nicht eine solche Fülle schöner freier Bewegung, ein solcher Inbegriff von Kunstdarstellung und unmittelbarem Lebensausdrukk, deren Wechsel doch nur als Skizze angeordnet ist, das beste in der Ausführung aber improvisirt wird, nicht auch wieder ein Kunstwerk für sich, ohnerachtet keiner es hervorbringt? Und werden wir nicht dasselbe zugeben müssen von den Versammlungen der frommen, wenn sich erhabener Gesang und würdige Rede, bedeutsame Handlungen und ausdrukksvolle Bewegungen zu einem ergreifenden ganzen bilden, daß auch dieses, nicht nur in dem Maaß als jeder der einzelnen Theile kunstgerecht ist, sondern auch für sich als Einheit dieser Theile ein Kunstwerk sei? Doch auf eben diese Weise werden wir uns nicht erwehren können, auch noch weiter gehend uns über das menschliche überhaupt zu erheben. Oder sollte der Eindrukk, den uns die unsern Kunstwerken verwandten natürlichen Gegenstände aufdringen, sich als ein anderer erkennen und beschreiben lassen? und enthüllt sich nicht unsern Blikken so wie wir sie nur hierhin wenden eine eben solche nur unermeßliche vom kleinsten bis zum größten in tausendfältigen Abstufungen sich erstrekkende Reihe von göttlichen Kunstwerken? Sehen wir nicht an der Productivität der Erde, und auch gleichgültig gleichsam für ihre Hauptbestimmung, diese Fülle von Zierlichkeit in den Gestaltungen, von Farbenschmelz und Pracht in den Culminationsmomenten des vegetabilischen Lebens? Und an den Denkmälern der mannigfaltigen Umgestaltungen, durch welche erst der Planet sich zum Wohnsiz der Intelligenz entwikkeln konnte, ist uns nicht an diesen als Zugabe geschenkt diese Fülle pittoresker Schönheit und Erhabenheit an den Abhängen des gewaltsam emporgetriebenen Bodens, auf den alten Kampfplåzen des starren und des flüssigen; und sind nicht an dem unentbehrlichen lebenbringenden Tanz, in dem sich Erde und Sonne bewegen, ein zufälliges und freies Kunstspiel jene musikalischen Fantasien, welche täglich zum Willkommen und Abschied die Sonne ausführt auf dem diatonischen Farbenklavier unserer Atmosphäre? Und dann wieder nicht an sondern in der Anordnung und Vertheilung des Lebens, welcher Reichthum von Harmonien in den aufsteigenden Stufen und in der Verschiedenheit des gleichen, worin doch das geübte Auge dasselbe Wesen und dieselben Grundformen mit Leichtigkeit entdekkt. Und welche Vollkommenheit der Construction ahnden wir erst in der Zusammenstellung in den verborgenen Beziehungen eines jeden Systems von Weltkörpern. Ja werden wir nicht sagen müssen, es sei nur die Unvollkommenheit unserer Einsicht, nur die eigennüzige Befangenheit unserer Betrachtungsweise Schuld daran, daß wir die göttliche Kunst nur einzeln als an anderm und in anderm erblikken; aber doch sollten wir getrost behaupten, daß sich die Welt in der gesammten Einheit ihrer Entwikklung wie das Eine alles umfassende Kunstwerk verhalte, und daß die höchste Bestimmung des Geistes in dem Genuß dieser göttlichen Kunst bestehe, die es eigentlich auch jezt schon allein sei, wodurch wir künstlerisch aufgeregt werden, die aber wenn ganz erkannt erst den Menschengeist zu ewiger Musik und Poesie beleben wird. Denn erst in dem Maaß wir erkennen, wie Gott in der Schöpfung Künstler sei, können auch wir in der Kunst schöpferisch werden; und das sei der wahre und tiefere Sinn der Formel, daß die Kunst Nachahmung der Natur sei, nicht Nachahmung im eigentlichen Sinn, sondern wie im großen alles gedichtet werde und gebildet, so wiederhole sich im kleinen dasselbe durch das einzelne Bewußtsein. Löset sich aber auf diese Weise alles in der Einheit der göttlichen Kunst auf, deren Werk dann auch die künstlerische Art und Richtung des menschlichen Geistes ist: so müssen wir wol davon abstehen das besondere Gebiet der menschlichen Kunst nach derselben Formel auszumessen, indem wir nämlich zusammenstellen, was in uns dasselbe reine Wohlgefallen erwekkt, und was wir zugleich nicht auf bestimmte Zwekke zu beziehen wissen. Nichts aber liegt uns alsdann näher als die Frage, wie eben dasjenige, was wir als Werk in dasselbe Gebiet mit der göttlichen Kunst stellen, auf seine eigene Weise als menschliche That und unterschieden von andern menschlichen Thaten zu Stande komme. In dieser Frage selbst liegt aber schon die Aufforderung, damit wir leichter zu einer einfachen Antwort gelangen, das künstlerische, wie es an einem andern oder in einem anderen vorkommt, vorläufig bei Seite zu stellen und uns zunächst nur an die selbständig auftretende Kunst zu halten, welche Werke, die nichts anderes sein wollen, zu Tage fördert.

Aber auch dies ist nicht leicht und einfach auszuscheiden, sondern — um nur Eines anzuführen — ein großes Kunstgebiet ist schon lange ein streitiger Gegenstand, ob es zu den selbständigen Künsten gehöre, oder ob es nur Kunst sei an einem anderen. Wenn die einen von der Größe und Hoheit der baukünstlerischen Werke hingerissen die Architektur eher vor als nach allen andern als eine selbständige Kunst verehren und sie vertheidigen, daß sie sich nur ihres guten Rechts bediene, wenn sie um Raum zu gewinnen und sich Bahn zu machen sich gern so anstelle, als wolle sie nur bescheiden allerlei würdigen menschlichen Zwekken dienen, dann aber sich leicht auch um der geringsten künstlerischen Rükksichten willen über alle Zwekkmäßigkeit fast spottend hinwegsezt: so bleiben andere streng und fest dabei, jedes eigentliche Gebäude sei nur ein gemeinschaftliches Gewand für mehrere oder ein Gefäß, innerhalb dessen Menschen zusammengehalten werden und sich bewegen, und alle schönen oder erhabenen Formen seien nur insoweit zulässig, als zuvor der Zwekk, für den das ganze errichtet werde, sichergestellt sei, und nicht einmal wollen sich diese zu einer Theilung verstehen, daß nämlich das kunstmäßige der Wohnungen und Geschäftsgebäude allerdings nur an einem anderen sei, die Baukunst aber in allen den Werken, welche nur dem festlichen öffentlichen Leben angehören, auch als eine selbständige Kunst müsse angesehen werden. Und ein ähnlicher zwar nicht so laut und wiederholt geführter aber doch nicht minder interessanter Streit erhebt sich auf der ganz entgegengesezten Seite so weit als möglich entfernt von dem körperlichen Stoff, den die Baukunst behandelt. Nämlich wenn doch die Tugend Schönheit sei, sagen einige: so müsse, wie alles ein Kunstwerk sei, dessen Element die Schönheit ist, auch ein in einer Reihe von freien Handlungen und wohlüberlegten Thaten in einer gewissen Vollkommenheit sittlich durchgeführtes Leben als eine in schönem Ebenmaaß zusammengehaltene Fülle von Thätigkeiten ein treffliches Kunstwerk sein, oder vielmehr ein solches, welches, wie die Welt die Gesammtheit göttlicher Kunstwerke in sich schließt, alles was einzeln so genannt werden kann als seine Theile in sich hat; denn jede einzelne Kunstleistung müsse doch vor allen Dingen als Element eines solchen Lebens gerechtfertigt werden können. Andere hingegen meinen, der sittliche Mensch könne zwar in diesem Sinne ein göttliches Kunstwerk sein, nichts aber könne für ein menschliches gelten, was einen natürlichen Anfang habe und ein natürliches Ende, mithin nicht in seiner Abgeschlossenheit vorher aufgefaßt gewesen sei. — Ist nun hier so vieles streitig: wie sollen wir einen Standpunkt gewinnen um unsere Aufgabe zu lösen? Denn wollen wir von oben herab von dem Wesen des Geistes ausgehen, sei es an sich oder so wie er sich in dem leiblichen Leben offenbart, um die besondere Thätigkeitsweise zu bestimmen, welcher alle wahren Kunstleistungen aber auch nur diese entquillen: so müßte es erst auf diesem Gebiet etwas allgemein anerkanntes geben, damit wenn wir davon ausgingen auch jeder folgen müßte. Wollen wir uns aber unten hinstellen und den Begriff der Kunst so beschreiben, daß alle eigentlich sogenannten Künste aber auch nur sie Raum darin haben: so müßten wiederum erst jene Streitigkeiten über einzelne Gebiete geschlichtet sein, ohne doch daß wir einen Richterstuhl anzugeben wüßten, vor welchem. Und so scheinen diejenigen leider Recht genug zu haben, welche behaupten, nichts einzelnes könne gewußt werden als nur zugleich mit allem anderen. Was bleibt uns also übrig als nur sehr unkünstlerisch und eben so unwissenschaftlich irgendwo in der Mitte uns festzusezen und zu versuchen, ob es uns gerathen will, und wenn wir auch bald zugeben bald wieder abnehmen müssen, doch endlich etwas festes und sicheres zu finden.

So wollen wir uns denn zunächst halten an eine alte Rede, die sich aber auch in dem Munde neuer Meister wiederholt, daß alle Kunst entspringt aus der Begeistung aus lebhafter Bewegung der innersten Gemüths- und Geisteskräfte, und an eine andere eben so alte tief in unsere Denkweise eingewurzelte, daß nämlich jede Kunst ihr Werk muß aufzuweisen haben. Und so wäre wol das nächste, zuzusehen inwiefern in den verschiedenen Künsten auf dieselbige Weise aus der Bewegung das Werk entsteht. Aber der Schwierigkeit der Sache wegen möchte es gerathen sein den Versuch bei denen Künsten zu beginnen, wo der Weg zwischen beiden Punkten nur kurz sein kann, und der Prozeß sehr einfach erscheint. Und glükklich wären wir und hätten einen guten Wurf gethan, wenn wir auf der einen Seite neben dem Kunstwerk auch ein verwandtes kunstloses fänden, um zeigen zu können, wie das eine sich von dem andern unterscheidet, und auf der anderen Seite das gefundene auch auf die anderen Künste übertragen könnten, bei denen der Weg nicht mehr so kurz ist und das Verfahren nicht mehr so einfach. Nun können wir wol Freude und Schmerz ohne nach Inhalt und Veranlassung besonders zu fragen ohne weiteres als solche auch zu der innersten Quelle des Lebens durchdringende Erregungen aufstellen. Beide haben ihre entsprechenden Aeußerungen im Ton und in den willkührlichen leiblichen Bewegungen. Aber freilich wie die ausgelassene Freude springt und sich in kreisenden Bewegungen ermüdet, wie sie umarmend an sich reißt und fahren läßt, wie sie halb inarticulirte Töne bunt durch einander in mancherlei Höhe und Tiefe ausstößt; und wie eben so auch der Schmerz ohne Maaß und Regel seufzt und schreit, sich in kläglichen Windungen umherwirft, und so die Tonleiter auf- und abläuft und alle barokksten willkührlichen Bewegungen am häufigsten wiederholt: so ist bei diesen Aeußerungen an ein Kunstwerk nicht unmittelbar zu denken. Und doch sind dies unläugbar die Naturanfänge zweier Künste, das kunstlose zu Tanz und Gesang als dem kunstmäßigen, zwei Künste, aus denen sich doch die größeren Gebiete der Mimik und der Musik nur durch natürliche Erweiterung entwikkelt haben. Was ist aber nun der specifische Unterschied zwischen dem kunstmäßigen und kunstlosen? Dies unstreitig, daß die rohen und ungeschlacht wechselnden Bewegungen unter Maaß und Regel gebracht werden; aber diese haben in der ursprünglichen Erregung je stärker sie ist um so weniger ihren Grund. Vielmehr ist es das Wesen jenes kunstlosen Zustandes, daß Erregung und Aeußerung identisch sind, und völlig gleichzeitig durch ein bewußtloses Band vereinigt mit einander beginnen und mit einander verlöschen, oder noch genauer zu reden sind beide wahrhaft eins und nur von dem draußen stehenden Beschauer willkührlich getrennt; wogegen in jeder Kunstleistung diese Identität wesentlich aufgehoben ist. Die Erregung für sich weiß nichts von Maaß und Regel, sondern finden wir ihre gewohnten Aeußerungen unter die Ordnung gebracht und in Kunstelemente verwandelt, da ist auch was äußerlich erscheint innerlich vorgebildet gewesen. Eine andere höhere Gewalt ist zwischen eingetreten und hat das sonst unmittelbar verbundene geschieden; ein Moment der Besinnung schlägt gleichsam trennend ein, bricht auf der einen Seite schon durch das Anhalten durch die Weile jene rohe Gewalt der Erregung und bemächtigt sich zugleich während dieses Anhaltens der schon eingeleiteten Bewegung als ordnendes Princip. Dieser Moment ist es also, durch welchen sich die Kunst von dem bloßen Naturprozeß unterscheidet, es ist der Moment der Conception, in welchem was hernach äußerlich hervortritt sich innerlich vorbildet. Eine innere Erregung muß vorausgegeben werden, welche irgend eine nach außen gehende Function aus dem Schlummer wekkt und aufregt, eine Thätigkeit in dieser muß eingeleitet sein durch jenen Impuls; aber dies sind nur die Bedingungen der Kunst. Kunstthätigkeit entsteht nur in sofern, als wo jene eintreten auch ein kräftiges Maaß dieser Besinnung vorhanden ist, welche die Naturthätigkeit über sich selbst erhebt und zu einer Offenbarung des sich seiner bewußten und die Erregung beherrschenden Geistes adelt. Und dieses ist der tiefere ursprüngliche Sinn der Formel, daß die Leidenschaften oder vielmehr die leidentlichen Zustände gemäßigt werden durch die Künste. Wo der Trieb stark genug ist, welcher jede aufgeregte Bewegung in reine Darstellung verwandelt, da wird auch zurükkgewirkt auf die Empfindungen und Gefühle, denn die Begierden freilich, welche einem bestimmten Ziele zueilen, sind diesem Gesez nicht unterworfen. Unterscheidet sich nun auf diesem Gebiet das kunstmäßige von dem kunstlosen wesentlich durch diese zwischen eintretende vorbildende Besinnung, und finden wir diese zugleich in allen Künsten: so werden wir es vorläufig wenn auch nur als einen gewagten Saz aufstellen dürfen, daß diese das Wesen jeder Kunst als solcher sei. Ist aber durch die vorbildende Besinnung das unmittelbare Zusammenschlagen von Erregung und Aeußerung aufgehoben: so ändert sich natürlich auch das ganze Verhältniß zwischen beiden. Wirkt nämlich in dem kunstlosen Zustand der Erregungsmoment nur unmittelbar: so erschöpft er sich auch größtentheils durch einen kleinen Kreis von Bewegungen, und wenn er zu schwach ist bewirkt er gar nichts. Auf diese Weise entstehen dann von jeder Erregungsweise aus analoge und verwandte Aeußerungen, aber alle geringfügig und vereinzelt. Wird aber der Prozeß durch die vorbildende Besinnung aufgehalten: so kann noch während dieser Hemmung ein zweiter erregter Zustand entstehen, der vielleicht für sich gar nichts bewirkt hätte, der aber nun doch etwas zur Darstellung hinzubringt und sie über jenes Maaß hinaus erweitert. Auf dem Gebiet der Kunst also kann es Darstellungen geben, die sich auf eine Reihe von Erregungsmomenten beziehen. Und dieses wirkt auf die ganze

Eintheilung des Lebens, denn je mehr Kunstsinn in einem Volk um desto mehr bilden sich in demselben festliche Zeiten. Was den Menschen unter den Geschäften des Lebens innerlich bewegt, das bleibt innerlich verwahrt, die vorbildende Thätigkeit regt sich, aber tritt wieder zurükk um sich nicht ins kleine zu zersplittern, und die festliche Zeit ist nichts anders als der gemeinschaftliche Entladungsact für die aufgesparte Darstellung. Aber ebenso läßt sich nun auch denken, daß es Erregungsmomente giebt, die so tief das ganze Wesen ergreifen, daß sie eine gleichsam unendliche Aufgabe für die urbildliche Besinnung werden. Ein einzelner Act auch nach dem größten Maaß genügt ihr nicht, die Erregung ist noch nicht gestillt und fährt fort nach außen zu drängen, und Ein Moment, der mit einem Uebermaaß von erregender Kraft das ganze Wesen durchzieht, erhält auch die vorbildende Besinnung immer rege und wird das Thema eines ganzen Lebens. Und betrachten wir die Verhältnisse, welche zwischen den drei aufgezählten Elementen, der Erregung, der Vorbildung und der Ausführung, stattfinden können: so erkennen wir daraus fast alle die verschiedenen Gestaltungen, welche die Geschichte der Kunst uns bekannt macht. Nämlich fehlen gänzlich kann keines von allen dreien, wenn überall etwas von Kunst anfänglich zu Stande kommen oder zulezt übrig bleiben soll, aber fast bis zum Verschwinden kann sich das eine gegen die andern zurükkziehen oder im Uebermaaß über die andern hinausragen. Denken wir uns zuerst, was leider häufig genug vorkommt ja gewissermaßen einzelne Perioden ganzer Künste charakterisirt, daß nämlich die organische Fertigkeit nicht gehörig entwikkelt ist, welcher obliegt das vorgebildete zur wirklichen Darstellung zu bringen: so klagen wir über eine Ungeschikktheit, welche den Genuß der geistreichsten Erfindungen verkümmert, und auch einem kräftigen Genius die Freude einer allgemeinen Anerkennung verbittert. Eine Unvollkommenheit, an welcher in der ersten Periode der Productivität jeder geistreichste Künstler am meisten leidet, bis er seinen eigenthümlichen Styl in der Ausführung troz der Dürftigkeit seiner

Umgebungen oder aus dem Kampf mit einer abgestorbenen Ueberlieferung glükklich herausgearbeitet hat. Und ist es unvermeidlich, daß auch die Erfindung sich dürftiger gestaltet, wenn das Bewußtsein sie hemmt, wie wenig die Mittel zureichen, und muß sie, wenn sie sich über diese Dürftigkeit erheben will und es verschmäht sich zurükkscheuchen zu lassen, doch wegen der Unfähigkeit den äußeren Anforderungen zu genügen nothwendig unvermögend erscheinen: so bleibt dann nichts übrig als eine vergeblich ringende Genialität, welche zwar den geistigen Werth der Persönlichkeit wenngleich einer unerzogenen verkündigt, aber zu dem gemeinsamen Kunstschaz wenig oder nichts bleibendes hinzufügt. Wenn hingegen die Erfindungsgabe, in welcher eigentlich erst die zur wahren Begeistung gesteigerte ursprüngliche Erregung sich kund giebt, nur dürftig eintritt, während es doch einer lebendigen Natur nicht an erregenden Momenten fehlt, und auch die organischen Fertigkeiten auf einem bestimmten Gebiet so weit entwikkelt sind, daß sie auch einer kräftigeren Erfindungsgabe genügen könnten: so wird nicht etwa, wie man denken könnte, der alte kunstlose Zustand wieder eintreten, denn weder kann sich dieser erhalten, wenn einmal in einer Gesammtheit nur überhaupt Kunstsinn und ein Kunstleben sich entwikkelt hat, noch kann auch das kunstlose Hervortreten dem selbst genügen, in dem der Organismus irgend einer Kunstübung sich genugsam gebildet hat um auch größeres zu leisten. Vielmehr wenden sich dann beide, die Erregbarkeit, die sich äußern will, und die organische Fertigkeit, welche nach Beschäftigung verlangt, an eine fremde beiden am nächsten zusagende Erfindungsgabe, und so entsteht dann in der Kunst das weite und reich besezte Feld der Nachahmung. Wir verstehen aber darunter zweierlei, nämlich nicht nur die fremden Mustern folgende und daher das Kunstgebiet nicht erweiternde Production, welche in jeder Gattung und jeder Periode einen so breiten Raum einnimmt, daß sie vorzüglich die Masse der Kunsterzeugnisse bildet, aus der man die einzelnen ursprünglichen Werke mühsam heraussuchen muß. Sondern auch diejenigen gehören hieher, welche fremde Werke, die in dem Gebiet liegen, für welches sie selbst erregt sind, sich und andern wiederholt zum Genuß darbieten, wie denn Uebersezer und Rhapsoden oder kunstreiche Vorleser auf diese Weise den Dichtern dienen, Kupferstecher, sofern sie auch selbst noch an der Kunst Antheil haben, wie man es freilich von den Formgießern der Bildhauer nicht sagen kann, den Malern, und die Virtuosen auf allen Instrumenten, die menschliche Stimme mit eingeschlossen, den Tonkünstlern. Alle diese haben einen selbstthätigen Antheil an der lezten Ausübung des Künstlers, ja er überläßt ihnen diese oft ganz, und bedarf solcher ausführenden Virtuosen nicht minder als sie seiner. Und diese Befreundung zwischen denen, bei welchen die künstlerische Erfindung so überwiegt, daß die organische Fertigkeit nicht Schritt halten kann, und denen wiederum, welche diese voraushaben jener aber ermangeln, beruht doch darauf, daß das, was jeder besizt von beiden, aus derselben Art erregt zu sein abstammt. Und nun dürfen wir nur denen, welchen schon die Gabe d r Erfindung fehlt, auch noch die ausübende Fertigkeit nehmen: so haben wir den Ort gefunden für die selbst nicht productiven aber doch für die Kunst erregten Kunstfreunde, welche doch nicht so befriedigt sein könnten durch den Genuß und nicht so begeistert für das Gedeihen der Kunstthätigkeiten, wenn nicht auch sie mit den Künstlern selbst wenigstens die ursprüngliche eigenthümliche Erregung gemein hätten. Kaum scheint es möglich nach dem, was bisher gesagt worden, auch noch den dritten Fall einzuführen, nämlich daß die andern beiden Elemente vorhanden sein könnten, die Erregung aber fehlen, denn diese haben wir ja als den ersten Ursprung der beiden andern gesezt. Allein alle schlechten Zeiten in der Geschichte der Kunst haben grade diesen Ursprung. Hat in einem Volksleben die Kunst geblüht: so st es auch ein Ehrenpunkt geworden oder ein Artikel des Luxus Kunstwerke nicht nur zu besizen sondern auch Kunstschüler in der Fremde bilden zu lassen. Und so wird denn die Kunst auch bei mangelnder Erregung noch fortgetrieben aus wenn auch nicht da delnswürdigen doch allemal fremden Bewegungsgründen, wobei sie sich natürlich nur mehr in geistlosen Mechanismus oder falsche Tendenzen verliert, bis vielleicht ein neues Leben für sie anbricht. Können wir uns nun aus diesen einfachen drei Elementen so leicht die verschiedenen Stufen ja auch Ausweichungen in dem Leben der Kunst zurechtlegen: so fragt sich, ob wir nicht auch aus denselben sollten die übrigen verschiedenen Gebiete der Kunst bei genauerer Betrachtung entwikkeln können. Offenbar nun muß das Geheimniß liegen zwischen dem, was wir die Erregung, und dem, was wir die vorbildende Besinnung nannten; denn ist diese einmal an ihrem Werk, so ist auch das Kunstgebiet bestimmt. Die Stimme mit ihren nachahmenden Instrumenten, die Hand mit ihren mancherlei Werkzeugen, der ganze Körper selbst bringen nur das zur äußeren Erscheinung, was in dem inneren Urbilde schon gesezt ist; das innere Auge hat gesehen, das innere Ohr hat gehört, und nun wird für den äußeren Sinn gearbeitet.

Hiebei nun muß ich zuerst bevorworten, daß wenn vorher Freude und Schmerz im allgemeinen als solche Erregungen namhaft gemacht wurden, deren sich die kunstmäßig bildende Besinnung bemächtigen könne, dies weder allgemein gelten kann, als ob alle Kunstthätigkeit von diesen beiden ausginge, so daß die Begeistung in allen dieselbe wäre, und nur zu zeigen bliebe, wie so nun hieran bei dem einen sich die dichterische bei dem andern die malerische Vorbildung anknüpfe, noch auch ausschließend, als ob unmittelbar und ohne weiteres an jede von beiden sich die vorbildende Besinnung anlehne. Sondern nur sofern in beiden mitgesezt ist oder sich von selbst daraus entwikkelt der Trieb der Aeußerung; und nicht sind jene beiden die gemeinsame Begeistung aller Künstler, sondern jedes Kunstgebiet hat seine eigne. Daher gestaltet sich uns nun unsere Frage so, Welches ist bei jeder Kunst die ursprüngliche den Trieb auf die Aeußerung schon in sich schließende und von da aus in eine bestimmte Werkbildung übergehende Erregung, die wir in dieser lezten Hinsicht vorzüglich

Begeisterung nennen? Und dann würde zu untersuchen sein, in wiefern diese ihrer Aehnlichkeit wegen, oder wenn wir es bis dahin bringen können, wegen ihres Verhältnisses zu den übrigen Geistesthätigkeiten uns berechtigen sie mit allen ihren Wirkungen unter Einen gemeinsamen Begriff zu bringen. Wie uns nun dieses gelingt, in demselben Maaß werden wir dem Begriff seinen Umfang bestimmen können, wo nicht, so würden wir dann anheimzustellen haben, ob auch dieser Versuch vergeblich und auf eine andere Lösung der Aufgabe zu warten ist, oder ob der Vermuthung Raum zu geben, die Künste seien nur zufällige Erzeugnisse, bald so bald anders sich gestaltend, verschwindend und wieder zurükkehrend, ohne daß dies mit irgend etwas wesentlichem in der menschlichen Entwikklung zusammenhange. Stände es nun so mit der schönen Kunst, so müßte sich allerdings unsere Freude an ihr und unsere Liebe zu ihr gar sehr herabstimmen, sie sänke herab zu den unbedeutenderen Verschönerungen des Lebens und es müßte von ihr gleichfalls gelten, daß sie nur gefährlich und für die wesentlichen Verrichtungen des Menschen störend eingreifen müsse. Daß nun diese Vermuthung um desto mehr Raum gewinnt, je mehr vergebliche Versuche die Theorie aufzuzeigen hat ..... *)

*) Hier bricht das Manuscript ab. J.

2. *)

Wenn ich in der ersten Abhandlung ein Paar einzelne zwar sehr alte und weit verbreitete Kunstzweige in ihrem Verhältniß zu dem analogen kunstlosen betrachtet und daraus die drei wesentlichen Momente jeder Kunstthätigkeit, die Erregung die Urbildung und die äußere Darstellung, abgeleitet habe: so ist dabei keinesweges die Meinung gewesen, daß die Kunstwerke sollten aus denselben erregten Gemüthszuständen entspringen, welche ihren natürlichen Ausdrukk finden in dem kunstlosen Ton und der kunstlosen Gebehrde. Vielmehr um eine solche Behauptung zu widerlegen wäre nicht einmal nöthig zu fragen, ob wol jene mit der Natur wetteifernden Schöpfungen der Maler und Bildhauer, ja welche ihr Geseze vorzuschreiben scheinen, indem wir in denselben das Maaß erblikken, an welches nur wenige von den Gestalten, welche die Natur hervorbringt, hinanreichen, und ob wol jene Dichterwerke, in denen eine ganze Welt voll menschlichen Lebens sich vor uns bewegt, ob dieses alles wol könnte aus einer eben solchen wenngleich noch so stark angespannten oder seit noch so langer Zeit aufgesammelten Stimmung hervorgegangen sein, welche in jenen kunstlosen Ausdrukk ausgeht. Sondern gleich an das dort aufgestellte anknüpfend muß ja folgen, daß,

*) Gelesen in der Plenarsitzung der königlichen Akademie der Wissenschaften am 2. August 1832. J.

sobald ein Moment der Besinnung zwischen eintritt, von welchem aus Maaß und Bestimmtheit in Ton und Gebehrde übergeht, die Handlung schon dem Einfluß der bewegten Stimmung enthoben ist; sie ist nun nicht mehr die Reaction des getroffenen und erschütterten Gemüths nach außen, sondern sie wird von diesem Augenblikk an das Werk des Künstlers. Ja wir verlangen von diesem, er soll uns außer Stand sezen zu unterscheiden, ob es seine eignen Erregungen sind oder die anderer, welche er zur Darstellung bringt. Meine Absicht bei jener Zusammenstellung ging auch zunächst nur dahin, jenes Gebiet des kunstlosen mit dem der Kunst zusammenzufassen unter dem gemeinsamen Triebe, auch die flüchtigste innere Lebensbewegung an etwas äußerem festzuhalten, auch die, welche sich leicht ganz verbergen könnte, heraustreten zu lassen, damit alles auch das eigenthümlichste nach Vermögen öffentlich werde und gemeinsam; und diesen Trieb, der aber freilich, damit er ein Werk hervorbringe, irgend wie muß bestimmt worden sein, diesen wollten wir als den Ursprung aller Kunst ansehn. Um aber das Verhältniß beider zu einander noch genauer anzuschauen, und uns dadurch den Weg zu unserm weiteren Verfahren zu ebnen, müssen wir noch eine andere Betrachtung hinzufügen. Außer dem kunstlosen Ausdrukk nämlich und dem Kunstwerk findet sich noch ein drittes, was zu diesem Triebe ebenfalls in bestimmtem Verhältniß steht. Gehen wir von der Voraussezung aus, nach welcher ich auch in der zweiten Abhandlung über den Begriff des höchsten Gutes der Kunst ihren Ort angewiesen habe, daß nämlich jedes menschliche Einzelwesen nach Maaßgabe seiner Entwikklung nicht nur räumlich und zeitlich eine besondere Lebenseinheit ist, sondern auch — zugegeben allerdings, daß es Verhältnisse giebt, unter denen der Unterschied als ein unendlich kleines verschwindet — doch in jedem auch der Geist selbst ein besonderer wird, die verschiedenen wesentlichen Theile der Aufgabe unseres Lebens in einem anderen Verhältniß auffaßt, sich mit mehr oder weniger Neigung zu dem einen und dem andern hinwendend, dieses aus einem höheren jenes aus einem niedern Gesichtspunkt auffassend, alles dieses jeder anders als der andere; gehen wir hievon aus sage ich: so wird auch zuzugeben sein, daß aus jeder Reihe von Handlungen des Einzelwesens, je länger wir sie fassen können und je mannigfaltiger sie ist, auch um so mehr jene innere Einheit, die wir den Charakter des Menschen zu nennen pflegen, ans Licht tritt und anschaulich wird. Und so kommen wir auf jenes oft gesagte und auch hier schon früher angeführte zurükk, daß jedes sittlich und folgerecht geführte Leben selbst ein Kunstwerk sei, um desto vollkommner je klarer es jene Einheit zur Darstellung bringt. Aber doch unterscheidet es sich von dem eigentlichen Kunstwerk in dieser Beziehung auf entgegengesezte Weise wie der kunstlose Ausdrukk. Denn wenn dem lezteren auch derselbe Trieb zum Grunde liegt, aber er kommt nicht zum Bewußtsein, sondern unwillkührlich wird das innere ein äußeres, und wenn hier nur insofern das Heraustreten nicht etwas ganz unfreies ist, weil es wenigstens durch den Willen gehindert werden kann, wenn jemand die Absicht hat sich zu verschließen und zu verbergen: so sehen wir hier den umgekehrten Fall. Die gesammte Reihe von sittlichen Handlungen entspricht jener Aufgabe sich selbst kund zu machen in jedem beliebigen Grade, und keine unter ihnen ist nicht aus einem freien Entschluß hervorgegangen; aber die Absicht war doch nicht auf diese Kundgebung gerichtet, sondern bei jeder Handlung auf das, was sie für die Gesammtaufgabe leisten sollte. Die Kunst also im eigentlichen Sinn steht zwischen diesen beiden Enden. Offenbaren kann sich einmal das innere nur in der heraustretenden Thätigkeit, in der Production, aber um ein Kunstwerk zu sein muß die Offenbarung nicht unwillkührlich sein sondern bewußt und gewollt, und die Hervorbringung muß nichts anderes beabsichtigen als nur das Heraustreten und Kundwerden des inneren; alles was sonst dadurch bewirkt wird darf nur zufällig sein und auf das Werk selbst keinen bestimmenden Einfluß ausüben.

Wollen wir also unserer Aufgabe, den Umfang des Begriffs

der Kunst in diesem engeren Sinne des Worts zu verzeichnen, an dieses allgemeine Merkmal knüpfen: so würde uns obliegen nicht nur solche Hervorbringungen nachzuweisen, die nichts anderes bezwekken als dieses Hervortreten des inneren, und die eben dieses auch wirklich erreichen, sondern wir müßten auch die verschiedenen Arten derselben ausschließend zusammenfassen können und deutlich machen, daß es mehrere als diese nicht geben könne. So dürfte uns auch nicht genügen zu wissen, daß jeder solche Kunstzweig in der That gewisse Zustände ans Licht bringt, sondern wir müßten sicher sein, daß entweder jeder für sich, oder wenn das nicht, dann wenigstens alle in ihrem Zusammenwirken der ganzen Aufgabe vollständig entsprächen. Das erste haben wir allerdings schon gethan. Denn giebt man zu, daß Ton und Gebehrde der natürliche Ausdrukk des irgendwie aufgeregten inneren sind, und daß sie nicht aufhören dieses zu sein, wenn auch der unmittelbare Zusammenhang zwischen beiden Momenten aufgehoben und die musikalischen oder mimischen Elemente unter sich gemessen und geordnet ein ganzes bilden: so folgt auch, daß Mimik und Musik nicht minder in ihrer entwikkeltsten Gestalt als in ihrer ursprünglichen Einfalt solche der Aufgabe entsprechende Hervorbringungen sind. Aber was ist dieser geringe Anfang gegen die ganze Aufgabe! Unmöglich scheint es auch alle anderen Künste, denen nie jemand diese Würde streitig gemacht hat, aus diesen Naturelementen abzuleiten, und andere ähnliche scheint es nicht zu geben. Und doch wäre es besser die Aufgabe fallen zu lassen als etwas zur Zeit noch gar nicht zu lösendes, als sie zu verwirren durch jenes falsche aber auf diesem Gebiet nur gar zu gewöhnlich gewordene Verfahren, welches bei der Erfahrung zu Borg gehend das was diese an die Hand giebt so lange hin und her zieht und zerrt, bis es sich selbst nicht mehr ähnlich sehend um so leichter dafür angesehen werden kann, als sei es selbst gefunden und von oben her abgeleitet. Aber auch der Punkt, auf dem wir gegenwärtig stehen, ist schwer fest zu halten, und es will mit den Künsten gehen wie mit den Tugenden, daß sie bald als mehrere erscheinen, bald wieder nur eine sein wollen. Denn was ist doch der Ton anders als auch Bewegung, wenn gleich nur eines einzelnen organischen Systems? und will man einwenden, das gelte doch nicht von den künstlichen Tönen der Instrumente: so sind diese genau genommen ja nichts anders als für die Stimme was die geschliffenen Gläser für das Auge sind, mit dem Organ eins, zugebildete Ansäze an dasselbe, um des Menschen Fähigkeit zu tönen zu erhöhen und alles, was ahndungsvoll in ihm innerlich geklungen hat, auch dem äußeren Ohre zuzuführen. Wäre also gar Bewegung in diesem weiteren Sinne des Wortes das einzige, wodurch sich das innere Leben kund gäbe? Zwei Anknüpfungspunkte bieten sich mir noch, indem ich auf die musikalische und mimische Bewegung hinsehe. Zuerst frage ich auf der einen Seite, worin hat denn diese leztere ihren Ort? und auf der andern frage ich, jene eigenthümliche Auffassung der Lebensaufgabe, jene besondere Harmonie der einzelnen Neigungen, giebt sie sich nicht doch auch auf andere Weise kund als durch die gesammte Reihe der Handlungen? Auf beide Fragen weiß ich nur dieselbe Antwort. Jene Bewegungen, durch welche sich das eigenthümliche Leben in seinen bestimmten Momenten und wechselnden Zuständen kund giebt, haben ihren Siz in der Gestalt. Und das eigenthümliche Leben in seiner sich immer gleichen Einheit giebt sich außer jener mittelbaren Anschauung, die wir uns zusammensuchen aus der Reihe verschiedener Thätigkeiten, auch unmittelbar kund durch die Gestalt. Derselbe Geist in seiner Besonderheit leitet unmittelbar jene Bewegungen ein, um den Moment hervorzudrängen, derselbe spiegelt sich und sein eigenthümliches Wesen ruhig ab in der von ihm gebildeten Gestalt. Denn wer möchte läugnen, daß der Geist die Gestalt entwikkelt, daß die Verhältnisse der Theile nach ganz anderem Maaßstab als es im thierischen Leben geschieht sich ändern, so wie die geistigen Verrichtungen mehr hervortreten; und geschieht das vor unsern Augen: so ist es auch geschehen in der ersten Verborgenheit des Daseins; die Gestalt ist prädeterminirt in ihren ersten Grundzügen für die Besonderheit des Geistes. Wie die Intelligenz sich eigenthümlich ausprägt, so manifestirt sie sich auch als solches in der Gestalt. Nicht als ob ich hierdurch wollte mit wenigen Strichen den alten Streit entschieden haben über die Bedeutsamkeit der festen Theile, des starren und unverschiebbaren an und für sich; mir genügt, wenn man sie nur zugiebt als bedingend die Bewegungen der weichen Theile, und die feste Gestalt erkennt für das Instrument, das nur für diesen Kreis von mimischen Bewegungen gebaut ist. Zuerst nun stellten wir uns die bedeutsamen Bewegungen nur dar als Reactionen auf einen von außen empfangenen Eindrukk, aber sie begleiten auch jeden Moment reiner Selbstthätigkeit als Erscheinung derselben nach außen. Jezt haben wir die gestaltbildende Thätigkeit des Geistes als ursprüngliche Offenbarung desselben in seiner eigenthümlichen Einheit betrachtet; aber wir finden sie auch mitten im Verlauf des Lebens eben so wie die Bewegung als einen Versuch den innern Gehalt eines Momentes nach außen zu bringen. Ich erwähne nicht der geheimnißvollen Uebungen dieses gestaltbildenden Talentes auch in der Form unwillkührlicher im Traum, auch nicht der Art, wie in erhöhter Spannung die Seele ihre inneren Bildungen mitten in die Wirklichkeit wenigstens so weit herauswirft, daß sie sie erst durch das äußere Auge in sich aufzunehmen glaubt. Aber wie oft sehen wir nicht das wirkliche anders als es ist, also nicht rein das, was die Dinge unserm Auge zubringen, sondern vermischt mit dem, was wir, jeder nach seiner eignen Weise, sie zu mildern oder um uns darein zu vertiefen, innerlich dazu bilden. Ja wenn wir nach der Verschiedenheit unserer Stimmungen, sei es um uns herauszureißen oder um uns darin gehen zu lassen, unsere Naturumgebungen wählen, jezt den dichtesten Schatten, dann die offene sonnige Landschaft, bald den überhangenden Felsen, bald das durchsichtige Gebüsch: je tiefer wir uns hineinsehen in das, was uns so harmonisch anspricht, je mehr wir nichts anderes sehen wollen als dies, was ist das anders als nur der abgekürzte

Prozeß des eigenen Bildens? wir freuen uns zu finden, was wir sonst würden selbst gebildet haben. Aber wie oft bilden wir nicht auch selbst oder vielmehr bildet es nicht in uns lebende Gestalten, gleichviel ob aus der Erinnerung oder nicht, wenn es darauf ankommt uns besonders einen geistigen Moment festzuhalten oder zu vergegenwärtigen. So sehen wir denn bedeutsame Bewegung und eben solche Gestaltbildung zusammenwirken und sich gegenseitig ergänzen; beide gleich ursprüngliche und gleich unwillkührliche Veräußerlichungen unserer momentanen Bestimmtheit. Hat sich die Kunst der Bewegung bemächtigt und aus beiden Formen derselben Kunstgebiete entwikkelt: warum soll sie sich nicht auch eben so der Gestaltbildung bemächtigen? Wenn uns die Gestalten des Bildners und des Malers durch einen bestimmten Eindrukk überraschen: wie leicht tragen wir dasselbe auf seine Werke über, was wir so oft bei den Werken der Tonkunst empfinden, daß sie recht unser eignes inneres Tönen und Singen ans Licht zu bringen weiß. Und rechtfertigen wir uns nicht immer wieder durch den Eindrukk, den jene Kunstgestalten machen, die Vorliebe für diejenigen, die ihnen in der Wirklichkeit des Lebens am nächsten kommen, wie auch unsern Widerwillen gegen das am meisten davon abweichende? und gehen wir nicht auch dadurch auf unser eignes innerstes Bilden zurükk? Und der Landschafter, giebt er uns nicht an jedem seiner Werke eine eigenthümliche Staffage für unsere verschiedenen Empfindungszustände, so daß wir in diesen richtig aufgefaßt auch wieder die beste Staffage für seine Landschaften sein würden? So ist es demnach auch hier das ursprünglich unwillkührliche, dessen sich die Kunst bemächtigt; und wenn man vielleicht sagen könnte, hier unterscheide sich die Kunstthätigkeit weniger dadurch, daß sie das Maaß hinzubringe zu dem ursprünglich ungemessenen, als vielmehr dadurch, daß sie durch das Festhalten und Veräußerlichen dasjenige zur Vollständigkeit und Klarheit bringt, was sonst nur als ein Schattenbild gleich wieder würde verschwebt sein: so fällt doch beides wieder zusammen. Der Mangel an Haltung ist auch ein Mangel an Maaß, das bloße Erzeugniß des inneren Bildens hat seine Bestimmtheit mehr in dem, was es bedeuten soll, als in sich selbst als Erscheinung. Zweitens aber ist auch wohl zu bemerken, daß mimische und musikalische Bewegung, vornämlich aber die lezte, sich fast unfehlbar auch der Rede bemächtigt. Je stärker die innere Aufregung, von welcher Art auch, desto mehr fordern wir, daß die sich bewegende Gestalt auch rede, daß der unbestimmt auf- und absteigende Ton Worte finde; wo nicht, so besorgen wir, daß die innere Bewegung sich irgendwie gegen das Leben selbst wende und in einen krankhaften Zustand ausbreche. Und nicht nur bei sinnlicher Aufregung fordern wir, daß der Schmerz in bestimmten Worten klage, die unerwartete Freude sich in jubelnder Rede ergieße, und Schelten erwarten wir vom Zorn, Schmeichelreden von der Liebe: sondern auch in geistigen Momenten gilt dasselbe. Wenn die fromme Versenkung sich nur in der Gebehrde kund giebt, fürchten wir, daß sie sich allmählig in gehaltloser Grübelei verzehre; wenn das tiefe Leiden des vaterlandliebenden Gemüthes bei öffentlichem Unglükk sich wortlos zusammenhält: so ängstigen wir uns, ob es nicht leidenschaftlich umschlagen werde in verderbliche That. So natürlich erscheint uns überall der Durchbruch des Tons und der Bewegung in die Rede. Aber was ist hier der Gehalt der Rede? Nicht ist sie hier der Abdrukk des Gedanken, der doch immer irgendwie auf dem Wege zum Wissen liegt, vielmehr ist von diesem ein so aufgeregtes Gemüth ganz abgewender, keine Nachricht erwarten wir und keine Erkenntniß; nur erschöpfen soll sich die innere Aufregung in der Rede, indem sie den Ausdrukk durch Ton und Bewegung noch ergänzt und verstärkt. Wodurch sucht sie daher auch ihren Zwekk am liebsten zu erreichen? Sie beschreibt Bewegungen, die dem aufgeregten versagt sind, sie häuft Lob und Mißbilligung durch Wörter, die oft nichts anderes sind als specifische Interjectionen, und diese selbst sind ja in der Sprache nur das, was dem unarticulirten Ton angehört. Nicht also mit der Rede, wie sie unmittelbar dem Denken identisch ist, nicht mit der Rede, die dem Geschäft dient, haben wir es hier zu thun, es ist ein eignes Gebiet, ganz analog dem Ton und der Bewegung, an welche sie sich anschließt, auch nur Kundgebung einer momentanen Bestimmtheit, und der Hörer soll nur nachbilden was ihm als Ton als Bewegung nicht so leicht und sicher konnte gegeben werden. Aber eben so abwärts bleibend vom Gedanken und vom Gebiet des Wissens geht auch jene innere Gestaltbildung in Rede über. Das innere Bild, gleichviel wie einfach oder zusammengesezt es sei, will heraus, aber es vermag sich nur theilweise und zerstükkelt mitzutheilen durch die Beschreibung. Und doch wenn ich auch zuvor erinnere, daß auch den höchsten geistigen Zuständen dieser unwillkührliche Ausdrukk zukomme, darf ich kaum hoffen auch nur angehört geschweige geglaubt zu werden, wenn ich nun weiter fortfahre, daß sich die Kunst nun auch dieser Ergänzung von Ton und Bewegung durch bewegte Rede, dieser Uebertragung des inneren Bildens in wörtliche Darstellung, bemächtige, und daß so die Poesie entstehe und den Reigen der Künste abschließe, so daß sie alle aus jenem ursprünglichen und unwillkührlichen Ausdrukk des bewegten Gemüths entspringen. Aber ich glaube doch, man wird zugeben müssen, wenn man die Elemente im Auge behält, daß in der Poesie alles Bild werden will. Der Gedanke hat keinen selbständigen Ort in der Poesie. Auch in dem Gebiet der Lyrik kann die erhabenste Sentenz, selbst wenn sie etwas aus den Tiefen der Naturanschauung mittheilt, oder wenn sie antreibend oder warnend die Charaktere menschlicher Handlungen zeichnet, nicht dasselbe sein und bedeuten, aber eben deshalb darf sie auch nicht auf dieselbe Weise erscheinen, sondern ganz dem zugewendet, an allen diesen Verhältnissen einen innern Zustand darzustellen. So sind auch in der sogenannten didaktischen Poesie, die aber freilich schon seit langer Zeit ein streitiges Gebiet ist, wenn sie Poesie bleiben will, die Beschreibungen der Dinge oder der Handlungen nicht eigentlich gegenständliche, und es ist nicht etwa nur ein überverdienstliches Werk sondern ein unverdienstliches, wenn man etwas daraus lernt, sondern der Gegenstand ist nur der Faden, an welchem sich die Darstellung eines, gleichviel wie, innerlich bestimmten Daseins abwikkelt. Welch ein bestimmter Unterschied zwischen jeder geschichtlichen Darstellung, die nicht etwa ihre Grenzen überschreitet, und einer epischen oder dramatischen! Aber auch die Ueberschreitungen beweisen von beiden Seiten. Wir tadeln den Geschichtschreiber nicht, wenn er urtheilt, lobt oder tadelt, aber gewiß wenn er uns zu sehr merken läßt, wie sein eigenes Dasein von den Zuständen afficirt ist, die er beschreibt. Denn so rein er auch seine Prosa halten mag, fühlen wir doch einen lyrischen Ton durch sein Werk sich hindurchziehn. Und wenn der Epiker oder Dramatiker, wie schön auch die Verse sein mögen, seine Figuren reden läßt wie der Prolog es wol darf: so finden wir ihn nicht etwa nur dürftig, sondern er scheint uns den Geist seiner Gattung zu verkennen. Und wie streng zeichnet sich nicht auch der Unterschied zwischen einer wissenschaftlichen Auseinandersezung, zu der einer — man erlaube die Voraussezung, daß dies nicht immer ungeschikkt sei — die Briefform gewählt hat, und einer romantischen Dichtung, welche in Briefen fortläuft! Wie betrübt, wenn dieser aus dem lyrischen ins lehrhafte fällt! wie lächerlich, wenn jener der Form zu Liebe glaubt seine verständigen Positionen mit Ergüssen der Fantasie verbrämen zu müssen! Aber woran wollen wir den Unterschied festhalten? Dem Wort entspricht die Vorstellung, diese selbst schwebt auf und ab zwischen der Formel und dem Bild, und alle Gestalten der Rede, die dem Wissen angehört, stellen sich gegen einander, je nachdem ihre Elemente mehr Formeln sind oder mehr Bild. Aber die poetische Rede liegt nicht zwischen Formel und Bild; sie ist nicht das Bild, sofern es daß ich so sage die bekleidete Formel ist, ein allgemeines Schema unter bestimmte Verhältnisse gestellt; sie gehört gar nicht der logischen Seite der Sprache an, sondern der musikalischen. Nichts kann Poesie werden, was der Richtung auf das Wissen angehört und in derselben seinen Anfang gehabt hat, es müßte denn gänzlich umgestaltet und ein anderes geworden sein; vielmehr müssen alle poetischen Elemente zuerst gesehen und dann in Sprache umgesezt worden sein, ursprünglich aber an jener innern Gestaltbildung hangen, welche selbst auf die nämliche Weise wie Bewegung und Ton aus der innern Bestimmtheit des eigenthümlichen Seins geworden ist. Betrachten wir aber, diese Elemente vorausgestellt, das ganze der poetischen Leistung von der sich gliedern wollenden Interjection an bis zur Darstellung eines Welteindrukks im Epos oder Drama: so springt in die Augen, daß diese Kunst mehr als alle andern die ganze Aufgabe umfassen kann. Wie das eigenthümliche Sein des einzelnen nicht nur in der Reihe seiner Handlungen sich kund giebt, sondern schon in seiner Gestalt angeschaut werden kann: so sezt die Poesie diese Bilder um in Reihen von Handlungen und Zuständen, und kann also auf die mannigfaltigste Weise das umfassendste erreichen, wie sie auch am lebendigsten das kleinste darstellen kann. Das kleinste, wie sie den flüchtigsten Eindrukk wiedergiebt im Epigramm in der kleinsten lyrischen Form; das umfassendste, wie sie nicht nur das eigenthümliche Einzelleben sondern auch das eigenthümliche Volksleben in ihren großen Productionen zur Anschauung bringt. Aber in diesen verschiedenen Gebieten, Mimik und Musik, Malerei und Bildnerei, und in der allen andern sich gegenüberstellenden Dichtkunst hatten wir auch das ganze Gebiet der Kunst zusammengefaßt, wie sie das einzelne innere durch einzelnes äußeres in besonnener Gemessenheit zusammenstellend zur Anschauung bringt. Aber wenn gleich nur einzelnes durch einzelnes, so geht doch hervor, daß, wenn wir alle künstlerische Production zusammennehmen, da in allen geistigen Einzelwesen die ganze Welt sich spiegelt, aber in jedem anders, indem er sein eigenthümliches Wesen in seinen Lebensmomenten abwikkelt, auch gewiß die ganze Welt, und zwar nach allen verschiedenen Weisen, in ihr wiedergegeben wird.

Wenn wir nun aber das bisher gesagte zusammenfassend zu unsern ersten Säzen zurükkgehen, wie freilich Ton und Bewegung aus dem Afficirtsein ursprünglich entstehen, die Kunst aber erst da beginnt, wo der Zusammenhang zwischen dem bewegten Zustand und dem äußern Hervortreten aufgehoben ist, und wie man auch nicht mehr sagen kann, daß die Kunstthätigkeit aus dem bewegten Zustand hervorgehe, vielmehr, ist einer selbst bewegt und seine Aeußerung erhält Maaß und Bestimmtheit sei es nun als Ton oder Bewegung, das nicht mehr geschieht, weil er so bewegt, sondern weil schon sonst her eine Kunstthätigkeit in ihm eingeleitet ist, und dem Künstler gleichgeltend sein muß, ob er hemmend und maaßgebend in die eigne Bewegtheit oder in eine fremde eingreift, wenn er sie nur recht erkannt hat: so könnte man zwar gelten lassen, daß, sofern die Kunst an die unmittelbare Aeußerung gebunden ist, es nicht mehrerlei Kunstgebiete geben kann als die aufgestellten; aber die am Ende der ersten Abhandlung gestellte Frage, was überhaupt den Impuls zur Kunst giebt, warum einige Künstler sind und andere nicht, warum es mehrere Kunstgebiete giebt, wenn doch auch eins der Aufgabe genügte, und wodurch nun einige Dichter werden und andere Maler, das heißt, welches die dort schon zugegebene eigenthümliche Begeisterung für eine jede Kunst sei, damit wären wir noch ganz im dunkeln.

Zuerst nun möchte ich das streng genommen in Abrede stellen, daß nicht alle Künstler sind sondern nur einige und andere nicht. Nämlich eine Masse betrachtet, in welcher Kunst, wie unvollkommen es auch sei, sich bereits findet. Denn wo nur immer reges Leben ist, sei es auch nur wenig geistig entwikkelt, wo nur die Noth des Lebens einigen Raum läßt für freies Spiel, und die Strenge und Dürftigkeit der Umgebung nicht zu herbe ist, um eine Ahndung von Anmuth aufkommen zu lassen:

da findet sich auch Kunst. Musik und Mimik — denn der Tanz gehört doch offenbar auch der lezteren an — haben am meisten ausführende Theilnehmer; Poesie wird — wenn auch die Künstler selbst minder häufig sind — im weitesten Umfange genossen, und nur die verschiedenen Zweige der Bildnerei und Malerei müssen sich wol mit einer beschränkteren Anerkennung begnügen. Alle aber, die sich auf irgend eine Weise Kunstwerke aneignen, sind selbst als Künstler anzusehen. Der Sinn und die Productivität sind nur zwei verschiedene Stufen, die Kunst ist eben dieselbe in dem Liebhaber wie in dem Künstler, und nicht nur in dem, der mit einer gewissen Leichtigkeit urtheilt, sondern auch in dem, welcher nur wirklich genießt und sich mehr oder weniger befriedigt findet. Der Impuls also ist ein ganz allgemeiner. Allgemein will das innere sich äußern, allgemein ist auch das Bedürfniß nach Zeitmaaß und Ebenmaaß, dem Menschen eingeboren im Typus seiner Gestalt und in seinen wesentlichsten Lebensbewegungen. Aber um die besondere Begeisterung für die eine oder die andere Kunst zu finden, müssen wir uns hüten uns zu sehr in die Differenz der einzelnen Unterarten zu vertiefen, noch mehr aber, daß wir die Begeisterung für die besondere Kunst verwechseln mit dem Interesse, durch welches freilich dem Künstler seine Werke bestimmt werden, nämlich dem Interesse an denen, für welche er arbeitet, welche nämlich an seinen Werken sich selbst sollen ausgesprochen und ihre Zustände dargestellt finden. Wie sonderbar z. B. wäre die Voraussezung, die Maler, welche vorzüglich heilige Personen und Momente aus der heiligen Geschichte bearbeitet, hätten dieses aus Begeisterung für das Christenthum gethan! aber gewiß wenn ihr Zeitalter nicht durch das Christenthum wäre bewegt worden, wenn nicht auch die andächtigen sich mit ihrer frommen Stimmung in die Bilder hineinzusehen den Sinn gehabt hätten: so würden jene auch andere Gegenstände gewählt haben. Und hätten wir Ursach uns zu denken, der Maler, der nichts als heilige Familien hervorbrachte, sei ein ungläubiger: so würden wir ihn tadeln, daß er seine Kunst an einen Gegenstand wendete, der für ihn nichts ist; aber dieser Tadel träfe seine Sittlichkeit, nicht aber seine Kunst. Hatte er einen solchen Mangel an Erfindung was die Gegenstände betrifft, daß sich diese immer in einem engen Kreise drehten, oder er sie immer von andern borgte: so würden wir seinen Geist dürftig finden; aber waren nur seine Bilder als solche mannigfaltig und reich, sahen wir, daß er sein eigentliches Kunstgebiet ganz umfaßte und in allen Theilen desselben lebt: so würde er dennoch als Künstler bei seinen vollen Ehren bleiben. Die eigenthümliche Begeisterung jedes Kunstgebietes ist allein bestimmt durch den unmittelbaren Ausdrukk, welchen er in Kunstwerk umwandelt, aber so, daß er ihn eben durch die begeisterte Durchschauung in seinem ganzen Wesen gleichsam neu erschafft oder so erweitert, daß er nicht minder das Werk der Kunst ist als der Natur. Haben wir nun keine anderen Elemente als die eben schon genannten: so theilen wir die Bewegung dem Mimiker zu, den Ton dem Musiker, in die Gestalt theilen sich Maler und Bildner, und die alle andern mitvertretende Rede fällt wieder allein und ungetheilt dem Dichter zu. Der Mimiker ist begeistert von der Beweglichkeit und Durchsichtigkeit der menschlichen Gestalt. Darauf ist nicht nur sein Auge immer gerichtet um seine Anschauung zu mehren und zu ordnen, sondern er selbst muß sich immerwährend zum Studium werden. Was aber verdanken wir auch dieser Kunst! Wie unbeholfen und schwerfällig erscheint der äußere Mensch, und wie bleibt er in lebendiger Entwikklung zurükk, wo es weder Gymnastik giebt noch Orchestik noch dramatische Mimik! Gewiß die Hälfte aller schönen Bewegungen kommt auf Rechnung der Kunst, und das mannigfaltige reiche Spiel zwischen natürlichem und conventionellem auf diesem Gebiet verräth auf eigenthümliche Weise ihre Pflege sowol als ihre Gewalt. Ja selbst die Abnormitäten in dem Styl des Lebens, die wir unter diesen Künstlern so häufig antreffen, geben doch Zeugniß für das Dasein und die Gewalt dieser Begeisterung. Aber freilich nur in dem Maaß fördern sie die Kunst, als sie Verständniß haben von allen geistigen Regungen, auch die sich nur am zartesten auf der leiblichen Oberfläche abspiegeln. Der Tonkünstler ist begeistert von dem Zusammenhang zwischen der beweglichen Stimme und den Lebenstönen, wenngleich niemand ihm zumuthet, daß er was ihm darzustellen gegeben wird in demselben Augenblikk mit empfinde. Auch wo er dem Dichter folgt, ringt der beste nach Unabhängigkeit, und enthält sich schwer, und niemals ganz, seine Wirkung zu trennen von jenes. Aber freilich sein höchster Triumph ist, wo er der Sprache ganz Lebewohl sagt und alle Lebensschauer, welche die Seele durchziehen können, verkörpert in dieser unendlich abwechselnden Fülle von Tonfolgen und Zusammenklängen. Aber was haben auch seit der Reihe von Jahrhunderten die Virtuosen auf diesem Gebiet geschaffen! aus welchen Tiefen der Natur haben sie eine Welt von Tönen hervorgeholt, die in Holz und Metall ewig geschlummert hätten ohne das ahndungsvolle Drängen der Kunst. Wie scheiden wir aber den Maler und den Bildner? Der bloße Zeichner ist offenbar in der Indifferenz zu beiden. Er arbeitet auf der Fläche, wie der Maler; aber wer kann seinen Umrissen ohne Licht und Schatten ansehn, ob sie Studien sein sollen für den Maler oder Bildner? Der Maler ist nicht beschäftigt mit den Gestalten allein, noch weniger ist sein Beruf von dem äußern in das innere zu steigen und an jenem seinen Zusammenhang mit diesem deutlich zu machen, sondern weil sein Leben ganz Auge ist, so ist er begeistert von ihrem Verhältniß zu dem Licht, durch das sie uns sichtbar werden; wie beide auf einander wirken und sich modificiren. Wenn er darin die Wahrheit gefunden hat und in einem verhältnißmäßig kleinen Raum eine große Mannigfaltigkeit dieser Wahrheit darstellen kann, dann genügt er sich. Darum hat er auch seine Aufgabe erst recht gefunden, wenn er uns auf der Fläche die Tiefe darstellt. Aber freilich sind ihm die Gestalten nicht gleichgültig. Wieviel reicher und unerschöpflicher sind nicht die Verhältnisse der lebendigen Gestalten zum Licht als die der todten! Aber vergessen wir nicht auf der einen Seite, daß der, welcher ein Stillleben malt, in dem sich nichts lebendiges regt, doch weil er Tiefe hat mehr Maler ist, als der die geistvollsten Gestalten auf eine Linie neben einander stellt; und verlangen wir nicht auf der andern Seite, daß der Historienmaler begeistert sein soll von den Helden, die er sei es auch in einer noch so großen That darstellt. Hat ihm das der Dichter oder der Geschichtschreiber angethan: so ist ihm etwas rein menschliches begegnet, aber sein Kunstwerk wird dadurch an und für sich nicht gefördert. Wir lieben ihn darum, wenn wir an seinen Productionen sehen, daß er sich mit hohen und edlen Gegenständen gefällt. Ist es aber nicht: so wollen wir deshalb um ihn als Künstler keine Sorge tragen, wenn nur die eigenthümliche Begeisterung seiner Kunst ihn ganz besizt. Denn auf eine solche Vertheilung dürfen wir überall rechnen in der Gesellschaft, daß nicht diejenigen allein, die nur von dem nichtigen bewegt werden, ihre Sprecher finden werden unter den Künstlern, die tieferen und edleren Gemüther aber leer ausgehen. Die Bildner nun im Gegensaz mit den Malern haben es mit der Gestalt allein zu thun; wir bleiben aber hier nur bei denen, welche es mit lebendigen Gestalten zu thun haben, und sondern diejenigen ab, welche ihre Kunst an mathematischen üben, zufrieden den Baukünstlern hier nur ihren Ort angewiesen zu haben, und die Frage nach ihrer eigenthümlichen Begeisterung einem andern Ort aufbewahrend. Jene nun sind unmittelbar von den lebendigen Formen begeistert, und wollen diese in ihrer Wahrheit ganz und allein geltend machen. Darum indem sie ihre Werke dem vollen Licht nach allen Seiten aussezen, entziehn sie sie dem Einfluß desselben, deshalb liegen schon ganz an der Grenze ihrer Kunst und wollen mit großer Vorsicht behandelt sein alle Gruppen, deren Theile einander beschatten könnten. Dagegen ladet der Bildner unaufhörlich durch die Form den Tastsinn ein das Leben der Gestalten zu versuchen, wenn gleich der Stoff fast immer die Berührung verbittert. Weil aber die Gestalt so für sich hingestellt auch ganz sie selbst ist, der bestimmte Moment nur lose an ihr haftet und fast immer untergeordnet ist: so findet auch ein entgegengeseztes Verhältniß statt zwischen dem Bildner und Dichter wie zwischen dem Maler und Dichter. Der Maler nimmt gern und häufig seinen Gegenstand vom Dichter, aber nicht leicht sezt der Maler den Dichter in Bewegung. Dem Bildner hingegen kann freilich auch seine Gestalt geworden sein mit Bezug auf die Art, wie ein Held sich im Epos oder im Drama handelnd gezeigt hat; aber eben so oft auch verhält es sich umgekehrt; die Gestalt, die als der Kanon irgend einer Lebensweise und Höhe der Fantasie des Bildners entsprungen ist, aber freilich auch nur eine solche in Bewegung zu sezen, das ist eine schöne und würdige Aufgabe für den Dichter. Aber was sollen wir nun von diesem sagen, wo seine Begeisterung suchen? Die in allen Dichtern dieselbe ist kann wol eben deshalb keine andere sein, als daß sie alle ohne Ausnahme begeistert sind von der Sprache, eben so wie der Mimiker von der Gestalt und der Musiker vom Ton, so daß wir nur alles dort gesagte hier hinüber zu nehmen brauchen, und die Sprache in dem Gebiet genommen, welches oben schon bestimmt ist. Denn wenngleich dem Dichter wo möglich der ganze Umfang und Inhalt der Sprache zu Gebote stehen muß: so hat er es doch unmittelbar nicht mit dem logischen in derselben zu thun, aber das mimische und musikalische in derselben, das pittoreske und plastische ist seine Begeisterung, dasjenige, wodurch er das Geschäft aller jener Künste treiben, wodurch er den Leser zwingen kann nachzubilden, als ob er gesehen hätte, und ihn so bewegen auch ohne Hülfe der Musik, als ob ihm erst jezt verständlich würde, wohin ihn der Strom der Töne, der sich ihm wieder vergegenwärtigt, habe tragen wollen. Denn so verwandt sind diese Künste, daß auch getrennt ihre Werke sich doch auf einander beziehen und sich gegenseitig begleiten und verstärken. Und in dieser Behauptung, daß es die Sprache, und zwar die angeborne, das eigne Dasein mit constituirende, ist, woraus die eigenthümliche dichterische Begeisterung fließt, laß ich mich nicht irre machen, wenn auch ein Dichter behauptet, die Sprache hemme ihn ein Meister zu werden in seiner Kunst, noch sollen mich diejenigen irre machen, welche gleichsam mehr dem allgemeinen Weltverkehr zugewendet auch in mehreren Sprachen dichten. Aber freilich ganz andere Einwendungen machen sich hörbar von stärkerem Gewicht. Denn das will ich am wenigsten läugnen, daß in allen Künsten die Theorie erst hinter der Praxis kommt, daß mithin alle Forderungen an die Künstler nur aus ihren Leistungen entnommen, mithin die Vollkommenheit derselben ursprünglich doch aus ihrer Begeisterung muß hervorgegangen sein. Wenn wir nun alle von dem Dichter verlangen, er solle seine Charaktere folgerecht durchführen, er solle uns nicht durch Unwahrscheinlichkeiten Anstoß geben: stimmen diese Forderungen mit jener Quelle seiner Werke? Ich antworte, Diese Forderungen stehen ziemlich gleich mit denen an den Maler, daß er nicht die Zeiten verwirre in Trachten und Umgebungen, daß er uns wo möglich nicht in Widerspruch bringe mit dem, was wir aus andern Quellen über seine Gegenstände wissen. Es sind Fürbitten, die wir einlegen für uns selbst, Rathschläge, die wir ihm geben in Beziehung auf uns, wie er es sich leicht machen kann oder schwer; aber wenn er uns keine Zeit verstattet zu jenen Berechnungen, wenn er allen Anstoß, ehe wir zum klaren Bewußtsein darüber kommen, immer wieder überbietet durch den Zauber der Rede: so hat er gewonnen Spiel über unsere Forderung; aber wenn seine Figuren nicht reden, daß es uns ergreifen könnte, wenn er unsere Fantasie nicht durch seine Sprache überwältigt, indem er sie anregt — wie genau auch jenes alles gehalten sei, wir gehen doch seitwärts. Wenn sich aber jemand wundert, daß der Dichter nur von der Sprache solle begeistert sein nicht von den Ideen: so ist es freilich schwierig sich abfinden zu sollen mit Ausdrükken von so schwankender Bedeutung. Aber ich werde doch immer sagen, Seid ihr eurer Ideen irgend anderswie mächtig als in der Sprache: so sind sie ihm auch insofern fremd; aber auch sofern sie der Sprache angehören glaubt nicht, daß sie ihn ergriffen durch ihre Richtigkeit, sondern nur durch ihre Lebendigkeit. Aber um dieser willen wird er sie freilich suchen; wie sollte er auch sonst dazu kommen ein Werk zu vollbringen, er oder auch die andern Künstler? Denn denken wir uns nun diese, jeden von seiner eigenthümlichen Begeisterung recht ergriffen und immer hinstrebend zur Production: so sind sie nach allen Seiten hin gleich unbestimmt angeregt; woher kommt ihnen nun ein Moment der Urbildung? Hiezu müssen wir sie uns in Berührung denken mit dem Leben; sie müssen wissen, was die Mitwelt bewegt; auf welche Weise sie dem von allen gefühlten Bedürfniß, dem aber kein unkünstlerischer zu genügen weiß, sein inneres recht kund zu geben, auf welche Weise sie dieses treffen können, das muß ihnen klar werden, dann entstehen ihnen die Urbilder, die sie ausführen. Je mehr nun in dem sie umgebenden Leben der Geist entwikkelt ist, die Vergangenheit sich mit der Gegenwart verbindet, die allgemeinen Interessen alles andere verschlingen: um desto reicheres Feld ist ihnen aufgethan, desto größere Werke werden sie aufstellen können; je weniger dieses der Fall ist: desto mehr werden sie das einzelne und geringfügige suchen müssen. Aber dieses ist die gleiche Aufgabe aller Künstler, und es ist nur eine sonderbare Verwirrung, daß man diese Beziehung der Gegenstände auf das Leben das poetische in den Künsten zu nennen pflegt. Und so kommen wir auf unsere drei Momente zurükk. Jeder Kunst eignet eines von jenen großen geistigen Erregungs- und Darstellungsmitteln, welche die innigsten Verhältnisse des Geistes zur Natur ausdrükken, und die einzelnen, welche dazu von der Natur ausgerüstet sind eines derselben in ausgezeichnetem Grade zu besizen, sind dadurch geordnet zu

Dollmetschern der übrigen. Im Interesse von diesen, für welche sie sich durch ihren besondern Beruf bestimmen, ersinnen sie ihre Werke, aber in der Ausführung legen sie eine Vollkommenheit dar, die nur ihren Kunstgenossen ganz erkennbar ist, und das Anerkenntniß von diesen ist es eigentlich nur, wodurch sich ihre Begeisterung immer aufs neue auffrischt.

3.

Wenn ich die Ergebnisse der beiden Abhandlungen, welche ich die Ehre gehabt der Akademie vorzutragen, noch einmal in Gedanken durchlaufe, um die Frage zu beantworten, ob auch der Ueberschrift Genüge sei geleistet worden, welches nur geschehen sein könnte, wenn der Gegenstand, nämlich was wir im engeren Sinne Kunst nennen, oder auch durch den Ausdrukk schöne Kunst bezeichnen, von allem andern näher verwandten getrennt und hingegen in sich zusammenhängend als ein vollständig verbundenes ganze und so wäre dargestellt worden, daß auch nichts dahin irgend gehöriges in dem abgestekkten Umkreise nicht seinen Ort fände: so ist dieses allerdings nicht in der strengen Form einer in kurzen Säzen abgefaßten Dissertation geschehen, sondern in einer freieren, wie ich sie unsern Zusammenkünften auch bei streng wissenschaftlichen Verhandlungen von dieser Gattung angemessener halte. Wenn ich aber die abgestekkten Punkte verbinde: so kann ich doch folgendes in Anspruch nehmen. Indem ich von der Mimik im weiteren Sinne oder der Kunst der schönen Bewegungen ausging als von derjenigen, welche des mindesten Apparates bedarf, indem sie ihr Werk an dem menschlichen Leibe selbst und seinen Bekleidungen vollbringt: so wurde es leicht zunächst ein dieser Kunst verwandtes dem Inhalt nach, aber der Form nach kunstloses, nachzuweisen, zugleich aber auch bestimmt davon zu trennen, und für alle Kunst daran, daß sie mit ihrem

Werke zugleich auch Maaß und Regel hervorbringt, ein allgemeines Merkmal festzustellen, und zwar so, daß diese Thätigkeit zugleich an einen bestimmten Zustand, den einer höheren Aufregung, ihrem Ursprung nach gebunden wurde, den wir ebenfalls überall voraussezen müssen, wo Kunst sein soll, indem sonst Maaß uud Regel nur zu Mechanismus oder einer mechanischen Fortsezung dessen, was ursprünglich Kunst war, führen könnte, wie denn auch die Annäherungen beider an einander von hieraus konnten gezeigt werden. Noch mehr aber wurde der bestimmte Unterschied von beiden dadurch aufgehoben, daß, richtig oder unrichtig, alle schöne Kunst nur als Selbstmanifestation des Künstlers dargestellt wurde. Denn dadurch ist alles, was um eines bestimmten Zwekkes willen gemacht wird, aus dem Gebiet der Kunst ausgeschlossen. Nur muß man freilich das platonische beobachten, und die χρηματιστική als eine andere Geschikklichkeit von ganz anderer Art gänzlich sondern, so daß ihr natürlich auch keine Stimme gelassen wird, wenn es darauf ankommt das Verfahren in dem Gebiet einer eigentlichen Kunst zu bestimmen. Durch die Nebenbestimmung jenes Sazes aber, daß die Selbstmanifestation, wenn ein Kunstwerk daraus hervorgehen soll, auch eine gewollte sein muß, wird auch ein anderer Gebrauch abgesondert, wenn man nämlich von einer Lebenskunst redet, mithin den ganzen Inbegriff der freien Handlungen eines Individuums als ein Kunstwerk betrachtet. Denn in jeder von diesen einzeln betrachtet ist doch etwas anderes gewollt, als nur sich durch sie im Zusammenhang mit allen andern zur Darstellung zu bringen. Dasselbe gilt auch von dem, was an wissenschaftlichen Werken und Hervorbringungen Kunst genannt zu werden pflegt wiewol hier schon die Selbstdarstellung mehr hervortritt. Auch von diesen Seiten also ist unser Gegenstand völlig abgegrenzt. Nehmen wir aber nun noch den andern Saz dazu, daß es keine andere Selbstdarstellung giebt als vermittelst der Bewegung und des Tons oder auch der Gestaltbildung und der Rede: so ist auch, sofern die Behauptung richtig ist, dadurch zugleich be stimmt, daß es keine andern Künste geben kann als die dort aufgeführten. Denn wenn auch unter der Gestaltbildung nur Bildnerei und Malerei genannt waren: so schließen sich nicht nur an beide die kleineren verwandten Kunstzweige, sofern sie nicht bloß mechanisch zu Werke gehn, von selbst an, sondern der Architektur war auch ihr Plaz wenigstens ausdrükklich angedeutet, und so findet sich auch der Gartenkünstler von selbst zurecht, daß er sich in dem einen Styl für einen Architekten in grünem geben kann, nach dem andern aber für einen Landschafter in lebendigem. Ja sollte mancher berühmte Mann die Uebungen mit dem wohlgebändigten Roß nicht wohlfeiler geben wollen: so wird es nur wenig Mühe kosten bei der Kunst der schönen Bewegungen auch diese centaurischen unterzubringen, wenn er nur verhüten kann, daß bei dem Kunstreiter auch der Seiltänzer hinten aufsizt. Und so muß auch der Begriff der Dichtkunst in der gehörigen Weite gefaßt werden, damit es nicht als unmöglich erscheine auch in der ungebundenen Rede zu dichten. Aber es kommt nicht darauf allein an die Künste alle zusammenzufassen, sondern auch darauf, daß nicht durch eine zu enge Erklärung die kleineren Gattungen der einzelnen Kunstgebiete von dem Raum, den sie gar wohl verdienen, ungerechterweise ausgeschlossen werden. Vorurtheile hierüber haben und zwar vielleicht nicht in den unkünstlerischen Massen allein lange Zeit geherrscht und sind vielleicht noch nicht ganz überwunden. Und doch ist nichts gewisser, als daß derjenige das eigentliche Wesen einer Kunst gar nicht versteht, der es nicht auch in den kleinsten Productionen erkennt, so wenig, daß der gewiß auch in den größten eher alles andere sehen wird als das eigentliche Wesen der Kunst. Darum mußte auf der einen Seite gesagt werden, daß der ethische Eindruck des dargestellten den Werth eines Kunstwerkes als solchen weder erhöhen könne noch herabdrükken, und auf der andern Seite mußte die eigenthümliche Begeistung jeder Kunst so scharf gefaßt werden, daß dadurch auch die übrigens geringfügigsten Leistungen den ihnen gebührenden Plaz einnehmen können. Sind gleich jene früheren Vorurtheile in der herrschenden Praxis des urtheilenden Kunstpublicums nicht mehr anzutreffen: so muß doch auch die Theorie einen bestimmten abwehrenden und schüzenden Ausdrukk dafür haben. So wäre daher durch die Hauptsäze beider Abhandlungen die Aufgabe, die ich mir gestellt, der Form nach gelöst, wenn nur die Säze selbst ihrem Inhalte nach sich Billigung und Beifall erwerben. Dazu aber scheint mir vornämlich zweierlei zu fehlen, und um deswillen zunächst habe ich mir noch diese Zusäze erlaubt. Zuerst nämlich, wenn ich die eigenthümliche Begeistung einer jeden Kunst auf ihre eigenthümliche Hervorbringungsweise genau zurükkgeführt habe: so wird dadurch allerdings bewirkt, daß jeder auch das kleinste Werk, worin sich diese nur unverkennbar zeigt, muß gelten lassen; allein es scheint dadurch auch jeder andere Unterschied als der der technischen Vollendung aufgehoben zu sein, so daß ein Thiermaler oder ein Höllen-Breughel, wenn sie nur in den Formen tadellos wären und vollendet in der Behandlung des Lichtes und der Farben, auf dieselbe Linie gestellt werden müßten mit Rafael und Leonardo, und einer solchen Schäzungsweise ist nicht zu verheißen, daß sie sich jemals werde geltend machen können. Und am unheimlichsten wird dabei gewiß jedem, wenn wir uns erinnern, daß als das eigenthümliche des Dichters angeführt wurde begeistert zu sein von der Sprache. Denn es dürfte folgen, daß jeder Verskünstler, der es genau nimmt mit der Zeitmessung und sich gut versteht auf den Wohlklang, wäre er auch nichts als ein gewandter Phrasendreher, abgesehen von allem Inhalt, in die erste Reihe der Dichter gehen könne. Das zweite ist dieses. Der Saz, daß alle Kunstthätigkeit nur Selbstmanifestation sei, mag sehr gut sein um sie von allem, was irgend eines Zwekkes wegen gemacht oder gethan wird, zu unterscheiden. Wenn wir aber weiter fragen, was denn der Künstler von sich manifestire, ob in allen Künsten dasselbige, oder wenn anderes, ob dieses auch zusammenhängt und als verschiedenes ein ganzes bildet, oder ob der Zusammenhang der Künste nur jener äußere ist, wie sie auf verschiedene genau bestimmte Darstellungsmittel angewiesen sind: so scheint die Antwort auf diese Frage in dem bisherigen noch gar nicht gegeben zu sein. Denn dieses zwar, daß nicht das jezt so dann anders empfindende und afficirte Selbst sich in der Kunst manifestire, wie es die der Mimik und zum Theil auch der Musik zum Grund liegenden kunstlosen Aeußerungen hervorbringt, das ist deutlich genug gesagt. Wenn nämlich auch diese, so wie sie durch das Hineinbilden von Maaß und Regel Kunst werden, zugleich von jenem Affectionsmoment losgerissen werden, und der Mimiker noch dazu uns unmöglich machen soll zu unterscheiden, ob es seine eignen oder fremde Gemüthsbewegungen sind, die er uns darstellt: so kann ja aus beiden Gründen auch seine Kunstleistung nicht die Offenbarung seiner Affection sein. Und was hernach gesagt wird, daß, denke man sich einmal den unmittelbaren Zusammenhang abgerissen, so lasse sich auch noch weiter denken, daß sich während eines ganzen Zeitraums der Stoff zu diesen Selbstmanifestationen sammle und dann erst in Darstellung ausbreche, das kann, wenn es auf die wechselnden Empfindungszustände bezogen werden soll, wol von manchen Künsten und Kunstgattungen gelten, aber unmöglich allgemein. Denn was sollte wol das sein, was ohne jene Unterbrechung kunstlos heraustråte und sich eben so zur Malerei oder zur Dichtung verhielte, wie die kunstlosen Töne und Gebehrden zur Mimik und Musik? ein solches möchte wol nicht aufzufinden sein. Aber auch allgemein genommen müßte man dann sagen können, daß die für irgend eine Mittheilungsweise begeisterten doch nur Künstler wurden in dem Maaß als sie empfindungsreich waren, und umgekehrt, daß alle Gefühlmenschen, wenn es ihnen nur nicht ganz an jeder Mittheilungsfähigkeit fehle, auch gewiß Künstler würden. Keines von beiden aber würde sich behaupten lassen. Denn wenn es auch heißt, daß die Dichter, wir mögen aber auch immerhin sagen die Künstler überhaupt, ein reizbares Geschlecht sind: so ist damit doch gar nicht gemeint, daß diese Reizbarkeit der innerste Lebenskeim ihrer Kunst sei; vielmehr möchte diese ihnen in allen Momenten der Kunstthätigkeit eher hinderlich sein als fördernd. Ja es entstände aus einer solchen Voraussezung nur die neue Aufgabe, zu erklären, warum so viele auch sehr gebildete Menschen von der regsten Empfindlichkeit, und denen das Leben die stärkeren Bewegungen häufig genug herbeiführt, diese dennoch nur im Leben auslassen, ohne sich mit irgend einem Zweige der Kunst zu befassen.

Die höhere Aufregung also, die wir allgemein vorausgesezt haben, ist eine ganz andere; und wenn eben dieses, daß die Mimik unser erster Anfang war, vielleicht Veranlassung geben konnte zu einem solchen Mißverständniß: so wird es vielleicht am besten sein, was uns noch fehlt an der Kunst deutlich .... *)

---

*) Welchen Gang diese Abhandlung, hätte Schleiermacher sie vollenden können, zunächst würde genommen haben, ergiebt sich aus einer dem Manuscript anliegenden Bemerkung dieses Inhalts:

„Es ist natürlich, da niemand die Mimik der Poesie gleichstellen wird, als welche der Gipfel aller Kunst ist, daß diese nicht ganz ans Licht kommen konnte, wo von jener ausgegangen war; und wir werden nicht besser thun können, als das Verfahren umzukehren und von den Künsten, welche es mit Gestaltbildung und Rede zu thun haben, auszugehen. Wenn wir dann die Ergebnisse beider Wege in einander bauen, wird sich das ganze vollenden." J.

III.

Zur Politik.

1. Ueber den Beruf des Staates zur Erziehung. Gelesen in der Plenarsitzung der königlichen Akademie der Wissenschaften am 22. Dec. 1814.
2. Ueber die verschiedene Gestaltung der Staatsvertheidigung. Gelesen in der Plenarsitzung der königlichen Akademie der Wissenschaften am 10. August 1820.

1.

Ueber den Beruf des Staates zur Erziehung *).

Wir finden überall, namentlich auch, um nur bei dem nächsten stehen zu bleiben, auf dem Gebiet unserer neu-europäischen Bildung, eine Thätigkeit des Staates in der Erziehung seiner künftigen Bürger. Aber bald ist sie fast zu nichts herabgesunken, bald wieder fast zu seiner wichtigsten Angelegenheit erhoben, so daß er strebt sich ausschließend dieses Geschäft anzueignen und auch diejenigen, denen es am natürlichsten obliegt und die ein früheres und größeres Recht dazu zu haben scheinen als er, nur seinen Bestimmungen zu unterwerfen. Wir finden Zeiten in der Geschichte unserer neuen Welt, wo Völker nur dadurch aus einer langen Dumpfheit und Rohheit zu erwachen scheinen, daß ihre Regierung die Zügel dieses wichtigen Geschäftes in die Hand nimmt und durch andere Mittel in dem jüngeren Geschlecht die gewünschten höheren Kräfte aufzuregen sucht, welche das ältere auf dem gewöhnlichen Wege der häuslichen Erziehung deshalb nicht zu erwekken vermag, weil sie in ihm selbst nicht vorhanden oder erstorben sind. Aber es zeigt sich hie und da wol auch

*) Gelesen in der Plenarsitzung der königlichen Akademie der Wissenschaften am 22. December 1814. J.

das entgegengesezte, daß Völkern eben dadurch das Joch der Knechtschaft erschwert und verlängert wird, daß die Regierung mit gleich ehernem Scepter auch die Schaaren der unmündigen regiert und gewaltsam hindert, daß sich irgend etwas anderes in ihnen entwikkele, als die Fertigkeit dasjenige am angestrengtesten zu thun und am geduldigsten zu leiden, was ein vielleicht tyrannischer und dem innersten Geiste des Volkes ganz fremder Wille sie will thun und leiden machen. Wenn in Fällen der ersten Art jeder Menschenfreund sich freut, das große Geschäft der geistigen Entwikkelung in einem größeren Stil betrieben und es schneller gedeihen zu sehen, als ohne Hinzutreten der öffentlichen Gewalt möglich wäre, und wenn die einzelnen Stimmen, welche sich vielleicht warnend erheben, daß auch hier zwar ein núzliches sei, aber ein solches vielleicht, das doch nicht könne für gerecht gehalten werden, und also auch zu besorgen stehe, das ungerechte Gut werde nicht gedeihen, und die im Treibhaus des Staates erzwungene Bildung werde eben deshalb nicht Früchte tragen, weil der Segen der Erziehung nur da sei, wo das natürliche Recht dazu sich finde, und weil der Mensch sich nur das lebendig aneigne, wozu der Grund gelegt werde in dem Heiligthume des väterlichen Hauses, oder was wenigstens mit der väterlichen und mütterlichen Wirksamkeit zu seiner Ausbildung in freier und unmittelbarer Uebereinkunft stehe, wenn diese Stimmen, sage ich, in einem solchen Falle tadelnd nur als Vorurtheile gewürdiget werden, welche das alte beschüzen wollen, oder als Eigensinn der Theorie, über welchen das Leben sich hinwegsezen muß: so sind die Fälle der zweiten Art mehr geeignet die Frage zur Sprache zu bringen, ob es denn in der Natur der Sache liege, daß der Staat auch das Geschäft der Erziehung beherrsche und ordne, und in wie fern. Denn besonders wenn die Tyrannei mit ihrem erstikkenden Gewicht auf der ganzen Masse eines unglükklichen Volkes lastet, beruhigen wir uns nicht leicht nur damit, daß eben jede einzelne gewaltthätige Unternehmung ein Mißbrauch sei der an sich rechtmäßigen Gewalt, sondern wir forschen genauer, ob auch überall ein Recht da sei, welches gemißbraucht werden könne, und ob nicht wenigstens dieses Recht nur mit seinem bestimmten Maaße zugleich könne gedacht werden, denn wir wünschen, daß die Ausweichung nicht nach Belieben auch als ein Irrthum könne angesehen werden, sondern daß sie sich nothwendig als ein vollkommnes und bewußtes Unrecht darstellen müsse. Wir selbst und die meisten andern deutschen Stämme, und die vielen slavischen von den Sprößlingen deutscher Fürstenhäuser regierten Völker befinden uns in dem glükklichen Falle eines seit mehreren Geschlechtern fortwirkenden höchst förderlichen Einflusses der Regierung auf die Erziehung des Volkes, und je mehr jedermann und besonders die Freunde und Beförderer der Wissenschaft hieran theilnehmen, je mehr wir uns mit Untersuchungen beschäftigen über die besten Methoden, nach denen die Regierung ihre Absicht verfolgen müsse, das Volk durch die Erziehung zu veredeln: desto mehr scheint uns die andere Frage, worauf denn das Recht des Staates beruhe sich das Geschäft der Erziehung anzumaßen, entweder sehr unnüz oder auch völlig abgemacht. Indem ich sie wieder zur Sprache bringe, will ich mich also zunächst halten an das Interesse für den vorliegenden Fall, wie viel tiefer noch nämlich das französische Volk würde gesunken sein, wenn nur ein paar Geschlechter lang das napoleonische Erziehungssystem wäre durchgeführt worden; daran sich dann leicht die Vermuthung schließt, ob nicht auch die Irrthümer, denen reine und wohlwollende Regierungen bei ihrem Einfluß auf die Erziehung wie alles menschliche ausgesezt sind, doch weniger gefährlich sein werden, wenn man mit der Quelle, aus welcher der Beruf des Staates zur Erziehung entspringt, auch das Gebiet erkennt, worin derselbe eingeschlossen ist: und so kommen wir darauf zurükk, daß auch wol jene einzelnen Stimmen eine Wahrheit haben mögen, welche sich gegen den Einfluß des Staates auf die Erziehung im allgemeinen erklären, eben in wiefern er sich als einen allgemeinen will geltend machen. Die Aufgabe selbst, auf die es ankommt, wäre also diese, aus den Gründen, worauf der Beruf des Staates zur Erziehung beruht, auch die Grenzen dieses Berufs zu erkennen. Und wenn die Praxis sagen möchte, die Auflösung ergebe sich jedesmal von selbst, indem doch nirgend der Staat den Beruf der Eltern zur Erziehung aufhöbe und beide Theile sich immer den Umständen nach darüber verständigten: so kann die Theorie sich nicht dabei beruhigen die Sache auf ein solches Gerathewohl auszusezen, zumal in ihrem eigenen Gebiet schon ganz entgegengesezte Ansichten, welche die Theilhabung des einen von beiden völlig ausschließen, vorgekommen sind. Denn bekannt ist die platonische Theorie, nach welcher die Kinder schon von Geburt an Kinder des Staates sind, und die persönliche Beziehung ganz in Schatten gestellt ja möglichst ignorirt und verborgen gehalten wird, so daß eigentlich alle Mütter nur Ammen und Kinderfrauen, und alle Väter nur Vormünder und Versorger sind. Und schön und lachend, ja man kann sagen das festeste Bollwerk der persönlichen Freiheit und der individuellen Entwikklung, ist auf der andern Seite die Theorie, daß das Haus, nicht freilich als Werkstatt aber als Siz der Familie, das Heiligthum ist, in welches die öffentliche Gewalt unter keinem Vorwande unaufgefordert eindringen darf. Die Kinder sind aber natürlicherweise im Hause, bis wenigstens der Zeitpunkt ihrer ersten Mündigkeit eintritt, und sie anfangen an den Elementen des öffentlichen Lebens theilzuhaben und sich zur Gründung eines eigenen Hauses vorzubereiten. Wie die erste dieser beiden Ansichten allen selbständigen Einfluß der Familie auf die Erziehung aufhebt, so die andere allen ursprünglichen Einfluß des Staates. Zwischen beiden also liegen alle andern beides verbindenden Theorien und die gesammte Praxis, die, da niemals eines von jenen beiden Extremen ist realisirt worden, auf verschiedene Weise sich hier dem einen und dort dem andern nähert. Meine Absicht geht eigentlich nur dahin eben diese mannigfaltige Praxis der Staaten nicht als ein unbestimmt fließendes aufzufassen, das sich nur durch Willkühr und Zufall hier so dort anders gestaltet, sondern bestimmte Hauptzüge in diesen verschiedenen Gestaltungen und Gründe dazu nachzuweisen. Ich will weder Vorschriften geben, wie weit der Staat seinen Einfluß auf die Erziehung ausdehnen soll und wohin nicht, noch historische Untersuchungen anstellen, weshalb in dem einen Staat und zu der einen Zeit diese Ansicht geherrscht habe, anders aber eine andere: sondern zwischen diesen beiden Aufgaben schwebend möchte ich nur ein Fachwerk aufstellen für diese Untersuchungen, um nämlich die Staaten selbst und die Gesichtspunkte, von denen sie haben ausgehen können, zu classificiren, und damit zugleich ein Mittel zur Verständigung über die verschiedenen Theorien, wie nämlich die eine vielleicht unter solchen Umständen anwendbar sein könne, und die andere unter anderen. Hierzu weiß ich aber kein anderes Verfahren als dieses. Staat und Erziehung sind zwei Begriffe, welche an und für sich nicht zusammenfallen; denn der Staat ist ein Verhältniß der erwachsenen Menschen unter sich, und in dem Begriff liegt keine Beziehung darauf, woher die erwachsenen kommen; und Erziehung ist ein Verhältniß der Generationen unter sich, indem die eine erzieht und die andere erzogen wird, und die Erziehung kann sehr gut gedacht werden ohne den Staat und vor ihm. Auch würden wir zu hoch steigen müssen und uns zu weit entfernen von der Wirklichkeit der Dinge, wenn wir zu einem gemeinschaftlichen höheren Begriff aufsteigen wollten. Also bleibt nur übrig, daß wir beide als außer einander betrachten und fragen, Giebt es etwas und was giebt es im Staat, wodurch er von der Erziehung viel oder wenig an sich reißt? und giebt es etwas und was ist es in der Erziehung, wodurch sie dem Staat oder einer bestimmten Vorrichtung desselben anheimfällt? Bestätigt und bestimmt sich gegenseitig, was wir von beiden Punkten aus finden: so werden wir dann wenig gegen unsere Untersuchung einwenden können.

Freilich scheint hier unser Vorhaben gleich anfänglich in die Unendlichkeit sich ausdehnen zu müssen, wenn doch das erste, was wir gebrauchen, ein Begriff ist vom Staat, dieser aber noch ganz streitig ist unter denen, welche über diese Gegenstände philosophiren. Wo träfe man aber nicht auf dieses Uebel, wenn man aus irgend einem Gebiet der realen Wissenschaften einen einzelnen Gegenstand der Untersuchung herausnimmt? Mit den ersten Schritten ist man bei den Principien, und somit auch auf dem Gebiet eines unendlichen Streites. Und vielleicht können wir ein großes gewinnen mit einem einzigen Schritte. Man kann nämlich die verschiedenen Begriffe vom Staat wol auf zwei Klassen zurükkführen. Die eine ist die negative, indem nämlich als das eigentliche handelnde Princip auf diesem ganzen Gebiet des gemeinsamen Lebens der Trieb und die Willkühr der einzelnen gesezt wird, und der Staat nur das Nebeneinanderbestehen dieser Triebe und Freiheiten sichern und den Mißbrauch verhüten soll. Einem Staate, der ein solcher sein will, ziemt es offenbar nicht sich der Erziehung anzumaßen; oder wenn er es thut, so darf es nur interimistisch sein, weil er nämlich sein Geschäft noch nicht hinlänglich versteht, und er verspricht aufzuhören mit der Erziehung, sobald er selbst wird weiter fortgeschritten oder besser erzogen sein. Denn ein solcher muß auch die Freiheit der einzelnen als die eigentlich positive Kraft der er dient möglichst wenig beschränken; und wie barbarisch müßte er sein, wenn er nicht sähe, daß eben dieses eine der theuersten und genußreichsten Aeußerungen der Freiheit ist, wie die Eltern ihre Kinder sich anbilden und ihr innerstes Dasein in ihnen zu vervielfältigen suchen, und daß er seinem Beruf wenig entspricht, wenn er zwar seinen Unterthanen möglichste Freiheit lassen will in ihrem Verfahren mit den Dingen, mit denjenigen aber, die ihnen ja viel eigenthümlicher angehören als irgend Dinge, welche sie um sich versammeln können, wolle er sie nicht verfahren lassen nach der Lust ihres Herzens und nach ihrer Vorstellung von ihrem eigenen Vortheil. Darf ihm gleich ein wenig bange sein, daß bei so ungestörter Freiheit in der Erziehung viele Menschen ganz verdorben würden für das ganze: so darf er sich doch nur vorbehalten ihr Verderben, wenn es sich hernach auf eine strafbare Weise äußert, alsdann zu zügeln und zu lähmen, und muß vertrauen, daß doch menschlicher Wahrscheinlichkeit nach auf diesem Wege jedes künftige Geschlecht nicht nur nicht schlechter werde dargestellt werden als das vorige, sondern auch daß seine Unterthanen bei möglichst freiem Verkehr und ungestörtem Gedankenwechsel schon von selbst zu einer bessern Erziehung gelangen werden. Freilich kann es ihm bequemer sein die Menschen sich zahmer zu erziehen, als die Rohheit, welche besser verhütet worden wäre, hernach durch Strafen zu bändigen. Aber diese Bequemlichkeit ist ihm nicht erlaubt; denn mit demselben Recht müßte ihm auch manches andere bequemer gewesen sein zu bilden und positiv zu bestimmen als bloß zu verwahren und abzuwehren; und er würde hier auf dem entscheidenden Punkt umkehren und aus einem negativen ein positiver werden. Soll er sich also treu bleiben: so muß ihm seine Strafgesezgebung nach innen zu alles sein; durch diese muß er allem zu steuern wissen, und dabei alles falsche und mangelhafte der Erziehung ruhig gewähren lassen. Ganz anders freilich ist es, wenn der Staat selbst nicht bloß als eine hemmende sondern als eine selbst hervorbringende bildende leitende Kraft angesehen wird; und diese Voraussezung sieht nicht aus, als wenn wir sie eben so mit Einem Strich abmachen könnten, sondern als käme es darauf an, was nun der Zwekk des Staates sei, um zu bestimmen, wie nahe demselben die Erziehung liege oder wie fern. Doch vielleicht können wir auch so um die schwierige und hier nicht füglich auszumachende Frage über den Zwekk des Staates herumkommen, wenn wir uns gefallen lassen diesen Zwekk ganz allgemein zu sezen, daß alles, was der Mensch auf Erden zu thun hat, durch den Staat solle hervorgebracht werden, und er die Gesammtthätigkeit des Menschen bilden und leiten. Dann würde die erste und strengste Form sein, daß der Staat alles, was er hervorbringen soll, selbst thäte, alle einzelnen aber nur mechanisch in seinem Dienste wären. Nächstdem aber ließe sich auch denken, daß er die einzelnen zu demjenigen was gethan werden soll erziehe und unterrichte, wenn dieses überhaupt möglich ist, damit er der mechanischen Correction und Aufsicht im einzelnen überhoben sei. Man könnte auf diese Weise sagen, daß für einen solchen Staat alles andere nur Sache der Noth sei und zwischen eintretendes Wesen, die Hauptsache aber, daß er die Menschen für die Geschäfte des Staates erziehe, und habe er dieses vollkommen erreicht: so brauche er es nur gleichmäßig fortzutreiben und könne in demselben Maaß alles andere ruhen lassen. Ist nun der Zwekk des Staates allgemein: so gehört die Erziehung als eine natürliche Thätigkeit des Menschen auch dazu, und der Staat wird zuerst unmittelbar selbst erziehen, demnächst aber auch einzelne zum Erziehen immer kräftiger und sicherer bilden, und jenes durch dieses allmählig beschränken. Ist aber sein Zwekk nicht so allgemein: so bleibt dennoch die Form wesentlich dieselbe, und jeder sieht, daß der Staat zwar was zu seinem Zwekk gehört unmittelbar selbst thun, zugleich aber darauf bedacht sein werde die Menschen für das was in seinem Zwekke liegt zu erziehen, und daß er nur so lange akkerbauen handeln und mehr dergleichen selbst thun darf, bis er sich ihm und seiner eigenthümlichen Natur angemessene Landbauer Kaufleute und was sonst erzogen hat. Auf jeden Fall also fällt ein Erziehen in den Zwekk des Staates; aber auf jeden Fall auch theilt es sich. Ist sein Zwekk ein bestimmter: so wird er für diesen theils unmittelbar handeln und theils für ihn erziehen; ist er aber zwekkmäßig ganz allgemein: so wird er unter anderem auch unmittelbar erziehen, nächstdem aber besonders die Erzieher erziehen. So daß immer wieder, und ohne sonderliche Rükksicht auf den Inhalt des Staatszwekkes, alles ankommt auf das Maaß, in welchem die Erziehung sein Geschäft werden kann oder nicht.

Um aber hier alles Mißverständniß zu vermeiden, müssen wir uns wenigstens erinnern, daß der Staat, sein Zwekk sei auch welcher er wolle, eine Gesellschaft sei von Regierern und regierten, seien es auch dieselben und jeder nur in dem einen Act Obrigkeit und in dem andern Unterthan, aber ohne diese Form gänzlich ist kein Staat, und man kann nur von demjenigen sagen, daß der Staat es thue, was durch diese Form hindurchgeht. Darüber also, daß das Erziehen eine gemeinsame und öffentliche Angelegenheit sei im Staat, kann wol überall kein Zweifel sein nach dem obigen; aber wir werden nur im eigentlichen Sinne sagen, daß der Staat erzieht, wenn entweder die Maaßregeln und Weisen der Erziehung zwar zunächst im Volk ihren Grund und Ursprung haben, aber von der Regierung entweder modificirt oder sanctionirt werden, und sie über deren Ausführung wacht, oder noch mehr, wenn sie von der Regierung selbst ausgehen und vom Volke nur angenommen und ausgeführt werden. Nicht aber jedesmal, wenn im Volk eine gemeinsame oder auch öffentliche Erziehung stattfindet, von der aber die Regierung weiter keine Kenntniß nimmt, darf man sagen, der Staat erziehe, auch nicht wenn die Regierung nur über das Was in Sachen der Erziehung diejenige Aufsicht führt, wie z. B. auch eine protestantische Regierung über die katholische Kirche in ihrem Lande ausübt, sondern dann erziehen immer nur die regierten, die dann für den Staat nur als einzelne dastehen, wie fest sie auch durch Sitte und öffentliche Meinung an eine gemeinsame Weise mögen gebunden sein. Damit wir nun das Maaß finden, in welchem in diesem Sinne dem Staate die Erziehung zusteht, scheint das rathsamste, daß wir zusammenhalten den Zustand eines Volkes ehe es Staat geworden ist mit seinem Zustande unter der Form des Staates, und daß wir fragen, ob sich denn und was in Bezug auf die Erziehung dadurch ändere, daß in dem Volke nun der Gegensaz von Obrigkeit und Unterthanen herausgetreten ist. Und es scheint wirklich hiebei alles auf die Weise und die Bedingungen dieser Veränderung anzukommen, die Frage hingegen, wie man den Staatszwekk zu denken habe, und wie in dem einen Staate dieser in dem andern jener Theil desselben mehr hervortrete, diese scheint mehr auf die verschiedenen Grundsäze zu führen, nach denen die Erziehung gleichviel ob vom Volke oder vom Staat wird geleitet werden, als auf den Umfang, in welchem der Staat als solcher sich ihrer annehmen wird.

Es ist nicht meine Absicht auf einen erdachten Naturstand zurükkzugehen, mag er nun ein feindseliger sein oder nicht, sondern nur auf denjenigen, der uns als unmittelbar an den eigentlichen bürgerlichen Zustand grenzend wirklich in der Geschichte gegeben ist, nämlich auf den Zustand, da mehrere Familien ohne bestimmte Form einer Verfassung ein sehr ähnliches Leben bei einander leben, mit einem allgemeinen Namen auf den Zustand der Horde. Auch in diesem Zustande lassen sich schon sehr verschiedene Stufen der Bildung denken, und nach Maaßgabe derselben eine festere und zusammengesetztere Sitte oder eine losere und einfachere. In dieser sind ausgedrükkt die schon gegebenen Regungen des sittlichen und religiösen Gefühls; in dieser erhalten sich die Uebungen und Fertigkeiten, welche zu der der Horde eignen Erwerbsweise gehören. In dieser Sitte wächst dann auch auf und übt sich die Jugend, und wird also, wer wollte es anders sagen? wirklich erzogen. Leben die Menschen wie im dürftigen Klima die Grönländer und ihre Verwandten mehr nur neben einander: so wird auch die Erziehung mehr der Privaterziehung gleichen. Giebt es dagegen schon ein gemeinsames Leben mit einander und durch einander: so wird auch jenes Analogon von Erziehung diesen Charakter annehmen und mehr einer öffentlichen Erziehung gleichen. So daß wir jenen Gegensaz schon jenseit des Staates verfolgen können, und er also nicht erst durch diesen entsteht. Wenn nun eine solche Horde schon lange patriarchalische Häupter gehabt, wenn sie schon bisweilen vorübergehend im Kriege oder bei Verhandlungen mit anderen Stämmen unter strengeren Formen gestanden hat, und diese sich nun auf die einfachste Weise in ihr festsezen und consolidiren, so daß sie von nun an für sich einen kleinen Staat bildet, gleichviel unter welcher von den drei Formen er vorzüglich steht, ohne daß sie ihre Lebensweise ändert oder ihre Zwekke ausdehnt: was ist für ein Grund, daß die neu entstandene Regierung sich sollte der Erziehung annehmen? Es wäre dies eine Willkühr, die in diesem Zustande nicht denkbar ist. Denn auch das ist nicht denkbar, selbst wenn Reibungen entstehen und innere Unruhen, daß ein einzelner nun aus dem Geleise der Sitte weichen und seinen Kindern eine Richtung geben sollte, welche gegen den Sinn und Geist des ganzen anginge. Wenn also nicht ein fremdartiges Element hinzukommt, wird alles im vorigen Gange bleiben, und die Erziehung wird daran, daß die Gesellschaft die Form der bürgerlichen angenommen hat, keinen unmittelbaren Antheil nehmen. Sowol der Charakter der Erziehung wird derselbe bleiben, als auch die Rechte der Eltern über ihre Kinder. Aus dieser einfachen Betrachtung scheint zweierlei zu folgen. Einmal, und dies ist der Hauptsaz auf welchem alles folgende ruht, da Sitten und Gebräuche in einem Volk überall älter sind als die Verfassung, kann auch dasjenige in der Erziehung, was auf der Sitte ruht, nie, auch in einem folgenden Zustande eben so wenig als in diesem ursprünglichen, als von der Regierung ausgegangen und von ihr erzeugt angesehen werden, sondern dieses ist wol überall auch in seinen allmähligen Umwandlungen das unbewußte Erzeugniß freilich nicht der einzelnen als solcher, auch nicht der weisesten und kunstverständigsten, denn auch diese können nur allmählig und durch einen unmerklichen Einfluß daran rühren, auch nicht das Erzeugniß des isolirenden Privatlebens, sondern das gemeinsame aber freie und nur in freier Gemeinsamkeit gedeihende unbewußte Erzeugniß des Volkes. Die Regierung kann es im besten Falle beschüzen und sanctioniren, wenn hiezu ein Bedürfniß entsteht, sie kann im schlimmsten Falle dagegen kämpfen und es zu unterdrücken suchen, aber herbeiführen kann sie es nicht. Wenn man nun sagt, die Erziehung sei eigentlich nur die natürliche Aeußerung des Selbsterhaltungstriebes der Gemeinheit: so ist damit grade dieses in der Sitte begründete sich auf sie beziehende Moment der Erziehung gemeint, und was hier thätig ist, ist also der Selbsterhaltungstrieb des Volkes abgesehen von seiner Verfassung, nicht der Selbsterhaltungstrieb des Staates und der Regierung. Der Beweis hiezu findet sich überall, wo ohnerachtet vieler Wechsel in der Verfassung das Wesen der öffentlichen Erziehung lange Zeit dasselbe geblieben ist, und wo ohnerachtet die Verfassung ungeändert dieselbe blieb die Maximen und Formen der Erziehung sich allmählig geändert haben. Zweitens scheint zu folgen, daß wenn ein Volk, nachdem es diesen ursprünglichen Zustand verlassen hat, vielleicht durch harte Schikksale und schwere Kämpfe hindurch wieder in einen ähnlichen zurükkkehrt, ich meine zu einer durchgreifenden und die zufälligen Abweichungen beherrschenden seine eigenthümliche Natur ausdrükkenden Sitte, und zu einer nach Verhältniß seines Umfanges genaueren oder weiteren Gleichförmigkeit gemeinsamer Bildung: alsdann auch keine Ursache mehr vorhanden ist, warum die Regierung einen thätigen Antheil an der Erziehung nehmen sollte; sondern dann wird ihr höchstens übrig bleiben durch die Sicherheit, welche sie der Erziehungsthätigkeit des Volkes gewährt und durch die behütende Aufsicht, welche sie darüber führt, ihre Beistimmung zu erkennen zu geben. Weder jene ursprüngliche noch diese wiedererlangte Gleichheit wird eine absolute sein, sondern nach größerem Maaßstabe bei der lezten, nach kleinerem bei der ersten wird sich die Differenz gemeiner und edler Naturen offenbaren. Allein je constanter und bedeutender diese Unterschiede sind, um so mehr wird von selbst durch das bloße Princip der Cohärenz, wie es auch vor dem Staate waltet, das gleichere sich anziehn, und es werden sich verschiedene Kreise bilden mit einer relativ eigenthümlichen Sitte, welche hindern wird, daß in der Gemeinschaft mit den geringeren die edleren untergehen. So wie auf der andern Seite das vorausgesezte herrschende Princip der Gleichheit verursachen muß, daß das gemeinere von dem höheren immer befruchtet wird, und nicht unter die Fähigkeit der Gemeinschaft heruntersinkt. Bei dieser Verkettung des allgemeinen und des besonderen in Sitte und Bildung kann denn auch die Erziehung ohne Schaden ungestört fortgehn. Was hat denn nun den Platon bewogen, der ohngefähr diesen Fall voraussezt, eine merkliche angeborene aber doch nicht streng angeerbte und also nicht specifische Differenz seiner Bürger, was hat ihn bewogen dennoch dem Staat die Erziehung nicht nur ganz in die Hand zu geben, sondern sie auch zum stärksten Motiv für denselben zu machen, in einem Grade wie es ein pädagogisches Regale nie gegeben hat und nie geben kann? Er hat offenbar ein Mittel gesucht, aber nur ein unausführbares und also schlechtes herausgegriffen gegen das Verderben seiner vaterländischen Demokratien und Aristokratien, deren jene mit demselben Eigensinn wie die Despotien oft ganz gemeine Menschen auf eine Stelle emporheben, die ihnen nie gebühren kann, die lezten aber die äußere Dignität noch festhalten wollen, wenn die innere längst erstorben ist, und der herrschende Stamm seine ursprünglichen Vorzüge längst verloren. Indem der große Mann bei der Idee des Staats beide Gebrechen zugleich heilen will, hat ihn seine Construction auf diesen Punkt geführt.

Sezen wir nun einen anderen Fall, die Horde nämlich gehe nicht durch sich selbst und nicht in sich selbst zur bürgerlichen Gesellschaft über, sondern ergreife selbst eine andere oder werde von einer andern ergriffen, und es entstehe ein Staat aus zwei früheren Gemeinheiten auf ungleiche Weise, so nämlich, daß die eine Horde die herrschende werde und die andere die dienende, welcher Fall auch diejenigen unter sich begreift, daß eine von beiden schon vorher eine bürgerliche Verfassung für sich gehabt habe: wie wird es dann mit der Erziehung werden? Offenbar kann dann nur in einem Falle alles im alten Gange bleiben; wenn nämlich der herrschende Stamm auch von Natur oder durch bildendere Schikksale der edlere in edlerer Sitte gelebt und seine Jugend zu derselben erzogen hat, der unterworfene hingegen zurükkstehend hinter jenem roher und ungebildeter erscheint, und indem er seiner Sitte gemäß zu gleichem Zustande seine Jugend erzieht keine Besorgniß erregt, daß der Eindrukk der Ungleichheit zwischen beiden Theilen verschwinden könne. Wozu noch kommen muß, daß der siegende Stamm den unterworfenen auch bei seiner Lebensweise läßt, ihn von seinem Boden und aus seinen Gewerben nicht vertreibt, sondern ihn auf dieselbe Weise wie vorher, nur zu des Siegers Nuzen, fortleben läßt. In diesem und wie es scheint auch in diesem einzigen Falle wird nach einer solchen Zusammenschmelzung jeder Theil seine bisherige Erziehungsweise behalten, und also auch ohne weitere Dazwischenkunft der Regierung wie vorher fortsezen können. Nur daß diese jede Neigung der überwundenen, sich in die Sitten der Sieger einzuschleichen und ihre Erziehung nachahmend ihnen ihre höheren Vorzüge zu entwenden, eifersüchtig bewachen wird. So lange nämlich wird alles so bleiben, als auch die Regierung das Verhältniß beider Theile im Staat gegen einander nicht zu ändern gesonnen ist. Will sie aber dieses, oder sind die Verhältnisse beider Theile von vorn herein nicht völlig so bestimmt: so wird zum Behuf einer solchen heterogenen Zusammenschmelzung auch das Erziehungswesen umgewälzt werden müssen, und diese Umwälzung kann dann nur von der Regierung ausgehen, so daß die Erziehung dann in so weit Sache des Staates werden muß.

Nämlich wenn entweder ursprünglich der unterworfene Stamm eine zu edle Sitte und Bildung hatte für die Lage, in die er bei der Zusammenschmelzung herabgestürzt wird, oder wenn er sich allmählig nach langer Zeit dem herrschenden genähert hat und zu besorgen steht, er werde bald an Sitte und Bildung von diesem nicht mehr zu unterscheiden sein, in diesen Fällen wird der Staat in die Erziehung dieses Stammes gewaltthätig aber zerstörend eingreifen; er wird dessen Sitte auflösen und die Erziehung unter das Gesez stellen, wodurch schon großentheils das innere Leben verloren geht und mit beschleunigter Geschwindigkeit die Neigung wächst sich bei einer mechanischen Behandlung zu beruhigen. Es kann auch sein, daß der herrschende Stamm allmählig sinkt aus gewohnter Trägheit derer, welche andere für sich arbeiten lassen, und dann kann es geschehen, daß unter andern künstlichen Mitteln ihn in seiner ursprünglichen Stellung zu erhalten der Staat auch in die Erziehung desselben eingreift. Wie aber? Gegenüber einem unterworfenen Stamme, der im Begriff ist sich zu heben, wird dies von einer Regierung, die selbst dem herrschenden Stamme angehört, schwerlich auf die rechte Weise geschehen. Denn das Princip eines solchen Staates kann nicht schlimmer gefährdet werden, als wenn der Eindrukk eines Wetteifers zwischen beiden Ständen entsteht. Also anstatt der verfallenen Sitte und Bildung wieder aufzuhelfen, wozu auch im ganzen wenig Hoffnung ist, wird man durch die künstliche Erziehung suchen dem gesunkenen Stande neue Vorzüge zu verschaffen, welche der sich hebende weniger geeignet ist sich zu erwerben. Ich will nicht sagen, es folge streng, aber die Erfahrung lehrt es, und so ist es auch leicht zu begreifen, daß diese Vorzüge dann vorzüglich gesucht werden in der Einpfropfung irgend eines fremden, das sich in dem allgemeinen Verkehr der Staaten grade geltend gemacht hat; denn der herrschende Stand, welcher den ganzen Staat nach außen repräsentirt, ist ausschließend geeignet hiermit zu prunken. Dies ist die eine Art, wie das fremde in die Erziehung kommt durch die Bestrebungen einer aristokratisirenden Regierung, sie mag nun hiebei mehr als Gesezgebung wirken oder mehr als Hof; und dieses ist der zerstörende Beruf des aristokratischen Staates in der Erziehung. Kommt aber beides in Einem Moment zusammen, Unterdrükkung des unteren Standes durch die Erziehung und falsche künstliche Hebung des oberen: so ist das Verderben vollendet, und nur eine besonders waltende Vorsehung kann verhüten, daß entweder gänzliche Auflösung erfolge oder gewaltsame Reaction. Denn durch Störung des naturgemäßen Erziehungsganges wird ein Volk in seinen innersten Tiefen erschüttert.

Es kann aber auch geschehen, wenigstens wollen wir den Fall sezen, daß die Regierung eines solchen Staates sich von ihrem ursprünglichen Verhältniß der Angehörigkeit an dessen oberen Stand losmacht und den Staat als wahre Einheit, was er eigentlich noch gar nicht war, ins Auge faßt. Sie strebt dann danach, ohne jedoch zu revolutioniren, daß sie beide Stände einander nähere, und, indem sie dem unteren weitere Schranken öffnet, seine Kräfte vielseitiger für das ganze benuze und alles in ihm zur Reife bringe, wozu sich die Fähigkeiten in dem bisherigen Zustande vorbereitet haben. Dieses aber kann schwerlich geschehen, wenn nicht an beiden Enden zugleich angefangen wird, bei der eben mannhaften Generation, indem man sie vorsichtig und steigend emancipirt, und bei der eben heranwachsenden, indem die Erziehung einen Charakter bekommt, der die bisherige beschränkende Sitte weit hinter sich läßt. Indem nun hiebei weder die ursprüngliche Sitte des Standes das eigentlich handelnde Princip sein kann, noch auch sein allmähliges Emporstreben, als welches sich kein richtiges Ziel mit Bewußtsein vorzustekken vermag: so muß ein unmittelbares bildendes Eingreifen der Regierung eintreten. Dieses nun ist der Zeitpunkt, wo ein solcher Staat wirklich und nothwendigerweise erzieht, ja wo man sagen darf, daß es ihm nur wohlgehen kann, wenn um einen platonischen Spruch zu parodiren die Regenten erziehen oder die Erzieher regieren, und an wen lieber als an diese sollten auch wol die Philosophen den Anspruch abtreten, den sie selbst nicht durchführen können. Denn man kann mit Wahrheit sagen, auf diesem Uebergangspunkt von aristokratischer Zweiheit zu wahrhafter Einheit, die dann immer wenn es auch in der äußeren Form minder heraustritt dennoch sich monarchisch gestaltet, ist das Erziehen die Hauptsache und selbst wichtiger als das richtige Verfahren bei der allmähligen Eröffnung der inneren Schranken; denn wenn hiebei etwas versehen ist: so wird die Erziehung es leicht wieder gut machen durch die Masse von berichtigenden Einsichten, die sie entwikkelt. Hat man aber im pädagogischen Prozeß einen unrichtigen Weg eingeschlagen: so können dadurch die besten und richtigsten Maaßregeln der innern Verwaltung nur unwirksam gemacht und gleichsam Lügen gestraft werden. Ich möchte noch hinzufügen, hat die Regierung in diesem Sinne einmal angefangen zu erziehen: so darf sie auch nicht eher aufhören, bis jener Zustand einer Einheit der Sitte und einer gleichnamigen Bildungsstufe dem Wesen nach beide Stände mit einander vereint, sonst möchte sie das Volk in einem Zustande von Verwirrung und Rathlosigkeit sich selbst überlassen, und das zweite Uebel könnte ärger werden denn das erste.

Einige Folgerungen aus dem eben dargestellten kann ich nicht übergehen. Große Aehnlichkeit mit dem Verhältniß zweier solcher ursprünglich ungleichartiger Stämme hat in unsern Verfassungen das Verhältniß des Adels zum Bürgerstande. Sollte man nicht sagen können, daß eigentlich die Ausgleichung zwischen beiden mit Sicherheit da beginne, wo beide an demselben Erziehungssystem theilnehmen, und in keiner Beziehung mehr besondere Anstalten getroffen werden einen auszeichnenden Charakter des Adels in dem heranwachsenden Geschlecht weder durch eigne öffentliche Bildungsanstalten noch durch Ausschließung von den nur für den Bürgerstand gestifteten hervorzurufen? Der erste Grund aber zu dieser Vereinigung wird wol weniger durch die Regierung gelegt, als dadurch, daß die Kirche und der allmählig aus dieser hervorgehende wissenschaftliche Verein von dem politischen Unterschiede beider Stände keine Notiz nehmen. Zweitens scheint zu folgen, daß wenn irgendwo eine Regierung die Erziehung des ganzen Volkes nach einer solchen Maxime verwaltet, wie die aristokratische Regierung die des niederen Standes, wenn sie fürchtet, er werde dem höheren zu Kopfe wachsen, oder auch wenn sie ihn sucht in neue außer seiner ursprünglichen Lebensweise liegende Bahnen zu führen, ohne ihn dennoch höher zu erheben, lediglich seiner Nuzbarkeit halber: so ist sie für vollkommen tyrannisch zu halten dem Geiste nach. Drittens wenn jemals eine Regierung das ganze Volk so behandelt, wie jene aristokratische den höheren Stand, nachdem er in sich selbst einzusinken angefangen, also wenn sie pädagogisch am Volke künstelt und schnizelt und ihm fremdes einimpft: so will sie einer gewissen allgemeinen Tauglichkeit für die Welt zu Liebe seine Eigenthümlichkeit verfallen lassen und verräth wenig Vertrauen zur Sicherheit seines Bestehens. Oder wenn gar ein Volk sich selbst überlassen diesen Weg in der Erziehung einschlägt, so daß die Volksbildung nicht mehr durch eine herrschende Sitte in einer gewissen Gleichförmigkeit erhalten wird, sondern in eine chaotische Masse von Zufälligkeiten und Willkührlichkeiten zerfällt: so leidet das Leben des Volkes in seiner innersten Wurzel, und der tiefste Verfall ist unmittelbar vorauszusehen oder eigentlich ingeheim schon vorhanden, und wird durch Erziehungskünsteleien, die doch kein dauerndes sich selbst reproducirendes Leben bekommen, weder verhindert noch gehemmt, sondern nur prächtiger zur Schau getragen werden.

Nun ist noch übrig von der größten Form des Staates zu reden, denn die bisher genannten sind immer nur kleine, wenn nämlich ein Staat im großen Styl sich bildet plözlich oder allmählig, indem er eine Menge von einzelnen Stämmen, mögen sie schon eine Verfassung gehabt haben oder nicht, in Ein großes ganzes zusammenfaßt. Ist die erste Erschütterung überstanden: so sucht denn doch jeder Stamm sein eigenthümliches Dasein wieder, das Inbegriffensein in die große Einheit gestaltet sich ihm nur zu einer äußern Relation, die alte Sitte und Weise behauptet ihr Recht überall, wo sie nicht durch die nur als äußere gefühlte Gewalt gehemmt wird. In der Sitte hat die Erziehung ihren Halt und reproducirt also mit wenigen Abweichungen noch immer das alte abgesonderte beschränkte Leben des einzelnen Stammes ohne die Einheit des großen ganzen in sich aufzunehmen. Der Staat ist so lange eigentlich nur nach außen hin eine Einheit, nach innen aber eben so wenig als jener aristokratische Staat, sondern nur eine noch zusammengeseztere Vielheit. Es kann nun lange Zeit gehen, zumal bei einfachen politischen Verhältnissen, daß die verschiedenen Theile des Staates nur ein Aggregat bilden und unter sich fast eben so viel

Eifersucht haben als gegen einzelne Theile anderer ähnlicher Staaten. So lange hat auch die Regierung eben so wenig Ursache sich in die Erziehung zu mengen, als wenn sie nur mit einem einzelnen dieser Theile zu thun hätte. Aber früher oder später wird eine Zeit kommen, wo sie es fühlen wird, daß es nothwendig ist die Vielheit in eine wahre Einheit umzuprägen, jedem organischen Theile das Gefühl des ganzen lebendig einzubilden und diesem Gefühl das des eigenthümlichen Daseins unterzuordnen, damit nicht die Liebe zum Stamm und zum Gaue der Liebe zum Vaterlande und zum Volke entgegenstrebe. Wie vielerlei Mittel ihr nun auch hiezu zu Gebote stehen, um die erwachsene Generation zu bearbeiten, sie wird sich doch getrieben fühlen das Werk zugleich bei der heranwachsenden zu beginnen, weil sie sonst über dem immer zu erneuernden Gebrauch jener Mittel niemals zum Ziel wirklich kommen kann. Nun also beginnt sie sich der Erziehung anzunehmen und auf dieselbe positiv einzuwirken, um die einzelnen Theile einander näher zu bringen, damit sie eben so zu einem Gefühl ihrer Identität mit dem ganzen kommen, wie die einzelnen Glieder des Stammes auf dieselbe Weise das Gefühl ihrer Identität mit diesem haben und immer wieder aufs neue empfangen. Es ist auch klar, daß die kleinere Einheit sich dieses Gefühl der höheren nicht aus sich selbst geben kann, sondern daß es ihr von der höheren kommen und diese sich ihr gleichsam innerlich offenbaren muß. Dies muß also ein Werk der Regierung sein, welche in einem solchen Staate von vorn herein das Gefühl der Einheit des ganzen ausschließend hat und es erst allmählig mittheilen kann, und der Staat kann unter diesen Umständen die Erziehung auch nicht in den Händen der Kirche lassen, welche ihr Bestreben die Menschen zu einer höheren geistigen Einheit zu verbinden an das persönliche Gefühl des einzelnen und an das allgemeinste Gefühl der menschlichen Natur anknüpft, ohne an der Bildung einer größeren Nationaleinheit einen entschiedenen Antheil zu nehmen. Eben so klar ist, daß man nicht sagen kann, dieses Gefühl sei im Volke, wenn es auch in allen einzelnen wäre, sich aber nicht fortpflanzte. Es muß also zunächst in der Erziehung sein, und indem es in die erste Periode der Erziehung zurükkgeht, worin beide Geschlechter nicht getrennt sind, kann es sich allmählig in ein angeborenes verwandeln. Hat es sich aber erst als ein solches bewährt: so ist auch kein Grund, warum die Regierung länger sollte die Erziehung, die doch von Natur nicht ihr Geschäft ist, dazu machen, und sie nicht vielmehr in die Hände des Volkes zurükkgeben. Und so kommen wir auch hier wieder auf die erste Annahme zurükk, und finden mit dem Grunde für diesen Beruf des Staates auch zugleich die Grenze desselben.

Dieses also ist meine Antwort auf die Frage, Wie kommt der Staat rechtmäßigerweise dazu einen thätigen Antheil an der Erziehung des Volkes zu nehmen? Dann nämlich und nur dann, wenn es darauf ankommt eine höhere Potenz der Gemeinschaft und des Bewußtseins derselben zu stiften. Alle andern Motive sind entweder verderblich — und die Regierung sezt sich dann in Streit mit der natürlichen Entwikklung des Volkes, wie in den vorher aufgeführten Fällen — oder sie sind unhaltbar. Deren sind freilich viele beigebracht worden und könnten noch angeführt werden, wenn es lohnen könnte willkührliche Einfälle zu prüfen, welche immer nur in den Köpfen der Theoretiker gewesen sind, niemals aber die handelnden Personen wirklich geleitet haben. Nur die Frage verdiente noch Berükksichtigung, Wie kann der Staat, wenn er an der Grenze seines Berufes angekommen ist, die Erziehung, die er so lange verwaltet hat, in die Hände des Volkes zurükkgeben, ohne wenigstens vorübergehend eine Art von Auflösung und Verwirrung zu verursachen, und wie soll sich überhaupt nach dieser Zurükkgabe die Erziehung gestalten? Offenbar kann sie nie wieder eine Privaterziehung werden. Diese muß vielmehr, wenn man nämlich von den Söhnen redet, welche einst mit dem Staate zu thun haben, nicht von den Töchtern, welche immer nur dem Hause anheimfallen, aber von Privaterziehung der Söhne kann, wenn ein wahres Volksgefühl wirklich lebendig geworden ist, nicht mehr die Rede sein, da eine solche nur Willkühr ausbrütet und nur in der Sehnsucht nach Willkühr oder in dem Mangel an Gemeinsinn ihren Ursprung hat. Also eine öffentliche Erziehung wird sie unter den Betrieb und die Leitung des Volkes selbst gestellt und durch den in demselben herrschenden gleichen Sinn in Gleichheit gehalten. Es kann aber ein großer Staat von der Art wie wir zulezt betrachtet haben auf der Stufe, auf die er eben durch die pädagogische Thätigkeit der Regierung gekommen ist, nicht bestehn unter andern ohne eine Communalverfassung, welches schon der Augenschein lehrt, auszuführen hier aber nicht der Ort ist. An diese also, die durch ihre Gemeinschaft mit der Kirche und mit dem wissenschaftlichen Verein, dessen Glieder durch sie zerstreut sind, auch intellectuell belebt wird, geht die Erziehung über und bleibt so auch mit der Regierung in dem indirecten Zusammenhang, in welchem alles was das Volk betrifft mit ihr stehen muß, nur daß diejenigen, die ihn vermitteln, nicht mehr eigentlich als Staatsbehörde sondern nur die einen als Vertreter des Volkes bei der Regierung, die andern als Vertreter der Regierung beim Volke anzusehen sind. Auf diese Weise behält auch die Regierung in ihrer Gewalt diesen Uebergang, für den sich doch kein Augenblikk als der einzig richtige nachweisen läßt, allmählig zu veranstalten, und eben dadurch aller Verwirrung vorzubeugen. — Interessante Untersuchungen historischer Art knüpfen sich hieran, wie nämlich und warum überhaupt hier mehr dort weniger Gewicht auf die Erziehung gelegt wird, ohne daß die Resultate bedeutend verschieden wären; wie und warum ein Staat eine lange ein anderer eine kurze Periode eigentlicher pädagogischer Gesezgebung und Verwaltung des Erziehungswesens durch die Regierung gehabt hat, und ob und wie dieses mit einer mehr ruhigen oder mehr stürmischen Entwikklung des ganzen politischen Daseins zusammenhängt. Diese Untersuchungen aber muß ich zur Seite liegen lassen, indem ich nicht einmal diejenige für jezt ausführen kann, welche mir eigentlich noch obliegt.

Ich sollte nämlich nun noch von dem Begriff der Erziehung ausgehend eben so zeigen, ob und wie denn sie vermöge ihrer Natur in den Staat hineinfällt, wie ich an der natürlichen Geschichte des Staats gezeigt habe, weshalb und in wiefern die Regierung sich des Erziehens anmaaßt. Diese Untersuchung würde erst dem Resultat der vorigen seinen rechten Inhalt geben und uns zeigen, was denn nun der Staat insofern ihm das Erziehen obliegt zu thun, und wie er zu Werke zu gehn habe. Allein anstatt dieses zu gleicher Länge mit dem vorigen auszuspinnen will ich Zeit und Geduld schonen und mich nur auf einige Grundstriche beschränken, aus denen das andere leicht abzunehmen sein wird. Zum Glükk nämlich glaube ich, daß ich mich auch hier der schwierigen Frage überheben kann, was die Erziehung sei, deren Beantwortung ja zugleich die Grundzüge eines pädagogischen Systems enthalten müßte. Denn da wir die Sache nur in Beziehung auf den Staat betrachten: so kann ich davon kommen mit einer oben abgeschöpften Beschreibung der Seite der Erziehung, welche dem Staat zugewendet ist. Wenn ich mich nun auf diesen Punkt stelle: so sehe ich aus folgendem, daß es bei der Erziehung vornämlich auf dieses beides ankomme. Ist nämlich die Erziehung vollendet: so wird der Mensch abgeliefert an den Staat als dessen Bürger, das heißt er soll tüchtig sein als lebendiger organischer Bestandtheil des ganzen zu handeln und irgend eine bestimmte Stelle in demselben einzunehmen. Der Staat aber, um als christlicher Bürger eines christlichen Staates zu reden, verlangte bis noch vor kurzem wenigstens, daß zuvor die christliche Kirche ihn als ihr Mitglied sollte angenommen haben, und der Erzieher mußte auch dieses prästiren, wobei zugleich stillschweigend bedungen wurde, daß er in allen Geschäften des Staates als Bürger keines Dolmetschers bedürfe sondern bei der Sprache des Landes und also auch für sein Theil bei der darin niedergelegten Form und Masse des Denkens hergekommen sei. Hat nun der Erzieher dieses erwiesen, und ist sein Zögling angenommen worden: so kehrt er sich um zu der rein menschlichen Gesellschaft im Staat, und in dem Maaß als er selbst sein Werk für gelungen hält und sich etwas darauf zu gute thut empfiehlt er dieser seinen Zögling als eine anmuthig ausgestattete eigenthümliche Natur im Besiz alles dessen, was in der Gesellschaft geachtet werde, und zwar auf eine eigenthümliche Weise. Hieraus nun wie dieses täglich geschieht und übereinstimmend, wie sehr man sich über die Erziehung auch streite, sehe ich, daß es auf zweierlei ankommt. Zuerst nämlich, daß der Mensch gebildet werde zur Aehnlichkeit mit den großen Gemeinwesen, in denen er seinem natürlichen Schikksal zufolge leben soll, von welcher Aehnlichkeit wie ihn die Erziehung beim Anfange seines Lebens übernimmt wenig an ihm zu sehen ist, sondern sie muß hineingebildet werden oder herausgelokkt. Dann aber kommt es auch noch darauf an, daß er nicht nur äußerlich ein anderer sei als jeder andere, sondern ohnerachtet jener Aehnlichkeit auch innerlich, und so in sich selbst Eins und untheilbar und nur sich selbst gleich, ganz anders wie die Erziehung ihn empfing als eine weiche und unbestimmte Masse, in der sich nur allgemeine Regungen unterscheiden ließen. Dieses beides nun leistet freilich die Eine und selbe Erziehung, aber es scheinen mir doch ihrer zwei Seiten zu sein. Und so wird wol auch dieses wahr sein, daß wer in der Ausübung der einen begriffen ist sich über die andere tröstet, welches am besten geschieht durch die Vorstellung des angebornen. Wer nämlich auf die Entwikklung des freien eigenthümlichen der Natur ausgeht, der wird sich trösten, daß die Aehnlichkeit mit dem Volk und den Glaubensgenossen dem Menschen angeboren sei und sich schon von selbst mit entwikkeln werde. Und woran sollte sich auch wol das eigenthümliche zeigen wenn nicht an einem gemeinsamen, denn an nichts kann es sich nicht zeigen. Wer hingegen auf die Hineinbildung des Menschen in den Staat und die Kirche ausgeht, der sezt voraus, jedem sei seine eigenthümliche Natur angeboren und werde sich schon mit entwikkeln. Beides scheint mir völlig wahr, und ich meine, jedes wird nur dadurch falsch, wenn einer glaubt das andere sei nicht wahr, und deshalb ganz einseitig wird in seiner Erziehung. Aber wie stehen nun diese beiden Seiten der Erziehung gegen den Staat? Betrachten wir zuerst einen Staat, der noch eine aristokratische Physiognomie hat: so ist der höhere Stand derjenige, der ganz vorzüglich berechtigt ist zu dem Vertrauen, daß ihm die Idee des Staates angeboren sei, und der also auf die Ausbildung der Eigenthümlichkeit ausgeht. Derselben Meinung nun ist die Regierung auch, und läßt also den ganz frei, der nach ihrem Sinne handelt. Daher auch in solchem Staat, so lange er ein wahres oder falsches Gefühl von Gesundheit hat, die Regierung sich um die Ausbildung ihres Adels wenig kümmert. Der niedere Stand hingegen strebt in dem Gefühl, daß sein Schikksal ihm doch angeboren sei, seine Jugend dem Staat anzubilden und sie ihm dadurch zu empfehlen. So wird denn die Jugend zeitig in die Mannigfaltigkeit der Gewerbe vertheilt, von denen bei solcher Ehrfurcht für den Staat auch Künste und Wissenschaften eines zu sein scheinen, und in diesem löblichen Bestreben wird den ausgezeichnetsten Menschen dieses Standes eine eigenthümliche Ausbildung ihrer Natur nur als Zugabe ohne zu wissen wie, und sie besizen sich selbst in kindlicher und heiliger Unschuld. Dies ist die höchste Glorie des Bürgerstandes in dieser ganzen Periode. Da aber nun diejenigen, welche so erziehen, im Namen des Staates handeln und zu seinem Vortheil: so muß auch die Regierung sie im Auge halten, ob sie auch treu handeln und ehrlich, und dies ist der Anfang und Grund des untergeordneten behütenden Antheils, den die Regierung unter solchen Verhältnissen an der Erziehung nimmt. Will sie aber die Stände gleich machen und ordnet deshalb selbst die Erziehung an: so kann sie nicht von der Voraussezung ausgehen, daß die Aehnlichkeit mit dem Staate schon angeboren sei, denn sonst würde sie unmittelbar nichts zu thun haben, sondern sie will eben dieses Princip erst erwekken und hineinbilden. Die von ihr geordnete Erziehung wird also eine bürgerliche sein, die höhere Ausbildung der Eigenthümlichkeit aber wird sie entweder von selbst kommen sehen oder sie den Bemühungen anderer überlassen. Die Eigenthümlichkeit entwikkelt sich also entweder mit der allgemeinen Bildung zugleich und durch sie, oder sie entsteht als das Werk des übrigen Lebens und seiner mannigfaltigen Reibungen, oder sie fällt der Privaterziehung anheim, in welche sich dann um so mehr der pädagogische Dünkel flüchtet; denn nichts verleitet mehr zu leerer Selbstgefälligkeit als die Einbildung diese zarteste Blüte der Natur, mag sie sich nun als Genie in der Kunst und Wissenschaft oder als charakteristische Anmuth im Leben offenbaren, durch künstliche Mittel hervorlokken und zeitigen zu können, ein Abweg, auf welchen die öffentliche Erziehung, eben weil sie nur in großen Massen arbeitet, zum Glükk niemals verfallen kann.

Es wäre nun freilich noch mehreres auf dieselbe Weise auszuführen, vornämlich wenn die Erziehung theils einen negativen Charakter hat, theils einen positiven, auf welcher von beiden Seiten der Beruf des Staates liegt; ferner wenn irgendwo der Unterricht von der Erziehung getrennt als Gewerbe auftritt, das einzelne treiben, ob auf dieselbe Weise oder auf ganz andere eine Aufsicht des Staates darauf stattfindet, und ob diese aus demselben Princip wie sein Beruf zur Erziehung herfließt, welches leztere freilich besonders unsern Gegenstand ins Licht würde gesezt haben: allein ich muß dieses, um die gewohnten Grenzen nicht zu weit zu überschreiten, einem andern Ort aufsparen.

2.

Ueber die verschiedene Gestaltung der Staatsvertheidigung *).

So wenig diese Abhandlung sich in das Gebiet des technischen versteigen kann, so wenig ist ihre Absicht ein Ideal aufzustellen, sondern sie will nur die Differenzen selbst, welche geschichtlich stattgefunden haben und noch stattfinden, auf feste Punkte zurükkführen und dadurch die Bedeutung der verschiedenen Formen bestimmen; woraus sich dann ergiebt, in welcher Beziehung und welchem Umfang jede gut ist. Differenzen aber kann man am besten verstehen, wo sie am größten sind, d. h. wo sie als Gegensäze auftreten, und daher scheint keine andere Methode zwekkmäßiger befolgt werden zu können, als die Differenzen, welche hier in Betracht kommen, auf Gegensäze zurükkzuführen. Indem so jede auf die äußerste Spize gestellt wird, muß sie freilich als unhaltbar oder wenigstens als krankhaft erscheinen, und also zuerst immer von dem die Rede sein, was nicht ist oder nicht sein soll, und das rechte zeigt sich nur in den verschiedenen Mischungen entgegengesezter äußersten, das heißt als eine nur relative Gesundheit;

*) Gelesen in der Plenarsitzung der königlichen Akademie der Wissenschaften am 10. August 1820. J.

aber es folgt dennoch daraus nicht etwa, daß sie nur entstehen könne durch einen Sprung aus einem äußersten in das entgegengesezte, oder durch eine beständige Oscillation zwischen beiden, sondern durch eine ursprünglich zusammengesezte und temperirte Richtung.

Um nun die Hauptdifferenzen zu finden, müssen wir den Kriegszustand selbst betrachten seinem Inhalt nach und seiner Form nach.

Seinem Inhalt nach besteht er wesentlich darin, daß die Kräfte des Staats sich umbilden zu einer gegen die Kräfte eines anderen Staats wirksamen Gewalt. Es wird also dadurch nach innen aufgehoben die Gewerbsthätigkeit der Staatsbürger, und es entsteht nach außen statt des freundlichen Verkehrs mit dem bekriegten Staate selbst eine ihn hemmende und aufhaltende Thätigkeit. Beides in verschiedenem Maaß, welches aber nur verstanden werden kann, wenn man das kleinste und größte einander gegenüberstellt.

Das Minimum von Aufhebung der Gewerbsthätigkeit durch den Krieg ist offenbar, wenn sie gleich Null zu sezen ist, d. h. wenn alle eigentlich thätigen Staatsbürger in ihrem Beruf bleiben, und dann muß die Vertheidigung geführt werden entweder durch berufslose Menschen, welche zwar im Staate leben, aber in der friedlichen Nationalthätigkeit keine Stelle finden konnten oder wollten, durch Müßiggänger, oder durch Ausländer, die also dasselbe waren in ihrem Staat. Da beide nun auch nicht angesehen werden können als etwas besizend: so sind sie nothwendig Söldner. Die Maxime daher, welche diesem System zum Grunde liegt, ist die, daß die Vertheidigung etwas ist, was sich die Bürger für Geld besorgen lassen. Es gehören daher alle Systeme auf diese Seite, bei denen die Vertheidiger zwar Bürger sind, aber nicht nach einer feststehenden Ordnung als Repräsentanten des ganzen dazu bestimmt, sondern freiwillig also als einzelne sich dieses zum bleibenden oder vorübergehenden Beruf und Erwerbmittel erwählen.

Das Maximum der Aufhebung ist, wenn sie dem ganzen gleichzusezen ist, d. h. wenn alle Erwerbsthätigkeit aufhört, also alle thätigen Staatsbürger theils unmittelbar an der Vertheidigung theilnehmen, theils mittelbar auf die ihrem Beruf analogste Weise nur für die Vertheidigung thätig sind. In welchem Verhältniß nun auch das unmittelbare und mittelbare gemischt sei, immer befindet sich das ganze Volk im Aufstand in Masse. Die Maxime ist hier, daß die Vertheidigung eine Gesammtpflicht ist, der jeder seinen im Ruhestand ihm angewiesenen Beruf aufopfern und in welchem Grade dies geschehen solle durch das Gesez muß bestimmen lassen.

Wir betrachten zuerst diese beiden entgegengesezten Zustände jeden für sich. Die Vertheidigung durch Söldner, welche gleichviel wo, und gleichviel für jezt, ob nur im Augenblikk des Krieges oder beständig zum Behuf der Vertheidigung aufgestellt sind — denn diese untergeordnete Differenz kann erst an einem andern Ort zur Sprache kommen — beruht doch auf einer Unvollkommenheit; denn es soll solche nicht geben, die in der Volksthätigkeit keinen Plaz finden können oder wollen.

Wissen also der Staat selbst und die umgebenden alle ihre Einwohner zu beschäftigen, und fehlt es diesen nicht am Willen: so wird diese Vertheidigungsform unmöglich. Sie beruht also nur darauf, daß in einem Staat oder einem Staatensystem theils ein Ueberschuß der Bevölkerung über die Cultur und Industrie sei, theils die Verhältnisse der Völker noch so wenig festgestellt, daß Aussicht auf häufige Kriege es möglich macht den Kriegssold als ein Subsistenzmittel anzubieten und anzunehmen. Woraus genugsam hervorgeht, unter welchen Umständen eine Organisation der ganzen Vertheidigung nach dieser Form möglich sei, wie auch was jede Annäherung dazu, die sich auch bei einer andern Organisation findet, bedeute. — Allein die Sache hat noch eine andere Seite. Die Müßiggänger, denn dafür gelten sie doch den in der productiven Thätigkeit begriffenen, mögen nun einheimische sein oder Ausländer: so haben sie an dem ungestörten friedlichen Fortbestehen der Volksthätigkeit gar kein unmittelbares also immer nur ein schwaches und geringes Interesse, wie man daraus sieht, daß sie gewöhnlich im Widerspruch mit dem ganzen Volke den Krieg wünschen; und es fragt sich, Unter welchen Umständen kann ein Volk dahin kommen seine Vertheidigung solchen Händen anzuvertrauen? Wenn menschlichem Ansehn nach sein Dasein durch keinen Krieg wesentlich gefährdet werden kann, sei es nun daß der Staat seine vollkommene Sicherheit in sich selbst hat in einer völlig abgeschlossenen Lage, oder in den einander aufhebenden entgegengesezten Einflüssen und Interessen der anderen Staaten durch ein zuverlässiges Gleichgewichtssystem. Denn wenn wir uns ohne eine solche Sicherheit ein Volk denken seine Vertheidigung unpatriotischen Söldnern überlassend: so kann man sich dies nur so erklären, daß es seinen bürgerlichen Verband nur ansieht als ein Sicherungsmittel für seine Erwerbsthätigkeit, und lieber jenen aufs Spiel sezen will als von dieser etwas aufopfern, überzeugt daß es auch getrennt zersplittert theilweise mit andern Staaten verbunden seinen Hauptzwekk erreichen würde, und daß aus einer mißlungenen Vertheidigung, wenn man sie nur zur rechten Zeit aufgäbe, kein anderer Nachtheil entstehen könne, als daß jeder nun einem andern Staat angehörig von andern Söldnern gegen andere Feinde sich seine Vertheidigung müsse besorgen lassen. Daher man auch eine solche Gleichgültigkeit mit dieser Vertheidigungsform mehr oder weniger verbunden findet. Ist sie noch nicht sehr eingerissen: so ergrimmen die Bürger über den Wunsch der Kriegsmänner nach Feindseligkeit vorzüglich nur, weil sie sich ungern durch einen unglükklichen Ausgang aus dem gewohnten Geleise herausbringen lassen. Ist sie schon weit gediehen: so lachen sie über diesen Wunsch und denken, wie wohlfeil sie sich wenn es schlimm geht mit dem Sieger abfinden können. Von diesem Gesichtspunkt aus kann man sagen, die vollkommenste Miethsvertheidigung beweise auch die vollkommenste politische Nichtigkeit. Es liegt dabei zulezt die Vorstellung zum Grunde, der Staat sei eine willkührliche oder zufällige Vereinigung von Menschen zur gegenseitigen Erleichterung und Beförderung ihres Erwerbes, welche sich eben sowol äußerlich die Vertheidigung gegen fremde Gewalt als innerlich die Aufrechthaltung der Ordnung und die Ausmittelung des Rechts durch den bestliefernden und mindestfordernden besorgen lassen, so jedoch daß sich jeder in der Gesellschaft vorbehält, wenn die Preise dieser Artikel zu sehr gesteigert werden, sich an eine andere Gesellschaft anzuschließen. Daher auch das lebendigere Bewußtsein von der Zusammengehörigkeit eines Staates, die Erklärung seiner Unzertrennlichkeit, allemal mit dem Aufgeben dieses Vertheidigungssystems zusammenfällt. Wie daher die Möglichkeit eines solchen Vertheidigungssystems auf einem Mangel an politischer Entwikklung beruht, so beruht die Neigung dazu auf einem Mangel an politischer Gesinnung. Dieser kann das System erhalten auch bei fortgeschrittener Entwikklung, und wenn der Staat seine Söldner noch mehr in der Ferne oder in der Tiefe suchen muß; und eben so kann auch bei fortgeschrittener Gesinnung das System sich noch eine Zeit lang erhalten, wenn es sich wegen der zurükkgehaltenen Entwikklung noch als das ausführbarste empfiehlt. Sobald aber politische Gesinnung und industriöse Entwikklung beide bis auf einen gewissen Punkt gediehen sind, wird dieses System aufgegeben werden, oder es müßte der Staat an der Beharrlichkeit bei demselben irgendwie untergehen.

Erwägen wir nun den andern Endpunkt, nämlich das Aufstehen in Masse in dem oben schon angegebenen Sinn.

Wenn dabei die Gewerksthätigkeit sei es nun ganz aufhört oder ganz für die Vertheidigung in Anspruch genommen wird, ohne denen welche sie betreiben selbst zu gute zu kommen: so ist dies ein Zustand, welcher nicht dauern kann, es sei denn daß der Krieg selbst den Ersaz für den entgehenden Erwerb herbeiführe. Daher denn so geführte Kriege in dem Maaß als sie nicht durch die höchsten Anstrengungen ganz schnell zum Ziel kommen immer raubsüchtig müssen geführt werden. Dieses aber kann, sofern nur der Stoff nicht ausgeht, auf eine solche Weise geschehen, daß der Kriegesraub selbst die Stelle der Nationalthätigkeit vertritt, und nur umgekehrt wie im vorigen Fall was auf diesem Wege nicht zu erschwingen ist durch Söldner herbeigeschafft wird, welche nicht gut genug gehalten werden um an dem Raubkriege unmittelbar theilzunehmen. Fragen wir nun zunächst, woher wol die Neigung zu einem solchen Aufgestandenbleiben in Masse entstehen kann: so kann sie entweder ein Werk der Noth sein, wenn ein Stamm auf dem ihm angewiesenen Boden sich auf keine Weise seine Subsistenz verschaffen kann, aber dann wird sie auch selbst nicht bleiben sondern vorübergehen wollen, und entweder sich abfinden lassen durch ein tributäres Verhältniß der reicheren aber minder streitbaren Nachbaren, oder der streitbare Stamm wird sich in den Mitbesiz eines reicheren Bodens eindrängen, und es wird eine andere politische Verbindung entstehen. Abgesehen aber von der Noth kann eine solche Neigung entstehen aus der Meinung, wenn nämlich das Kriegführen für etwas weit edleres gehalten wird als der Anbau des Bodens und die Verarbeitung der Erzeugnisse, und also die Selbstbefriedigung nur gefunden wird in einem beständigen Kriegsstande. Dann wird auch der Kriegsraub oder die Eroberung nur als ein Mittel angesehen um das edlere Leben noch länger genießen zu können, und der Zustand selbst kann so lange fortdauern, als diese Meinung sich erhalten kann gegen die natürlichen friedliebenden Neigungen der Menschen, und wird erst aufhören, wenn die Künste des Friedens sich eine vorher nicht gefühlte Achtung erzwungen haben. Ja auch noch lange nach dieser Zeit kann eine wunderliche aber unverkennbare Spur jener Meinung zurükkbleiben, wenn nämlich die Abstufungen des Vertheidigungssystems dazu dienen die Abstufungen des Ranges auch für den Staatsdienst und die friedliche Beschäftigung zu bestimmen. Beides aber, die Ueberschäzung des kriegerischen Muthes und Talentes und die Noth, kann auch in verschiedenem Maaß zusammenwirken, und das eine Motiv ergänzen, was das andere durch veränderte Umstände verliert, und den Zustand so lange fortsezen, bis Achtung für die erwerbenden Künste und ruhiger Besiz ihrer Erzeugnisse bis auf einen gewissen Grad gestiegen sind; und mit einem solchen Entwikklungspunkt wird auch die Verwandlung dieses Vertheidigungssystems in ein anderes nothwendig erfolgen. Wir sehen aber hieraus, daß jeder Staat, in welchem die vollste Werthschäzung nur denen gezollt wird, welche in das Vertheidigungssystem eingeschlossen sind, alle anderen aber als untergeordnet angesehen werden, noch jene allen Umgebungen feindselige Neigung in sich trägt, welche unter günstigen Umständen wieder zum vollen Ausbruch kommen kann, und daß ein solcher mit Recht ein kriegerischer Staat heißt. Eben so auch jeder, welcher sich mit dem mittelmäßigen Zustand, zu welchem eine ungünstigere Lage ihn verurtheilt, nicht begnügen kann, und in der Hoffnung auf Gewinnst jede Fehde leichter zum Kriege steigert. Denken wir uns aber das reine Maximum, das gänzliche Aufhören der hervorbringenden Thätigkeit, und also auch der auf diese sich beziehenden Organisation: so ist wol offenbar, daß ein Volk kein Staat ist während der Zeit, wo es nur als Kriegsheer organisirt und beschäftigt ist, und daß die Continuität des Staats nur bestehen kann in der Abweichung von diesem Maximo, und daß ein sich diesem annähernder Zustand nur stattfinden kann, wenn ein Volk entweder noch nicht Staat geworden — wie etwa räuberische Horden zwischen nomadischen und solchen, die den Anfang fester Sizungen gemacht, verheerend umherziehen — oder so lange es nicht als Staat feststeht; und das wird auch größtentheils die Lage jedes Staates sein, der den Namen eines kriegerischen verdient, oder wenn seine Existenz als Staat auf das wesentlichste gefährdet ist. Ja auch jene Ueberschäzung kriegerischer Tugenden und Verdienste läßt sich nur erklären entweder im unmittelbaren Zusammenhang mit einer solchen noch fortdauernden Unsicherheit, oder wenigstens aus einem solchen ursprünglich abgeleitet, und während desselben zu sehr in Sitte und Erziehung übergegangen, um zugleich mit demselben aufhören zu können. Je mehr aber die ganze Organisation eines Volkes nur die eines Heeres ist, um desto mehr befindet es sich in einem offensiven d. h. nach Krieg verlangenden Zustande.

Offenbar also ist, daß wenn ein Staat auf der einen Seite sich nicht als eine willkührliche Vereinigung sondern als ein naturgemäßes ganze ansieht, auf der andern sich auf seiner Stelle schon festgewurzelt und selbständig fühlt, dann sein Vertheidigungssystem diese Endpunkte nicht berühren wird, sondern daß in jedem Kriegeszustand die hervorbringenden Thätigkeiten auf der einen Seite in ihrer gewohnten Organisation in einem gewissen Grade wenigstens fortgehen müssen, auf der andern aber zum Behuf der Vertheidigung als einer natürlichen und nothwendigen Thätigkeit der Gesammtheit selbst in einem gewissen Grade werden unterbrochen werden. Was aber zwischen diesen Enden liegt bietet noch eine unendliche Mannigfaltigkeit von Formen dar, deren jede gut sein kann unter andern Umständen, jede aber zugleich auf eine andere Lage des Staates zwischen jenen entgegengesezten Nichtigkeitspunkten hinweiset. Je mehr sich ein Staat zur Vertheidigung durch Söldner neigt, um desto mehr Versunkenheit in das Geschäft desto mehr Neigung zur Vereinzelung muß in ihm stattfinden; je mehr Neigung ist zum Aufstande in Masse nach Maaßgabe der Gefahr, um desto mehr herrscht politische Gesinnung vor, desto weniger noch ist das productive Interesse trennend und verhärtend. Je mehr nach der Mitte zu er liegt, um desto beharrlicher wird er eine mittlere Vertheidigungsform zwischen beiden suchen, aus deren näherer Beschaffenheit ähnliche nur noch bestimmtere Schlüsse gelten.

Der zweite Hauptpunkt in dem Gehalt des Kriegszustandes ist die Richtung gegen einen bestimmten andern Staat, und es fragt sich, welche Differenzen hierin vorzüglich zu berükksichtigen sind in Bezug auf die Gestaltung des Vertheidigungswesens. Es scheint fast hiebei nur ankommen zu können auf das Verhältniß der Kräfte und auf die Stärke des Gegensazes zwischen beiden.

Was das erste betrifft, so giebt es eine Differenz, bei welcher an keinen Krieg gedacht werden kann, und bei der der kleinere Staat sich alles versagen muß, was den größeren reizen könnte, und seine Sicherheit nur darin findet, daß in dem größeren kein gegen ihn gerichtetes Interesse entstehen kann. Alsdann ist der schwächere ein Schüzling des Gleichgewichts, und wenn er dies nach allen Seiten ist: so kann er jedes Vertheidigungsmittel sparen, bis das ganze System angegriffen ist; oder er ist dem stärkeren partiell untergeordnet und kann fast nur als eine militärische Provinz dieses größeren in Kriegszustand verwikkelt werden, wobei er denn auch natürlich mit dem Impuls seine Organisation von diesem empfängt. Innerhalb der Differenz, welche eine wahre Unabhängigkeit zuläßt, wird allerdings je größer sie ist um so größer auch der Abbruch sein, den die hervorbringende Thätigkeit von dem Vertheidigungswesen erleidet, und dies wird eine größere Hinneigung bekommen zum Aufstand in Masse. Je größer die Gleichheit ist, um desto weniger Abweichungen wird die dem Staat an und für sich naturgemäße Gestaltung des Vertheidigungswesens erleiden dürfen. Was aber die Stärke des Gegensazes betrifft, so muß man wohl unterscheiden, ob der Krieg ein früheres freundliches Verkehr voraussezt und auf ein solches auch wieder hinführen soll oder nicht. In jenem Fall ist er ein bloßer Geschäftskrieg, er ist nur ein Mittel um die productive Thätigkeit von einer Hemmung zu befreien, und es darf also von dem Zwekke selbst so wenig als möglich aufgeopfert werden. Der Geschäftskrieg geht in den bloßen Demonstrationskrieg, in die bewaffnete Unterstüzung der Unterhandlungen über, und eine Organisation des Vertheidigungswesens bloß zu solchem Behuf kann kein anderes Gesez kennen als den größtmöglichen Nachdrukk bei der mindest möglichen Anstrengung. Denn in solchen Fällen sind Staaten je mehr gegenseitiges Verkehr es giebt um desto mehr natürlich befreundet, und der Krieg erscheint nur als eine zufällige vorübergehende Unterbrechung. Hat er aber seine Beziehung nicht auf das Verkehr: so hat entweder noch keines stattgefunden, sondern der Krieg ist bei der ersten Berührung entstanden, d. h. indem einer von beiden noch im Staatwerden begriffen ist, und dergleichen kann man füglich Entwikklungskriege nennen. Der sich entwikkelnde Staat ist dann nach dem obigen dem Aufstande in Masse nahe, und der andere wird mehr oder weniger, wie das Verhältniß ihrer Kräfte es mit sich bringt, sich auch zu dieser Form steigern müssen. Während des ganzen Zeitraumes, den solche Entwikklungskriege einnehmen, gewährt der wenngleich öfters zwischen eintretende Friede doch kein Gefühl von Sicherheit und erscheint nur als eine vorübergehende Waffenruhe, im Vertrauen auf welche nichts geändert werden darf in dem herrschenden System. Die lezten Kriege dieser Art sind Grenzkriege, an die Geschäftskriege und ihre mildere Form sich anschließend. Oder es hat vorher schon Verkehr stattgefunden, aber der Krieg bezieht sich nicht auf dieses, die Wiederherstellung desselben erscheint als gleichgültig, oder der Gegensaz wird gar gefühlt als ein solcher, der kein Verkehr weiter zuläßt. Dies kann nur stattfinden, wenn ein neues und zwar ideales Interesse eingetreten ist, und diese Kriege kann man mit dem Namen Ideenkriege bezeichnen. Es gehören dahin vorzüglich die Religionskriege und die, welche durch die anstekkende Kraft politischer Umbildungen veranlaßt werden, die Revolutionskriege. Die ersteren stehen ihrer Natur nach den Geschäftskriegen am schroffsten entgegen, und je mehr jeder einzelne von heiligem Eifer durchdrungen dem geistigen Interesse gern das leibliche aufopfert, um desto mehr neigen sie sich zum Aufstand in Masse auch in der wildesten Form. Daher ist es so natürlich, daß die unwahre Politik einem schwierigen Geschäftskriege gern den Schein eines Religionskrieges mitzutheilen sucht. Die Revolutionskriege sind derselben Begeisterung fähig, und außerdem schließen sie sich mehr oder minder den Entwikklungskriegen an, ja sie können durch innere Zerrüttungen exacerbirt in Raubkriege übergehen, und je mehr dieser Fall eintritt, um desto leichter geht die ganze Nationalthätigkeit in die kriegerische über. Betrachtet man diese Differenzen, so wird man wol kaum die Forderung aufstellen wollen, daß das Vertheidigungssystem eines Staates für alle verschiedenen Arten der Kriege gleich gerecht sein solle, sondern man muß sich wol damit begnügen, wenn jeder Staat sich im wesentlichen auf diejenigen Fälle einrichtet, welche in seiner Lage die wahrscheinlichsten sind, und wenn er Beweglichkeit genug hat, sobald stärkere Gegensäze entstehen eine drastischere Form aus der bisherigen zu entwikkeln, und wenn die Gegensäze erschlaffen die bisherige Form in eine weichere übergehen zu lassen.

So weit scheinen die Differenzen in dem Vertheidigungswesen bestimmt werden zu können durch den Gehalt des Zwekks, welcher erreicht werden soll. Das übrige wird nur können gefunden werden, wenn wir uns an das Wesen des Zustandes selbst halten. Hier nun entstehen uns vorzüglich zwei Fragen. Die erste ist diese. Der Krieg selbst ist ein vorübergehender Zustand, die Möglichkeit dazu ist aber immer gegeben. Wonach soll sich das Vertheidigungswesen richten? Soll es eben so vorübergehend sein, wie der Krieg selbst, oder eben so beständig, wie die Möglichkeit desselben? Die zweite ist die. Das unmittelbar thätige in der Vertheidigung ist die Masse. Diese kann wirksam sein mehr auf eine mechanische Weise, und dann muß sie beseelt werden durch die Kunst; sie kann es sein mehr auf eine dynamische, und dann muß sie beseelt werden durch den Geist durch die Gesinnung. Soll sie das eine oder das andere?

Was die erste Frage betrifft, so ergiebt sich schon aus dem vorigen, daß jede von beiden Methoden einseitig und, vollständig gedacht, unausführbar ist. Unausführbar ist es das ganze Vertheidigungswesen erst entstehen zu lassen in dem Augenblikk des Bedürfnisses, indem sowol der äußere Apparat nur allmählig entstehen kann, als auch die lebendigen Fertigkeiten nur durch Uebung gegeben sind. Unausführbar ist es das ganze Vertheidigungswesen immer bestehen zu lassen, wenn man an die Fälle denkt, wo am meisten der Vertheidigungszustand sich einem vollkommnen Volksaufstand in Masse annähert. Zusammengesezt also aus beiden muß das Kriegswesen jedes Staates sein, nur desto mehr an dem, was immer fertig sein kann, an der stätigen Rüstung sich begnügend, je weniger Kriege im großen Styl zu besorgen sind; und wiederum desto mehr auf die Leichtigkeit, mit der er sich im entscheidenden Augenblikk fertig machen kann, sich verlassend, je weniger er fortdauernden Plakkereien von kleinen Geschäfts- und Grenzkriegen ausgesezt ist. Betrachten wir den Staat in seiner ganzen geschichtlichen Entwikklung: so werden beiderlei Zustände jedem bedeutenderen zu verschiedenen Zeiten zukommen, also auch Uebergänge von der einen zu der andern Form in seinem Vertheidigungswesen, und es fragt sich, was für Verschiedenheiten hier möglich sind, und welche Bedeutung einer jeden von ihnen zukommt. Führen wir nun diese Aufgabe in das Ergebniß der vorigen Auseinandersezung hinein und fragen, wie sie sich zu demselben verhält: so geht zunächst dieses hervor. Nur durch den überall angelegten Schematismus eines Aufstandes in Masse bis zum äußersten die Totalität des Volks erschöpfenden Umfang ist die Leichtigkeit immer fertig zu sein in Beziehung auf die lebendigen Kräfte gegeben; denn Anstalten um Söldner herbeizuschaffen können diese Leichtigkeit nicht darstellen, wogegen nur in der stätigen Rüstung die geworbene Mannschaft der Söldner ihren Plaz finden kann. Es zeigen sich also folgende Formen möglich. Die stätige Rüstung besteht aus Söldnern, und diese werden auf demselben Wege vermehrt, so daß nur eine Erweiterung der stätigen Rüstung stattfindet. In wie enge Grenzen eine solche Vermehrung eingeschlossen ist, muß ohne Erörterung klar sein. Daher dieses Verfahren nur stattfinden kann, so lange in einem Staatensystem der Aufstand in Masse noch gar nicht vorgekommen ist, und auch Kriege von Bedeutung nur von kleinen Heeren geführt werden. Oder das erste eben so, aber in gefährlichen Fällen wird die Vermehrung aus den thätigen Bürgern nach der Idee des Aufstandes in Masse unternommen, welcher sich nach überstandener Gefahr wieder auflöst und die stätige Rüstung allein zurükkläßt. Die Vertheidigung durch Söldner oder geworbene Kriegsmänner läßt in ihrer ganzen Anordnung die größte Abgeschlossenheit, die größte Differenz sowol von der Organisation der Verwaltung als auch von der Organisation der verschiedenen Stände im Staate zu, und also die größte Willkührlichkeit auf der einen Seite und die genaueste Berükksichtigung des technischen auf der andern Seite. Die Form aber, welche sich dem Aufstande in Masse nähert, ist eben deshalb, weil sie die ganze Nationalthätigkeit muß in sich aufnehmen können, auch an die Formen von dieser gebunden. Jeder wird sich nur um so wohler befinden und um so mehr leisten, je mehr er sich in gewohnten und bekannten Verhältnissen bewegt, und ein bedeutender Unterschied z. B. in Gleichheit und Ungleichheit von dem, was in andern Staats- und bürgerlichen Verhältnissen stattfindet, reizt zum Widerstand und zur Durchbrechung der Schranken. Will man daher die Vortheile einer stätigen Rüstung aus geworbenen benuzen: so erhält man hernach ein nach ganz verschiedenen Principien zusammengeseztes Heer und eröffnet eine schädliche Eifersucht zwischen seinen Bestandtheilen. Oder endlich auch die stätige Rüstung ist nach der Idee des Aufstandes in Masse gebildet und die Erweiterung also dem Kern gleichförmig. Hiezu nun ist eine wesentliche Bedingung das Zurükktreten der einzelnen in die productive Thätigkeit, und damit verbunden eine momentane Realisation des Aufstandes um das wirkliche Gerüstetsein zu versinnlichen. Und so bilden diese lezte Einrichtung und die erste den vollkommnen Gegensaz zu der mittleren; sie gewähren nämlich die größte Gleichförmigkeit der Bestandtheile, in welcher die größtmögliche Verminderung der stätigen Rüstung in Zeiten der Ruhe, und die größtmögliche Erhöhung der widerstehenden Kräfte zugleich gegeben ist.

Die zweite Frage bietet ebenfalls Gegensäze dar, die in ihrer strengen Einseitigkeit sich als nichtig zeigen. Soll die Masse allein durch die Kunst beseelt werden: so kann diese doch nur in einigen sein, welche eben die befehlenden sind, die andern aber gehorchen. Soll nun der Gehorsam bloß an die Kunst der befehlenden gewiesen sein, die Gesinnung aber an der Thätigkeit der Masse gar keinen Theil haben: so ist dieses schon gar nicht möglich bei einem nach der Idee des Aufstandes organisirten Heere, denn die Gesinnung ist nicht herauszubringen und zu unterdrükken. Sondern nur bei den geworbenen der stätigen Rüstung ist dieser reine Gehorsam rein zu erlangen; aber dieser wird keinen Unfall aushalten können, und je leichter der geworbene es findet von seinem Beruf auch anderwärts zu bestehen, um desto leichter wird er jedesmal zum glükklichen Feldherrn übergehen. Daher in solchen auf den bloßen Gehorsam eingerichteten Heeren die Ausreißerei als ein vernichtendes Princip völlig einheimisch sein, und ein verständiger Befehlshaber seine untergebenen immer behandeln muß als solche, die ihm morgen feindlich gegenüberstehen können, und ein solches Heer besteht eigentlich nur zufälliger Weise. Soll dagegen die Masse der streitenden durch die Gesinnung allein beseelt werden: so muß diese zwar auch den Gehorsam hervorbringen, sonst wäre keine Zusammenwirkung der verschiedenen Theile möglich; aber wenn man sich dabei die gänzliche Kunstlosigkeit denkt: so wird dabei kein Gelingen gedacht werden können als bei einem solchen Uebergewicht der Masse, daß ohnedies an keinen Widerstand gedacht werden kann; denn sonst würde die Masse immer theilweise unnüz gemacht und außer Spiel gesezt werden können durch die Kunst. Beide also müssen immer vereint sein, die Gesinnung überall wo möglich, die Kunst getheilt, die niedere mechanische in der Masse, die höhere combinatorische in den Befehlshabern. In hohem Grade kann eine die andere ergänzen, aber nur dann, wenn die andere nicht ganz fehlt. Worauf aber unter welchen Umständen am meisten zu arbeiten, und wodurch unter welchen Verhältnissen am meisten zu leisten ist, das geht aus der Vergleichung mit dem bisherigen hervor, zumal wenn man noch folgendes hinzunimmt.

Zwischen beiden Principen, der Kunst und der Gesinnung, kann gar leicht ein Antagonismus entstehen. Wenn die höhere Kunst sich ganz isolirt: so kann sie es hassen, wenn in der Masse eine lebendige Gesinnung sich offenbart, weil diese überall nach irgend einer freien Thätigkeit strebt, und dies Bestreben scheint die Genauigkeit des Gehorsams zu gefährden. Die niedere mechanische Geschikklichkeit in denen, welche entweder fremde sind oder doch weil aus dem Zusammenhang mit der Volksthätigkeit beharrlich herausgesezt dem innern bürgerlichen Leben fremd geworden, kann zwar nicht hassen, aber stolz auf ihre Verbindung mit der höheren Kunst und auf ihre dadurch erworbene Sicherheit kann sie die Gesinnung als überflüssig verachten wollen. Auch die Gesinnung ihrerseits kann zum Haß gebracht werden gegen die Kunst; gegen die niedere, eben wenn sie sich brüstet mit Fertigkeiten, durch welche doch der Mensch nur die Stelle der Maschine vertritt; gegen die höhere, wenn sie mit berechnender Kälte den möglichen Menschenaufwand abschäzt, und aus reiner Lust und Freude dann das tragische Spiel betreibt, welches nur durch den Drang das gemeine Wesen zu retten vertheidigt werden kann. Daß diesem Antagonismus auf alle Weise muß vorgebeugt werden, leuchtet wol ein. Je weniger nun politisches Leben in dem ganzen ist, um desto leichter werden auch die Befehlshaber wie andere Künstler sich von demselben entfernen, alle Motive und politischen Zwekke des Krieges für etwas ihnen ganz fremdes erklären und sich darauf beschränken wollen mit ihrer Kunst auf das vollkommenste dem ganzen zu dienen. Je mehr politisches Leben erwacht ist, um desto tiefer werden sie selbst darin eingetaucht bleiben und sich dadurch vor jenem Haß gegen die mitwirkende Gesinnung bewahren, indem sie sie selbst theilen. Von dieser Seite angesehen erscheint also die Marime alles durch die Kunst allein ausrichten zu wollen nur als die eines untergeordneten Entwikklungszustandes. Die Masse im Gegentheil kann von lebendiger Gesinnung nur aufgeregt sein in dem Maaß, als politisches Leben schon verbreitet ist, und sie wird zum Kunsthaß der Naturalisten nur sofern geneigt sein, als das Treiben der Kunst in ihren beiden Zweigen ihr noch fremd ist, d. h. wenn sie erst frisch zu dem neuen Geschäft kommt, und kriegerische Gewöhnung noch nicht tief in sie eingedrungen ist. Hieraus sieht man im allgemeinen, auf welcher Entwikklungsstufe am leichtesten das rechte Gleichgewicht zwischen dem Kunsttrieb und der Macht der Gesinnung zu erreichen ist. Vergleichen wir aber diese beiden Motive mit dem bisher gesagten, so ist wol klar, daß, ist alles übrige gleich, das kältere Princip der Kunst am meisten Raum findet in den Geschäftskriegen, welche, da gewöhnlich nur Eine Function gehemmt und Ein Theil leidend ist, selten allgemeines Interesse erregen; das feurige Princip der Gesinnung aber wird mehr vorherrschen in Ideen- und Entwikklungskriegen. Eben deshalb wird eine stehende Rüstung von Söldnern das, was sie werden kann, allein auf dem Wege der Kunst werden. Denn eine solche Masse giebt sich am besten her zum reinsten Gehorsam ohne das mindeste hinzuzuthun zum befohlenen. Ein frisch gehobener Aufstand aber wird alles für's erste nur werden müssen durch die Gesinnung, wenn nicht dafür gesorgt ist, daß er wenigstens die leitende Kunst schon vorfindet. Besteht aber auch die stätige Rüstung aus nach der Idee des Aufstandes ausgehobenen, dann wird sich am leichtesten die höhere Kunst mit der Gesinnung aussöhnen, und eben so leicht von der kleineren Masse auf die größere das Vertrauen auf die von jener schon erprobte Kunstleitung übergehen. Das Ziel der isolirten Kunst ist das ganze Heer zu der trefflichsten Maschine zu machen, die dann aber eben so gut gegen dasselbe Interesse als dafür zu gebrauchen ist, wenn sie nicht durch die Gesinnung an das ganze gebunden ist. Das Interesse der isolirten Gesinnung ist das Heer zu einem organischen ganzen zu bilden, welches in jedem Theil Lebensgefühl und Lebenskraft, der inneren Einheit wegen aber in allen von selbst übereinstimmende und angemessene Bewegung habe. Allein dies ist ein leerer Gedanke ohne eine leitende Einheit, und der Zusammenhang dieser mit der Masse ist nicht denkbar ohne mechanische Geschikklichkeit. Beides muß also vereint angestrebt werden aber auf verschiedene Weise, je nachdem die Zusammensezung des Heeres in seiner Vollständigkeit verschieden ist, und die Natur des Widerstandes mehr zu diesem als zu jenem auffordert. Die vollkommenste Annäherung zwar ist wol nur da, wo der Gegensaz zwischen der stätigen Rüstung und dem momentanen Aufstand auf das vollkommenste gelöset ist, nämlich in dem abwechselnden und vorübergehenden Begriffensein der ganzen Volksmasse in der stätigen Rüstung; wonach aber, wo dieser Zustand noch nicht erreichbar ist, vorzüglich bestimmt werden muß, wohin das relative Uebergewicht am besten gelegt wird, das ist aus den abgestekkten Gesichtspunkten leicht zu verzeichnen. Ja auch die am meisten ventilirten untergeordneten Fragen, sofern sie nicht rein technisch sind, bis zu welchen die Untersuchung nicht herabzureichen scheint, werden sich dennoch daraus für jeden Fall entscheiden lassen, wenn man nur die verschiedenen Interessen unter die aufgestellten Gesichtspunkte bringt, nachdem man das gegebene richtig ins Auge gefaßt. Nur eben weil ein Urtheil über den vorliegenden Fall zum Grunde liegt müßte die Untersuchung aus den Grenzen des allgemeinen hinausgehen.

Ich würde hier schließen, wenn ich nicht glaubte noch eine Bemerkung hinzufügen zu müssen. Es ist nämlich oft von dem militärischen Geist die Rede, als ob er ohnerachtet der verschiedenen Bildung der Heere nur einer wäre, und als ob diese Bildungen sich mehr dadurch unterschieden, daß die eine diesen Geist mehr die andere ihn weniger begünstige, und nicht vielmehr so, daß jede ihn anders modificire. Und doch kann nur dieses das wahre sein. Denn der militärische Geist kann nichts anderes sein als das, was den geistigen Thätigkeiten der Mitglieder eines Heeres als solchen gemein ist und also das geistige Leben des Heeres ausdrükkt, und zwar vorzüglich in dem Verhältniß zum Gesammtleben des Staates und zum besonderen der einzelnen Bürger. Es müssen also zu demselben alle Functionen des Heeres beitragen, und so wie diese in verschiedenem Verhältniß stehen wird auch der militärische Geist ein anderer sein. Das Verhältniß von Autorität und Unterwürfigkeit zwischen den befehlenden und gehorchenden ist eben so wenig für sich allein der militärische Geist, als der Mechanismus allein ein Heer bildet. Und die rohe Tapferkeit ist eben so wenig der militärische Geist, als die kunstlose Vereinigung zum Widerstande allein ein Heer bildet. Er bedarf freilich um wirklich zu widerstehen der Kühnheit, und um nicht in seiner eignen Expansion unterzugehen der strengen Zusammenhaltung durch Gehorsam. Aber nur hervorgehend aus dem θυμός sind Tapferkeit und Gehorsam Bestandtheile des militairischen Geistes. Und wie ein Volk, welches mit Aufopferung seiner Gewerbsthätigkeit im permanenten Aufstand ein offensives Leben führt, weder Staat ist noch Heer: so ist auch der Raubgeist nicht der Geist des Heeres sondern seine Ausartung. Eben so, wie eine Söldnermasse ganz von der productiven Thätigkeit ausgeschlossen sich eigentlich immer außer dem Staat befindet: so ist auch der kriegwünschende Sinn solcher nicht der Sinn eines Heeres sondern seine andere Ausartung. Sondern die Basis des militairischen Geistes ist allemal der Widerstandstrieb (θυμός) eines Volkes. Der Widerstandstrieb aber kann nur erwachen in dem Maaß, als das Volk sich eng und fest verbunden fühlt, und er ist also nichts anderes als die zum Streit aufgerufene Vaterlandsliebe. Da aber der Krieg nur ist, insofern es auch Frieden giebt: so muß auch jene Aufregung begrenzt sein; sie darf nicht ausarten weder in einen allgemeinen feindseligen Sinn noch in einen specifischen Nationalhaß, sondern er muß das Princip des künftigen friedlichen Verkehrs in sich tragen, und dies zeigt sich theils in der Schonung des Eigenthums, theils im Wohlwollen gegen die Personen außerhalb des Streites selbst. Beide sind also wesentliche Bestandtheile des militärischen Geistes, aber die verschiedene Mischung dieser Elemente gestattet ein ganz verschiedenes Temperament, welches nur das Resultat des Volkscharakters, der Entwikklungsstufe und der äußern Lage sein kann.

IV.

Zur Ethik.

Ueber Platon's Ansicht von der Ausübung der Heilkunst. Gelesen in der Plenarsitzung der königlichen Akademie der Wissenschaften am 28. Jul. 1825.

Ueber Platon's Ansicht von der Ausübung der Heilkunst *).

Wenn die Strenge, mit welcher Platon in seinem Staate gegen die Dichter verfährt, durch eine lebhafte Ueberlieferung fast allen Frauen und Knaben bekannt ist, und die reinen allgemeinen Kunstfreunde von je her zum heftigsten Widerspruch aufgefordert, desto mehr aber von einzelnen strengen Sittenrichtern Beifall erhalten hat: so ist hingegen von der Art, wie dieser Weltweise die Zulassung der Aerzte beschränkt, ohnerachtet sie eben so sehr unsern Bedürfnissen und unsern Gewöhnungen widerspricht, und in jeder Hinsicht nicht minder parador erscheint, gar wenig die Rede gewesen; sei es nun, daß beide Theile, Aerzte sowol als kranke, für besser gehalten haben diese Sache gar nicht aufzuregen, damit nämlich der schlafende Löwe, das Gewissen, nicht gewekkt werde, oder daß man es nicht der Mühe werth hielt Ansichten zu berükksichtigen, welche einer Zeit angehören, wo Flüsse und Dünste noch als neue Krankheitsnamen bewundert wurden, also das zarteste Lebenselement, die Kränklichkeit, selbst noch so gut als völlig unentwikkelt war. Mir jedoch als einem

*) Gelesen in der Plenarsitzung der königlichen Akademie der Wissenschaften am 28. Julius 1825. J.

nachdenklich mit schwacher Gesundheit kämpfenden, der viele Jahre lang nach den entgegengesezten Seiten gezogen, hier von der Liebe zur gewohnten Thätigkeit, dort von dem Gehorsam gegen den Arzt, schon ohnedies niemals frei gewesen ist von Gewissensscrupeln, und also von dieser Seite nichts zu verlieren hatte sondern nur gewinnen konnte durch jeden neuen Versuch eine richtige Formel zu finden für dieses beschwerliche Verhältniß, mir kam es nicht nur gar nicht unerwünscht, als ich neulich bei der Behandlung des Schriftstellers seit langer Zeit wieder auf diese Stellen gestoßen wurde, sondern da ich einmal, mag es ihm nun genehm sein oder nicht, eine Art von Dolmetscher des Mannes bin, konnte ich der Versuchung nicht widerstehen mir seine Gedanken weiter zu entwikkeln und sie auch auf unsere Lebensweise anzuwenden.

Die Sache ist aber diese. Im Charmides, wo ein schöner Jüngling über Kopfweh klagt, nimmt Platon einen gar herrlichen Ansaz die Heilkunde recht zu vergeistigen, von einer ausländischen Weisheit ausgehend, daß wegen des allgemeinen Zusammenhanges ein Theil des Körpers nicht könne geheilt werden ohne Behandlung des ganzen, aber eben so auch nicht der Leib ohne Behandlung der Seele; und man weiß nur nicht recht, würde er es mehr mit denen Aerzten unserer Tage halten, welche zwar keine Gabe Weinsteinrahm oder Bittererde verschreiben können ohne ausführliche Besprechungen für die Seele hinzuzufügen aber doch noch verschreiben, oder gar mit denen, denn es soll solche geben, welche ihrer ursprünglichen Kunst ganz untreu geworden auch die einfachste körperliche ja sogar die geistigste Art auf den Körper unmittelbar zu wirken sich nicht mehr erlaubt halten, sondern ihre kranken nur mit geistlichen Besprechungen für die Seele bedienen wollen. So im Charmides; in den Büchern vom Staat hingegen hält Sokrates sich an das materiellste in der Heilkunst, und muthet uns zu, wenn der Arzt nicht im Stande ist in der Geschwindigkeit durch Aderlassen und Vomiren, durch Schwizen Brennen und Purgiren die Krankheit zur Entscheidung zu bringen: so sollen wir andere Rathschläge und Verordnungen gar nicht von ihm anhören sondern ihn gehen heißen und die Sache sich selbst überlassen; so daß er uns in seinem Staat, wie nur eine dorische und strenge Musik, so auch nur eine dorische ja rustike Heilkunst übrig läßt, und jede Behandlung verwirft, die mehr nach der lydischen oder jonischen Tonart zu klingen scheint.

Wenn es nun auch nicht leicht ist gleich zu sehen, wie dieses beides zusammenstimmt: so darf man doch auch nicht zufahren und um sich aller Händel zu entledigen entweder den liebenswürdigen kleineren Dialog für unächt erklären, oder etwa die Meinung aufstellen, daß eines von beiden oder gar am liebsten beides wol nur zu dem schwierigen Scherz gehöre, der sich durch alle platonischen Werke hindurchzieht. Denn mit allem, was Platon in den Büchern vom Staate aufstellt, ist es ihm nun einmal der bitterste Ernst, wie fremd auch und fast widersinnig uns vieles davon erscheine. Aber auch mit jenen Besprechungen im Charmides ist es ganz ehrlich gemeint, und gewiß wird sein Sokrates sich nicht wollen nehmen lassen, daß die Besonnenheit die Grundlage auch der körperlichen Tüchtigkeit sei, sofern nur irgend diese von der Seele Einwirkung auf den Leib ausgeht und abhängt. Genauer betrachtet läßt sich aber auch beides füglich mit einander vereinigen, wenn man bedenkt, daß es ein öfter wiederkehrendes schmerzhaftes Uebel war, welches den Charmides quälte, und daß also vorauszusezen ist, jene einfachen ärztlichen Waffen seien bereits vergeblich verschossen gewesen gegen dieses böse Kopfweh, und der Arzt also, gemäß der anderen Regel, bereits nach Hause geschikkt. Die platonische Theorie würde demnach beide Stellen zusammengenommen also lauten. In Krankheitszuständen sollen wir uns dem Arzt hingeben zu den genannten und andern einfachen Versuchen, denn wenn wir seitdem mehr schnellwirkende Mittel erfunden haben, als die in seinem Staate beschriebenen, wird Platon sie uns nicht mißgönnend verbieten. Wenn aber durch solche Mittel das Uebel nicht bald besiegt würde: so sei auch kein weiterer Verkehr mit dem Arzt zulässig, und jeder müsse bei allen Leiden, welchen nicht ein schneller Ausgang gewiß ist, anstatt sich auf eine langwierige Behandlung und zeitkostende Verordnungen einzulassen, mit demjenigen Zustande vorlieb nehmen, der aus der Einwirkung einer wohlgeordneten Seele hervorgeht, und den man die Gesundheit des guten Willens nennen möchte.

Das ist die platonische Theorie, welche die würdigen Aerzte vieler Geschäfte ja wol des größten Theiles derselben überhebt, und offenbar für die kranken einfach ist und wenigstens in sofern leicht zu befolgen, als niemals eine Ungewißheit eintreten wird, was zu thun sei, da bei unserer Weise wol jeder oftmals schwankt, ob er nicht doch der Pflege eines schwächlichen Körpers mehr einräumt als billig, und ob er sich nicht schämen sollte die heilkundigen Männer auf solche Weise, wie häufig geschieht, zu bemühen. Aber freilich der Unterschied zwischen dieser Vorschrift und unserer Lebensweise ist so groß, und die Veränderungen, welche wir vornehmen müßten, um uns mit jener in Uebereinstimmung zu sezen, sind so weit um sich greifend, daß wir hiesigen und die Männer im platonischen Staat einander nur gegenseitig zurufen können, Ich kann nicht hier du dort nicht wohnen, Gemeinschaft ist uns nicht verliehn, und daß niemand hier wagen dürfte eine solche Lehre im Ernst zu empfehlen. Allein auch Platon, wenngleich durch Realisirung seiner Theorie in seiner hellenischen Welt nicht soviel Bade- und Brunnenörter — von den magnetischen Tischen nicht zu reden — zu Grunde gerichtet worden wären, und nicht soviel auf langdauernde Curen berechnete Arzneimittel außer Umlauf gesezt, und nicht soviel zarte Verhältnisse zwischen den Aerzten und lebenslänglichen Patienten zerrissen: dennoch war Platon's Lehre auch mit seiner Zeitgenossen Art und Weise wie man deutlich sieht schon in so bestimmtem und grellem Widerspruch, daß man schon von selbst voraussezt, er habe noch andere Gründe gehabt als bloß die zuerst in die Augen fallende moralische Simplificationsmethode.

Sein erster Saz nun ist der, daß einem jeden im Staat etwas obliege zu verrichten, und er führt uns die ehrlichen Leute die Handwerker als Beispiel auf, als welche sehr bald, wenn der Arzt Anstalt macht zu einer langwierigen Behandlung, sich ihm aus den Händen winden und sagen würden, daß sie nicht Zeit hätten auf solche Weise krank zu sein, ihre Geschäfte nämlich lange im Stich lassend; und dieses Beispiel verallgemeinert er durch die Behauptung, daß den reichen dasselbe obliege wie den armen. Sollen wir nun dieses gelten lassen, und scheint nicht etwas erschlichen zu sein theils dadurch, daß das ärztliche Geschäft und auch die eigene Sorge für die Gesundheit ganz auf den Staat bezogen wird, theils auch dadurch, daß in dieser Hinsicht alle einzelnen einander gleichgesezt werden? Was das erste betrifft, so scheint zwar auf den ersten Anblikk unsere moderne Ansicht sehr von der alten und besonders auch der von Platon aufgestellten verschieden zu sein; allein gehen wir nur weit genug zurükk: so gleicht sich beides leicht gegen einander aus. Daß es Aerzte giebt, entspringt mit aus der Vertheilung der Arbeit, und diese steht im genauesten Zusammenhang mit der Entstehung des Staates, weil Vertheilung ohne Gewährleistung nicht auf die Länge fortbestehen könnte. Jeder also im Staat verrichtet auch das seinige im Staat, d. h. unter dessen Gewährleistung und im allgemeinen in dessen Interesse. Der kranke selbst soll geheilt sein wollen, um das seinige zu verrichten, und der Arzt soll seinem Geschäft auch nur in eben diesem Sinne und als ein beauftragter des Staates obliegen. Auch können wir nicht läugnen, daß der Staat auch bei uns, und ganz vorzüglich, das Ansehn hat die Aerzte als in seinem Interesse handelnd zu betrachten, da er verhältnißmäßig ausnehmend viel auf ihre Ausbildung verwendet, wie auch wiederum nur unter der Voraussezung, daß die Gesundheit um des allgemeinen Wohls willen gesucht wird, die galenischen Reichthümer dem Staate zur Zierde gereichen; würde aber die Gesundheit nur gesucht um die Genußfähigkeit zu erhalten und wiederherzustellen: so wären sie nur ein trauriger Beweis mehr von einem höchst gesteigerten Sybaritismus. Also die Regel steht fest, daß eine ärztliche Behandlung, welche die Fähigkeit nicht wiederherstellt das seinige zu verrichten, auch von dem, der etwas zu verrichten hat, nicht angenommen werden darf, wie Platon sagt, und hierin also ist nichts erschlichenes. Wenn er aber auch dieses noch sagt, daß im Staate jeder etwas zu verrichten habe ohne Unterschied des Reichthums und der Armuth, also auch wol der geistigen: wollen wir ihm etwa jene trefflichen Staatsbürger entgegenhalten, dergleichen es doch auch zu seiner Zeit schon gab, welche weil sie nur vom Ertrag eines überkommenen Geldvermögens leben in der That nichts zu thun haben als ihre eigenen Rechnungsbücher in Ordnung zu halten, und die dem Staate doch als bloße Verzehrer sehr nüzlich sind? oder wollen wir uns dieser zwar schämen und ihm gestehen, daß sie nicht mitgerechnet zu werden verdienten, wenn sie nicht noch anderswie als Hausväter und Erzieher oder als thätige Gemeinglieder das ihrige verrichteten im Staat, dafür aber dem dichterischen Philosophen das Wort des philosophischen Dichters entgegenstellen, Gemeine Naturen zahlen mit dem was sie thun, edle mit dem was sie sind? Ich wenigstens möchte ihm nicht diesen Spruch unbehutsam preisgeben, noch es darauf wagen, was für Leute von den unsrigen er mit der Frage, ob diese nun edle Naturen wären, herbeiholen, und wie er mich verspotten würde, wenn ich glaubte, der Dichter könne ein unthätiges Dasein gemeint haben, da doch schon die Schönheit der Gestalt sich nur sehr unvollkommen in gänzlicher Ruhe darstelle, der Adel der Natur aber nur in der Thätigkeit könne wahrgenommen werden.

So lange wir also jener dorischen Weisheit nicht widersprechen, welche den Werth des Lebens in der richtigen Thätigkeit sezt und diese Richtigkeit bestimmt aus dem gemeinsamen Bedürfniß des ganzen und den besonderen Fähigkeiten und Stellungen der einzelnen: so werden wir soviel unbedenklich zugeben müssen, daß diejenige ärztliche Behandlung die trefflichste sei, welche in der kürzesten Zeit auf das dauerhafteste die Fähigkeit zu aller bisherigen Thätigkeit wiederherstelle; aber ob wir auch so kurz angebunden sein sollen wie Platon, und in Ermangelung dieses besten gar nichts von den Aerzten begehren, sondern uns gleichsam schmollend der Krankheit allein überlassen, das ist billig zu bezweifeln, wenn auch nur aus dem Grunde, daß die dafür angegebene Marime, daß man nicht Zeit haben müsse krank zu sein mit langer Hintansezung der Geschäfte, doch zu weit führen kann, wenn etwa einem ungeduldigen auch den Erfolg eines Brechmittels abzuwarten oder das Ausschneiden und der Verband einer Wunde schon zu lange währen wollte, und um wie Platon sagt aller Händel entledigt zu sein lieber auf das schnellste der eine am Stikkfluß sterben wollte und der andere am kalten Brande. Denn übrigens, wenn ich nur eine sichere Bestimmung finden könnte, gar nicht sehr weit von diesem Eigensinn, so wollte ich gern in der Nähe des Platon bleiben und mit der größten Zuversicht die unter uns eingerissene Weichlichkeit bekriegen, von welcher die bitter getadelten Zeitgenossen des Sokrates noch unendlich weit entfernt waren. Denn was ist doch der selymbrische Herodikos, den Platon als den Erfinder dessen, was er νοσοτροφία Krankheitsfütterung nennt, gleichsam an den Pranger stellt, gegen die unsrigen, die sich jährlich in die Brunnencur schikken lassen, im voraus schon auf die Wiederholung ich weiß nicht ob gefaßt oder lüstern, und entrüstet, wenn etwa einmal ein unüberwindliches Hinderniß ihnen den gewohnten Weg versperrt, in welchem Zustande sie eigentlich weniger leben als nur Ball gespielt werden von zwei Aerzten, deren einer sie zu Hause das Jahr über nur eben so hinhält, daß sie wieder zum Brunnen können, und der andere sie dort nur so weit bringt, daß sie wiederkommen müssen, und das bei erbärmlicher Lebensweise und wo möglich oder nöthig geflissentlicher Enthaltung von allen vernünftigen Gedanken. Und wie viele andere langwierige Behandlungen giebt es nicht, nichts besser als diese, weil sie eben so sehr auf ganz unbestimmte Zeit hinaus den ganzen Menschen nur zum Pfleger und Aufwärter seiner Krankheit machen, um die er sich den ganzen Tag abmüht. Dieses heißt in der That wie Platon sagt sich den Tod lang machen, und den einen grandiosen Act des Sterbens durch unzählige eingelegte Pausen zu einer nichts bedeutenden Zeit ausdehnen, oder wie der weise von Tarsos sagt aus Furcht des Todes sein lebelang ein Knecht sein. Wie unwürdig weichlich alles ist, was dem gleicht, das leuchtet ein. Wenn aber doch das entgegengesezte auch in seiner ganzen Schärfe nicht festgehalten werden kann: so ist wol, wenn man nicht ganz aufs Gerathewohl handeln will, nichts anders zu thun als die Extreme fest ins Auge zu fassen, und zu sehen, was sich zwischen denselben mit einiger Bestimmtheit abgrenzen läßt. Denn wenn wir erst einiges wissen, was der Arzt nicht darf, und einiges, was der kranke nicht darf: so läßt sich dann vielleicht sehen, wie beide auf das bestimmteste und gedeihlichste in der Mitte zusammenkommen.

Zuerst also, von dem Grundsaz ausgehend, daß die Thätigkeit in der Gesellschaft und für sie das Leben ist, wenn der Arzt voraus weiß, daß der kranke zu keiner Thätigkeit wieder hergestellt werden kann, darf dieser etwa, anstatt den Arzt bloß wegzuschikken, wie Platon empfiehlt, ihm Gift abfordern, damit auch der falsche Schein des Lebens nicht fortdaure? Offenbar wenigstens darf es der Arzt nicht geben, oder er würde das seinige nicht verrichten; denn das Tödten ist nicht das Geschäft, welches ihm zugefallen ist bei der Vertheilung der Arbeiten. Ja auch bloß schmerzstillende Mittel, sofern sie in der Krankheit nichts ändern können, würde eigentlich unter seiner Würde sein zu verordnen, weil er nur Heilmittel verordnen soll; sondern höchstens kann er ihren Gebrauch erlauben innerhalb solcher von ihm zu bestimmenden Grenzen, worin er nicht nachtheilig werden kann. Denn Schmerzen stillen und angenehme Empfindungen hervorbringen ist ein und dasselbe Geschäft; da nun das lezte dem Arzte nicht zukommt, gebührt ihm auch nicht das erste; sondern, wie es denn auch geschieht, der Zukkerbäkker mag solche Säftchen oder Salben feil haben, wenn er nur unter guter Aufsicht gehalten wird. Ist nun aber die Krankheit nicht zu heben, kann dann der kranke von dem Arzt verlangen, daß er Mühe und Fleiß an ihn wende, um ihn in diesem kranken Zustande so lange als möglich zu erhalten? Ich glaube wenigstens, der Arzt thäte nicht recht es zu gewähren, denn er würde nach Platon nicht das seinige verrichten; denn den Leib zu erhalten, wie er eben ist, dieses Geschäft ist ihm nicht übertragen, sondern dem Koch, und er könnte also mit Recht zu dem kranken sagen, Ich habe genug in dem meinigen zu thun; wollte ich nach deiner Erhaltung sehen: so könnten alle gesunden dasselbe von mir verlangen, weil ihnen ja allen der Tod immer näher kommt; sondern laß dir nur vom Koch solche Speisen und Getränke bereiten, wie sie dir am angemessensten sind, und halte dich hin ohne mich, bis eben deine Stunde schlägt. Umgekehrt aber wenn nun die Krankheit eine solche langwierige ist, bei welcher ja doch immer noch einige Thätigkeit übrig bleibt, und wo demnach dieses beides in Betrachtung kommt, daß die Krankheit eine Störung ist in den organischen Functionen, und daß sie eine Hemmung ist der Berufsthätigkeit: darf alsdann der Arzt diese Hemmung durch seine Vorschriften noch vergrößern, damit vielleicht jene Störung etwas geringer werde? Dies ist die falsche Rechenkunst, worauf vorzüglich Platon's Tadel geht, und was auch bei uns so ungeheuer übertrieben zu werden scheint. Um den Fall recht klar zu denken, gehen wir einen Schritt weiter. Der Arzt erscheine mir an einem schönen Morgen, wo ich gar kein oder nur ein unbedeutendes Gefühl von Uebelbefinden habe, und gebiete mir wahrsagend, ich solle mich heute und morgen zu Hause halten oder gar im Bette, weil ich sonst übermorgen würde krank werden. Offenbar doch werde ich nicht anders können als ihm antworten, ich wolle die Krankheit übermorgen erwarten; denn ich könne mich für meine Geschäftsversäumniß nicht legitimiren mit seiner Weissagung, weil er nämlich auch nicht als Wahrsager angestellt sei. Ist es aber nicht ganz dasselbe, wenn ich schon kränkle, soll aber die Thätigkeit, die ich noch üben kann, suspendiren, damit ich nicht etwa übers Jahr noch etwas mehr kränkle? Für jede Thätigkeit werden die späteren Jahre immer die schlechteren, wer will sich also zumuthen lassen einen bestimmten Verlust zu machen an den besseren Jahren um eines ungewissen Gewinnes willen an schlechteren? Sieht man lediglich darauf, was ausgerichtet werden soll: so läßt sich freilich grade in einer wohleingerichteten Gesellschaft am leichtesten denken, daß die Geschäftsgenossen sich gegenseitig Gewähr leisten für die Erfüllung des gemeinschaftlichen Wirkungskreises. Aber dem Menschen kommt es doch nicht allein auf das Werk an, welches ein Gemeingut ist; sondern sein Leben ist die Thätigkeit, und nur durch sie ist er auch im Staate ein Mann und keine Null. Welcher Unterschied aber in dieser Hinsicht zwischen dem gesunden, der für den kranken arbeitet, und diesem, der in die Bäder geschikkt ist. Und zwar noch ein ganz anderer Unterschied ist dies als zwischen dem arbeitstüchtigen und unthätigen. Denn einige Wochen Muße verordne ich mir selbst gern, und denke es auch bei Platon zu verantworten, wenn ich ihn erinnere, daß unter seinen Zeitgenossen im täglichen Leben ein ganz anderes Verhältniß stattfand zwischen freier Muße und an die Stunde gebundener Arbeit, und daß es sich bei uns nicht anders will thun lassen, als daß wir in größeren Massen nachholen müssen, was uns im kleinen versagt ist, wie denn auch hier weniger von einem körperlichen Heilmittel die Rede ist, als davon, daß die unmittelbare geistige Abspannung, die nur zu leicht eintritt bei unserer Lebensweise, gehoben werden soll, indem eine freiere Thätigkeit an die Stelle einer gebundenen tritt. Dabei also kann ich mich noch wohlbefinden, wenn der Prozeß der Thätigkeit eine Zeit lang nicht im Treibhause geht sondern im freien, wo alles besser wurzelt und bekleibt, und viel besser dünke ich mich daran zu sein, als wer sich unterdeß der Heilung wegen in den Bädern, diesen νοσοτροφειοις Krankheitsmästereien, wie sie Platon gewiß würde genannt haben, unter dem gesundheitlichen Auswurf der Generation herumtreibt, wo jeder sich nicht nur unthätig verhält, sondern gar nichts anderes ist als — denn ich muß es fein ausdrükken, weil es hier vornehm hergeht — der dienstthuende Kammerherr seiner Krankheit, die er überall hingeleitet und ihr Plaz und Ehrfurchtsbezeigungen verschafft, selbst aber auch so von Ehrfurcht gegen sie erfüllt ist, daß wo zwei solche sich begegnen sie auch, recht wie leidenschaftlich treue Diener, von nichts anderem und lieberem reden als von ihrer hohen Herrschaft und von deren guten oder schlimmen Launen. So daß man kaum begreift, wie einer, der noch etwas auf sich hält, einen andern überreden oder sich selbst überreden lassen kann zu einer solchen Darstellung des menschlichen Lebens, wie dort geliefert wird, seinen Beitrag zu geben; und nur die große Anzahl solcher edlen Naturen, welche ihre Schuld an das Gemeinwesen nur dadurch abtragen, was sie in der feinern Geselligkeit sind, und der Wetteifer, den diese in andern erregen, machen die weit verbreitete freiwillige Theilnahme an diesen Anstalten, in denen die feinere Geselligkeit sich nach einer besonderen Gesezgebung ausbildet, einigermaßen begreiflich.

Indessen gegen die platonische Maxime, der Arzt solle weder in langwierigen Krankheitszuständen noch in erst muthmaßlichen und noch unentschiedenen seine Kunst so ausüben, daß er die Geschäftsthätigkeit suspendirt, welche der Zustand noch übrig läßt, gegen diese wird viel häufiger gefehlt als nur durch unsere Bade- und Brunnen-Euren, und der weichliche Gehorsam der kranken ist fast überall und unter allen Ständen mit Ausnahme derer, die von der Hand in den Mund leben, derselbe, so daß sich die Frage aufdrängt, aus welchen Gründen doch diese unsittliche Praxis so allgemein geworden ist, daß man zweifelhaft sein muß, ob mehr durch die Bereitwilligkeit der kranken die Aerzte sich verleiten lassen über ihr Gebiet hinauszugreifen, oder ob mehr durch die willkührliche Gewalt der Aerzte die sittliche Richtung der kranken ist gebändiget worden? Hierüber glaube ich zwei Geheimnisse ausplaudern zu können, deren eines ich unbedenklich mittheile, weil es wol jeder schon weiß, nur daß es keiner ausspricht; vom andern aber würde ich nicht reden, wenn es nicht doch im Platon stände. Das laute Geheimniß ist dieses, daß nichts in der Welt verführerischer ist als dieses, was Platon die Krankheitsfütterung nennt, gefüttert aber wird sie mit geschäftiger Unthätigkeit. Denn jedermann hält etwas auf seine Pflicht, nicht nur wie sie ihm der Buchstabe des Gesezes oder Vertrages anweiset, sondern auch wie er selbst sie sich abstekkt; wenn also der kunstverständige irgend auf dringende Weise sagt, es sei nothwendig um seiner Erhaltung willen die Pflicht auf eine Zeit lang bei Seite zu legen, die Geschäfte würden sich desto besser dabei stehn, wenn er ihnen erhalten würde: so fängt diese leere Rede nur gar zu leicht, und ich möchte sagen, wer nur Einmal sich überreden lasse einen Tag unnüz im Bette zu bleiben, der sei in dieser Hinsicht verloren; und hier heißt es besonders beim ersten Mal, Nur heute heute nur laß dich nicht fangen, so bist du hundertmal entgangen. Das zweite aber, was ich nur gebe wie es im Platon steht, ist dieses, daß ein Künstler selten die Kunst allein übe, nach der wir ihn benennen, sondern die meisten üben außer dieser noch eine andere, nämlich die Geldmacherkunst, von dieser aber sei ein großer Theil die Schmeichelei, welche am besten das Geld aus dem Beutel des einen in den des andern zaubere. Diese also schleiche auf solche Weise ein in die meisten Künste und verderbe nicht nur die Werke, sondern wenn man aus den Werken guter Meister dann die Regeln der Kunst abmerken wolle, so verderbe sie auch die Regel. Nun sei jene Rede, welche ermahnt, daß man sich von der Thätigkeit lossagen solle um sich selbst zu schonen und zu erhalten, weil sie einen großen Werth auf die Fortdauer der Person lege, eine Schmeichelrede und als solche ganz trefflich und also auch für den Erwerb unvergleichlich; aber weil dergleichen die Aerzte nicht als Aerzte sagen, so finde auch hier der Gehorsam keine Anwendung, welchen überall der Laie dem Künstler zu leisten habe. Daher es denn auch gewöhnlich so geschehe, daß die weichlichen sich solche Aerzte aufsuchen, welche jene Schmeichelreden üben, und so nehme auch diese falsche Uebung der Heilkunde überhand mit der Weichlichkeit. Diejenigen Aerzte aber, welche neben ihrer Kunst die Erwerbskunst nur üben, sofern es geschehen könne ohne ihre Kunst zu verderben, und daher den kranken zureden und sie auch wol mit harten Worten ermahnen, wenn sie etwa sich mehr nachsehn wollen als billig, diese werden auch nur von dorisch gestimmten Gemüthern gesucht, wie Platon's Rede lauten würde, und beide wären dann einig darüber, daß der Geist nicht dürfe gestört werden um des Leibes willen. Ein jonischer Arzt aber und ein dorischer kranker oder umgekehrt würden nicht lange zusammen stimmen.

Wenn aber auch dieses alles klar genug vor Augen liegt: so sind doch noch bedeutende Einwendungen zu machen gegen die platonische Lehre. Denn einmal will er dem Arzt überall keine Verbote gestatten, auch nicht diätetische, denn das sagt er mit Berufung auf die homerischen Asklepiaden, die dem verwundeten Helden keine Vorschriften gemacht über Essen und Trinken, sondern er habe seinen pramnischen Wein genommen wie immer; und doch möchte ohne dieses Recht diätetischer Vorschriften jezt niemand wollen Arzt sein. Ja zweitens wegen des offenbaren Einflusses der geistigen Thätigkeiten auf die organischen Verrichtungen würde auch niemand wollen Arzt sein, wenn er nicht dürfe auch die Seele behandeln mit dem Leibe.

Was nun das erste betrifft, oder vielmehr beides, denn diätetischer Natur werden ja die psychischen Behandlungen des Arztes auch immer sein *): so dürfen wir freilich nicht vergessen,

*) Man nennt zwar auch noch etwas anderes so, wenn man nämlich um vortheilhaft auf den Körper zu wirken gewisse Gemüthszustände wie Liebe Zorn Todesfurcht absichtlich also gröߟtentheils ohne Grund und Erfolg zu erregen sucht. Doch davon kann wol gar nicht einmal die Rede sein als nur bei wahnsinnigen, für welche es keinen Unterschied zwischen Wahrheit und Lüge giebt.

daß Platon aus seinem Staat heraus redet, in welchem schon vorher und in gesunden Tagen die Lebensweise so einfach ist, daß es was Essen und Trinken betrifft nichts mehr zu verbieten giebt, und daß unsere Aerzte zufrieden sein würden, wenn sie ihre kranken schon immer bei der alltäglichen platonischen Diät fänden, und ihnen gern nichts weiter verbieten, sofern es nicht etwa die Krankheit selbst verbietet durch instinctartige Abneigung. Daß aber bei einer künstlichen Lebensweise den kranken diätetische Vorschriften nothwendig sind, wenn anders nicht auch die Mittel vergeblich gebraucht werden sollen, sagt Platon selbst *). Eben so sind auch dort die Gemüther so geregelt durch jene dorische Musik, und so in Ordnung gehalten durch die damit zusammenstimmenden Sitten, daß heftige Leidenschaften, die Stoff zu einer milesischen Fabel oder einer Tragödie geben könnten, dort ganz fremd sind, und der kranke solche Vorschriften, wie daß er sich vor Schrekk und Aerger hüten und sich nicht aufregenden Fantasien hingeben solle, als überflüssig belächeln würde, und zwar gleichviel ob es ein Mann ist oder eine Frau. Daher nun müßten wol unsere kranken froh sein, wenn die Aerzte sie könnten während der Krankheit in die Gemüthsfassung eines platonischen Bürgers hinein heilen. Und auch Platon dürfte nichts dagegen haben, wenngleich die Behandlung der Seele nicht das Geschäft des Arztes ist, sondern des Philosophen. Denn sein Sokrates sagt oft genug, daß im Staate die Aerzte herrschen über die kranken, und zugleich behauptet er, alles Heil beruhe darauf, daß die herrschenden müßten philosophiren. So darf er demnach nicht wehren, daß auch die Aerzte philosophiren, und dann als solche unternehmen auch die Seele zu behandeln. Auch wird er es nicht, nur fürchte ich, er werde sagen, Sie werden es doch nicht können, eure trefflichen Aerzte, wie eifrig sie auch lesen und die Weisheit treiben im Wagen zwischen den Krankenbesuchen, ihre Mäßigkeit auf die Probe stellen und erziehen bei Tafel, und sich

*) Republ. IV. 425, e. 426.

Abends in Beharrlichkeit und Geduld in Gemüthsruhe und Besonnenheit üben am Spieltisch. Denn sie werden zwar wissen herrliche Vorschriften zu geben für die Seele, aber nicht auch machen, daß sie befolgt werden und ihre Wirkung thun. Denn die Besprechungen für die Seele, nämlich die wahrhaftigen Reden und die ihnen angemessenen unverdorbenen Dichtungen, sagt er, wirken nicht plözlich wie die für das Fieber oder die Rose, sondern nur durch lange Uebung und Gewöhnung; daher es auch keine andere Behandlung der Seele giebt, als im großen durch die Gesezgebung und die Sitte, im einzelnen aber durch Unterweisung und Erziehung. In dem beschränkten Zeitraum einer Krankheit aber könnt ihr nicht eine ordentliche Behandlung an der Seele üben, sondern nur Kunststükkchen mit ihr versuchen auf Gerathewohl, und das mögt ihr denn immer thun, wenn ihr einen könnt mit gutem Gewissen für einen Karier erklären.

Um aber die Sache ganz auf das reine zu bringen, müssen wir noch einmal auf einen Unterschied zurükkkommen, den wir schon früher geltend gemacht und der sichtlich auch dem Platon vorgeschwebt hat, den wir aber wenigstens bestimmter aussprechen können, wenngleich wir uns wegen des näheren auf die Aerzte selbst berufen müssen. Das ist der zwischen acuten Krankheiten und chronischen. Daß er diesen im Sinne gehabt, ist mir klar aus dem Ausdrukk, man dürfe nicht Zeit haben auf solche Weise krank zu sein, daß man seine Geschäfte lange müßte im Stich lassen. Denn was ist in Bezug auf Krankheit lang und kurz, wenn wir nicht kurz nennen wollen was seinen Verlauf hat in einer bestimmten Zeit, mögen es nun drei Tage sein oder acht und zwanzig, lang aber was sich auf unbestimmte Art hinzieht? In den acuten nun ist der Mensch einmal auf eine bestimmte Zeit der Krankheit verfallen, und also auch dem Arzt, und wenn Platon diesem nicht vergönnen will seine Operationen über diesen ganzen Zeitraum auszudehnen: so soll er Unrecht haben ohne weiteres. Nun aber ist der Arzt auf diesem Gebiet allerdings wenn auch kein Wahrsager doch ein Zeichendeuter, und kann aus Erfahrung eine Wahrscheinlichkeit aufstellen, durch was für Thätigkeiten, wenn sie nicht vermieden werden, ein ungünstiger Ausgang, sei es nun unmittelbar der Tod oder sei es Umwandlung in eine chronische Krankheit, herbeigeführt werden könne. Giebt er nun auch dergleichen Rathschläge: so hat Platon immer Recht, wenn er sagt, daß wir sie gar nicht als Verordnungen anhören sollen, denn nur Einwirkungen auf die körperlichen Functionen gehören zu der Herrschaft des Arztes; auch jene aber als Verordnungen ansehen heißt immer den Grundsaz aufstellen, daß das Leben um jeden Preis müsse erhalten werden. Daher nun hier nicht das Ansehn des Arztes, sondern das Gewissen des kranken den Ausschlag geben muß, und es kann dringende Fälle genug geben, wo jeder kranke, der nicht ganz darauf verzichten will für tapfer gehalten zu werden, den Arzt nicht zwar geradezu gehen läßt aber doch seinen Rath zurükkweiset und ihm anheimstellt, was etwa verdorben werden könne durch eine Thätigkeit, die sich nicht ablehnen läßt, in der Folge durch verstärkte ärztliche Behandlung wo möglich wieder gut zu machen, wo aber nicht, so wolle der kranke den Schaden selbst tragen und den Arzt von aller Schuld entbinden. Gäbe es nun solcher tapferen viele: so würden auch die Aerzte — denn welcher wollte nicht lieber einen tapferen heilen als einen feigen — mehr auf ihre eigentliche Aufgabe zurükkommen, nämlich den ihrer Gewalt doch nicht untergebenen innern Einwirkungen des Geistes auf den Körper lieber durch die ihnen zu Gebot stehenden äußeren Einwirkungen der Mittel auf den Körper entgegen zu arbeiten. Wogegen es auf der andern Seite eine Donquixoterie der Pflicht oder der Arbeitsamkeit wäre, da sich ja leicht übersehen läßt, was in einem solchen Zeitraum versäumt werden kann, wenn wir nicht, wo keine dringende Noth entgegentritt, auch hierin dem Arzt folgen wollten, da wir ja doch bei gesunden Tagen mit gutem Erfolg für uns und das gemeine Wohl je weniger unsere Berufsthätigkeit mechanisch ist um so mehr die Regel des Dichters wahrnehmen, Drum heze dich nicht zur schlimmen Zeit, denn Füll' und

Kraft sind nimmer weit: hast in der bösen Stund' geruht, ist dir die gute doppelt gut.

Ganz anders aber ist es mit den chronischen Krankheiten überhaupt, und auch um bei dem lezten anzufangen was diese Regel betrifft. Denn da müssen wir auf alle Weise danach streben, daß die Zeit der Krankheit nicht noch für den Geist zur bösen Stunde gehöre, und müssen auf alle Weise suchen den Einfluß des Leibes auf den Geist um so mehr zu vermindern, je mehr der Leib selbst schon seinem Untergange entgegen geht, nicht aber den Geist um so mehr von dem Leibe beherrschen lassen, je schlechter dieser schon geworden ist. In solchen Zuständen also hat Platon vollkommen Recht, daß der Arzt nicht zu hören ist mit allen Rathschlägen, welche ein wenn auch nur theilweises Aufgeben der noch möglichen Geschäftigkeit enthalten. Und nicht nur schreitet der Arzt dadurch über seine Befugniß hinaus, sondern auch als Arzt hat er Unrecht, weil am meisten durch das Bewußtsein einer auch mit Anstrengung durchgesezten Thätigkeit ein heiterer Einfluß des Geistes auf den Leib erhalten werden kann. Nur das eine wird auch Platon zugeben, daß so wie jeder sich seine Thätigkeit im Staate doch wählt mit Rükksicht auf seine körperlichen Anlagen, so auch einer durch einen gänzlich veränderten Gesundheitszustand genöthiget werden kann seiner bisherigen Berufsthätigkeit zu entsagen und eine andere an ihre Stelle zu sezen, wie auch Sokrates selbst von seinem Freunde Theages ohne Tadel erzählt, daß eine in seinem Körper sich hegende Kränklichkeit ihn gehindert habe sich den Staatsgeschäften zu widmen, ohnerachtet dies ganz auf seinem Lebenswege gelegen. Allein nicht Rükksicht auf die Gesundheit soll eigentlich dergleichen Entschlüsse hervorbringen, sondern rein die Fürsorge für die Sache selbst, daß sie nicht, wenn wir als schlechte Arbeiter daran gehen, durch uns Schaden leide.

Dieses also sei über diesen Gegenstand platonisch gefabelt oder gelehrt, wie jeder es ansehn will. Gefabelt aber werden es alle finden, welchen die heutige Weichlichkeit schon so zur Natur geworden ist, daß sie es natürlich finden auch bloß vegetirend fortleben zu wollen, und sollten auch Aerzte und Wärter in großer Anzahl ihre ganze Zeit zum Opfer bringen, um Ein solches gehaltloses Leben hinzuhalten. Wenn nur diejenigen etwas von richtiger Lehre darin wahrnehmen, welchen auf der einen Seite am Herzen liegt, daß wir in wichtigen Dingen so wenig als möglich auf Gerathewohl handeln, sondern die Kunst des richtigen Lebens auch im einzelnen mehr auf etwas festes gebracht werde, und welche auf der andern Seite einsehen, daß wir uns weit mehr vor denjenigen Uebeln, welche aus der weichen und nachgelassenen Stimmung entspringen, als vor den entgegengesezten zu hüten haben.

V.

Zur Philologie.

1. Ueber das Verzeichniß der Schriften des Demokritus bei Diogenes Laertius. Gelesen in der Sitzung der historisch-philologischen Classe der königlichen Akademie der Wissenschaften am 9. Januar 1815.
2. Ueber die ethischen Werke des Aristoteles. Gelesen in der Plenarsitzung der königlichen Akademie der Wissenschaften am 4. Dec. 1817.
3. Ueber eine Glosse des Timäus. Gelesen in der Sitzung der historisch-philologischen Classe der königlichen Akademie der Wissenschaften am 8. Aug. 1826.
4. Ueber den Begriff der Hermeneutik, mit Bezug auf F. A. Wolfs Andeutungen und Asts Lehrbuch.
   A. Gelesen in der Plenarsitzung der königlichen Akademie der Wissenschaften am 13. Aug. 1829.
   B. Am 22. Oct. 1829.
5. Ueber Begriff und Eintheilung der philologischen Kritik. Gelesen in der Sitzung der philosophisch-historischen Classe der königlichen Akademie der Wissenschaften am 30. März 1830.

1. *)

Ueber das Verzeichniß der Schriften des Demokritus bei Diogenes Laertius. **)

Bei dem Bestreben die Fragmente des Demokritus zu sichten kommt man natürlich auf die Frage, ob dieses Verzeichniß ächt ist. Denn ein Fragment gewinnt einen weit höheren Grad von Wahrscheinlichkeit, wenn es in einer Schrift des Verfassers gestanden haben kann, und wenn es mit anderen eben dahin gehörigen ein ganzes ausmacht.

Die Katalogen des Diogenes sind von sehr verschiedenem Werth; oft hat er schlechte Autoritäten für sich, die gleichnamigen Männer verwechselt, oder aus unbestimmten Citationen Ueberschriften zusammengestoppelt. Hier hat er den Thrasyllus für sich, der doch einer von den minder zu verwerfenden Männern ist, und zwar giebt er uns die bestimmte Nachricht, Thrasyllus habe die Schriften des Demokritus ebenso in Tetralogien gebracht, wie die platonischen. So verkehrt nun dieser Gedanke an sich ist, so erleichtert er doch den Gebrauch des Verzeichnisses

*) Gelesen in der Sitzung der historisch-philologischen Classe am 9. Januar 1815. J.

**) IX, 45—49.

sehr. Ich habe es lediglich für meinen Zwekk näher betrachtet, und will nun zur Prüfung mittheilen, was ich darüber bemerkt habe.

Des Thrasyllus Verzeichniß hat vier Abtheilungen, ist also selbst tetralogisch, *ἠθικά*, *φυσικά*, *μαθηματικά* und *μουσικά*; dazwischen eingeschoben sind auf eine höchst wunderliche Weise *ἀσύντακτα*. Diese sind aber offenbar nichts anders als Bücher, die entweder dem Diogenes, oder, wenn er aus der zweiten Hand geschöpft, schon einem Vorgänger vorgekommen und von ihm für ächt gehalten worden, aber nicht in der *σύνταξις* des Thrasyllus gefunden wurden. Denn von diesem sagt er *ἀναγέγραφε κατὰ τάξιν*, welchem das *ἀσύντακτα* entgegengesezt ist. — Die ethische Abtheilung bildet zwei Tetralogien, wenn man alle Titel einzeln nimmt. Die erste *α*, *Πυθαγόρης*, *β*, *περὶ τῆς τοῦ σόφου διαθέσεως*, *γ*, *περὶ τῶν ἐν Ἅιδου*, *δ*, *Τριτογένεια*. Da Diogenes schon, aber anderwärtsher,*) der Schrift *Πυθαγόρης* erwähnt und sagt, Demokritus bewundere darin den Mann: so hätte ich gern das *περὶ τῆς τοῦ σόφου διαθέσεως* nur als zweiten Titel vom *Πυθαγ.* angesehen; allein man kommt mit der Tetralogie nicht heraus. Ueber die Schrift *περὶ τῶν ἐν ᾅδου* finde ich bis jezt nirgend etwas erwähnt,**) auch kein Fragment unter den vorhandenen, welches offenbar aus ihr könnte genommen sein. Aber behandelt mag Demokritus diese Gegenstände wol haben, da er gegen die *δεισιδαιμονία* zu schüzen suchte. Nur daß ich dies eher in dem Buch *περὶ εὐθυμίης* erwartete. Rein für sich behandelt bekommt die Sache eher einen sophistischen Charakter, von dem aber vielleicht doch Demokritus nicht ganz frei zu sprechen ist. — Ueber die *Τριτογένεια*, von der aber dennoch dasselbe gilt, giebt Tzetzes zum Lykophr. einen Aufschluß, den Menagius beibringt. Nämlich die *Ἀθηνᾶ* hieße

*) IX, 38.

**) Spätere Anm. Schleiermacher's. Nur Athenäos IV, 65. p. 168 erzählt, Demokritus habe sie nebst dem *μέγας διάκοσμος* den Abderiten vorgelesen.

so — ἢ ὅτι κατὰ Δημόκριτον τρία ταῦτα χαρίζεται βουλεύειν καλῶς, κρίνειν ὀρθῶς, πράττειν δικαίως. Etwas anders Eustathius τὸ εὖ λογίζεσθαι, τὸ λέγειν καλῶς τὸ νοηθὲν καὶ τὸ ὀρθῶς πράττειν αὐτό. Viele von den vorhandenen ethischen Fragmenten, ja fast alles eigentlich praktische ließe sich in diese offenbar sehr exoterische Schrift bringen. Sollte Tzetzes diese wirklich noch vor sich gehabt haben und nicht selbst aus Excerpten reden: so ließe sich freilich begreifen, wie sich so viele kaum zu bezweifelnde moralische Fragmente haben erhalten können, und wie eben deshalb auch so viele andere durch Verwechselung dem Demokritus haben können zugeschrieben werden. — Die zweite Tetralogie enthält nun α, περὶ ἀνδραγαθίης ἢ περὶ ἀρετῆς. β, Ἀμαλθείας κέρας, γ, περὶ εὐθυμίης, δ, Ὑπομνημάτων ἠθικῶν. Ueber die erste Schrift ist mir nichts weiter bekannt; von der zweiten sagt Menagius, es sei ein gewöhnlicher Titel gewesen, dessen sich mehrere bedienten. Ich gestehe, daß mir dies aus den Stellen im Gellius und Plinius nicht hervorzugehen scheint; man kann recht gut in solchen Fällen alii sagen und nur Einen im Sinn haben. Ich weiß von keinen anderen; aber das Gefühl giebt und auch jene Stellen geben es, daß es ein späterer Titel ist, und für zusammengetragene Notizen passend, und ich glaube, daß Thrasyllus mit diesem Titel betrogen worden ist. — Περὶ εὐθυμίας. Aus diesem Buch findet sich eine Stelle bei Stobaeus *) angeführt, die man nach einer andern im Seneca **) für den Anfang des Buches halten sollte. Doch ist die Stelle de tranquil. cap. 12. nicht ganz entscheidend, und sie wird einem in der That nicht das Gefühl geben der Anfang eines Buches aus dieser Zeit zu sein. Ueber die Theorie des Demokritus von der εὐθυμία, seiner Realdefinition von εὐδαιμονία, sind alle Relationen über seine Philosopheme voll. Allein da mehrere Relationen auch sagen, er habe sich für die εὐθυμία des Aus-

*) Serm. tit. 103, 25 ed. Gaisf.

**) De tranqu. 12.

drukks εὐεστώ bedient: so kann man wieder zweifelhaft werden, ob das Buch könne περὶ εὐθυμίας geheißen haben. Ich erkläre mir die Sache aber so, daß εὐεστώ nicht ein reines Synonym gewesen, sondern vielleicht nur die τελεία ἀρετή bezeichnet, vielleicht auch dieser Ausdrukk nur in Büchern anderer Art ist gebraucht worden. An jene Stelle im Stob. schließen sich viele Fragmente ähnlichen Inhalts an, nur daß freilich, wenn man dieser Indication folgt, der Unterschied, den man zu finden wünschen müßte zwischen der Τριτογ. als einer eroterischen und der περὶ εὐθ. als einer esoterischen Schrift, sich nicht festhalten läßt. Für die lezte Schrift aus dieser Tetralogie bleibt nun nach unserm Text übrig ὑπομνημάτων ἢ οἴκων. Wie einige dieses erklärt, sie hätte so geheißen, weil sie eine Empfehlung des häuslichen Lebens (wiewol dies jenem Anfange der εὐθυμία entgegenläuft) oder gar eine Oekonomik enthalten, erwähne ich nicht. Es bleibt abgeschmakkt. Menagius wollte sich anfangs auch damit begnügen, folgt aber hernach der Correctur eines mir sonst völlig unbekannten Stephanus Monachius ὑπομνημάτων ἠθικῶν. Die Emendation ist in der That höchst leicht. Allein es ist nur nicht damit geholfen. Wie soll der Titel im Genitiv stehen, wenn nicht wenigstens eine Zahl darauf folgt, die gänzlich fehlt. Der Cod. Reg. giebt einige Hülfe, indem er unsern Titel nicht besonders bestehen läßt, sondern ihn mit dem vorigen verbindet περὶ εὐθυμίας ὑπομν. ἢ οἴκ. Allein wenn man nun auch ἠθικῶν liest, versteht man doch den Genitiv nicht. Ich bin daher schon lange in Versuchung gewesen, zu lesen περὶ εὐθυμίας ὑπομνημάτ. η', und das οἴκων ganz zu streichen, welches aus ὀκτώ kann entstanden sein, wenn dieses neben η' sich fand. Dieses erklärt auch die folgenden Worte, die sonst zu unbestimmt dastehen ἡ γὰρ εὐεστώ οὐχ εὑρίσκεται. Es muß nämlich Thras., oder von wem die Worte sind, gewußt oder geglaubt haben, das 9te Buch περὶ εὐθυμίας habe den Namen εὐεστώ geführt, dieses aber sei damals schon verloren gewesen. Will man dieses nicht annehmen: so muß man die Worte hinter die ταῦτα μὲν τὰ ἠθικά sezen. Fallen nun aber die beiden Titel, περὶ εὐθ. und ὑπομν. zusammen: so wird die Tetralogie mangelhaft, und man muß glauben, entweder, die Worte ἡ γὰρ εὐεστώ bezögen sich darauf, daß beim Thras. dieses Buch die vierte Stelle eingenommen, Diogenes aber es auslasse, weil es zu seiner Zeit nicht mehr da sei. Dies würde aber voraussezen, daß alle andern Bücher er noch vor sich gehabt, weil er sonst ebenso überall verfahren müßte, und dies ist höchst unwahrscheinlich. Oder wo nicht: so muß man die beiden Titel περὶ ἀνδραγ. und περὶ ἀρετῆς trennen und das ἢ dazwischen löschen, welches das leichteste Mittel scheint.

Die physische Abtheilung enthält vier Tetralogien, allein man muß mit Verbindungen zu Hülfe kommen. Ich muß zur ersten fünf Titel unseres Textes rechnen: μέγας διάκοσμος, μικρὸς διάκοσμος, κοσμογραφίη, περὶ πλανήτων, περὶ φύσεως πρῶτον. Der μέγ. διάκ. (über das Wort bringt Menagius gutes bei; daß sich aber Parmenides *) desselben bedient, bezweifle ich, man kann sehr gut trennen) war ohnstreitig das Werk, welches im ganzen Zusammenhang die Atomenlehre und die Weltconstruction des Demokritus enthielt. Aus dieser Schrift ist ohnstreitig alles, was hierüber die alten anführen. Wunderbar aber, daß unser Autor sagt, Theophrast schreibe diesen μέγαν διάκοσμον dem Leucippus zu. Betrogen könnte sich darin Theophr. schwerlich haben; nur Schade, daß niemand die Stelle zu kennen scheint, und sie wahrscheinlich verloren ist. Wie sollte aber ohnerachtet einer solchen Tradition der aristotelischen Schule das Werk nicht nur vom Thras. sondern allgemein dem Demokritus sein beigelegt worden; wie sollte Demokr. nur in Bezug auf das Werk seines Freundes und Lehrers einen μικρὸν διάκ. geschrieben haben, der ein Auszug von jenem gewesen wäre? Dann würde er doch mit seiner ganzen Physik weit weniger selbständig aufgeführt worden sein neben dem Leucipp., ja er hätte nicht umhin ge-

*) Fragm. ed. Brand. v. 121.

konnt dies im Eingang seines Werkes selbst zu sagen. Ich vermuthe also, hier sei ein Mißverstand, und Theophr. habe nicht von dem Werke selbst sondern von den Grundzügen der darin ausgeführten Theorie gesagt, sie gehöre dem Leucipp., denn so führen auch Aristot. und seine Commentatoren überall beide neben einander an. Allein wenn er nun den *μέγ. διάκ.* geschrieben, wie sollen wir uns den *μικρ.* dazu denken? als Auszug? So hat wol nicht leicht ein alter sich selbst epitomirt, und hätte es ein anderer gethan, wie sollte er das einzige Werk *μέγαν* genannt haben? Ich getraue mich hier nicht zu entscheiden. Es lassen sich, da alle näheren Angaben fehlen, gar zu viele Hypothesen aufstellen. *Κοσμογραφίη* versteht Menag. mit Unrecht von Erdkunde; die folgt unten; allein es ist auch schwer einen andern Inhalt zu finden, der nicht mit den mathematischen Schriften collidirt. Da man nun ohnedies hier irgendwo zwei Titel zusammennehmen muß, weil sonst die Tetralogien nicht herauskommen: so lese ich *κοσμογραφίη ἢ περὶ πλανήτων*. Die Theorie, daß durch Trennung der Atome die Weltkörper wieder vergehen, und andere entstehen können, mag hier sein ausgeführt, und die planetarische Region als der Siz dieser Revolutionen dargestellt worden. Ein Anhang zum *διάκοσμος* scheint es gewiß gewesen zu sein. Das vierte nun ist *περὶ φύσεως πρῶτον*; und nichts vom Fehlen der andern? oder soll man dem Uebersezer sein de natura unus verzeihen? Ich weiß nichts besseres, als *περὶ φύσεως πρώτου*, und es mag wol nöthig geschienen haben, einen besondern Tractat zu schreiben über die Differenz in der Art zu sein der Atome als des einzig wahren, und der der Scheinwelt der wandelbaren Dinge. Dadurch daß wir dieses noch in die erste Tetralogie nehmen, gewinnen wir auch, daß alle allgemeinen physischen Schriften in dieser versammelt sind, und uns ein Verstand in dem Ordner erscheint.

Zweite Tetralogie. *περὶ ἀνθρώπου φύσεως ἢ περὶ σαρκὸς β′, περὶ νοῦ, περὶ αἰσθήσεως.* Ich kann nicht anders als hieraus eine vollständige Tetralogie machen. Wer wollte auch περὶ ἀνθρ. φύσ. und περὶ σαρκός für einerlei halten? keiner unter den wunderlichen Einfällen des Demokr. rechtfertigt dieses. Dies sind also offenbar zwei Schriften. Die Worte ταῦτά τινες ὁμοῦ γράφοντες περὶ ψυχῆς ἐπιγράφουσι scheinen nach einer Stelle bei Aristot. de anim. *) nur auf die beiden lezten zu gehen, und so kann man sich denken, daß auch περὶ σαρκός Unterabtheilungen gehabt, Thras. aber hier den allgemeinen, dort die beiden besondern Titel gewählt.

Dritte Tetralogie. α, περὶ χυμῶν, β, περὶ χροῶν, γ, περὶ τῶν διαφερόντων ῥυσμῶν, δ, περὶ ἀμειψιῤῥυσμιῶν. Ob es so ausgemacht ist, daß χυμός bloß von Flüssigkeiten, so fern sie den Geschmakk afficiren, gebraucht wird, mögen andere entscheiden. In einer bestimmten Beziehung muß es hier genommen sein und nicht etwa für χυλός. Wegen der Analogie mit χροῶν scheint das erste Substrat einer Sinnenanschauung gemeint zu sein. Diese Affectionen sind aber das einzige, wodurch wir uns der Elemente bemächtigen, und daher gehören hieher die 3te und 4te Schrift. Nämlich von seinen Elementen, Atomen, behauptet Demokr., daß sie nur an sich ῥυσμῷ, welches die alten einstimmig für σχῆμα erklären, differirten. Das Wort als λέξις ἀβδηριτική auch bei Hippokrat. Auch bei Dionysius Perieget., aber nur durch ungeschikkte Nachahmung. Ich möchte aber lesen ῥυσμῷ, sonst dürfte der Titel mathematisch werden. Der Tractat περὶ ἀμειψιῤῥ. muß die Frage behandelt haben, ob ein Uebergang aus einem Element in das andere, ein Verwechseln der Grundfiguren möglich sei, welches, soviel die Sache sich noch ausmitteln läßt, Demokr. verneint haben muß. Denn an eine andere Etymologie des Wortes in einer Analogie mit dem Adjectivo ἐπιῤῥυσμίη ist schwerlich zu denken. Ein ganz ähnliches Wort ἀμειψικοσμίη schreibt Hesych. dem Demokr. zu.

Vierte Tetralogie. α, κρατυντηρία, β, περὶ εἰδώλου ἢ περὶ προνοίας, γ, περὶ λοιμῶν κανὼν α' β' γ', δ, ἀποῤῥημά-

*) I, 2.

των. — Κρατυντηρία. Des Wortes bedient sich auch Hippokrates wahrscheinlich in chirurgischem Sinn. Dieses Buchs erwähnt auch Sextus VII, 136, und führt eine Stelle daraus an. Man sieht fast, daß es bestimmt gewesen für die aufgestellten Thorien empirische Bestätigungen aufzusuchen, was auch dem Worte ganz angemessen ist. In dem Zusaz würde ich ὅπερ ἐςὶν ἐπικρατητικα τῶν προειρημένων *) lesen. — Die zweite Ueberschrift περὶ εἰδώλου ἢ περὶ προνοίας klingt sehr parador, denn auch nach Demokr. selbst gehen beide Begriffe nicht in einander auf; aus den εἰδώλοις sollen nicht nur die fingirten Vorstellungen der Götter, worauf die πρόνοια beruht, sondern auch alle Gesichtsvorstellungen und alle Träume entstehen. Hier scheint also fast ein beschränkendes Prädicat zu εἰδώλου zu fehlen. — Ganz unhaltbar offenbar ist περὶ λοιμῶν κανῶν α΄ β΄ γ΄. Das beste, was auch schon Menag. beibringt, ist freilich aus Gellius **) περὶ λοιμῶν ἢ λοιμικῶν κακῶν. Nur daß freilich niemand sieht, wozu eine solche doppelte Ueberschrift, da λοιμοί schon unbestimmt genug ist. Ueberdies aber können wir den Titel κανών nicht missen; denn Sextus ***), wie auch Menag. wohl weiß, citirt ἐν τοῖς κανόσι die merkwürdige Stelle über eine zwiefache Art der Erkenntniß. Hiezu kommt nun, daß wir bei der lezten Schrift wieder haben einen unstatthaften Genitiv für sich. Dies berechtiget, hoffe ich, zu der Umstellung περὶ λοιμῶν. ἀποῤῥημάτων κανὼν α΄ β΄ γ΄. Der Uebersezer, der ambignorum schreibt, hat hier wahrscheinlich ἀπορημάτων gelesen, und dagegen möchte nichts einzuwenden sein.

Dieses wäre nun die physische Abtheilung. Ob alles angeführte besondere Schriften gewesen, könnte man bezweifeln, da man sich recht gut vorstellen könnte, daß das meiste in wenigen

---

*) Für diese Conj. beruft sich Schleierm. in seinen ungeordneten Anm. auf Sext. Emp. VII, 136.

**) IV, 13.

***) VII, 138.

von den allgemeinen Werken enthalten gewesen. Wer dem Suidas glauben wollte, es habe nur 2 ächte Werke des Demokr. gegeben, μέγας διάκοσμος und περὶ φύσεως κόσμου, könnte leicht behaupten, das meiste wären nur Abschnitte aus diesen größeren Werken. Allein theils führt nun Thrasyllus dieses περὶ φύσεως κόσμου gar nicht auf (denn es wäre völlig gegen den Sprachgebrauch, dies mit der κοσμογραφία für einerlei zu halten), wenn man nicht auf das περὶ φύσεως πρώτου zurükkgehen und mir dieses repertum wieder rauben will. Theils muß man doch, wenn man den Verstand, der durch die Zusammenstellung hindurchgeht, berükksichtigt, der Meinung sein, daß Thrasyllus die Bücher selbst oder sehr genaue Nachrichten von ihnen müsse gehabt haben, so daß er auf diese Weise nicht eben konnte betrogen werden, aber daß er einzeln etwas untergeschobenes für ächt hielt.

Zu diesem Verzeichniß der ethischen und physischen Schriften scheinen aber zwei anderwärts vorkommende Titel zu fehlen, nämlich περὶ τέλους, was Clem. Alex.*) citirt, und περὶ ἰδεῶν, woraus Sextus VII, 137 anführt. Allein τέλος ist offenbar ein späterer Ausdrukk, dessen sich Clemens bedient, um ein einzelnes Buch aus der Schrift περὶ εὐθυμίας zu bezeichnen, wie aus dem Inhalt sattsam erhellt. Dasselbe gilt ohnstreitig von dem Ausdrukk ἰδεῶν (denn wenn auch die alten sonderbar genug bisweilen den Platon und Demokr. zusammenstellen, als hätten sie gleich über die Erkenntniß gedacht, da sie nur in einer Negation übereinstimmen: so hat doch wol nie einer behauptet, daß Platon jenen Ausdrukk aus dem Demokr. genommen), und dem Inhalt nach muß man glauben, daß Sextus damit das eine Buch der κανόνων bezeichnet habe.

Hinter die physische Abtheilung sezt nun unser Autor die ἀσύντακτα, offenbar aus keinem andern Grunde, als weil sie auch physischen Inhalts sind. Sie sind alle, mit Ausnahme des

*) Strom. II, p. 417 Sylb.

lezten περὶ τῆς λίθου, überschrieben αἰτίαι, und es spricht deutlich genug, daß sie nur aus den physischen Schriften zusammengetragene Meinungen über natürliche Gegenstände enthalten. Ich bemerke nur dies eine, daß man wahrscheinlich überall statt αἰτίαι lesen muß ἐτεαί. Das lezte ist ein Lieblingsausdrukk, womit er seine Theorien im Gegensaz gegen das aus dem Augenschein abgezogene bezeichnet, und es sind schon ein paar Stellen im Sextus *), wo αἰτίῃ für ἐτεῇ gestanden hat **).

Die mathematische Abtheilung besteht aus drei Tetralogien. Man muß aber öfter Titel verbinden, wie auch schon Menagius gethan. Erste Tetralogie. α, περὶ διαφορῆς γνώμης ἢ περὶ ψαύσιος κύκλου καὶ σφαίρης, β, π. γεωμ. ἢ γεωμ. Im Text ist beides getrennt ohne ἢ. γ, ἀριθμοί, δ, περὶ ἀλόγων γραμμῶν καὶ ναστῶν β. Ich bemerke nur über die erste Schrift, daß sie wahrscheinlich von einer mathematischen πρόφασις ausgehend mehr metaphysisch war. Demokr. mußte jede wahre Berührung läugnen, und damit hat es die Schrift gewiß zu thun, und es war wahrscheinlich von der Berührung des krummen und graden die Rede. Nur die erste Hälfte des Titels scheint mir mangelhaft, und ich möchte schreiben περὶ διαφορᾶς γνώμης καὶ δόξης (oder δόξεως, denn δόξις gebraucht Demokr., wenn die Schreibung bei Sextus ***) richtig ist). Diese Schrift also für demokritisch zu halten würde ich an sich kein Bedenken tragen. Wie ἄλογοι, γράμμαι und ναστά zusammenkommen, weiß ich nicht. Wahrscheinlich ist ἀλόγων auf beides zu beziehen. Das β bedeutet hier vielleicht nicht zwei Bücher, sondern den Anfang der zweiten Tetralogie. α, ἐκπετάσματα. Ein zu weitschichti-

*) Vergl. Fabric. ad Sext. Pyrrh. I, 214. (In diesen und andern Stellen des Demokritus steht jedoch ἐτεῇ immer nur adverbialisch.)

**) Anmerk. Schleiermacher's. So weit eigentlich nur interessirt mich das Verzeichniß für meinen Zwekk. Für eine Bearbeitung des Gegenstandes für sich fehlt mir noch mich in den Mathematikern umzusehen, ob und wie dort Demokritus erwähnt wird. Ob Menagius sich umgesehen, weiß ich nicht, er erwähnt wenigstens nichts.

***) VII, 137.

ger Titel, als daß ich etwas bestimmtes dabei zu denken wüßte. β. μέγας ἐνιαυτὸς ἢ ἀστρονομίης παράπηγμα hat schon Menagius zusammengezogen. Sehr gut konnte die Construction eines großen Jahres so heißen. (Vitruvius IX, 7, wo die parapegmata vorkommen, erwähnt des Demokr. nicht. Nur der Scholiast des Apollonius soll ἐν τῷ περὶ ἀστρονομίας citiren.*)) γ, ἄμιλλα, δ, κλεψύδρα. Einige Edd. freilich vereinigen beides, und man hat eine scharfsinnige Erklärung gegeben. Auch wüßte ich freilich bei ἄμιλλα allein nichts zu denken. Da müßte man παράπηγμα wieder trennen: sehr unbequem.

Dritte Tetralogie. α, Οὐρανογραφία, β, γεωγραφία, γ, πολογραφία, δ, ἀκτινογραφία. Auch diese könnte man sehr leicht nur für einzelne Abschnitte halten. Die πολογραφία kann eben so leicht aus dem untergeschobenen Briefe an Hippokrates genommen sein als umgekehrt.

Schwieriger ist die vierte, die musikalische Abtheilung, auch aus zwei Tetralogien bestehend. Denn wenngleich die alten voll Bewunderung sind über die Sprache des Demokr. (Cic. in Oratore und Dionys. de comp. verb.): so ist es doch kaum möglich ihm theoretische Schriften beizulegen wie einige von den folgenden. Die erste Tetralogie nämlich besteht aus α, περὶ ῥυθμῶν καὶ ἁρμονίης, β, περὶ ποιήσεως, γ, περὶ εὐφώνων καὶ δυσφώνων γραμμάτων, δ, περὶ Ὁμήρου ἢ ὀρθοεπείης καὶ γλώσσεων. Von allem diesen wüßte ich nichts, was ich unserm Demokr. beilegen möchte, ausgenommen vielleicht περὶ ποιήσεως (worauf Demokr. seine Theorie von Erregung der Fantasie durch die Idole kann angewendet haben; ein Werk über die Idole wenigstens citirt Clemens Strom. VI,**) was sehr ächte Farbe hat); sondern möchte glauben, daß diese Sachen dem von unserm Autor erwähnten 6ten Demokr. Παργαμηνὸς ἀπὸ ῥητορικῶν λόγων angehört haben. Die zweite Tetralogie ist noch dazu un-

---

*) S. Menag. ad h. l.

**) Zu Ende p. 698 Sylb.

vollständig, περὶ ἀοιδῆς, περὶ ῥημάτων, Ὀνομαστικόν, was wahrscheinlich nur ein Zusaz zum vorigen ist. Auch diese gehören wol mehr dem Rhetor.

Nun aber kommen fünftens noch τεχνικά in zwei Tetralogien, die aber auch nur vollständig werden, wenn man eines trennt. Nämlich so. Erste Tetralogie. α, πρόγνωσις, β, περὶ διαίτης ἢ διαιτητικόν, γ, ἰατρικὴ γνώμη, was mit ἢ dem vorigen gewiß fälschlich verbunden ist. δ, αἰτίαι (auch wieder ἐτεαί?) περὶ ἀκαιριῶν και ἐπικαιριῶν. Dunkle Titel, über die nichts nähere Auskunft giebt. Der leztere scheint mit dem ersteren zusammenzuhangen. Einer kann eben so gut medicinisch sein als der andere; die Zusammenstellung scheint dafür zu sein. Als Arzt erwähnt, wie Menagius bemerkt, Celsus des Demokr., vielleicht nur deshalb, weil ihm solche Bücher zugeschrieben wurden, sonst erinnere ich mich in den Traditionen über sein Leben nichts dergleichen gefunden zu haben. Zweite Tetralogie. α, περὶ γεωργίης ἢ γεωργικόν wird in den Geoponicis und von Varro und Columella *) angeführt, aber sie überreden mich dennoch nicht. Ebenso wenig als ich an β, περὶ ζωγραφίης, γ, τακτικόν und δ, ὁπλομαχικόν glaube. Was unser Autor demnächst anführt, was einige κατ' ἰδίαν ἐκ τῶν ὑπομνημάτων τάττουσι, damit meint er also habe es die Bewandniß, die es mit seinen ἀσυντάκτοις wirklich hat. Aber von dem wenigsten, was er hier erwähnt, läßt sich denken, daß es in einer von den oben angeführten Schriften könne enthalten sein; es sind vielmehr größtentheils ψευδώνυμα. Dann erst spricht er von den untergeschobenen, und theilt auch diese noch in solche, die ἐκ τῶν αὐτοῦ διεσκεύασται, und in offenbar untergeschobene. Zu den ersteren sind gewiß nämlich die ὑποθῆκαι zu rechnen, welche Eusebius anführt **), eine Stelle, die wol offenbar aus der εὐθυμία ist. Außerdem finden wir noch angeführt περὶ παθῶν und περὶ

*) S. Menag. ad h. l.

**) Praep. ev. XIV, 27.

ἀντιπαθῶν, ersteres im Etymol. M., lezteres bei Columella *). Auch dies könnten wol Dieskeuasmena sein.

Hier sieht man offenbar ein Bestreben dem Mann soviel als nur irgend möglich zuzuschreiben; allein dies ist nicht mehr das Werk des Thrasyllus, sondern unsers Autors oder eines andern. Jenen können wir nur verantwortlich machen für die Tetralogien, in denen doch keine Abtheilung für sich unwahrscheinlich ist. Ob nun Thrasyllus leichter in solchen Abtheilungen, die er einmal machen mußte, die aber zu schwach besezt gewesen, auch leichter geneigt war sich untergeschobenes aufbürden zu lassen, oder ob wir zu streng sind, wenn wir nur das anerkennen wollen, was in einem Zusammenhange mit seinen bekannten Forschungen und mit den annehmlichen Traditionen von seinem Leben steht, das überlasse ich andern zu entscheiden.

*) S. Fabr. bibl. II, p. 641 Harl.

2.

Ueber die ethischen Werke des Aristoteles.

Erste Abhandlung.*)

Daß sich in unserer Sammlung aristotelischer Schriften drei verschiedene Werke befinden, welche nur mit verschiedenen Beisäzen die Ueberschrift Ἠθικά führen, ist schon an sich auffallend; denn die Richtung dieses Weltweisen ist so sehr überwiegend nach der Seite der Logik und der Naturwissenschaft hin, daß, wenn dreierlei Bearbeitungen der allgemeinen Sitten- und Tugendlehre von ihm da sind, man sich wundern muß, daß er nicht ebenso und noch mehr die logischen und naturwissenschaftlichen Disciplinen einer verschiedenen Behandlung unterworfen habe, wovon sich jedoch keine Spur findet. Man kann auch nicht etwa sagen, weil das logische und naturwissenschaftliche seine Hauptsache war: so wäre er auch hierin gleich fest und sicher gewesen, das ethische aber könnte er, eben weil es ihm weniger am Herzen gelegen, anfänglich wol oberflächlicher behandelt haben, so daß er späterhin nicht mehr damit zufrieden gewesen, sondern sich selbst eine neue Bearbeitung abgefordert habe. Und ebenso wenig

*) Gelesen in der Plenarsizung am 4. December 1817. J.

kann man sagen, wer weiß, wie viel logische und naturwissenschaftliche Schriften von demselben Inhalt, wie die unsrigen, aber je nachdem man die unsrigen ansieht, denn dieser Streit ist ja auch noch unentschieden, mehr esoterisch oder mehr exoterisch, mit verloren gegangen, die ethischen aber wären, weil man späterhin auf diese Wissenschaft mehr Werth gelegt, sehr natürlich aufbehalten geblieben. Denn weit gefehlt, daß unter diesen drei Werken, der nikomachischen Ethik, der eudemischen und der mit Unrecht so genannten großen, ein solcher Unterschied bestehen sollte, daß man das eine für exoterisch halten könnte, das andere für esoterisch, sind sie einander vielmehr in jeder Hinsicht, in welcher man zwei solche entgegengesezte Classen aristotelischer Schriften anzunehmen pflegt, völlig gleich. Keines geht tiefer in die Principien hinein, oder verbreitet sich mehr ins einzelne, als das andere; keines zeichnet sich durch eine andere Beweisart, durch andere Verknüpfungen und Anwendungen aus; keines ist merklich populärer oder speculativer als das andere; und wenn die nikomachische Ethik und die eudemische mehr Beispiele enthalten, mehr Verse und Sprüche anführen, als die große: so geschieht dies doch so ungleichförmig, so ist auf diesen Theil doch so wenig Fleiß gewendet, der Erfolg so unbedeutend, und alles übrige so wenig einer andern Lesewelt zu Liebe umgearbeitet, daß wol niemand sagen kann, die große Ethik sei die esoterische, und die andern beiden seien exoterisch, wiewol auch dann noch die Frage übrig bliebe, warum es doch zwei exoterische Sittenlehren gäbe. Noch viel weniger aber hat die wiederholte Bearbeitung in geänderten Ansichten ihren Grund, denn davon ist gar keine Spur. Die Begriffe der Glükkseligkeit und der Tugend, das Verhältniß beider zum Vergnügen, die Art wie jede Tugend die Mitte ist zwischen zwei Fehlern, die hierauf beruhende Bestimmung der einzelnen Tugenden, der Vorzug, der dem beschaulichen Leben eingeräumt wird vor dem geschäftigen, alle diese Hauptpunkte sind so rein dieselben, der ganze Gang im wesentlichen so übereinstimmend, daß man unmöglich das ganze Räthsel dadurch lösen kann, daß in dem einen manche Erklärung etwas schärfer gefaßt ist oder manche Zusammenstellung etwas genauer, denn alles dies ist von zu weniger Bedeutung, als daß es mehr als eine neue Ausgabe hätte veranlassen können; abgerechnet aber, daß dann die erste gewiß würde untergegangen sein: so verhalten sich doch auch diese Werke nicht wie nur verschiedene Auflagen desselben Buchs. Auch ist in der That eine so genaue Uebereinstimmung zwischen dem Verfahren des Aristoteles in der Sittenlehre und dem in der Naturwissenschaft, daß er schwerlich seine Grundsäze und Ansichten in der ersten könnte geändert haben, ohne daß hievon eine Umwandlung auch der anderen die natürliche Folge müßte gewesen sein. Und gewiß würde dann, der vorzüglich die ganze Naturkunde seiner Zeit in seinen Werken zu umfassen suchte, diese undankbare Mühe der Umarbeitung lieber dem gegönnt haben, was ihm am unmittelbarsten am Herzen lag. Soviel ist freilich wahr, daß die nikomachische und eudemische Ethik an Umfang die sogenannte große bedeutend übertreffen, aber auch daraus entsteht kein solches Verhältniß, wie zwischen einem Lehrbuch und Handbuch, einem Grundriß und einem weiter ausgeführten Werk. Denn gerade in dem am meisten schwierigen allgemeinen Theil haben die größeren Werke gar keine wirklich erläuternden Ausführungen vor dem kleineren voraus. Muß man also gestehen, daß alle Ursachen, weshalb ein Schriftsteller von langer Laufbahn dieselbe Wissenschaft in mehreren Werken behandelt haben kann, und ich glaube nicht, daß sich deren mehrere als die angeführten aufstellen lassen, hier zur Erklärung einer Erscheinung nicht hinreichen, welche einzig ist in der ganzen hellenischen Literatur, denn Platons Staat und Geseze kann doch nicht jemand in dieselbe Reihe stellen wollen: so muß man sich wundern, daß über diese Sache noch niemals eine gründliche Untersuchung angestellt worden ist, um auszumitteln, wenn nun Aristoteles doch nicht alle diese drei Werke geschrieben haben kann, wie sie sich gegen einander verhalten, und ob eines oder gar keines von ihm geschrieben sein mag. Mir ist eine solche Untersuchung wenigstens nicht bekannt, sondern nur Vergleichung einiger einzelnen Stellen, um ein Buch aus dem andern zu erläutern und zu berichtigen, Anzweiflung anderer als aus einem Buch in das andere herübergekommen, und Verdacht, der hie und da gegen ein oder das andere Werk ist geäußert worden, aber ohne weder bestimmt auf diesen Grund zurükgeführt noch gründlich durchgeführt worden zu sein.

Keinesweges nun will ich mich anheischig machen, diese Untersuchung in einer kleinen Reihenfolge kurzer Abhandlungen zu beendigen, vielmehr ist mir wahrscheinlich, daß die Mittel, um zu einem ganz befriedigenden Ergebniß zu gelangen, uns jezt noch fehlen und vielleicht nicht herbeizuschaffen sind: sondern nur in einen ordentlichen Gang möchte ich die Untersuchung hineinleiten, einige Punkte ins Licht sezen und der allgemeinen Ungewißheit hie und da etwas Raum abgewinnen.

Von zwei Seiten also, scheint mir, muß man die Sache angreifen, wenn man sie von Einer nicht zu Ende bringen kann. Man betrachte jedes dieser drei Werke für sich, und sehe zu, ob es in der ganzen Schreibart, ob es in einzelnen Ausdrükken Anführungen und dergleichen irgend bestimmte Spuren einer spätern Zeit oder eines andern Urhebers an sich trage. Dies scheint das nächste zu sein, aber es ist zugleich unläugbar das schwierigste. Die Werke des Aristoteles bieten zu wenig Annehmlichkeiten dar, als daß er viel andere Leser sich sollte gewonnen haben, als denen es auf den Stoff und die Resultate ankommt; der Styl aller seiner Schriften schneidet sich so bestimmt ab von allem, was uns aus der früheren philosophischen Literatur der Griechen übrig geblieben, und gehört so offenbar einer neuen Periode der wissenschaftlichen Sprache an, daß, so wie man den Aristoteles zu lesen pflegt, der Eindrukk einer ganz neuen Schreibart freilich sehr überwiegt; aber eben deshalb sich wol schwerlich jemand rühmen kann über seine eigenthümliche Schreibart ein sicheres Gefühl zu haben. Einzelheiten aber, die auch noch so sicher einen späteren Ursprung verrathen, wenn sie nicht sehr häufig sind, können leicht eingeschoben sein, wie denn unläugbare Glossеme in den aristotelischen Schriften weit häufiger sind als etwa in den platonischen, so daß das Urtheil über ein ganzes Buch sich schwerlich auf sie gründen läßt. Also scheint mir diese Art der Untersuchung hier nur ergänzungsweise brauchbar zu sein, und der Hauptangriff vielmehr von der andern Seite gemacht werden zu müssen, daß man nämlich genauer als bisher geschehen ist diese drei Werke mit einander vergleiche in Beziehung auf ihren wissenschaftlichen Charakter, ihren methodischen Werth, ihre Uebereinstimmungen unter sich und ihre Abweichungen von einander, ob etwa daraus eines bestimmt als das vorzüglichere und ursprünglichere hervorgehe, und in den andern sich ein bestimmtes Verhältniß der Abhängigkeit offenbare, welches einen anderen Ursprung eben so deutlich verräth. Und eben dieses wollte ich versuchen, wie weit es zu einem sichern Ende führen kann.

Bis jezt liegen alle drei Werke mit ziemlich gleichen Ansprüchen vor uns. Sie sind auf gleiche Weise in die Sammlung der aristotelischen Schriften von allen Herausgebern aufgenommen worden, sind nie anders als unter dem Namen des Aristoteles gefunden worden, sie haben Zeugnisse aus dem Alterthume für sich, und die Zweifel, welche einzeln erhoben worden, sind immer nur von der Beschaffenheit, daß sie erst können in Betracht gezogen werden, wenn sich anderwärtsher ein Vorurtheil gebildet hat. Indeß können wir, da doch bei der Vergleichung eines von den dreien muß zum Grunde gelegt werden, zwei Vorzüge nicht übersehen, welche der nikomachischen Ethik zukommen. Es ist bekannt, daß mehrere in unsern Ausgaben und in den Handschriften unter verschiedenen Ueberschriften von einander abgesondert vorkommende Schriften des Aristoteles doch durch Hinweisung am Anfang oder Ende auf den Inhalt einer anderen oder auch durch Rükkweisung auf ein früheres, von dem nun zu einem neuen übergegangen werde, sich als zusammenhangend zu erkennen geben, und als ein größeres ganzes müssen behandelt werden; oft so, daß die ganze Trennung durch die verschiedenen

Ueberschriften, die jezt allgemein sind, als etwas ganz willkührliches und offenbar späteres erscheint. Nun sagt Aristoteles ganz deutlich in einer bis jezt noch von niemand angezweifelten und auch gewiß höchst ächten Schrift, daß er die Sittenlehre als eine politische Disciplin ansehe, und die nikomachische Ethik kündigt sich nicht nur in ihrem Eingang eben auch als eine politische Disciplin an, sondern weiset auch am Ende auf die eigentliche Politik hin, so daß sie auch mit dieser, die wol immer als eine aristotelische Schrift sich geltend machen wird, Ein ganzes ausmacht. Der eudemischen Ethik fehlt beides ganz, und die ἠθικὰ μεγάλα kündigen zwar auch die Sittenlehre als ihrem Charakter nach politisch an, allein sie schließen ohne irgend eine Hinweisung auf die Politik ab, und stehen also doch für sich allein. Dieser Beweisgrund aber darf nur mit großer kritischer Vorsicht gebraucht werden, und kann für sich so gut als gar nichts entscheiden. Denn wenn man in den physikalischen Schriften allen diesen Indicationen nachgeht: so gehen sie im Kreise herum, und man sieht offenbar, daß sie auch in unächten Schriften sind nachgeahmt worden, oder auch in ächten Schriften von späterer Hand sind. Und dieser Verdacht könnte auch hier gar leicht geltend gemacht werden, da in der nikomachischen Ethik eben so wenig als in den übrigen viele politische Beziehungen aufgestellt sind, und ebenso die Politik nicht unmittelbar auf das Fundament dieser Ethik baut, so daß man, wenn sie Eine πραγματεία ausmachen sollen, noch ein Mittelglied zwischen beiden wünscht, und dann wäre doch die Hinweisung am Ende unserer Ethik auf die Politik eher dem unächten beizuzählen. Auch ist die Verbindung nur einseitig, indem die Politik weder im Anfang auf die Ethik zurückweiset, noch sie am Ende mit einschließt, wie sonst bei solchen zusammengehörigen Schriften wol zu geschehen pflegt. Hiezu kommt noch das Bedenken, daß Aristoteles außer der Ethik auch die Lehre vom Hausstande für eine politische Disciplin erklärt, und das muß nicht nur zugeben, wer noch das erste Buch der οἰκονομικῶν für ächt hält, sondern es steht auch anderwärts.

Dann aber müßte auch ganz natürlich diese zwischen die Sitten-lehre und die Politik treten, die es erst mit dem aus einer Mehrheit von Hauswesen zusammengesezten Staat zu thun hat, und so wäre denn wieder unwahrscheinlich, daß er am Ende der Ethik unmittelbar sollte auf die Politik als das zunächst sich anschließende verwiesen haben. Dieser Vorzug ist also mehr scheinbar, und kann erst nach anderen schwierigen Untersuchungen einiges Gewicht in die Schale legen. Der andere Vorzug der nikomachischen Ethik ist der, daß einmüthig alle Commentatoren nur über sie hergefallen sind, so daß mir wenigstens gar keine Notiz zugekommen ist von einem, der über die ἠθικὰ μεγάλα oder die eudemische commentirt hätte. Dies beweiset freilich nicht, daß diese beiden Werke etwa in jener Zeit wären für unächt erklärt worden, vielmehr werden sie beide öfters in den nikomachischen Scholien angeführt ohne irgend ein Zeichen eines Verdachtes, welche im Gegentheil erst in den Zeiten der neuern Philologie vorkommen. So viel aber scheint es zu beweisen, daß, wenn auch jene Männer die andern Schriften kannten und für ächt hielten, ihnen doch aus der nikomachischen Ethik am stärksten und bestimmtesten der aristotelische Geist entgegengeweht haben muß. Freilich sind diese Commentatoren größtentheils solche Spätlinge, daß auf ihr eigenes Urtheil oder Gefühl weniger möchte zu geben sein als auf unseres; aber sie hatten doch alte Bücher gelesen, und folgten hierin gewiß weniger sich selbst, als einer alten Tradition. Dagegen will freilich Cicero diese Schrift dem Aristoteles absprechen und sie dem Nikomachus beilegen; allein er giebt keine Quellen seines Verdachtes an, und seine Ausdrükke sind so, daß man fast glauben möchte, es sei sein eigener Gedanke, zumal er der andern ethischen Schriften neben dieser nicht erwähnt, und ein eigener Gedanke des Cicero über einen solchen Gegenstand könnte wol gegen eine alte Tradition, die sich in der Schule erhalten hat, gar nicht aufkommen. Wenn also gleich auch dieser Umstand für sich genommen wenig beweist: so mögen doch beide zusammen so viel vermögen, daß wir an der nikomachischen

Ethik zuerst versuchen wollen, ob uns aus ihr ein rein aristotelischer Geist anweht. Von den Grundsäzen und Begriffen selbst kann hier nicht die Rede sein; sie sind in allen drei Werken dieselben, und tragen durchaus und völlig rein das Gepräge der aristotelischen Schule, ja dasselbe muß man auch von der Methode sagen, und es kann zunächst nur von der Anordnung des ganzen die Rede sein, von der planmäßigen leichten Entwikklung und Zusammenfügung, die, man kann wol sagen, ein Gemeingut aller aristotelischen Schriften ist.

Die Structur der nikomachischen Ethik ist bekanntlich die, daß zuerst die Begriffe der Glükkseligkeit und des guten betrachtet werden, dann wird ihnen gemäß der Begriff der Tugend bestimmt; hierauf folgen die Untersuchungen über die Freiheit, weil nämlich nur in den freien Handlungen die Tugend sich zeigen kann. Nun geht die Darstellung ins einzelne, die Tugenden werden als in der Mitte zwischen zwei entgegengesezten Fehlern liegend durchgenommen. Mit dem Anfang des sechsten Buches wird vom gesunden Verstande gehandelt als dem, wodurch das Maaß zwischen den beiden äußersten Enden bestimmt werden muß, und dann auch um seinetwillen von den übrigen geistigen Tugenden. Hiernach wird die schwierige Frage von der Mäßigung abgehandelt, in wiefern sie eine Tugend und ein guter Zustand zu nennen sei oder nicht, woran sich dann die Untersuchung anschließt, ob die Lust ein Gut sei. Im achten und neunten Buche wird dann sehr ausführlich von den geselligen Verbindungen gehandelt. Im zehnten Buch aber dann noch einmal von der Lust als Element der Glükkseligkeit und ausführlich von der Glükkseligkeit selbst. Diese ganze Anordnung muß uns dürftig und unzureichend erscheinen; sie gestaltet sich weder zu einem gehörigen ganzen noch geht sie aus einer rechten Einheit hervor. Allein das liegt an dem Standpunkt, von welchem aus das ganze gebildet worden, und den wir um so mehr als den des Aristoteles selbst ansehen müssen, weil er mit seinem physikalischen ganz analog ist. Allein hievon abgesehen finden wir in dieser

Anordnung fehlerhaftes und schülerhaftes, was mit jenem Standpunkt nicht nothwendig zusammenhängt, sondern aus zwei großen Verwirrungen entspringt, welche bei der logischen Meisterschaft des Aristoteles man sich nur schwer entschließen kann ihm selbst beizulegen. Die erste ist diese. Die Sittenlehre ist die Lehre von der Glükkseligkeit, die Glükkseligkeit ist die den Tugenden gemäße Thätigkeit, die Tugenden selbst aber werden eingetheilt in die sittlichen und geistigen. Können nun in die Sittenlehre Elemente gehören, welche einen dem sittlichen gegenüberstehenden und also relativ davon ausgeschlossenen Charakter haben? Ich meine die sogenannten geistigen Tugenden. Schließen wir sie aus: so wird der Begriff der Tugend in der Sittenlehre nicht erschöpft; nehmen wir sie auf: so muß der Unterschied zwischen den sittlichen und geistigen Tugenden aufgegeben werden. Hieraus nun ist das Schwanken entstanden, welches am Anfang des sechsten Buches der nikomachischen Ethik jedem auffallen muß. Bald klingt es, als ob, nachdem die sittlichen Tugenden abgehandelt sind, nun auch von den geistigen als der zweiten Hauptclasse solle gehandelt werden; bald wieder, als ob dieses nur nothwendig wäre, insofern von ihnen das Maaß ausgehen muß, welches die wahre Mitte zwischen den entgegengesezten Fehlern bestimmen muß, also bloß um der ethischen Tugenden willen. Beide Ansichten schieben sich in den Verbindungsformeln wunderlich durch einander, und auch die Behandlung ist so schielend, daß nicht recht klar wird, welche Ansicht die herrschende sei. Sollten die geistigen Tugenden den sittlichen gleich behandelt werden: so müßte freilich viel mehr geschehen sein als geschehen ist; aber doch ist von Erkenntniß Vernünftigkeit und Weisheit viel ausführlicher und selbständiger die Rede, als um jenes einzelnen Punktes willen nöthig gewesen wäre. Wenn man dagegen wieder betrachtet, daß hernach von der Mäßigung gehandelt wird, welche wie problematisch sie auch sei doch auf jeden Fall in das Gebiet der sittlichen Tugenden gehört: so wird man wieder geneigt alles, was in der Behandlung der geistigen

Tugenden über das Bedürfniß das Maaß zu bestimmen hinausgeht, nur für Abschweifung zu halten. In dieses Schwanken nun bringen die lezten Capitel des zehnten Buches, worin dargelegt wird, daß die aus dem beschaulichen Leben entstehende Glükkseligkeit die höchste und vollkommenste sei, keine größere Sicherheit.

Fragen wir uns nun, ob wir wol geneigt sein können dem Aristoteles eine so große logische Unvollkommenheit zuzuschreiben: so müssen wir dies billigerweise um desto bereitwilliger verneinen, je leichter man angeben kann, auf welchem ganz aristotelischen Wege alle Verwirrung hätte können vermieden werden. Ist einmal die Sittenlehre als eine ganz politische Wissenschaft gesezt: so ist die Glükkseligkeit des beschaulichen Lebens von derselben ausgeschlossen. Diese aber entsteht aus der vorzüglichen Thätigkeit der geistigen Tugenden. Die Glükkseligkeit des zweiten Grades, die des bürgerlichen und geschäftigen Lebens, bedarf gar nicht der freien Thätigkeit der geistigen Tugenden, aus welcher die Wissenschaft und alles was ihr anhängt hervorgeht, sondern nur desjenigen Eingreifens dieser Kräfte in das geschäftige Leben, wodurch jeder in den Stand gesezt wird, da wo er es selbst bestimmen muß die wahre Mitte zu finden. Gewöhnlich aber bedarf der einzelne gar nicht dieser Selbstbestimmung, sondern die Mitte ist ihm gegeben in der Sitte, in dem allgemeinen Urtheil, welches sich durch den Einfluß derer, die das beschauliche Leben führen, der weisen und der Dichter, allmählig gebildet hat. Aus dem Gebiet der geistigen Kräfte braucht also nichts berührt zu werden als nur die Fertigkeit nach Analogie mit der Sitte in Fällen, welche durch sie nicht hinreichend bestimmt sind, die rechte Mitte zu finden, und das ganze kann vollendet werden durch die Aufstellung einer Vollkommenheit, in welcher die freie Thätigkeit der geistigen Kräfte zur Erzeugung der Wissenschaft gar nicht enthalten sein darf. So ist die Sittenlehre ganz in den Grenzen einer politischen Disciplin geblieben, und hat nichts in sich aufgenommen was dieser fremd ist.

Nur würde es dann besser gewesen sein, was ja auch dem gemeinen Sprachgebrauch, dem sich Aristoteles gern recht nahe hält, angemessener ist, jene geistigen Kräfte nicht Tugenden zu nennen, und eine Eintheilung der Tugenden in sittliche und geistige ganz zu vermeiden, damit die Tugend ganz durch die Sittenlehre erschöpft sei.

Vergleichen wir nun hiemit die sogenannte große Sittenlehre: so finden wir sie in dieser Beziehung ganz so eingerichtet, wie wir sie nur wünschen können. Diejenigen Eigenschaften, welche in der nikomachischen Ethik sittliche Tugenden genannt werden, heißen hier Tugenden schlechthin, und dieser Name erstrekkt sich gar nicht weiter. Denn nachdem die Seele innerhalb des Gebiets des willkührlichen getheilt ist in die Vernunft und das an sich zwar unvernünftige, der Vernunft aber folgende: so sagt er, in der Vernunft sind Weisheit Einsicht Wissenschaft u. s. w., in dem unvernünftigen aber die sogenannten Tugenden. Von den Kräften und Eigenschaften der Vernunft ist nur die Rede in Bezug auf die Bestimmung der Mitte; alles andere kommt nur vor, um diese Verrichtung von allen übrigen gehörig zu unterscheiden, und wird ausdrükklich entschuldigt; aber kein falscher Schein findet sich irgendwo, als ob von diesen Gegenständen an und für sich solle gehandelt werden, sondern es schneidet sich ganz deutlich ab, es solle nur davon die Rede sein, wie durch die Bewegungen des Willens die Glükkseligkeit, nämlich die des geschäftigen Lebens, hervorzubringen sei, und alles was zum beschaulichen gehört bleibt ganz aus dem Spiel. Ja am Ende wird alles zusammengefaßt in dem Begriff, der uns so schwer wiederzugeben ist, dem der *καλοκἀγαθία*, in welchem die Vollkommenheit des einzelnen für das bürgerliche Leben im vollsten Sinne umfaßt, die Tüchtigkeit aber zum beschaulichen Leben der Wissenschaft und Kunst ganz ausgeschlossen ist. Die Sittenlehre ist also hier in derjenigen Beschränktheit, welche sie bei Aristoteles, da er sie als politische Wissenschaft betrachtet, nothwendig erhalten mußte, ohne Beimischung von etwas fremdem ganz rein durchgeführt. Sehen wir also auf die Haltung des ganzen: so müssen uns die ἠθικὰ μεγάλα ächter erscheinen als die nikomachische, und auf dieser muß ein stärkerer Verdacht ruhen bleiben.

Die zweite große Verwirrung in der nikomachischen Ethik ist die, daß an zwei ganz verschiedenen Stellen von der Lust, und an zwei verschiedenen von der Glükkseligkeit gehandelt wird, von der leztern im ersten Buch und am Ende des zehnten, von der Lust im siebenten Buch und am Anfang des zehnten. So sind demnach zwei wichtige Gegenstände auf eine sonderbare Art zerstükkelt, und diese Zerstükkelung ist nicht etwa von der Art, daß das frühere nur Ankündigung ist und das lezte Ausführung, oder das frühere die eigentliche Ausführung und das lezte nur eine Zurükkweisung, auch nicht etwa so, daß der Gegenstand auf eine bestimmte Weise getheilt wäre. Sondern die frühere Stelle weiß theils nicht von der spätern, diese nicht von jener, theils, wo sich auch die spätere auf die frühere beruft, weiß man doch nicht, sofern in der spätern etwas beigebracht wird, was in der früheren fehlt, ob dieses nicht beinahe einem Widerspruch gleich kommt, wo nur irgend es in der früheren Stelle einen Ort gab, an welchem dasselbe hätte gesagt werden können. So steht es mit der zwiefachen Behandlung der Glükkseligkeit. In der früheren, welche die ausführlichste ist, findet sich zwar auch der sonderbare Saz, daß, wenn es mehrere Tugenden giebt, die Glükkseligkeit das Leben nach der besten sein müsse. Aber erst die zweite Stelle folgert hieraus, daß die Beschaulichkeit die höchste Glükkseligkeit sei. Hatte die erste dies schon in sich geschlossen: so mußte entweder die ganze Behandlung anders eingerichtet, oder es mußte bevorwortet sein, daß von der höchsten Glükkseligkeit nicht gehandelt würde, weil sie nur wenigen zugänglich sei. Sollte man aber nicht vielmehr aus der ersten Stelle schließen, daß, wenn die Tugend des vernünftigen Theils die beste sei, alsdann das bürgerliche Leben eigentlich gar keine Glükkseligkeit gewähren könne? Mit der zwiefachen Behandlung der Lust oder des Vergnügens hat es aber gar die Bewandniß, daß die lezte von der ersten gar nichts weiß; sondern im zehnten Buch wird auf eine sehr flache Art freilich erst bevorwortet, daß von diesem Gegenstande überhaupt die Rede sei, völlig also, als ob er noch gar nicht berührt worden, da er doch schon im siebenten Buch auf eine gültige und bündigere Art eingeführt worden. Ja auch viele einzelne Säze oder vielmehr alle wesentlichen Behauptungen kommen wieder, aber ohne daß dem Schriftsteller auch nur eine Erinnerung daran käme, daß er sie schon vorgetragen. Dies freilich ist so arg, daß man es nicht ganz hat übersehen können, sondern so zu erklären gesucht hat, daß die im siebenten Buch vom Vergnügen handelnden Capitel aus der eudemischen Ethik herübergekommen wären. Allein dies heißt nur mit halbem Auge sehen; denn nimmt man einmal eine solche Wanderung an: so müßte viel mehr eingewandert sein als diese vier Capitel, von welcher Sache wir noch hernach Veranlassung nehmen werden zu reden. Auf jeden Fall bleibt es doch nicht nur mit der zerstükkelten Behandlung der Glükkseligkeit ganz dasselbe, sondern auch die Behandlung der Lust im zehnten Buche unmittelbar nach der ausführlichen und gründlichen Behandlung der geselligen Verbindungen, eingeleitet bloß durch solche Redensarten, die Lust sei einmal etwas unserm Geschlecht angeeignetes, es komme für die sittliche Tugend gar viel darauf an, daß man seine Freude daran habe, woran man sie haben solle und dergl., selbst ohne die früheren einzelnen Andeutungen, die schon im ersten Buch enthalten sind, bliebe dennoch eben so sehr des Aristoteles unwürdig. Sondern in dieser Hinsicht erscheinen sogar die beiden andern Werke vorzüglicher. In den ἠθικοῖς μεγάλοις giebt es nur Eine Behandlung des Begriffs der Glükkseligkeit gleich vorne in Verbindung, wie es sich ja gebührt, mit dem Begriff des guten, und weder Wiederholung hievon noch Zusaz hiezu hat der Verfasser nöthig gefunden am Ende noch beizubringen. So giebt es auch nur Eine Behandlung der Lust im zweiten Buch, nachdem die einzelnen Tugenden abgehandelt sind, nachdem auch schon von der Mäßigkeit und Unmäßigkeit, deren jene keine rechte Tugend, diese keine rechte Untugend mehr ist, geredet worden, an einer Stelle also, wo Zusäze eingeschoben werden, wie denn auch das nächste vom Glükk ein solcher ist, und vorher das über die Frage, ob man die Tugend schlecht gebrauchen könnte. Und auch eingeleitet wird der Gegenstand besser, weil nämlich die Tugend sich, wie bald anfänglich gesagt worden, auf Lust und Unlust beziehe. Auch die eudemische Ethik redet nur an Einer Stelle von der Lust, ganz auf die Art freilich, wie die nikomachische im siebenten Buch, aber sie wiederholt wenigstens nicht, und auch die Glükkseligkeit handelt sie nur vorne im ersten und Anfang des zweiten Buches vollständig ab, ohne am Schluß noch einmal darauf zurükkzukommen. Vielmehr schließt sie ganz rein, nur ohne irgend einen Epilog, mit der *καλοκἀγαθία* als der Zusammenfassung aller Tugenden ab. So daß die beiden andern Werke hier einen entschiedenen Vorzug haben vor demjenigen, an welches jeder am meisten denkt, wenn von aristotelischer Sittenlehre die Rede ist.

Allein indem ich die eudemische Ethik in diesen Ruhm mit einschließe: so kann ich nicht länger umhin, das besondere Verhältniß, in welchem sie zu den beiden andern steht, näher zu beleuchten, damit wir nicht ihr etwas beilegen, was sich, wenn unser Verdacht gegründet ist, die *ἠθικὰ μεγάλα* allein aneignen dürfen. Nämlich wenn wir die eudemische Ethik genauer betrachten: so muß uns zuerst der völlig unwissenschaftliche Anfang mißfallen mit dem delischen Epigramm, die einleitenden Untersuchungen entfernen sich von den *μεγάλοις ἠθικοῖς* eben so sehr als von der nikomachischen, und versprechen etwas ganz eigenthümliches und abweichendes. Lieset man aber weiter: so fällt die Vergleichung bald anders aus. Denn nach dem Eingang von 1, 7 an beginnt ein sichtlicher Zusammenhang mit den *ἠθικοῖς μεγάλοις* von deren Anfang an; die Untersuchungen folgen genau in derselben Ordnung, nur ein paarmal, indem der Verfasser sich mehr ausbreitet, verliert er den Faden und muß lose und ungeschikkt anknüpfen. (Man sehe II, 1: *μετὰ δὲ ταῦτα* περὶ ψυχῆς θεωρητέον, und II, 6: λάβωμεν οὖν ἄλλην ἀρχὴν τῆς ἐπιούσης σκέψεως; V, 13: σκεπτέον οὖν πάλιν περὶ ἀρετῆς.) Indessen ist keine Art von wörtlicher Uebereinstimmung aufzufinden, vielmehr sind in der Terminologie zwischen beiden Werken nicht unbedeutende Verschiedenheiten, ja die ganze Behandlungsweise hat eine andere Physiognomie. (Das beste Beispiel aber in kurzem, um zu sehen, wie die Eudemien sich in Absicht des Ganges im einzelnen zu den ἠθικ. μεγ. verhalten, ist der Abschnitt von der προαίρεσις M. Mor. I, 18. Eudem. II, 10.) Das genaue Anschließen aber an die magn. mor. muß am meisten auffallen, wenn man die der eudemischen Ethik eigenthümliche Tabelle von Tugenden mit danebenstehender zwiefacher Entgegensezung betrachtet. Denn nicht nur folgt der Verfasser der Ordnung nicht, welche er dort selbst aufstellt, und schließt sich an die magn. mor. Schritt vor Schritt an mit der unbedeutenden Ausnahme, daß er, was magn. mor. I, 29 - 33 steht, durch einander wirft; sondern er läßt auch zwei nicht unbedeutende Glieder aus seiner Kette weg, καρτερία als Mitte zwischen τρυφερότης und κακοπάθεια, und φρόνησις als Mitte zwischen εὐήθεια und πανουργία, weil von diesen und zwar sehr mit Recht besonders von der lezten in diesem Zusammenhang in den magn. mor. nicht die Rede ist. Auf diese Weise begleitet unser Verfasser jenes Werk bis zu dem Abschnitt von der Gerechtigkeit, magn. mor. I, 34; Eudem. IV, 1. Hier beginnt zwar keine auffallendere Abweichung von den magn. mor., vielmehr wird bis gegen das Ende des sechsten Buches die Ordnung der magn. mor. genau befolgt, allein die wunderbarste Uebereinstimmung mit der nikomachischen Ethik, indem das vierte Buch der eudemischen mit dem fünften der nikomachischen, das fünfte eudemische mit dem sechsten nikomachischen, und das sechste eudemische mit dem siebenten nikomachischen buchstäblich übereinstimmt, so daß man in diesen Büchern das eine Werk als einen codex des andern gebrauchen kann. Grade so weit nun als diese buchstäbliche Uebereinstimmung geht auch die mit der Ordnung der magn. mor.

im wesentlichen: denn auch diese handelt nach der Gerechtigkeit vom ὀρθὸς λόγος, der εὐβουλία, der ἀκρασία und der ἡδονή. Wo aber diese Uebereinstimmung aufhört, mit dem Anfang des siebenten Buches der Eudemien, da weichen diese auch von der Ordnung der ἠθ. μεγ. ab. Denn diese handelt nach der ἡδονή von der εὐτυχία, dann der καλοκἀγαθία, und fügt nur anhangsweise die φιλία bei in den lezten Capiteln. Die eudemische Ethik aber, wo die buchstäbliche Uebereinstimmung mit der nikomachischen Ethik aufhört, tritt ihr doch noch darin bei, daß sie am Anfang des lezten Buches ebenfalls die φιλία folgen läßt, jedoch so, daß sie sich im ganzen in der Ordnung der einzelnen Punkte mehr den ἠθ. μεγ. anschließt, und dann erst nachholt, was diese haben vorangehen lassen, nämlich die εὐτυχία und καλοκἀγαθία.

Hat man diese wunderlichen Verhältnisse ins Auge gefaßt: so ist die Sache erst recht räthselhaft geworden; eine Menge von Fragen drängt sich auf, und in dem Bestreben sie zu lösen wird man nach den entgegengesezten Seiten fortgerissen. Um jedoch aus dem eingeschlagenen Gange nicht ganz auszuweichen, so bemerke ich nur vorläufig, daß, alles übrige mag sich verhalten wie es wolle, man doch die eudemische Ethik nicht als eine freie Theilnehmerin an den Vorzügen ansehen kann, welche die magn. mor. über die nikomachische Ethik erheben, indem die Abhängigkeit der eudemischen Ethik von den magn. mor. nicht abgeläugnet werden kann. Denn selbst wenn die gemeinschaftlichen Bücher aus der nikomachischen Ethik abstammen: so stehn doch grade sie in der eudemischen gewiß wegen ihrer Aehnlichkeit mit den ἠθ. μεγ. Und wenn die eudemische, nachdem sie hier von der Lust gehandelt, und nachdem sie am Anfang die Glükkseligkeit abgehandelt, beides nicht wie die nikomachische Ethik am Ende noch einmal wiederholt: so ist dies offenbar lediglich das Verdienst der ἠθ. μεγ., von welchen jenes Werk sich nie losreißen konnte. Sehen wir also auf die Verworrenheiten in der nikomachischen Ethik: so müssen wir sagen, es sind zunächst nur die ἠθ. μεγ., welche verdienen in dieser Hinsicht über jenes Werk gestellt zu werden.

Dieses vorläufig festgestellt drängt sich uns nun die Frage auf, Wie verhalten sich denn aber die andern beiden Werke eigentlich zu einander, und wie können sie sich eben wegen dieses Verhältnisses zum Aristoteles verhalten? Was das lezte betrifft, so glaube ich wird wol jedermann vorläufig eingestehen, daß nicht füglich beide Werke, welche drei gemeinschaftliche Bücher haben, dem Aristoteles angehören können. Casaubonus zwar, wiewol er nur von Nikom. VI. redet, nimmt keinen Anstoß daran, daß dieses Buch, ob er es von den andern beiden nicht gemerkt, weiß ich nicht, in beiden Werken dasselbe sei, und meint nur, die lezten Capitel von der Lust seien mit Unrecht und nur durch die Abschreiber aus den Eudemien in die Nikomachien gewandert; hier könne sie Aristoteles nicht gewollt haben, weil er nicht dieselbe Materie in demselben Buch an zwei verschiedenen Orten gleich behandle. Dies könnte noch damit vertheidigt werden, daß der Anfang von Nikom. VIII, 1 sich leichter an das Ende von VII, 11 als an das Ende von VII, 15 anschließt. Aber mit dem Frieden des großen Mannes sei es gesagt, sollte wol Aristoteles dieselben Gegenstände in zwei verschiedenen Werken buchstäblich auf dieselbe Weise behandelt haben? Ich glaube wol schwerlich, wenigstens müßte dann in den übrigen Büchern beider Werke ein weit bestimmterer Gegensaz sein. Man müßte sehen, um welches bestimmten Zwekks willen oder wegen welcher bestimmten Methode er die andern Gegenstände alle anders behandeln mußte, diese aber ganz ungeändert lassen konnte; aber so etwas wird zwischen der nikomachischen und eudemischen Ethik niemand auffinden, er mag zum Grunde legen welche von beiden er will. Aber ebenso wenig findet der Gedanke statt, daß beide Werke so konnten dem Aristoteles gehören, daß diese drei Bücher nur dem einen angehörten, in das andere aber erst von späterer Hand wären eingetragen worden. Denn keines von beiden kann sich ohne diese Bücher behelfen, zumal die Gerechtigkeit mit darin stekkt. Man müßte also annehmen, das eine Werk hätte eine andere Behandlung enthalten, und diese wäre gegen die aus dem andern umgetauscht worden; allein hiezu läßt sich kein Grund denken, der nicht auch weiter gewirkt haben müßte. Denn wäre z. B. diese Ueberarbeitung den Eudemien begegnet, warum sollte nicht auch die ausführlichere Behandlung der Freundschaft aus der nikomachischen Ethik in jene übertragen sein? zumal in diesem Abschnitt auch die Eudemien sich nicht so genau an die magn. mor. halten, als anderwärts. Wäre sie der nikomachischen begegnet, warum sollte nicht der Anfang etwas früher gemacht und der *νεμεσητικός* mit aufgenommen sein und hernach die *καλοκἀγαθία* nachgeholt? Ist also beides schwer zu denken: so muß man schon wegen dieser Uebertragung dem Verdachte Raum geben, daß wenigstens eines von diesen beiden Werken spätern Ursprungs ist, und daß in das spätere einige Bücher aus dem alten sind hineingetragen worden.

Und nun kommen wir auf die schwere Frage, Welchem von unsern beiden Werken sind diese Bücher angehörig, und welchem sind sie aufgedrungen? Die allgemeine Betrachtung will nichts entscheiden; weder in der nikomachischen Ethik noch in der eudemischen bemerke ich wenigstens eine bedeutende Verschiedenheit des Styls, wo diese Bücher anfangen, und wo sie aufhören. Will man hingegen auf einzelnes sehen: so wird man auf entgegengesezte Seiten gezogen und gewinnt nichts. Denn die eudemische Ethik beruft sich da, wo das freiwillige abgehandelt wird, darauf, daß dies noch einmal vorkommen werde in dem Artikel von der Gerechtigkeit; ebenso beruft sie sich II, 5 darauf, daß in der Folge vom *ὀρθὸς λόγος* und von der Art die Mitte zu bestimmen werde die Rede sein: und so sollte man schließen, dieses erste gemeinschaftliche Buch sei in der eudemischen Ethik zu Hause. Dagegen beruft sich auch ihrerseits die nikomachische Ethik in dem Artikel von der Schaam IV, 15 auf die künftige Behandlung der Mäßigkeit: und so sollte man glauben, das lezte der gemeinschaftlichen Bücher sei in der nikomachischen zu

Hause. Beides aber ist offenbar nicht füglich zu vereinigen. Genauer betrachtet würde aber auch jedes eben nichts weiter beweisen, als daß keines von diesen Werken bestimmt gewesen jene Gegenstände nicht aufzunehmen; aber das ist schon für sich klar. Denn wer kann eine Ethik schreiben, ohne von ihnen zu reden? Wogegen die Berufung auf das folgende in beiden nur etwas zufälliges ist. Diese Berufung könnte in den Eudemien fehlen, und sie könnten doch das ächte aristotelische Werk sein, dem diese Bücher angehören; wir könnten sie in der nikomachischen Ethik finden, und diese könnte doch das unvollendete Werk eines anderen sein, dem man hernach diese aristotelischen Bücher einverleibt hätte. Auch mit andern Entscheidungsgründen geht es nicht besser. Man könnte z. B. sagen, diese Bücher wären der nikomachischen Ethik deshalb fremd, weil diese sich sonst nirgend so an die magn. mor. anschließt, weder vor- noch nachher, und sie gehörten der eudemischen eben deshalb an, weil diese dasselbe Verfahren mit Abrechnung des Eingangs auch in den frühern Büchern beobachtet. Dagegen aber steht auf der andern Seite dieses, daß, wenn unsere Bücher ursprünglich der eudemischen Ethik angehören, man nicht recht sieht, warum nicht auch weiterhin wie bisher der Gang der magn. mor. befolgt ist. Dieses Räthsel aber löset sich sehr natürlich, wenn man annimmt, der Verfasser habe jene drei Bücher aus der vor ihm liegenden nikomachischen Ethik entlehnt. Denn dort findet er an dem Schlusse des siebenten Buches die Anknüpfung, daß nun solle von der Freundschaft gehandelt werden, er sei also dieser Anknüpfung gefolgt, wiewol nicht der ausführlichen Behandlung in der nikomachischen Ethik. Und so scheint die Wage wieder völlig gleich zu stehen. Hier indeß läßt sich noch ein Ausweg finden. Man kann sagen, die magn. mor., wie sie jezt mit einzelnen Fragen über die Freundschaft schlössen, hätten gar keinen Schluß, und so haben die Eudemien nicht enden wollen; in den magn. mor. sei doch der Begriff der *καλοκἀγαθία* der eigentliche Schlußstein. Von der Freundschaft und den glükklichen Umständen sei nur die Rede zur Zugabe, weil nämlich diese nicht von uns abhangen. Bei der Abfassung der Eudemien nun habe Aristoteles, oder wer sonst ihr Verfasser sei, bemerkt, wie es doch in den magn. mor. den Effect schwäche, daß die *καλοκἀγαθια* nicht das lezte sei, und er habe also bei diesem spätern Werk am Ende die Ordnung geändert, und ohnerachtet auf die *ἡδονὴ* in den magn. mor. gleich die *εὐτυχία* folge, habe er doch die Freundschaft vorangenommen, weil in der That von dieser gar vieles für die *εὐτυχία* selbst abhange. Merkt man auf den Abschnitt VII. 13, wo die Freundschaft endet, und die *εὐτυχία* angeht: so ist dieser wieder so voll Fehler, daß man nicht sechs Zeilen hinter einander verstehen kann, und daß es der Kritik unmöglich sein wird ohne neue Handschriften einen lesbaren Text herzustellen. Indessen soviel sieht man doch durch dieses Chaos durch, daß mit derjenigen Frage über die Freundschaft, welche auch in den magn. mor. die lezte ist, nämlich wie man seine Freunde gebrauchen müsse, diejenige Untersuchung verbunden ist, welche auch in den magn. mor. vor der *εὐτυχία* hergeht, nämlich ob auch die Tugend könne gemißbraucht werden und den Menschen schlechter machen, so daß ein etwas schroffes absichtliches Einlenken in die wahrscheinlich also auch absichtlich verlassene Ordnung der magn. mor. nicht zu verkennen ist. Hieraus entsteht also wol ein gewisses Uebergewicht von Wahrscheinlichkeit dafür, daß die doppelten Bücher den Eudemien ursprünglich angehören, und daß diese also, unausgemacht ob als ein aristotelisches, von dieser Seite wenigstens als ein ursprüngliches nicht zusammengeflikktes Werk können angesehen werden. Dies bestätigt sich allerdings auch noch, wenn wir die Zwekkmäßigkeit jener drei Bücher für die eudemische Ethik mit der für die nikomachische vergleichen. In der nikomachischen, wie gesagt, verursacht von diesen drei Büchern das lezte eine Verwirrung. Denn wäre es nicht so wie es ist: so wäre von der Lust nicht doppelt die Rede. Es bleibt zwar die übrig, daß auch von der Glükkseligkeit zwiefach die Rede ist; allein auf diese spätere Behandlung verweist der Verfasser schon I, 3, und sie ist nichts an=

ders als ein Rükkkehren zum Anfang. In dem Plan der eudemischen Ethik entsteht nicht nur gar keine Art von Verwirrung aus diesen drei Büchern, wogegen in den zwei Behandlungen der Lust weder vor- noch rükkwärts eine Beziehung statt findet: sondern wir finden eine Uebereinstimmung derselben mit dem eigenthümlichen Charakter des ganzen Werkes. Die eudemische Ethik nämlich zeichnet sich von vorn herein dadurch vor den andern beiden aus, daß sie gar keine Beziehung auf die Politik nimmt; sie hat es vielmehr mit der Glükkseligkeit an und für sich zu thun in Beziehung auf den einzelnen Menschen. Deshalb bedurfte sie eines andern Anfangs, und hebt gleich die drei Lebensweisen heraus, denen der Mensch folgen kann, wovon die magn. mor. nichts wissen. Daher stehn ihr auch Verstand und Wille gleich, und sie darf die Fertigkeiten des Verstandes völlig gleich behandeln mit denen des Willens. Darum konnte sie sich nicht begnügen mit der Art, wie in den magn. mor. von jenen die Rede ist, nur um das Maaß für die sittlichen Tugenden zu finden; sondern sie muß sie für sich behandeln. Und das thut sie im fünften Buch, wo ihre Differenz von den magn. mor. am stärksten heraustritt, mit einer größern Ausführlichkeit und ohne zu entschuldigen, wie dies in eine politische Pragmatie hineinkommt, vielmehr als habe sie eine neue Reihe von Tugenden vor sich, welche ebenso zu ihrem Zwekk gehören, wie die andern. Man sollte sie also nur weniger eine Ethik nennen im aristotelischen Sinne, wofür sie sich auch nirgend ausgiebt, sondern ein Buch über die Glükkseligkeit, so stimmt dies alles vollkommen zusammen. Nur freilich als ein aristotelisches Werk möchte ich sie demohnerachtet nicht ansehen; sondern wäre sie vom Aristoteles, so müßten beide Behandlungsweisen weit bestimmter getrennt sein. Schrieb Aristoteles ein Werk, worin er die Betrachtung des sittlichen völlig von dem politischen losreißen wollte: so würde er gewiß nicht mit solcher Genauigkeit der Ordnung eines andern Werkes gefolgt sein, in welchem die politische Beziehung bestimmt ausgesprochen ist. Er würde manches mehr politische weggelassen, besonders die ganze Gerechtigkeit anders haben behandeln müssen. Denn wenn man das politische d. h. den Antheil an der Gesezgebung wegnimmt: so bleibt nichts übrig als der Gehorsam gegen das geschriebene und ungeschriebene Gesez und die Billigkeit. Dagegen hätte er müssen das gerechte hervorziehen, welches er in den magn. mor. zurükkstellt in dem allgemeinen Sinn, wie jeder auch für sich allein gerecht sein kann, das rechte Maaß der Thätigkeit in Bezug auf die Aufgabe des Menschen überhaupt. Auf dieses platonischere hätte er müssen zurükkommen; wo nicht, so mußte die Gerechtigkeit ganz ins enge zusammenschrumpfen, und die Billigkeit hätte müssen desto weiter ausgedehnt werden. Dies ist aber nicht geschehen, sondern die Gerechtigkeit ganz auf dieselbe Weise wie in den magn. mor., nur ausführlicher, behandelt worden. Am merkwürdigsten aber ist, wenn man etwas weiter geht, dieses, daß nachdem die eudemische Ethik gleich anfangs jene Eintheilung der Tugenden gemacht in sittliche Tugenden und geistige Tugenden, sie nun nicht gleich, nachdem sie mit den sittlichen zu Ende ist, die Behandlung der geistigen anfängt und an die Worte IV, Ende περὶ μὲν οὖν δικαιοσύνης καὶ τῶν ἄλλων τῶν ἠθικῶν ἀρετῶν διωρίσθω τὸν τρόπον τοῦτον anknüpft περὶ δὲ τῶν λοιπῶν τῶν διανοητικῶν λεκτέον, sondern auch erst mit den magn. mor. sagt, es sei nun aber nicht genug zu sagen, die Mitte müsse dem ὀρθὸς λόγος gemäß genommen werden, sondern dies müsse man genauer bestimmen, und dann sehr verworren hinzufügt, Da wir aber die Tugenden so eingetheilt haben, müssen wir auch von den übrigen reden, nachdem wir erst von der Seele geredet. In dieser ganzen Stelle V, 1 ist eine des Aristoteles vollkommen unwürdige Verwirrung, die nothwendig jeder fühlen muß. Die Bestimmung der Mitte durch den ὀρθὸς λόγος konnte hier entweder völlig bei Seite gesezt, sodann gradezu die Geistestugenden abgehandelt und hernach gesagt werden, in ihm nun lägen die Bestimmungen der Mitte, denen das Gemüth folgen müsse. Oder es konnte gesagt werden, Da nun aber die Mitte unbestimmt ist: so sind auch die Gemüthstugenden für sich nicht hinreichend, sondern es müssen die andern hinzukommen, in denen die Bestimmung liegt. Dann war der Uebergang gesund. Jezt wird zwar die Nothwendigkeit eines ὀρθὸς λόγος ausgeführt, aber weder hier gesagt, daß derselbe aus den Tugenden des Geistes entstehen müsse, noch am Ende der Buches eigentlich auf die vorher aufgeworfene Schwierigkeit mit Bezug auf jene Stellen zurükkgegangen. Diese Verwirrung nun erklärt sich allein durch das Kleben des Verfassers an den magn. mor., aus welchem nur sehr zur Unzeit die Erinnerung an seine vorher aufgestellte Eintheilung ihn herausreißt. Denn die magn. mor. befanden sich in einem ganz andern Falle; sie hatten diese Eintheilung nicht gemacht und konnten auch unmittelbar auf ihrem politischen Standpunkt die φρόνησις und σοφία nicht als Tugenden sezen. Nachdem nun die Tugenden als Mitte beschrieben waren: so entstand die Frage, woher doch, da jedes πάθος an sich ein unendliches ist, die Mitte zu finden, und nun also die Nothwendigkeit zu dem vernünftigen Theil der Seele zurükkzugehen, um in diesem den ὀρθὸς λόγος aufzufinden, und dann erst war der Begriff der Tugend als zusammengesezt aus der ὁρμή und dem λόγος vollendet. Welches der Verfasser der Eudemien so wenig verstanden, und den Zusammenhang so wenig eingesehen hat, ohnerachtet er cap. 2 gesagt, sowol der λόγος müsse also ἀληθής sein, als auch die ὄρεξις eine ὀρθή, daß wo er an diese Stelle kommt er, wie auch sonst wenn er wo den Faden verloren, eine ἄλλη ἀρχή bei der Hand hat, und V, 13 sagt σκεπτέον δὴ καὶ πάλιν περὶ ἀρετῆς, wo man den ganzen Gedankengang gar nicht verstehen kann, wenn man nicht die magn. mor. bei der Hand hat. Solcher Verwirrungen in einer ganz klaren Sache wäre Aristoteles nicht fähig gewesen, ja unmöglich kann überhaupt einer sich selbst so wenig verstehen, so daß schon um deswillen die magn. mor. und die Eudemien nicht einem und demselben Verfasser können zugeschrieben werden. Sehr leicht aber erklärt sich die Entstehung eines solchen Buches, wie die Eudemien, in einer etwas spätern Zeit, wo die politische Richtung des Philosophirens ganz aufhörte, und also auch die Sittenlehre selbständiger mußte hingestellt werden. In diesem neuen Sinn hat einer gearbeitet, aber ein ziemlich unfähiger, der es möglich hielt, ohnerachtet des veränderten Standpunktes das Schema eines frühern Werkes beizubehalten; und mehr oder weniger diesem folgend mußte er an gewissen kritischen Stellen besonders in Zwiespalt und Verwirrung gerathen. Wiewol auch dieser Standpunkt nicht festgehalten ist; denn wo die Lust und wo die Freundschaft abgehandelt werden sollen, wird doch wieder auf den bürgerlichen Einfluß beider Rükksicht genommen. Allein die Verschiedenheit beider Verfasser offenbart sich auch sonst in Differenzen, welche mit jenem veränderten Standpunkt gar nicht zusammenhangen, und welche man nur als Spuren einer verschiedenen Schule ansehen kann. Dahin gehören gleich von vorn herein die Erklärungen und Eintheilungen, welche von den in den magn. mor. mannigfaltig abweichen. Diese nämlich theilen die Güter in geistige leibliche und äußere, die Eudemien nur in geistige und äußere. Was in der Seele wahrgenommen werden kann, fassen die magn. mor. gleichsam von unten aufsteigend zusammen in *πάϑη*, *δυνάμεις* und *ἕξεις*, die Eudemien hingegen stellen ganz anders zusammen *ἕξεις καὶ δυνάμεις* und *ἐνέργειαι καὶ κινήσεις*, wo *κινήσεις* allerdings von *ἐνέργειαι* unterschieden die *πάϑη* sind, offenbar aber *ἐνέργειαι* sich zu *ἕξεις* verhalten sollen, wie *κινήσεις* zu *δυνάμεις*, welches eine ganz andere Betrachtungsweise zum Grunde legt. Dann fehlt, wo die Tugend genetisch behandelt wird, der Begriff der *ὁρμή* ganz, der überall in den magn. mor. zum Grunde liegt. Ferner theilen die Eudemien das *πολιτικὸν δίκαιον* in ein *νομικόν* und *φυσικόν*, wogegen die magn. mor. sagen, es sei nur *νόμῳ* und gar nicht *φύσει*. So ist auch in den Eudemien das *εἰς ἕτερον* und *καϑ᾽ αὑτόν* gerecht sein zu dem Unterschiede der allgemeinen Gerechtigkeit und der besondern ganz anders gestellt als in den magn. mor. Weiter hinten, nachdem schon der vernünftige

Theil der Seele in Uebereinstimmung mit den magn. mor. eingetheilt war in das ἐπιστημονικόν und βουλευτικόν, sind die V, 2 eingeschobenen Gedanken über das Verhältniß von αἴσθησις, νοῦς, ὄρεξις, und die Eintheilung in eine θεωρητικὴ διάνοια und eine πρακτικὴ διάνοια etwas ganz fremdartiges, das zwar weiter ausgeführt zur Sache dienen und sie erläutern konnte, aber aus einem ganz andern Gesichtspunkt genommen ist und in diesen Zusammenhang gar nicht gehört. Daher sich auch das folgende wieder mit den magn. mor. übereinstimmende nur sehr lose anknüpft. Hernach wird σύνεσις von φρόνησις in den magn. mor. vorzüglich durch die Größe des Gegenstandes unterschieden, in den Eudemien hingegen ist ausdrükklich die φρόνησις eine ἕξις ἐπιτακτική, die σύνεσις aber nur eine ἕξις κριτική, welches, weil es auf den Begriff φρόνησις Einfluß hat, kein unbedeutender Unterschied ist. Wobei noch zu bemerken ist, daß in den ersten Capiteln der Eudemien der Ausdrukk φρόνησις ganz anders und rein theoretisch gebraucht wird, indem sie dort den βίος φιλόσοφος, der sich von dem πολιτικός scheidet, constituirt und durch θεωρία περὶ τὴν ἀλήθειαν erklärt wird. Eud. V, 12 wird gar von ihr gesagt, daß sie nur τὰ πρὸς τὸν σκοπὸν ὀρθὰ ποιεῖ, und dann doch dasselbe auf die δεινότης übergetragen. Auch in der Behandlung der Lust geht der Verfasser der Eudemien so weit zu sagen, es könne wol eine Lust das beste sein, wozu in den magn. mor., so sehr sie auch der Lust Gerechtigkeit widerfahren lassen, doch keine Hinneigung zu finden ist. Es ließe sich dergleichen mehr im einzelnen nachweisen, was aber zu genaueren Erörterungen führen würde, die nur in einem vergleichenden Commentar ihren Ort finden können. Sind nun die Eudemien höchst wahrscheinlich von einem andern Verfasser als die magn. mor.: so sind sie auf keinen Fall vom Aristoteles, nicht wenn er die magn. mor. geschrieben hat, nicht wenn er sie nicht geschrieben hat. Denn es giebt keinen andern, dem Aristoteles so könnte gefolgt sein, wie die Eudemien den magn. mor. folgen.

Auch kommt abgesehn von der Composition gar manches einzelne vor, was man schwerlich für recht aristotelisch halten kann. So z. B. I, 8 die Zusammenstellung von *πολιτική*, *οἰκονομική* und *φρόνησις*, als seien sie die drei höchsten *ἕξεις*. Man sieht wol, daß sich dies auf die drei Lebensweisen beziehen soll, *φρόνησις* nach dem hier noch herrschenden Sprachgebrauch auf die beschauliche und *οἰκονομική* auf die genießende. Allein Aristoteles kann sich so schwerlich ausgedrükkt haben. So wird mit einer Affectation, die in keiner aristotelischen Ansicht gegründet ist, III, 2 gesagt, die *σωφροσύνη* beziehe sich *δόξῃ* zwar auf *γευστά* und *ἁπτά*, aber *ἀληθείᾳ* nur auf die *ἁπτά*. Auch das erscheint mir nicht aristotelisch, daß der *φαῦλος* sich zum *ἐπιεικής* verhalten soll wie ein Kind zum erwachsenen. Eben so wenig konnte sich auch Aristoteles des Ausdrukks *φύσει σπουδαῖος* bedient haben, wenn gleich auch in den magn. mor. die *ὁρμή* zum guten *φυσικὴ ἀρετή* heißt. Dann kommt auch ein Etymologisiren vor, welches mir nicht aristotelisch scheint, wie *σωφροσύνη* von *σώζειν φρόνησιν*, *δίκαιος* von *δίχα*, *μακάριος* von *χαίρειν*. Andere Manieren, wie Anspielungen auf Anekdoten, welche nicht angeführt werden, die Anführungen von Versen mit den bloßen Anfangsworten kommen in erwiesen aristotelischen Schriften nicht vor, und scheinen einen spätern Charakter zu verrathen. Auch glaube ich kaum, daß Aristoteles eine Erklärung, die offenbar nur aus den sokratischen Schulen sein kann, VII, 14 *εὐτυχεῖς καλοῦνται* u. s. w., durch den Ausdrukk bezeichnen würde *οἱ πάλαι ἔλεγον*, oder daß er vom Sokrates gesagt haben könnte, *Σωκράτης ὁ πρεσβύτης* oder *ὁ γέρων*, welches beides in den Eudemien I, 5 und VII, 1 vorkommt.

Gegen alle diese Verdachtszeichen, die ein Commentar, der sich auf das dialektische einlassen könnte, noch sehr vermehren müßte, könnte man nun argumentiren aus den Anführungen aristotelischer Schriften, die auch in den Eudemien vorkommen, und ich darf freilich diesen nicht vorbeigehen, sondern hätte nothwendig einzelne anzuführen. I, 6 *δῆλον δὲ ἐκ τῶν ἀναλυτι-*

κῶν nämlich ἔστι δὲ διὰ ψεύδους ἀληθὲς δεῖξαι. Offenbar konnte so auch ein anderer die aristotelische Schrift anführen. I, 8 ἐπέσκεπται δὲ πολλοῖς τρόποις καὶ ἐν τοῖς ἐξωτερικοῖς λόγοις καὶ ἐν τοῖς κατὰ φιλοσοφίαν. Die Rede ist von den Ideen. Der Ausdrukk εἶναι ἰδέας λέγεται λογικῶς καὶ κενῶς ist sehr dunkel. Auf jeden Fall aber konnte nicht nur ein anderer auch so anführen, sondern es fragt sich überhaupt, ob hier Schriften eines einzigen gemeint sind, und nicht vielmehr allgemeiner sowol in populären als in wissenschaftlichen Schriften sei dies schon häufig abgehandelt. Mir wird das leztere durch den Ausdrukk πολλοῖς τρόποις wahrscheinlicher. Casaubonus am Rande in metaphysicorum multis locis. Allein schwerlich könnte man doch die Eudemien für später geschrieben halten als die Metaphysik, da, weder in ihnen noch den andern Ethiken, sogar die Bücher de anima nicht angeführt werden, ohnerachtet der häufigen Gelegenheit dazu. II, 1 καθάπερ διαιρούμεθα καὶ ἐν τοῖς ἐξωτερικοῖς λόγοις. Die Rede ist von der Eintheilung der Güter in ἐκτός und ἐν ψυχῇ. Auch dieses kann ich für keine bestimmte Anführung halten, da der Ausdrukk ἐξωτερικοὶ λόγοι doch offenbar nur eine Classe bezeichnete, und offenbar auch spätere Peripatetiker in beiden Classen gearbeitet haben. V, 3 ὥσπερ καὶ ἐν τοῖς ἀναλυτικοῖς ἐλέγομεν, und noch einmal καὶ ὅσα ἄλλα προσδιορίζόμεθα ἐν τοῖς ἀναλυτικοῖς. Die Rede ist davon, daß alle διδασκαλία ἐκ προγιγνωσκομένων komme, und von der Erklärung der ἐπιστήμη. Hier schreibt der Verfasser freilich sich die ἀναλυτικά zu. Allein da dieses die einzige bestimmte Anführung ist: so entsteht doch eher die Aufgabe, wie sie wol unter der Voraussezung, daß die Eudemien unächt sind, erklärt werden müsse, als daß sie selbst alle andern Zeichen überwiegen und vernichten sollte. Denn außer diesen kommt nur noch vor V, 4 πιστεύομεν δὲ περὶ αὐτῶν καὶ τοῖς ἐξωτερικοῖς λόγοις, wo offenbar der Verfasser diese ἐξωτερικοὶ λόγοι von sich abschiebt und also die vorigen aufhebt; und endlich eine Stelle IV, 2, ob es einen Unterschied gebe zwischen ἀνὴρ ἀγαθός und πολίτης, das sei ὕστερον σκεπτέον, welche Casaubonus auf Polit. III, 4 bezieht. Aber offenbar könnte der Verfasser nur so verwiesen haben, wenn er die Politik für eine Fortsezung der Ethik hielt, was er offenbar nicht thut, denn nur von demselben Werk kann ὕστερον gesagt werden. Vielmehr könnte man gegentheils glauben, die Art wie VII, 9 die reinen Verfassungen und die παρεκβάσεις derselben anführt seze die Stelle Polit. III, 6 voraus, wo er diese Begriffe und Ausdrükke erst begründet und erklärt. Jene Worte aber gehen vermuthlich auf das VII, 15 sehr verworren gesagte, daß man ein ἀνὴρ ἀγαθός sein könne ohne ein καλοκἀγαθός zu sein.

Um nun dieses zu erklären, λάβωμεν πάλιν ἄλλην ἀρχὴν τῆς παρούσης σκέψεως, möchte ich mit dem Verfasser sagen, nämlich es gebe genauer betrachtet auch Anzeigen, daß die Eudemien auch nicht ursprünglich eines sind, sondern ein zusammengeseztes Werk. Zuerst fiel mir dieses auf III, 1, wo die Tapferkeit behandelt wird. Da wird bei den Worten περὶ δὲ τῶν φοβερῶν ein neuer Ansaz genommen, um diesen Begriff zu erklären; aber in diesem Stükke, welches sich von dem vorigen auch dadurch unterscheidet, daß es allein poetische Anführung enthält, wird das meiste von dem vorher über die fünf falschen Arten der Tapferkeit gesagten wiederholt ohne alle Berufung auf das vorige, als ob es noch gar nicht da gewesen wäre, so daß man sich hier kaum einen ursprünglichen Zusammenhang denken kann, sondern annehmen muß, das lezte sei anderwärtsher. Eben so V, 1, nachdem die drei Begriffe αἴσθησις, νοῦς und ὄρεξις als κύρια aufgeführt sind, findet sich eine Behandlung des Begriffes προαίρεσις, welche im wesentlichen ganz — *)

*) Das Uebrige fehlt. J.

3.

Ueber eine Glosse des Timäus. *)

Rep. II. Bekk. p. 72, 3 sqq.

Οὐκοῦν ἐπειδὴ τὸ δοκεῖν, ὡς δηλοῦσί μοι οἱ σοφοί, καὶ τὰν αλάθειαν βιᾶται καὶ κύριον εὐδαιμονίας, ἐπὶ τοῦτο δὴ τρεπτέον ὅλως· πρόθυρα μὲν καὶ σχῆμα κύκλῳ περὶ ἐμαυτὸν σκιαγραφίαν ἀρετῆς περιγραπτέον, τὴν δὲ τοῦ σοφωτάτου Ἀρχιλόχου ἀλώπεκα ἑλκτέον ἐξόπισθεν κερδαλέαν καὶ ποικίλην.

In Timaeus Lex. plat. findet sich eine Glosse *τὴν ἀλωπεκῆν· τὴν πανουργίαν*. Mit vollem Recht gewiß bezieht Ruhnk. sie auf die obige Stelle. Keine bis jezt bekannte Handschrift aber liest *ἀλωπεκῆν*, sondern ohne Ausnahme *ἀλώπεκα*. Deswegen nun sagt der gelehrte Mann solle man nicht leichtsinnig ändern, wiewol Timäus Schreibart richtiger zu sein scheinen könnte; denn der Sinn bleibe derselbe; *ἀλώπηξ* könne gesagt werden pro pelle vulpina, wie in vielen andern ähnlichen Fällen vorkomme. Herr Ast nimmt das sogleich auf, und schreibt *ἀλώπεκα* i. q. *ἀλωπεκῆν* int. *δοράν*. Die beiden deutschen Ueberseзer Wolff und

*) Gelesen in der Sizung der historisch-philologischen Classe der königlichen Akademie der Wissenschaften am 8. August 1826. J.

Fühse wissen von dieser Weisheit noch nichts sondern übersezen ganz ehrlich den schlauen und gewandten Fuchs des Archilochos; und anders würde mir es auch nicht eingefallen sein, weil mir keine Fabel des Archilochos vom Fuchspelz bekannt ist, noch auch wie man eigentlich den Fuchspelz kann *κερδαλέα καὶ ποικίλη* nennen. Viele andere Gedanken kamen mir noch gegen diese Erklärung; aber ich wurde doch stuzig, und nahm mir vor die Ruhnkenische Behauptung so weit ich konnte zu untersuchen, in welcher Allgemeinheit sie wol haltbar sei, und ob eine Anwendung derselben auf unsere Stelle demgemäß wahrscheinlich oder auch nur möglich sei.

Ruhnken beruft sich zunächst auf Toup, der an zwei Stellen hierüber handelt. In der ersten *) emendirt er eine Emendation von Valkenaer, welcher *πάρδαλιν εἰλῆφθαι* verbessert hatte in *παρδαλῆν ἐνῆφθαι*, indem er nämlich meint, das *πάρδαλιν* könne füglich stehn bleiben, denn man könne eben so gut sagen *πάρδαλιν ἐνῆφθαι* für *παρδαλῆν*, wie *λέοντα περιβεβλῆσθαι* für *λεοντῆν*. Auch führt er eine Stelle aus dem Phurnutus an *νεβρίδα δὲ ἢ πάρδαλιν αὐτὸν ἐνῆφθαι*, wo das *νεβρίδα* auch für die Aechtheit des *πάρδαλιν* Bürgschaft leistet. Hiegegen nun ist nichts einzuwenden. Wer wollte auch nicht in unserer Sprache sagen, Ich will doch meinen Fuchs umthun. Aber sie sagt auch nicht, daß schlechthin *ἀλώπηξ* könne für *ἀλωπεκῆ* stehen, sondern nur in Verbindung mit einem Zeitwort wie *ἐνῆφθαι* und *περιβεβλῆσθαι*. Doch freilich, auch wenn ich einen frage, Was ist doch dies für ein Muff? und er antwortet mir, Es ist ein Fuchs, werde ich mich gar nicht wundern, daß er sich den Pelz oder das Fell erspart; aber doch nur weil mein Verständniß schon durch Muff gebunden ist, und darin schon der Begriff Pelz liegt. Darum kam es mir fast lächerlich vor, daß Toup in der andern früheren Stelle **) bei einer An-

*) Animadv. in Scholia Theocritea. Heindorf. II. p. 486.

**) Ep. crit. p. m. 97.

führung aus Lucian *) ausruft, Notandum vero illud τὸν λέοντα αὐτοῦ περιβεβλημένην, als wäre das etwa ein besonderer Hellenismus, was man ja auch bei uns täglich auf der Straße hört, und was bei Lucian nur eine in dieser Schreibart zulässige nicht nur sondern auch anmuthige Uebertragung einer in der Sprache des gemeinen Lebens üblichen Nachlässigkeit ist. Hier aber spricht Toup weit entschiedener und allgemeiner, λέων stände für pellis leonina, wie βοῦς für tergum bovinum, und ἐλέφας für dens elephantis. Das alles ist aber nur in einem eben solchen unbestrittenen Zusammenhange geltend, und dann wird βοῦς eben so gut von einer Rindskeule stehen können als vom Rükken, und auch ἀλώπηξ würde eben so gut vom Fuchsschwanz stehen können als unter andern Umständen vom ganzen Pelz. Möchten doch solche Observationen auch großer Philologen nicht so oft schief sein und zu weit auf der einen zugleich aber zu eng auf der andern Seite, wodurch dann geringere Lichter verführt nur gar zu leicht ganz zu Irrlichtern werden! — Aber nicht wenig verwundert war ich zu sehen, daß Toup unmittelbar darauf fortfährt, eben so stehe auch ταῦρος für gluten taurinum. Denn dies hat gewiß nie jemand gesagt. In einem Fragment des Eurip. aber kommt vor ταυρόδετος κυπάρισσος. Dies nun erklärt Toup wahrscheinlich ganz richtig durch lignum cypressinum taurino glutine compactum, glaubt aber jenes ταῦρος für gluten als Mittelglied hiezu annehmen zu müssen. Wie ist es nur möglich, daß man eine so kühne dichterische Wortbildung kann in Eine Reihe stellen wollen mit jenen aus dem gemeinen Leben genommenen Sprachweisen? Wie kann ein Sprachkenner glauben, daß im gemeinen Leben, wie man Rind statt Rindfleisch sagt, man eben so viel Veranlassung habe Kälberfüße — und dann auch gar Kalb zu sagen statt Tischlerleim! Oder auf der andern Seite der Dichter könne nur ταυρόδετος wagen, wenn man auch vorher schon ταῦρος immer in diesem Sinne gesagt

*) de conscrib. hist.

hat! Ich möchte vielmehr kühn behaupten, ein Dichter könne ἐλεφαντόδετοι δόμοι gesagt haben, wenn es auch noch gar nicht üblich gewesen wäre ἐλεφας schlechthin für Elfenbein zu brauchen, keineswegs aber gälte das von dem prosaischen ἐλεφαντοκόλλητοι κλῖναι des Clemens *).

Wenn nun die ganze Sache mit dem Fuchs für Fuchspelz so anzusehen ist: so fragt sich, ob in unserer Stelle auch nur die geringste Veranlassung ist an den Fuchspelz zu denken. Die Lage der Sache ist offenbar die. Der Mann will sich möglichst vollständig mit einem Scheine von Rechtschaffenheit umgeben, weil hievon der Schein nüzlich ist; hinter diesem Scheln aber will er nicht etwa gewaltthätig wie ein Löwe, denn das müßte auch offenbar geschehen, sondern mit Hülfe der Schlauheit ungerecht sein. Ist nun also der Fuchs einmal das Sinnbild der schlauen Ungerechtigkeit oder ungerechten Schlauheit: so kann man den Fuchs wol hineinbringen, sagend, er wolle zwar gerecht scheinen, eigentlich aber ein Fuchs sein, oder auch sich einen Fuchs halten, der ihm gleichsam Rath gebe und ihn inspirire. Und wäre nun z. B. der Elephant eben so das Sinnbild der schlichten Gerechtigkeit: so könnte man wol sagen, der Mann wäre ein Fuchs in einer Elephantenhaut, wenn doch die Haut nur das äußere Ansehn des Thieres ist; wie aber der Fuchspelz hineinkommen sollte, da er ja grade das Ansehn der Schlauheit und Ungerechtigkeit nicht haben sondern vermeiden will, das sehe ich nicht ein. Daß aber die Haut grade so für den äußern Schein wirklich gebraucht wird, dafür zeugt nicht nur die bekannte Fabel vom Esel in der Löwenhaut; sondern auch Lucian, der auch vielleicht bei der Omphale daran gedacht haben wollte, daß sie sich durch ihre Herrschaft über den Herakles das Ansehn der Stärke gegeben, da es doch keine gewesen, hat noch eine ganz ähnliche Stelle im Philopseudes, ἄρτι δὲ ὡς γόης ὢν ἄρα τοσοῦτον χρόνον ἐλελήθει με ὑπὸ τῇ λεοντῇ γελοῖόν τινα

*) Clem. I. p. 188, 28.

πίθηκον περιστέλλων II. p. 34; und warum sollte ich nicht auch die *λύκους ἐν ἐνδύμασι προβάτων* *) anführen, wofür auch stehen könnte *λύκοι ἐν μηλωταῖς*. Auch ganz allgemein liegt diese Vorstellung zum Grunde in dem bekannten horazischen Vers

Sed videt hunc omnis domus et vicinia tota
Introrsus turpem, speciosum pelle decora **).

Wenn also, denke ich, Trasymachos redete, und Platon könnte ihm mit einigem Fug angedichtet haben hier vom Fuchspelz zu reden statt vom Fuchs: so würde es ihm vielleicht ein Fund gewesen sein, um ihn hernach scherzhaft durchzunehmen darüber; daß er aber der brüderlichen Seele des Adeimantos diesen Bull sollte untergelegt haben, kann ich nicht glauben.

Doch hier erhebt sich eine Wolke fast von Zeugen gegen die Strenge der Logik, und fordert die Vergünstigung, unter Umständen, wo keine Mißdeutung möglich ist, auch das Gegentheil von dem sagen zu dürfen, was man eigentlich sagen will. Denn zuerst hat derselbe Horaz, den ich für den logisch richtigen Gebrauch angeführt, dagegen auch das bekannte

Si carmina condes,
Nunquam te fallant animi sub vulpe latentes,

wo er gewiß nicht einfältige meint, die sich das Ansehn der Schlauheit zu geben wissen; aber auch schwerlich die sich eben so wie der Fuchs zur rechten Zeit einfältig anzustellen wissen, worauf das alte Scholion deutet vulpes in Aesopi fabula ostendebat se corvo simplicem, sondern vulpes ist hier wol der Fuchspelz, und sub vulpe latere heißt sich hinter dem Fuchspelz verbergen, soll aber bedeuten fuchsartig sein. Eben so führt auch Ruhnken an ein rhetorisches Fragment aus der Sammlung des Allatius *μέτεισι τὴν μητέρα τὴν ἀλωπεκῆν ἐνδυσάμενος*, welches gewiß nicht heißen soll, was es eigentlich müßte, er wollte bei ihr für listig gelten ohne es doch zu sein, sondern er ging zu ihr mit

---

*) Matth. 7, 15.

**) Epist. I. 16, 44. 45.

dem Vorsaz sie zu berükken, also fuchsartig zu handeln, ohne daß sie den Fuchs merken sollte, vielmehr also als ein Fuchs, der aber eine pellis decora umgenommen, nicht als einer, der sich auf den Fuchs will sehen lassen. Die Thatsache ist also schon aus diesen Beispielen außer Streit, und das leztere von der Art, daß die Redensart als in diesem Sinne schon verständlich muß vorausgesezt werden. Schwer aber ist es sich mit der Aufzeigung solcher Thatsachen zu begnügen, man muß sich immer aufgeben eine Erklärung zu versuchen. Vielleicht findet sich diese in dem bekannten von Plutarch an zwei verschiedenen Stellen angeführten Wizwort des Lysandros, als ihm einer seine Kriegslisten vorwarf mit dem Bemerk, es sei des Herakles nicht würdig nicht alles ἀντικρύ zu thun. Er nämlich antwortete, wo die Löwenhaut nicht hinreiche, müsse man noch einen Fuchsbalg daran nähen *). Da ihm der Ahnherr Herakles vorgeworfen wurde: so ist auch hier an dessen Löwenhaut, nicht etwa an die des Esels zu denken, da denn der Sinn abermal sein müßte, wo man mit dem Schein der Stärke nicht ausreiche, da müsse man auch den Schein der List hinzunehmen. Herakles aber trug die Löwenhaut nicht wie der Esel, sondern wie sie eine Beute über den Löwen war, so war sie auch nun das Symbol seiner selbst Löwen überwindenden Stärke. Lysandros, der zunächst sagen wollte, man reiche nicht überall aus mit der gradeaus gehenden Stärke, hält sich also statt der Sache selbst an das Symbol, die Löwenhaut, und so war es ein feiner Wiz, indem er die Verbindung der List mit der Stärke bezeichnen wollte, zu sagen, sein Symbol sei die Löwenhaut, aber mit daran genähtem Fuchsbalg. Und in der That, wenn einer eben so zum Fuchsbalg gekommen wäre wie Herakles zur Löwenhaut: so wäre auch der Fuchsbalg ein schönes Symbol der selbst den Fuchs als den alten Meister in der List überlistenden List. Und wie Herakles die Löwenhaut nicht

*) ὅπου μὴ ἐφικνεῖται ἡ λεοντῆ προσραπτέον εἶναι τὴν ἀλωπεκῆν. p. m. II. 190 u. 229.

trug, um Versteck damit zu spielen: so bekennt sich auch Lysandros frank und offen zur List. So könnte man denn sagen, der Fuchsbalg sei überall ein Anhängsel der Löwenhaut, einmal sich anschließend an die des Esels, das andere Mal an die des Herakles. Und ist einmal der doppelte Gebrauch nachgewiesen: so darf man sich auch nicht über das Schillern zwischen beiden verwundern. Vielmehr wird man wol häufig bei Sprichwörtern auf ähnliche Beispiele stoßen, und so wollen wir sowol den Horaz als jenen Rhetor entschuldigen, wenn gleich ihre Meinung nicht war, daß die den Fuchspelz anzogen sich zur List bekennen wollten; und ohnerachtet sowol das latentes des Horaz als das ἐνδυσάμενος des Redners allerdings mehr an den Esel erinnert.

Wenn also ein solcher streng genommen nicht richtiger Gebrauch doch vorkommt von ἀλωπεκῆ, und es doch Fälle giebt, wo ἀλώπηξ für ἀλωπεκῆ steht: könnte nicht in Beziehung auf unsere Stelle doch am Ende noch selbst Ruhnkenius, und wenn auch der nicht, wenigstens Timäus Recht bekommen? Alles obige eingestanden bin ich doch fest überzeugt, daß hier weder der Fuchspelz gemeint sein kann, noch auch wenn er gemeint wäre für ἀλωπεκῆ hätte ἀλώπηξ gesagt werden können. Das leztere zuerst schon wegen des Archilochos nicht. Es giebt bekanntlich zwei Fabelanfänge desselben, worin der Fuchs eine Rolle spielt. Das eine Mal dem Adler zugesellt heißt er ἀλώπηξ κερδαλῆ, das andere Mal mit dem Affen heißt er ἀλώπηξ κερδαλῆ πυκνον ἔχουσα νόον, was freilich sehr mit ποικίλη zusammentrifft. Doch möchte ich deswegen nicht mit Huschke *) behaupten, daß überall wo von des Archilochos gewandtem und auf seinen Vortheil bedachtem Fuchs die Rede sei, also auch in dieser platonischen Stelle, da werde auf diese Fabel vom Fuchs und Affen angespielt. Gewiß wenigstens nicht wenn die archilochische Fabel dasselbe Argument hatte, wie die dort aus späteren

*) Matth. Misc. philol. Vol. I. P. I. p. 28.

Quellen angeführte. Denn dann verdient wegen dessen was in der Fabel geschieht der Fuchs diese beiden Prädicate nicht, und also konnte auch niemand eigentlich eine solche Fabel besonders ins Gedächtniß rufen wollen, in welcher diese Prädicate dem Fuchs nur als anderwärtsher bekannt beigelegt werden. Indeß ist auch die Fabel vom Fuchs und Adler, wenn sie dieselbe war wie die des Phädrus *), nicht eben sehr charakteristisch. Kam aber nicht im Archilochos etwas in dieser Hinsicht ganz vorzügliches vor: so sieht man nicht, warum nicht Platon seinen Fuchs lieber den äsopischen nennt als den des Archilochos, da er beim Aesop so sehr in Masse vorkommt und seine Eigenschaften nach allen Seiten entwikkelt. Ich möchte daher fast vermuthen, daß die beiden Fabeln des Archilochos andern Inhalts gewesen sind. Wenn aber nicht außerdem Archilochos auch noch eine Fabel vom Fuchspelz gedichtet hat, und das wird wol niemand glaublich finden: so scheint mir fast unmöglich, daß Platon sollte des Archilochos Fuchs gesagt haben, wenn er den Fuchspelz meinte. Denn niemand hätte darauf fallen können etwas anderes als den Fuchs selbst zu verstehen. Ja nicht einmal ἀλωπεκῆ hätte er meines Erachtens sagen können, wenn Archilochos von keinem Fuchsbalg weiß, sondern er hätte sagen müssen τὴν δὲ τῆς τοῦ σοφωτ. Ἀρχιλ. ἀλώπεκος δοράν etc. Geben wir aber nun auch zu, Platon würde besser gethan haben des Archilochos hier gar nicht zu erwähnen, wenn er doch vom Fuchspelz reden wollte, und Archilochos sei ihm hier zur unglükklichen Stunde in die Feder gekommen, weil wenn des Archilochos Fuchs sprichwörtlich geworden niemand dabei an den Fuchspelz gedacht hat **):

*) I, 28.

**) Sonderbarer kann nichts sein als in einem Athem schreiben ἡ τοῦ Ἀρχιλόχου ἀλώπηξ in proverbium venit, hiebei den Dio Chrys. anzuführen, bei dem von den handelnden Personen in Gedichten die Rede ist, so daß die Redensart gar nicht sprichwörtlich ist, sondern Archilochos als Fabeldichter getadelt wird, daß er den Fuchs zum Hauptthelden genommen; nach dieser Anführung aber dann gleich zu sagen ἀλώπεκα stehe statt ἀλωπεκῆν.

so bleibt also noch die lezte Frage, Hat Platon überhaupt hier den Fuchspelz meinen können? Theils wäre es höchst sonderbar und geziert den Fuchspelz κερδαλέα und ποικίλη zu nennen, da so leicht durch ἀλώπεκος δορά das richtige, diese Prädicate auf den Fuchs selbst zu beziehn, hätte erreicht werden können. Theils aber weiß ich auch nicht, was ich mit ἑλκτέον ἐξόπισθεν machen soll, wenn ich es nicht vom Fuchse selbst verstehen darf. Denn in dem eigentlichen Sinne, wenn von dem Scheine der List die Rede wäre, würde es ganz unzwekkmäßig sein den Fuchspelz so anzubringen, daß ihn keiner sieht. Aber auch in dem andern Sinne geht die sinnliche Anschaulichkeit ganz verloren, wenn der Fuchspelz soll hinten geschleppt werden. Denn da bleibt eine Aehnlichkeit mit der Bekleidung nur übrig, wenn die zu kurze Löwenhaut nun durch Annähung des Fuchspelzes zu lang geworden wäre, und lezterer hintennach schleppte. Das hätte Platon haben können, wenn er statt den Schein der Tugend als einen Vorbau und als eine Decoration zu beschreiben auch hier das Bild der Kleidung gewählt, und dem Adeimantos das Umthun einer pellis decora in den Mund gelegt hätte. So aber steht nun der Fuchsbalg, der doch immer als Bekleidung vorkommen müßte, ganz allein, und da wäre das ἐξόπισθεν ἕλκειν nur lächerlich. Denke ich aber an den Fuchs: so wird die sinnliche Anschauung dadurch grade vollendet. Adeimantos will nämlich gedacht werden in seinem Hause, wo er überall das σχῆμα ἀρετῆς um sich herum hat; die List aber hat er in der Gestalt eines Fuchses bei sich, sie soll ihm immer zur Hand sein, aber sie soll nicht bemerkt werden. Wie der Mann sich also zu einem wendet, der mit ihm verhandelt: so muß er den Fuchs hinter sich haben und ihn dekken. Wer nun auch den gezähmtesten Fuchs an dem Bande oder an der Kette beobachtet hat, der hat auch bemerkt, wie widerstrebend er ist, und wie man ihn nur durch Ziehen und Schleppen von der Stelle bringen kann. Richtiger also anschaulicher und kürzer konnte sich Platon nicht ausdrükken, wenn er an den Fuchs dachte; wenn aber an den Fuchspelz: so hätte er einen Fehltritt nach dem andern gemacht, und nichts klares herausgebracht. Auch Themistius, der unsere Stelle, ohne daß der Zusammenhang bei ihm derselbe wäre, etwas knechtisch nachgeahmt hat *), dachte offenbar an den Fuchs; denn vom Schlangenbalg ist wol nie in diesem Sinne die Rede gewesen. Eben so auch Basilius **), der wol ebenfalls unsere Stelle im Sinne hatte, legt das *κερδαλέον* und *ποίκιλον* dem Fuchs bei, und denkt nicht an die *ἀλωπεκῆ*. Diesem also wollen wir glauben, dem Horatius sein ungenaues sub vulpe latere, was recht das Gegenstükk bildet zu unserer richtig verstandenen Stelle, mit vielem anderen hingehen lassen, dem Toup aber, weil er um viel zusammenzubringen auch manchmal zu viel aufstellen mußte; dann verzeihen wir dem Ruhnken um des Toup willen, und Herrn Ast um des Ruhnken willen.

---

*) Orat. XXII. *φύονται δέ τινες καὶ ἐν ἀνθρώποις ἀλώπεκες, μᾶλλον δὲ ἀνθρώπια σμικρά τε καὶ ἀνελεύθερα, τὰς ἀλώπεκας ὄπισθεν ἐφελκόμενα. οἱ δὲ αὐτῶν οὐκ ἀλώπεκας, ἀλλὰ δράκοντας.*

**) De leg. graec. poet.

4.

Ueber den Begriff der Hermeneutik mit Bezug auf F. A. Wolfs Andeutungen und Afts Lehrbuch.

A.*)

Viele, ja vielleicht die meisten von den Thätigkeiten, aus denen das menschliche Leben besteht, vertragen eine dreifache Abstufung der Art wie sie verrichtet werden, eine fast geistlose und ganz mechanische, eine die auf einem Reichthum von Erfahrungen und Beobachtungen beruht, und endlich eine im eigentlichen Sinne des Wortes kunstmäßige. Unter diese nun scheint mir auch das Auslegen zu gehören, sofern ich nämlich unter diesem Ausdrukk alles Verstehen fremder Rede zusammenfasse. Jene erste und niedrigste finden wir täglich auf dem Markt und in den Straßen nicht nur, sondern auch in manchen Gesellschaftskreisen, wo man Redensarten über gemeine Gegenstände wechselt, so daß der jedesmal sprechende fast schon mit Gewißheit weiß was sein Mitunterredner erwidern werde, und die Rede regelmäßig wie ein Ball abgefangen und wiedergegeben wird. Die zweite ist der Punkt, auf welchem wir im allgemeinen zu stehen scheinen. So wird das Auslegen geübt auf unsern Schulen und Hochschulen, und die erklärenden Commentare der Philologen und Theologen,

*) Gelesen in der Plenarsitzung am 13. Aug. 1829.

denn diese beiden haben das Feld vorzüglich angebaut, 'enthalten einen Schaz von lehrreichen Beobachtungen und Nachweisen, welche hinreichend beurkunden, wie viele unter ihnen wahre Künstler sind im Auslegen, während freilich dicht neben ihnen auf demselben Gebiet theils die wildeste Willkühr auftaucht bei schwierigen Stellen, theils pedantische Stumpfheit das schönste entweder gleichgültig übersieht oder thöricht verdreht. Aber neben allen diesen Schäzen verlangt doch den, der das Geschäft selbst zu treiben hat und sich doch zu den entschiedenen Künstlern nicht zählen kann, und noch mehr wenn er zugleich der wißbegierigen Jugend vorangehn soll im Auslegen und sie dazu anleiten, nach einer solchen Anleitung, die als eigentliche Kunstlehre zugleich nicht nur die erwünschteste Frucht sei von den Meisterarbeiten der Künstler dieses Fachs, sondern auch in würdiger wissenschaftlicher Gestalt den ganzen Umfang und die Gründe des Verfahrens auseinandersetze. Eine solche fand auch ich mich veranlaßt zu suchen für mich selbst sowol als für meine Zuhörer, als ich mich zuerst in dem Falle befand auslegende Vorlesungen zu halten. Allein vergeblich. Nicht nur die nicht unbedeutende Menge theologischer Compendien, wenngleich manche darunter wie das ernestische Buch für Erzeugnisse einer tüchtigen philologischen Schule galten, sondern eben so auch die wenigen rein philologischen Aufsäze dieser Gattung erschienen doch nur als Sammlungen von einzelnen aus jenen Beobachtungen der Meister zusammengetragenen Regeln, bald klarer bestimmt bald unsichrer schwebend, bald unbeholfener bald bequemer geordnet. Besseres erwartete ich, als Fülleborns aus Wolfs Vorlesungen entstandene philologische Encyclopädie erschien, allein das wenige hermeneutische hatte auch nicht die Tendenz wenn auch nur mit wenigen Strichen doch ein ganzes abreißen zu wollen; und da das dargebotene auch hier wie natürlich speciell auf die Werke des classischen Alterthums angewendet wurde, wie in den meisten Handbüchern auf das eigenthümliche Gebiet der heiligen Schriften: so fand ich mich nicht besser befriedigt als zuvor.

Seitdem sind die in der Ueberschrift angegebenen Aufsäze das bedeutendste, was in dieser Sache erschienen ist. Je mehr nun Wolf unter uns den feinsten Geist die freieste Genialität der Philologie repräsentirt, je mehr Herr Ast überall als ein philosophisch combinirender Philologe zu verfahren strebt, um desto lehrreicher und förderlicher muß es sein beide zusammenzustellen. Und so schien es mir für jezt am zwekkmäßigsten, indem ich diesen Führern nachgehe, meine eignen Gedanken über die Aufgabe an ihre Säze anzuknüpfen.

Wolf vermeidet in seinem ganzen Aufsaz wol geflissentlich die systematische Form, sei es weil er überhaupt alles gern vermied was pedantisch erscheinen kann, und lieber andern anheim stellte, was er zierlich und vornehm mehr fallen ließ als ausstreute, mühsam und etwas banausisch zusammenzulesen, sei es auch nur weil er sie dem Orte desselben an der Spize einer mannigfaltiges ohne alle systematische Rükksicht aufzunehmen bestimmten Zeitschrift nicht angemessen hielt. Herr Ast im Gegentheil schreibt sich diese Form vor, und erklärt uns an der Spize, daß keine Lehre könne ohne philosophischen Geist wissenschaftlich mitgetheilt werden. Indeß da uns Wolf doch versichert, der Inhalt seiner Abhandlung sei vorlängst bestimmt gewesen einer philologischen Encyclopädie zur Einleitung zu dienen: so muß ja das einzelne schon in dieser Beziehung gedacht gewesen mithin auch so ausgesprochen worden sein, und wir sind also auch was ihn anlangt wohl berechtigt, was wir hier finden als seine eigentliche Theorie anzusehen.

Indem nun Wolf Grammatik Hermeneutik und Kritik, diese drei zusammen, als vorbereitende Studien behandelt, welche den Eintritt in den Kreis der eigentlich philologischen Disciplinen gewähren, als ein Organon der Alterthumswissenschaft, Herr Ast aber dieselben Disciplinen als Anhang zu einem nur noch nicht erschienenen Grundriß der Philologie behandeln wollte: so stehen beide Männer keinesweges weit von einander; denn auch Herrn Asts Meinung, wiewol er sich nicht genauer über die Verhältnisse dieses Anhangs erklärt, kann keine andere sein als die, daß die Darstellung der Philologie ihn auf die Nothwendigkeit einer wissenschaftlichen Behandlung jener drei Disciplinen geführt hat. Die genaue Verwandtschaft zwischen Grammatik Kritik und Hermeneutik, welche beide übereinstimmend behaupten, wird auch wol niemand zu läugnen wagen. Doch möchte ich gern der lezten, denn die beiden andern muß ich jezt bei Seite lassen, noch eine andere Stelle sichern. Die Werke des classischen Alterthums sind gewiß als Meisterstükke menschlicher Rede die vortrefflichsten und würdigsten unter den Gegenständen, mit denen es die Auslegungskunst gewöhnlich zu thun hat. Allein unläugbar kamen doch viele, welche dieselbe mit großem Erfolg getrieben haben, vorzüglich von den für den Philologen gar nicht eben reichhaltigen heiligen Schriften der Christen her. Verzeichnete man nun für diese Studien ebenfalls eine Encyclopädie: so würde unsere Kunst ohnstreitig auch dort mit mehreren anderen vorbereitenden Studien verbunden ein ähnliches Organon der christlichen Theologie bilden. Ist sie also etwas für die christliche Theologie und dasselbe für die classische Alterthumswissenschaft: so wird weder das eine noch das andere ihr Wesen sein, sondern dieses etwas größeres, woraus jenes nur Ausflüsse sind. Freilich haben nur diese beiden die classischen Philologen und die philologischen Theologen unsere Disciplin getrieben *), und Herr Ast könnte mich fast verleiten zu behaupten, daß sie auch nur in diesen beiden Gebieten ihren eigentlichen Siz habe. Denn gleich anfangs in seinen Grundlinien, wo er die Aufgabe des Verstehens aufgestellt hat, führt er uns zu jener höchsten Höhe der Einheit des Geistes hinauf und endet mit der Behauptung, das Ziel unserer gesammten Geistesthätigkeit sei die hervorzubringende Einheit des griechischen und christlichen Lebens, und so könnte ja auch wol die Hermeneutik nichts

*) Die juristische Hermeneutik ist doch nicht mehr ganz dasselbe. Sie hat es größtentheils nur mit Bestimmung des Umfanges der Geseze zu thun, das heißt mit dem Verhältniß allgemeiner Säze zu dem, was in denselben nicht bestimmt mit gedacht war.

anderes als dieses beides zu behandeln haben. Und wenn sie auf der einen Seite einleitete zur Alterthumswissenschaft, auf der anderen zur christlichen Theologie: so geschähe doch beides nur in dem Geiste der Einheit beider. Hätte sie es nun auch noch mit dem Orientalismus zu thun, der bekanntlich die noch nicht auseinandergegangene Indifferenz beider ist, und auf der andern Seite mit der romantischen Literatur, die offenbar in der Annäherung zur Einheit beider liegt: so käme auch das mit großer Leichtigkeit zurecht. Denn sind der Orientalismus und die romantische Literatur eben so abgeschlossene Gebiete, wie die classische Philologie und die heilige Literatur: so hätten wir dann eine vierfache Hermeneutik jede auf specielle Weise als Organon für einen bestimmten Kreis gebildet, für welche es aber doch etwas höheres gemeinsames geben müßte. Doch indem ich mich in diese Höhen versteigen will, fürchte ich mich vor Wolfs Schatten. Dieser klagt in den wenigen Säzen, die er der Hermeneutik widmet, daß sie als Theorie noch sehr wenig vollkommen sei, und führt als zu ihrer Begründung noch fehlend Untersuchungen an, die aber sämmtlich nicht auf so schwindliger Höhe liegen sondern in ganz gemäßigten Regionen, nämlich Untersuchungen über die Bedeutungen der Wörter, den Sinn der Säze, den Zusammenhang der Rede; dabei sagt er dennoch wieder tröstend diese Unvollkommenheit schade nicht viel, indem die Resultate doch wenig beitragen würden die Genialität des Auslegers zu wekken oder seine geistige Gewandtheit zu erhöhen. Er will auch hier warnend auf den Unterschied hinweisen, den er geltend macht zwischen Theorien wie die alten sie hatten, welche in der That die Production erleichterten, hier also das Geschäft des Auslegens, und solchen, zu denen wir neuern uns neigen, die sich in abstruse Entwikklungen der innern Natur der Kunst und ihrer ersten Gründe vertiefen, nach denen sich aber nichts machen läßt. Ich fürchte, hier ist der Unterschied mit gemeint, mit dem ich angefangen habe; die rein wissenschaftliche Theorie wird die sein, welche nichts bewirkt, die nüzliche wird allein die sein, welche die

Beobachtungen zwekkmäßig zusammenstellt. Nun scheint mir zwar auf der einen Seite noch immer, daß die leztere noch etwas bedarf, um den Regeln das Gebiet ihrer Anwendbarkeit zu bestimmen, welches ja wol die erste gewähren muß; auf der andern Seite meine ich, daß auch diese selbst, wenn sie nur bei der Natur und den Gründen der Kunst, auf die sie sich bezieht, stehen bleibt, doch immer von einigem Einfluß sein werde auf die Ausübung dieser selbigen Kunst. Allein da ich auf keine Weise die Anwendbarkeit der Theorie auf das Spiel sezen will: so verlasse ich doch lieber den speculativen Führer auf seinem Fluge und folge dem praktischeren.

Dieser also erklärt zuvörderst, nur daß die Erklärung freilich nicht an der Spize steht sondern im Winkel in einer Parenthese, aber er erklärt doch, Hermeneutik sei die Kunst die Gedanken eines Schriftstellers aus dessen Vortrag mit nothwendiger Einsicht aufzufinden. Nun bleibt mir schon vieles von dem, was ich nur bei dem andern Führer gewinnen zu können hoffte, auch bei diesem gerettet; die Hermeneutik versirt nicht nur in dem classischen Gebiet und ist nicht bloß in diesem engeren philologisches Organon, sondern sie treibt ihr Werk überall wo es Schriftsteller giebt, und also müssen auch ihre Principien diesem ganzen Gebiete genügen, und nicht etwa nur auf die Natur der classischen Werke zurükkgehen. — Herr Ast macht es mir mit einer so wohl abgefaßten Erklärung nicht bequem, sondern ich muß mir die einzelnen Glieder derselben zusammensuchen. Der erste Begriff, den er aufstellt, ist der eines fremden, welches verstanden werden soll. Nun läugnet er zwar diesen Begriff in seiner ganzen Schärfe, und freilich wenn das zu verstehende dem der verstehen soll ganz fremd wäre, und es gar kein beiden gemeinschaftliches gäbe: so gäbe es auch keinen Anknüpfungspunkt für das Verstehen. Aber ich darf doch wol schließen, daß der Begriff als ein beziehungsweiser stehn bleibt, und daraus würde dann folgen, daß so wie in jenem Falle, wenn alles schlechthin fremd wäre, die Hermeneutik ihr Werk gar nicht anzuknüpfen wüßte, eben so in dem entgegengesezten, wenn nämlich gar nichts fremd wäre zwischen dem redenden und dem vernehmenden, sie es dann gar nicht erst anzuknüpfen brauchte, sondern das Verstehen wäre mit dem Lesen und Hören zugleich oder vielleicht divinatorisch schon vorher immer gegeben, und verstände sich also vollkommen von selbst.

Ich bin es vollkommen zufrieden das Geschäft der Hermeneutik zwischen diesen beiden Punkten einzuschließen, aber ich gestehe auch, ich möchte dieses Gebiet gern ganz für sie in Anspruch nehmen und sagen, überall wo es im Ausdrukk der Gedanken durch die Rede für einen vernehmenden etwas fremdes giebt, da sei eine Aufgabe, die er nur mit Hülfe unserer Theorie lösen könne; wiewol freilich immer nur so fern es zwischen ihm und dem redenden auch schon etwas gemeinsames giebt. Meine beiden Führer aber beschränken mich auf mancherlei Weise; der eine schon dadurch, daß er nur von Schriftstellern redet, welche verstanden werden sollen, als ob nicht auch im Gespräch und in der unmittelbar vernommenen Rede dasselbe vorkommen könne; der andere dadurch, daß er sehr bald das fremde beschränkt auf das in fremder Sprache verfaßte, und dann auf die so verfaßten Werke des Geistes, welches wieder noch ein engeres Gebiet ist als das der Schriftsteller überhaupt. Denn wie vieles giebt es nicht, was wir nur wissen aus schriftlichen Aufsäzen von gar nicht sehr großem geistigen Gehalt, aus Erzählungen, die sich gar sehr der Art nähern wie wir auch im gemeinen Gespräch kleine Ereignisse vorzutragen pflegen, weit entfernt von kunstreicher Geschichtschreibung, aus Briefen vom vertraulichsten und nachlässigsten Styl; und doch kommen auch in diesen hermeneutische Aufgaben vor von nicht geringer Schwierigkeit. Uebrigens besorge ich doch, daß auch Wolf es hiemit nicht viel anders gemeint hat als Hr. Ast, und daß wenn ich ihn gefragt hätte, ob auch solche Schriftsteller wie die Zeitungsschreiber und diejenigen, welche die mancherlei Inserate darin verfassen, Gegenstände für die Auslegungskunst sind, er mich nicht sehr freundlich würde angelassen haben. Vieles freilich ist hier so, daß nichts fremdes sein kann zwischen dem Verfasser und dem Leser; aber Ausnahmen kommen doch vor; und ich kann nicht einsehn, weshalb dieses fremde auf eine andere Weise könnte oder müßte in eignes verwandelt werden als das einer kunstmäßigeren Schrift angehörige. Wie es denn auch bei den hier handgreiflich nachzuweisenden allmähligen Uebergängen — da es ja z. B. Epigramme giebt, die sich gar nicht bedeutend von einem Zeitungsartikel unterscheiden — unmöglich sein dürfte für diese zwei Gebiete auch zwei verschiedene Methoden oder Theorien gegen einander abzugrenzen. Ja ich muß noch einmal darauf zurükkkommen, daß die Hermeneutik auch nicht lediglich auf schriftstellerische Productionen zu beschränken ist; denn ich ergreife mich sehr oft mitten im vertraulichen Gespräch auf hermeneutischen Operationen, wenn ich mich mit einem gewöhnlichen Grade des Verstehens nicht begnüge sondern zu erforschen suche, wie sich wol in dem Freunde der Uebergang von einem Gedanken zum andern gemacht habe, oder wenn ich nachspüre, mit welchen Ansichten Urtheilen und Bestrebungen es wol zusammenhängt, daß er sich über einen besprochenen Gegenstand grade so und nicht anders ausdrükkt. Dergleichen Thatsachen, die wol jeder achtsame von sich wird einzeugen müssen, bekunden dächte ich deutlich genug, daß die Auflösung der Aufgabe, für welche wir eben die Theorie suchen, keinesweges an dem für das Auge durch die Schrift fixirten Zustande der Rede hängt, sondern daß sie überall vorkommen wird, wo wir Gedanken oder Reihen von solchen durch Worte zu vernehmen haben. Eben so wenig ist sie darauf beschränkt, wenn die Sprache eine fremde ist, sondern auch innerhalb der eigenen Sprache, und wohl zu merken ganz abgesehn von den verschiedenen Dialekten, in die sie etwa zerfallen ist, und von den Eigenthümlichkeiten, die bei dem einen vorkommen bei den andern aber nicht, giebt es für jeden mancherlei fremdes in den Gedanken und Ausdrükken eines andern, und zwar in beiderlei Vortrag dem mündlichen und schriftlichen. Ja ich gestehe, daß ich diese Ausübung der Hermeneutik im Gebiet der Muttersprache und im unmittelbaren Verkehr mit Menschen für einen sehr wesentlichen Theil des gebildeten Lebens halte, abgesehn von allen philologischen oder theologischen Studien. Wer könnte mit ausgezeichnet geistreichen Menschen umgehn, ohne daß er eben so bemüht wäre zwischen den Worten zu hören, wie wir in geistvollen und gedrängten Schriften zwischen den Zeilen lesen, wer wollte nicht ein bedeutsames Gespräch, das leicht nach vielerlei Seiten hin auch bedeutende That werden kann, eben so genauer Betrachtung werth halten, die lebendigen Punkte darin herausheben, ihren innern Zusammenhang ergreifen wollen, alle leisen Andeutungen weiter verfolgen? und Wolf zumal, der ein solcher Künstler war im Gespräch, so vieles gab, aber mehr andeutend als aussprechend, mehr winkend als andeutend, kann es gewiß nicht haben verschmähen wollen auch kunstmäßig aufgefaßt zu werden, damit man wo möglich wüßte, was er sich jedesmal dachte. Sollte nun diese Beobachtungs- und Auslegungskunst der lebenskundigen welterfahrenen staatsklugen Männer, soweit ihr Gegenstand die Rede ist, wirklich eine ganz andere sein als die, welche wir bei unsern Büchern anwenden? so anders, daß sie auf andern Principien beruhte, und einer eben so ausgebildeten und regelrechten Darstellung nicht fähig wäre? Das glaube ich nicht, sondern nur wie zwei verschiedene Anwendungen derselben Kunst, in deren einer einige Motive wirksamer hervortreten, andere mehr zurükk, und in der andern umgekehrt. Ja ich möchte noch weiter gehen und behaupten, beide lägen gar nicht so weit auseinander, daß wer es vorzüglich auf die eine anlegen will der andern entrathen könne. Insbesondere aber möchte ich, um bei dem stehen zu bleiben was uns am nächsten liegt, dem Ausleger schriftlicher Werke dringend anrathen die Auslegung des bedeutsameren Gesprächs fleißig zu üben. Denn die unmittelbare Gegenwart des redenden, der lebendige Ausdrukk, welcher die Theilnahme seines ganzen geistigen Wesens verkündigt, die Art wie sich hier die Gedanken aus dem gemeinsamen Leben entwikkeln, dies alles reizt weit mehr als die einsame Betrachtung einer ganz isolirten Schrift dazu eine Reihe von Gedanken zugleich als einen hervorbrechenden Lebensmoment, als eine mit vielen anderen auch anderer Art zusammenhangende That zu verstehen, und eben diese Seite ist es, welche bei Erklärung der Schriftsteller am meisten hintangestellt ja großentheils ganz vernachläßigt wird. Wir sehen nur, wenn wir beides vergleichen, zwei verschiedene ich möchte mehr sagen Theile als Formen der Aufgabe. Wo wir durch das fremde der Sprache aufgehalten werden, da freilich forschen wir zunächst in dieser; aber diese kann uns ganz geläufig sein, und wir finden uns doch aufgehalten, indem wir den Zusammenhang in den Operationen des redenden nicht fassen können. Beut sich beides gleich wenig dar, dann kann die Aufgabe unauflöslich werden.

Doch ich gehe zu den besprochenen Erklärungen zurükk, und muß nun zunächst in der wolfischen, wenigstens für jede Hermeneutik, welche ich aufzustellen im Stande wäre, gegen den Ausdrukk Protest einlegen, daß die Gedanken des Schriftstellers mit nothwendiger Einsicht sollen aufgefunden werden. Nicht als ob mir die Forderung überhaupt zu stark vorkäme; es verhält sich vielmehr so, daß sie mir für eine große Anzahl von Fällen nicht zu groß scheint, aber ich fürchte, daß man, wird die Erklärung so gestellt, andere Fälle, auf welche der Ausdrukk gar nicht paßt, und die ich ungern übergehen möchte, aus den Augen verlieren muß. Man kann in vielen Fällen wol beweisen — wiewol auch in diesen schwerlich vollkommen ohne die von Wolf vielleicht zu wohlfeil im voraus von der Hand geschlagenen Untersuchungen über die Natur der Wortbedeutungen — daß ein Wort in einer gegebenen Verbindung keine andere als eine bestimmte Bedeutung haben könne; ja man kann durch das Ineinandergreifen solcher Elementarbeweise, wenn man nur irgendwo außerhalb dieses Kreises einen Standpunkt hat, auch wol den Sinn eines Sazes befriedigend beweisen: aber wieviel andere Fälle giebt es — und solche sind vorzüglich das Kreuz der neutestamentischen Auslegung — wo eben, weil man von dem einen Stüzpunkt aus etwas anderes wahrscheinlich machen kann als von dem anderen, zu einer nothwendigen Einsicht kein Raum bleibt. Auch in dem Gebiete der Kritik begiebt es sich nicht selten so, daß andere dem Resultat einer gründlichen Untersuchung nichts anderes entgegenzusezen wissen, als daß noch Möglichkeiten bleiben, daß es anders gewesen sei. Dergleichen Remonstrationen richten natürlich auf die Länge wenig aus; aber so lange auch nur Eine solche Möglichkeit nicht gänzlich abgewiesen ist, kann doch von einer nothwendigen Einsicht nicht die Rede sein. Und gehn wir nun weiter und denken daran, wie es thunlich ist in größeren Theilen eines ganzen den so oft schwierigen Zusammenhang der Gedanken nachzuweisen und die verborgene Zugabe gleichsam verlorner Andeutungen auszumitteln: so kommt es dabei nicht allein wie Wolf es darstellt auf Zusammenstellung und Abwägung minutiöser geschichtlicher Momente an, sondern auf das Errathen der individuellen Combinationsweise eines Autors, welche anders geartet in der gleichen geschichtlichen Position und der gleichen Form des Vortrags doch ein anderes Resultat würde gegeben haben. In Dingen dieser Art aber kann die eigne Ueberzeugung sehr fest sein und auch gleichgestimmten und analog operirenden Genossen sehr leicht mittheilbar; aber die Form einer Demonstration würde man der Darstellung vergeblich aufzuprägen suchen. Und dies sei keinesweges zum Nachtheil solcher Entdekkungen gesagt, sondern auf diesem Gebiete gilt wol vorzüglich das sonst ziemlich paradoxe Wort eines ausgezeichneten Kopfes, der uns nur eben entrissen worden ist, daß Behaupten weit mehr ist als Beweisen. Es ist eine ganz andere Art der Gewißheit, auch — wie Wolf es von der kritischen rühmt — mehr divinatorisch, die daraus entsteht, daß der Ausleger sich in die ganze Verfassung des Schriftstellers möglichst hineinversezt; daher es sich denn auch hier nicht selten in der That so verhält wie der platonische Rhapsode dieser jedoch sehr naiv von sich gesteht, daß er den Homer vortrefflich zu erklären vermöge, über einen andern aber Dichter oder Prosaisten ihm oft kein rechtes Licht aufgehen wolle. Nämlich in allem, was von der Sprache nicht nur sondern auch irgend von dem geschichtlichen Zustande des Volks und der Zeit abhängt, kann und soll sich der Ausleger, wenn ihm der gehörige Umfang von Kenntnissen zu Gebote steht, überall gleich trefflich zeigen. Was hingegen von richtiger Auffassung des inneren Herganges, als der Schriftsteller entwarf und componirte, abhängt, was das Product seiner persönlichen Eigenthümlichkeit in die Sprache und in die Gesammtheit seiner Verhältnisse ist, das wird auch dem gewandtesten Ausleger nur bei den ihm verwandtesten Schriftstellern, nur bei den Lieblingen, in die er sich am meisten hineingelebt hat, am besten gelingen, wie es uns auch im Leben nur mit den genauesten Freunden am besten von statten geht, bei andern Schriftstellern aber wird er sich auf diesem Gebiet weniger genügen, und sich auch gar nicht schämen bei andern Kunstverwandten, die diesen näher stehen, sich Raths zu erholen. Ja man könnte versucht sein zu behaupten, die ganze Praxis der Auslegung müsse sich auf diese Weise theilen, daß die eine Classe von Auslegern, mehr der Sprache und der Geschichte zugewendet als den Personen, durch alle Schriftsteller einer Sprache ziemlich gleichmäßig durchginge, wenngleich auch unter ihnen der eine mehr in dieser der andere in einer andern Region hervorragt; die andere Classe aber, mehr der Beobachtung der Personen zugewendet, die Sprache nur als das Medium, durch welches sie sich äußern, die Geschichte nur als die Modalitäten, unter denen sie existirten, betrachtend, sich nur jeder auf diejenigen Schriftsteller beschränkte, die sich ihm am willigsten aufschließen. Und es mag sich wol auch wirklich so verhalten, nur daß die lezten, weil ihre Kunst weniger durch Auseinandersezungen mitgetheilt werden kann, auch weniger öffentlich hervortreten, sondern sich der Früchte derselben im stillen Genuß erfreuen. Daß indeß auch Wolf diese Seite keinesweges ganz übersehen hat, sondern die hier beschriebene mehr divinatorische als demonstrative Gewißheit zum Theil wenigstens für unsere Disciplin auch mit in Anspruch nimmt, geht aus andern Stellen hervor, und eine davon lohnt es auch sonst etwas genauer zu betrachten.

Wenn nämlich Herr Ast in seinem Compendium Grammatik Hermeneutik und Kritik, ohne ihnen etwas anderes beizugesellen, als zusammengehörige Kenntnisse mit einander verbindet, und wir nun hier, weil wir lediglich einen Anhang vor uns haben, nicht genau erfahren wie sie sich gegen einander verhalten: so hat Wolf noch nicht genug an diesem Kleeblatt für das Organon der Alterthumswissenschaft, sondern er gesellt ihnen noch bei die Fertigkeit des Styls und die Kunst der Composition, wozu denn der Poesie wegen auch noch die antike Metrik gehört. Dies ist allerdings auf den ersten Anblikk eher überraschend. Ich meines Theils wollte wenigstens zufrieden sein, wenn ich die Fertigkeit des antiken Styls — und von dem allein, von der Composition in den alten Sprachen ist die Rede — auch erst als die späte Frucht einer langen Beschäftigung mit der Alterthumswissenschaft davon trüge. Denn man muß wol mindestens eben so viel und eben so kräftig als in der Gegenwart in der alten Welt gelebt haben, muß sich aller damaligen Formen menschlicher Existenz und der eigenthümlichen Beschaffenheit der umgebenden Gegenstände lebendig bewußt sein, um mehr zu leisten als die meisten, die aus zusammengelesenen Formeln ein zierliches Strohgeflecht machen, um wirklich was uns aus unserer heutigen Welt bewegt in römische oder hellenische Vorstellungen zu gestalten, und diese dann in möglichst antiker Weise wiederzugeben. Wie kommt also Wolf dazu uns diese Kunst abzufordern gleichsam als Eintrittspreis zu den Heiligthümern der Alterthumswissenschaft? und auf welchem redlichen Wege sollen wir sie uns denn schon verschafft haben? Ich sehe, wenn es hiezu keine Zaubermittel giebt, doch keinen andern als den der Ueberlieferung und einer glükklichen nicht bloß nachahmenden sondern auch divinatorischen Aneignung des Verfahrens solcher, welche diese Fertigkeit zulezt selbst nur als Frucht ihrer Studien hatten. Und das führte uns freilich in einem artigen Kreise herum, da wir doch nicht gleich der ununterbrochenen apostolischen Weihe unsern lateinischen Styl — und nothwendig müßten wir ja zu diesem Behuf auch einen griechischen daneben haben — von solchen ableiten können, welche selbst noch keine andere Muttersprache hatten als jene beiden, und also ihre Fertigkeit nicht einem ähnlichen Studium sondern dem unmittelbaren Leben zu verdanken brauchten. Eben so hätte ich die Metrik nicht geglaubt hier vor der Thüre zu finden, sie scheint mir vielmehr zu den innersten Disciplinen der Alterthumswissenschaft als ein wesentlicher Theil der antiken Kunstlehre zu gehören, indem sie mit der Orchestik eben so genau als mit der Poetik zusammenhangend und die Theorie des prosaischen Rhythmus und der Declamation nothwenig nach sich ziehend die gesammte nationale Entwikklung der Temperamente in dem Charakter der kunstgerechten Bewegungen darstellt. Doch die Metrik lassen wir nun; was aber die eigne Fertigkeit in antiker Composition betrifft, so ist der eigentliche Schlüssel zu dieser wolfischen Forderung folgendes. Er fordert diese Fertigkeit nicht unmittelbar für die inneren Disciplinen der Alterthumswissenschaft, sondern zunächst für die Hermeneutik zum Behuf des richtigen und ganzen Verstehens im höheren Sinne des Wortes, dann, wiewol er dies nicht besonders hervorhebt, es versteht sich aber wol von selbst sowol hievon als von der Metrik, auch für die Kritik, so daß sein Eingang zum Heiligthum der Alterthumswissenschaft wieder aus zwei Stufen besteht; die untere bilden Grammatik, welche er gleich als Grundlage der Hermeneutik und Kritik aufstellt, und neben ihr die Fertigkeit des Styls; die höhere Stufe bilden Hermeneutik und Kritik. Wenn nun Wolf, wie er ja die Grammatik hier in einem sehr großen Styl anlegt, und nicht in dem spärlichen Umfang verzeichnet, wie wir sie von abgehenden Schülern fordern können, so gewiß auch unter der Fertigkeit des Styls nicht das lateinisch Schreiben versteht, wie es als geschikkte Imitation und Anwendung der grammatischen Kenntnisse auf unsern Gymnasien vorkommt; auf der andern Seite aber doch gewiß ist, daß das ächt antike Handhaben der beiden Sprachen in ganz freier eigenthümlicher Darstellung nur einem, der den ganzen Umfang der Alterthumswissenschaften durchmessen hat, wird nachgerühmt werden können: kann wol der große Mann hier etwas anderes meinen als die durch Uebung lebendig gewordene Kenntniß der verschiedenen Formen der Darstellung und ihrer eignen Schranken und Freiheiten? und diese ist freilich von einem großen Einfluß auf jene weniger demonstrabele mehr der innern Geistesthätigkeit des Schriftstellers zugewendete Seite der Auslegungskunst; und wenn uns grade in diese hiedurch eine neue Einsicht eröffnet wird, so muß ja Wolf auch diese wol mit in sein Bild aufgenommen haben, wenn sie auch in seiner Darstellung nicht gleich deutlich hervortritt. Die Sache ist aber wesentlich diese. Wenn wir die verschiedenen Formen der schönen Redekünste und die verschiedenen Typen des Styls auch für wissenschaftliche und geschäftliche Abfassungen, die sich in einer Sprache ausgebildet haben, abgeschlossen vor uns sehen: so zerfällt offenbar die ganze Geschichte der Literatur in dieser Hinsicht in zwei einander entgegenstehende Perioden, deren Charaktere aber hernach, nur in untergeordnetem Maaßstab, auch gleichzeitig wiederkehren. Die erste ist die, in welcher sich diese Formen allmählig bildeten, die andere ist die, in welcher sie herrschten, und wenn die Aufgabe der Hermeneutik darin besteht den ganzen innern Verlauf der componirenden Thätigkeit des Schriftstellers auf das vollkommenste nachzubilden: so ist es auch höchst nothwendig zu wissen, welcher von beiden Perioden er angehört. Denn gehört er zu der ersten: so war er in dieser ganzen Thätigkeit rein er selbst, und es ist nun auf die Intensität seiner Production und seiner Gewalt in der Sprache daraus zu schließen, daß er nicht nur einzelne Werke hervorbrachte, sondern daß ein in der Sprache feststehender Typus zum Theil mit ihm und durch ihn beginnt. Dasselbe gilt, nur untergeordnet, von allen denen, welche diese Formen wenigstens besonders modificirten, neue Elemente hineinbrachten oder einen andern Styl in ihnen gründeten. Je mehr hingegen ein Schriftsteller der zweiten Periode angehört, nicht die Form mit hervorbringt, sondern in dieser oder jener Form dichtet und arbeitet: desto genauer muß man diese kennen um ihn in seiner Thätigkeit ganz zu verstehen. Denn gleich mit dem ersten Entwurf zu einem bestimmten Werk entwikkelte sich auch in ihm die leitende Gewalt der schon feststehenden Form, sie wirkt durch ihre großen Maaße mit zur Anordnung und Vertheilung des ganzen, und durch ihre einzelnen Geseze schließt sie dem dichtenden hier ein Gebiet der Sprache und also auch einer bestimmten Modification von Vorstellungen zu, und öffnet ihm dort ein anderes, modificirt also im einzelnen nicht nur den Ausdrukk, sondern auch, wie sich denn beides nie ganz von einander trennen läßt, die Erfindung. Wer also in dem Geschäft der Auslegung das nicht richtig durchsieht, wie der Strom des Denkens und Dichtens hier gleichsam an die Wände seines Bettes anstieß und zurükkprallte, und dort in eine andere Richtung gelenkt ward als die er ungebunden würde genommen haben: der kann schon den inneren Hergang der Composition nicht richtig verstehen, und noch weniger dem Schriftsteller selbst hinsichtlich seines Verhältnisses zu der Sprache und ihren Formen die richtige Stelle anweisen. Er wird nicht inne werden, wie der eine die sich in ihm schon regenden Bilder und Gedanken kräftiger und vollständiger würde zur Sprache gebracht haben, wenn er nicht wäre beschränkt worden durch einen mit seiner persönlichen Eigenthümlichkeit in manchen Conflict tretende Form; er wird den nicht richtig zu würdigen wissen, der sich an großes in dieser oder jener Gattung nicht würde gewagt haben, wenn er nicht unter der schüzenden und leitenden Macht der Form gestanden hätte, die ihn ebensowol befruchtete als bewahrte, und von beiden wird er den nicht genug hervorheben, der sich in der stehenden Form ohne irgendwo anzustoßen eben so frei bewegt, als wenn er sie eben jezt erst selbst hervorbrächte. Diese Einsicht in das Verhältniß eines Schriftstellers zu den in seiner Literatur schon ausgeprägten Formen ist ein so wesentliches Moment der Auslegung, daß ohne dasselbe weder das ganze noch das einzelne richtig verstanden werden kann. Gewiß aber hat Wolf vollkommen Recht, daß es kaum möglich ist hier richtig zu diviniren, wenn man nicht eigne Erfahrung davon hat, wie sich in bestimmten Schranken und unter festen Regeln stehend mit der Sprache arbeiten und gegen sie kämpfen läßt. Zwar steht wie überall fast so auch hierbei dem divinatorischen Verfahren das comparative gegenüber, aber ganz durch dieses ersezt kann doch jenes nicht werden. Und wo sollte auch für das vergleichende Verfahren der erste gegebene Punkt herkommen, wenn er nicht in den eigenen Versuchen gegeben ist. Und hieraus erklärt sich denn auch, wie die Metrik hieher kommt, da das Sylbenmaaß für alle poetische Composition ein sehr wesentlich die Wahl der Ausdrükke ja zum Theil auch die Stellung der Gedanken bedingender Theil der Form ist, und sich in dem Einfluß, den dieses ausübt, jene verschiedenen Verhältnisse auf das deutlichste zu erkennen geben. Indeß da dieses Verhalten des Inhaltes zur Form während des Zustandes der Composition in allen Sprachen, von denen hier irgend die Rede sein kann, wesentlich und im großen dasselbige ist: so möchte ich weniger als Wolf darauf bestehn, daß die zum Behuf des Auslegens nöthige Uebung grade in den alten Sprachen selbst müsse gewonnen werden. Und wenn es dennoch so sein müßte, würde ich wieder nicht recht verstehen, warum denn die römische Sprache den Beruf und das Vermögen haben sollte die griechische zu ersezen.

Doch ich unterdrükke lieber eine Betrachtung, die sich hier aufdrängt über den Charakter, den solche Uebungen wol immer haben werden, wenn wir sie in Gedanken in die Literatur der betreffenden Sprache selbst versezen, um aus dem zulezt gesagten einige nicht unbedeutende Folgerungen zu entwikkeln. Wenn wir uns nämlich bei aller Ausübung dieser Kunst auch der beiden Methoden bewußt sind, der divinatorischen und der comparativen, und zwar, wie ich glaube, so allgemein, daß wir auf der einen Seite auch alles unmittelbare Verstehen, wobei gar keine besondern Zwischenthätigkeiten unterschieden werden, als ein absolutes aber kaum als Zeiterfüllung merkliches Ausgeübthaben und Zusammengetroffensein beider ansehen können, und daß auf der andern Seite auch die complicirtesten Ausübungen der Kunst uns nichts anderes darstellen als einen beständigen Uebergang von der einen dieser beiden Methoden zur andern, der sich immer mehr einem solchen Zusammentreffen beider an demselben Ergebniß wie jenes augenblikkliche war annähern muß, soll anders auch nur einige Befriedigung entstehen; wenn der vorher angegebene Unterschied zwischen der mehr grammatischen das Verstehen der Rede aus der Gesammtheit der Sprache bezwekkenden, und der mehr psychologischen das Verstehen derselben als eines Actes fortlaufender Gedankenerzeugung bezwekkenden Seite der Interpretation eben so in der Sache gegründet ist, so daß ebenfalls in jedem vollkommnen Verstehen beides vollkommen muß gegeben sein, jede zusammengesezte Operation aber, welche zu diesem Ziele führen soll, den Gang nehmen muß, was auf der einen Seite geschehen ist durch neue Fortschritte auf der andern zu ergänzen: so fragt sich zunächst, ob die genannten Methoden beide auch für beide genannte Seiten gelten, oder jede Methode nur Einer Seite angemessen ist. Wenn also Wolf durch die Stellung, welche er der Metrik und der Fertigkeit in der Composition giebt, vorzüglich für die mehr psychologische Seite der Interpretation eine Basis sucht, auf welche nur ein comparatives Verfahren gebaut werden kann: ist dabei seine Meinung, daß die andere mehr grammatische Seite der Interpretation vorzüglich durch die divinatorische Methode müsse gefördert werden? Unmittelbar und bestimmt will uns sein Aufsaz nicht darauf antworten; aber doch können die von ihm wiewol nicht sehr schmerzlich noch vermißten Untersuchungen über die Bedeutung der Wörter und den Sinn der Säze, wie sie es offenbar ganz mit der grammatischen Seite der Interpretation zu thun haben, diese doch nur durch ein comparatives Verfahren fördern. Und eben dieses zeigt wol auch die Sache selbst, wenn wir sie fragen; denn alle grammatischen Schwierigkeiten werden immer nur durch ein comparatives Verfahren überwunden, indem wir immer wieder ein schon verstandenes verwandtes dem noch nicht verstandenen nahe bringen, und so das Nichtverstehen in immer engere Grenzen einschließen. Eben so aber auf der andern Seite, was ist wol die schönste Frucht von aller ästhetischen Kritik über Kunstwerke der Rede, wenn nicht ein erhöhtes Verständniß von dem inneren Verfahren der Dichter und anderer Künstler der Rede von dem ganzen Hergang der Composition vom ersten Entwurf an bis zur lezten Ausführung. Ja ist überhaupt etwas wahres an der Formel, die höchste Vollkommenheit der Auslegung sei die einen Autor besser zu verstehen als er selbst von sich Rechenschaft geben könne: so wird wol nur eben dieses damit gemeint sein können; und wir besizen in unserer Literatur eine nicht unbedeutende Anzahl kritischer Arbeiten, welche mit gutem Erfolg hierauf sind gerichtet gewesen. Wie ist dies aber anders möglich als durch ein comparatives Verfahren, welches uns zur richtigen Einsicht darüber verhilft, wie und wodurch derselbe Schriftsteller mehr gefördert worden ist als der eine und weiter zurükgeblieben hinter dem andern, und inwiefern der ganze Typus seines Werkes sich den verwandten nähert oder von ihnen entfernt. Gewiß aber wird auch die grammatische Seite nicht können der divinatorischen Methode entrathen. Denn was wollen wir machen, so oft wir auf eine Stelle kommen, wo ein genialer Autor eine Wendung eine Zusammenstellung in der Sprache zuerst ans Licht bringt? Hier giebt es kein anderes Verfahren, als divinatorisch von dem Zustand der Gedankenerzeugung, in welchem der Autor begriffen war, ausgehend, und ermittelnd wie das Bedürfniß des Moments auf den dem Autor lebendig vorschwebenden Sprachschaz grade so und nicht anders einwirken konnte, jenen schöpferischen Act nachzubilden; und auch hier wieder wird es keine Sicherheit geben ohne Anwendung eines comparativen Verfahrens auf der psychologischen Seite. Wir werden daher die aufgestellte Frage nicht anders beantworten können, als daß, wenn das sichere und vollkommne Verstehen nicht unmittelbar mit dem Vernehmen zugleich erfolgt, beiderlei Methoden auf beide Seiten — natürlich in verschiedenem Maaß nach Maaßgabe der Verschiedenheit des Gegenstandes — müssen angewendet werden, bis eine jenem unmittelbaren Verstehen möglichst gleiche Befriedigung entsteht. Nehmen wir aber hinzu was oben schon bemerkt worden ist, daß der eigne Zustand den einen mehr zur psychologischen den andern mehr zur grammatischen Seite hinlenkt, und wenden dasselbe gewiß mit gleichem Recht auf jene beiden Methoden an — denn mancher gewiß ist ein Virtuose in grammatischer Auslegung, der an den inneren Hergang im Geist und Gemüth des componirenden kaum denkt, und so auch umgekehrt giebt es wahre Künstler in diesem Fache, welche wenig und nur in den seltenen Fällen, wenn sie etwa ein Wörterbuch zur Hand nehmen müssen, an das besondere Verhältniß jeder Schrift zu ihrer Sprache denken — bringen wir also dieses mit in Rechnung: so werden wir freilich sagen müssen, so wie wir das unmittelbare und augenblikkliche Verstehen ansehn können als auf die eine oder die andere Weise entstanden, und uns selbst mit unserer Aufmerksamkeit als auf die Productivität des Autors gerichtet oder auch auf die objective Totalität der Sprache: so werden wir auch das kunstmäßige Verfahren in der Auslegung, wenn es sein Ziel vollkommen erreicht hat, auf dieselbe Weise ausdrükken können und sagen, Jezt sind alle comparativen Elemente sowol auf der psychologischen als auf der grammatischen Seite so vollständig beisammen, daß wir die Resultate unseres divinatorischen Verfahrens nicht weiter zu berükksichtigen brauchen, aber dann auch umgekehrt, daß die durchgeführte Genauigkeit des divinatorischen das comparative überflüssig macht. Eben so, der innere Hergang sei durch divinatorisches und comparatives Verfahren so vollkommen durchsichtig, daß indem das so deutlich angeschaute doch ein Denken gewesen sei, gedacht aber nicht werde ohne Worte, damit zugleich auch schon das ganze Verhältniß dieser Gedankenerzeugung und Ausbildung zur Sprache vollständig mit gewesen sei; aber eben so auch umgekehrt.

Doch indem ich es hier mit der lezten Vollendung dieser Operation zu thun habe, werde ich fast unwillkührlich auf die ersten Anfänge derselben zurükkgetrieben, um so mittelst beider Endpunkte das ganze zu umspannen. Diese ersten Anfänge sind doch nichts anders, als wenn die Kinder anfangen gesprochenes zu verstehen. Wie passen nun unsere Formeln auf diese Anfänge? Sie haben die Sprache noch nicht sondern suchen sie erst, aber sie kennen auch die Thätigkeit des Denkens noch nicht, weil es kein Denken giebt ohne Wort: bei welcher Seite also beginnen sie? Vergleichungspunkte haben sie noch gar nicht, sondern erwerben sie erst allmählig als Grundlage zu einem freilich unerwartet schnell sich entwikkelnden comparativen Verfahren; aber wie fixiren sie das erste? Sollte man nicht in Versuchung sein zu sagen, daß jeder beides ursprünglich producirte, und nur entweder ursprünglich vermöge einer innern Nothwendigkeit mit der Art wie die andern erzeugt haben zusammentrifft, oder allmählig wie er eines comparativen Verfahrens fähig geworden ist sich ihnen annähert. Aber auch dieses schon, die innere Beweglichkeit zur eignen Erzeugung, aber mit der ursprünglichen Richtung auf das Aufnehmen von andern, ist ja nur dasselbe, was wir durch den Ausdrukk des divinatorischen bezeichnet haben. Dieses also ist das ursprüngliche, und die Seele bewährt sich auch hier als ganz und eigentlich ein ahndendes Wesen. Aber mit welcher ungeheuren fast unendlichen Kraftäußerung beginnt sie, der keine folgende auch nur entfernt gleichgesezt werden kann, indem sie das, was sich hernach gegenseitig unterstüzt, beides gleichzeitig ergreifen muß, zuerst wahrhaft als Eines, was nur erst allmählig auseinander tritt, die Sprache sich objectiviren, indem sie die einzelnen Wörter an die erscheinenden Gegenstände heftet und an die Bilder, welche sich in ihr selbst immer heller und sichrer gestalten, zugleich aber auch die Denkthätigkeit ich weiß nicht ob ich sagen soll auffassen um sie nachbilden, oder nachbilden um sie auffassen zu können. So erstaunenswürdig erscheint mir immer diese erste Thätigkeit auf dem Gebiet des Denkens und Erkennens, daß mir vorkommt, als belächelten wir die falschen Anwendungen, welche die Kinder, und zwar nicht selten nur aus allzugroßer Folgerichtigkeit, von den aufgenommenen Sprachelementen machen, nur, um uns über dieses Uebergewicht einer Energie, welche wir nicht mehr aufzuwenden vermögen, zu trösten oder auch dafür zu rächen.

Aber beim Lichte betrachtet befinden wir uns in jedem Augenblikk des Nichtverstehens noch in demselben Falle wie sie, nur der Maaßstab ist kleiner. Wenngleich an dem bekannten, ist es doch fremdes was uns entgegentritt in der Sprache, wenn uns eine Verbindung von Wörtern nicht deutlich werden will, fremdes in der wenngleich der unsrigen noch so analogen Gedankenerzeugung, wenn uns der Zusammenhang zwischen den einzelnen Gliedern einer Reihe oder die Erstrekkung derselben nicht fest stehen will, sondern wir unsicher schwanken; und wir können immer nur mit derselben divinatorischen Kühnheit beginnen. Wir dürfen also unsern gegenwärtigen Zustand nicht schlechthin jenen riesenhaften Anfängen der Kindheit entgegensezen; sondern dieses Geschäft des Verstehens und Auslegens ist ein stätiges sich allmählig entwikkelndes ganze, in dessen weiterem Verlauf wir uns immer mehr gegenseitig unterstüzen, indem jeder den übrigen Vergleichungspunkte und Analogien hergiebt, das aber auf jedem Punkt immer wieder auf dieselbe ahndende Weise beginnt. Es ist das allmählige Sichselbstfinden des denkenden Geistes. Nur daß, wie auch der Umlauf des Blutes und der Wechsel des Athems sich allmählig vermindert, so auch die Seele je mehr sie schon besizt auch im umgekehrten Verhältniß ihrer Empfänglichkeit träger wird in ihren Bewegungen, daß aber auch in der lebendigsten, eben weil jede in ihrem einzelnen Sein das Nichtsein der anderen ist, das Nichtverstehen sich niemals gänzlich auflösen will. Nimmt nun aber von jenen ersten Anfängen die Rapidität der Erfolge ab: so wird durch die größere Langsamkeit der Bewegungen und das längere Verweilen bei Einer Operation die Besinnung begünstiget, und so tritt zuerst ein jene Periode, wo hermeneutische Erfahrungen gesammelt werden, und zu Rathschlägen, denn so möchte ich lieber sagen als Regeln, gesammelt werden. Eine Kunstlehre aber kann wol, wie fast von selbst aus dem gesagten hervorzugehen scheint, nur dann erst entstehen, wenn sowol die Sprache in ihrer Objectivität als der Prozeß der Gedankenerzeugung als Function des geistigen Einzellebens in ihrem Verhältniß zum Wesen des Denkens selbst so vollkommen durchschaut sind, daß aus der Art, wie beim Verknüpfen und Mittheilen der Gedanken verfahren wird, auch die Art, wie beim Verstehen verfahren werden muß, in einem vollständigen Zusammenhang dargestellt werden kann.

Doch um dieses zur völligen Deutlichkeit zu bringen, müssen wir erst, was aber ein zweites Geschäft wäre zu diesem ersten, einem Gedanken sein volles Recht angethan haben, den Herr Ast vor Wolf voraus zu haben scheint, der aber, ehe man durch ihn die Gestaltung der Hermeneutik durchgreifend bestimmt, doch mehr ein Fund zu sein scheint als eine Entdekkung, der Gedanke nämlich, daß alles einzelne nur verstanden werden kann vermittelst des ganzen, und also jedes Erklären des einzelnen schon das Verstehen des ganzen voraussezt.

B. *)

Der von Herrn Ast vorgetragene und nach manchen Seiten hin ziemlich ausgeführte hermeneutische Grundsaz, daß wie freilich das ganze aus dem einzelnen verstanden wird, so doch auch das einzelne nur aus dem ganzen verstanden werden könne, ist von solchem Umfang für diese Kunst und so unbestreitbar, daß schon die ersten Operationen nicht ohne Anwendung desselben zu Stande gebracht werden können, ja daß eine große Menge hermeneutischer Regeln mehr oder weniger auf ihm beruhen. Ist ein Wort seinem allgemeinen Sprachwerthe nach bekannt: so wird doch nur durch andere Theile desselben Sazes und zwar zunächst durch diejenigen, denen es am nächsten organisch verbunden ist,

---

*) Gelesen in der Plenarsitzung am 22. October 1829. J.

bestimmt, welcher Theil dieses Sprachwerthes in die gegebene Stelle fällt, und welche auszuschließen sind, das heißt also, es wird als Theil aus dem ganzen als einzelnes aus der Gesammtheit verstanden. Und dies gilt nicht nur von der Wahl unter den mehreren sogenannten Bedeutungen eines Wortes sondern auch bei allen Wörtern, die eines verschiedenen Grades fähig sind, von diesem, und überhaupt von dem größeren oder geringeren Nachdrukk, der einem Worte zukommt. Und wenn man die Regel stellt, ein Wort in demselben Zusammenhang nicht das eine Mal anders zu erklären als das andere, weil nämlich nicht wahrscheinlich sei, daß der Schriftsteller es das eine Mal anders werde gebraucht haben: so kann diese doch nur insofern gelten als auch der Saz, wo es zum andern Mal vorkommt, noch als ein Theil desselben Zusammenhanges mit Recht kann angesehen werden. Denn in einem neuen Abschnitt können unter manchen Umständen mit demselben Recht wie in einem ganz andern Werk auch andere Bedeutungen ihren Plaz finden. Wird nun beim zweiten Vorkommen der Sinn des Wortes durch das erste bestimmt: so wird ebenfalls das einzelne aus dem ganzen verstanden, denn nur von der klaren Ansicht, daß dieser Theil einer Schrift wirklich auch in Bezug auf das vorliegende Wort ein ganzes sei, hängt die Erklärung ab. Auch das richtige Verfahren mit Parallelstellen beruht ebenfalls darauf, daß man nur solche Stellen wähle, welche in einem in Bezug auf das fragliche Wort dem zu erklärenden ähnlichen ganzen vorkommen, mithin auch Theile desselben ganzen sein könnten. In dem Maaß aber als dieses nicht feststeht wird auch die Anwendung unsicher sein. So deutlich dies aber ist und auch noch durch mehrere Beispiele bestätigt werden könnte: so schwierig ist die Frage, wie weit man mit Anwendung dieser Regel hinauf steigen könne, zu beantworten. Denn wie das Wort im Saz ein einzelnes ist und ein Theil, so auch der Saz im größeren Zusammenhang der Rede. Daher es denn so leicht geschieht, daß ganz falsche Vorstellungen mit einzelnen Säzen eines Schriftstellers verbunden werden, wenn man die Säze aus ihrem ursprünglichen Zusammenhang herausgerissen nun als Beläge oder Beweisstellen einem andern Zusammenhang einverleibt; und es kommt auch so häufig vor, daß nur zu verwundern ist, wie diese Treue der Citatoren noch nicht sprüchwörtlich geworden ist. Ein anderes ist es freilich mit Säzen, die eines sprüchwörtlichen Gebrauches fähig sind; allein diese erscheinen auch für sich hingestellt immer in einem bedeutenden Grade unbestimmt, und gelten gleich dafür, daß sie ganz bestimmt erst werden, je nachdem der Zusammenhang es mit sich bringt, in welchen man sie einführt. Und eben darauf, daß sie so gewissermaßen jedem Preis gegeben sind, und wiewol sie ihrer Form wegen mehr als andere immer für sich allein bleiben, doch jedesmal durch ihre Umgebung etwas anders gewendet werden, beruht ein großer Theil ihres eigenthümlichen Reizes. Gehen wir nun einen Schritt weiter: so werden wir dasselbe sagen können auch von einem größeren Zusammenhang von Säzen. Und woher käme es wol z. B., daß man so oft uns Deutschen den Vorwurf macht, wir verständen nicht die Persiflage, die doch immer in einer Reihe von Säzen besteht, als weil entweder die vorbereitenden Winke in dem größeren Zusammenhang der Rede gänzlich fehlen, und man mit der ernsthaften Erklärung völlig ausreicht, und dann ist der Schriftsteller im Unrecht, oder daß nicht gehörig darauf geachtet, d. h. diese einzelne Reihe nicht richtig aus dem ganzen verstanden wird, und dann ist die Schuld des Lesers. Aber keineswegs beschränkt sich die Sache auf solche und ähnliche Fälle; sondern überall wo es darauf ankommt zu wissen, wie genau man es mit einer Reihe von Säzen zu nehmen, und aus welchem Gesichtspunkt man die Verknüpfung derselben zu betrachten hat, muß man zunächst das ganze kennen, dem sie angehören. Ja es läßt sich auch dieses auf den ursprünglichen Fall zurükkführen und muß mithin ganz allgemein gelten. Für jede genauer zusammenhangende Gliederung von Säzen nämlich giebt es auf irgend eine Weise, nur daß dies nach der verschiedenen Art der Werke sehr verschieden sein wird, einen Hauptbegriff der sie dominirt, oder wie wir uns auch wol ausdrükken, das Wort dafür ist; und diesem Worte kann nun eben so wie dem einzelnen Wort in dem einzelnen Saz sein völlig bestimmter Sinn nur richtig zugetheilt werden, wenn es im Zusammenhang mit den andern ähnlichen Worten gelesen wird, d. h. jede Gliederung von Säzen, sei sie nun größer oder kleiner, kann nur richtig verstanden werden aus dem ganzen, welchem sie angehört. Und wie nun jedes kleinere so durch ein größeres, das selbst wieder ein kleineres ist, bedingt wird: so folgt offenbar, daß auch das einzelne nur vollkommen verstanden werden kann durch das ganze. Betrachten wir nun von hier aus das ganze Geschäft des Auslegens: so werden wir sagen müssen, daß vom Anfang eines Werkes an allmählig fortschreitend das allmählige Verstehen alles einzelnen und der sich daraus organisirenden Theile des ganzen immer nur ein provisorisches ist, etwas vollkommner, wenn wir einen größeren Theil übersehen können, aber auch wieder mit neuer Unsicherheit und wie in der Dämmerung beginnend, wenn wir zu einem andern übergehn, weil wir dann wieder einen wenngleich untergeordneten Anfang vor uns haben, nur daß je weiter wir vorrükken desto mehr auch alles vorige von dem folgenden beleuchtet wird, bis dann am Ende erst wie auf einmal alles einzelne sein volles Licht erhält und in reinen und bestimmten Umrissen sich darstellt. Aber wir können auch Herrn Ast nicht Unrecht geben, wenn er, um uns eines solchen häufigen Zurükkgehens und Zurükksehens zu überheben, den Rath giebt, wir sollten lieber gleich jedes Verstehen mit einer Ahndung des ganzen beginnen. Nur ist freilich die schwierige Frage die, woher eine solche Ahndung kommen soll. Wenn man freilich unsere ganze Aufgabe nur auf diejenigen Werke der Rede beschränkt, und so scheinen es ja Wolf sowol als Herr Ast gemeint zu haben, die wir gleichzeitig, das heißt schriftlich, vor uns haben: so ergiebt sich eine Möglichkeit. Schon Vorreden, die bei einem mündlichen Vortrag selten gemacht werden, sind mehr eine Hülfe als die bloße Ueberschrift. Dann fordern wir Büchern von gewisser Art Uebersichten und

Inhaltsanzeigen ab, gewiß nicht allein um einzelnes mit Leichtigkeit auffinden zu können, sondern vorzüglich wegen der Anschauung, die sie uns von der Gliederung eines Werkes gewähren, und weil wir dann jene großen Worte, welche die größeren und kleineren Theile beherrschen, schon gleich von vorn zusammenstellen können. Je reichlicher uns nun dergleichen gewährt ist, um desto leichter ist jener Rath zu benuzen. Ja auch wenn es hieran gänzlich fehlt, hat man nur das Buch vor sich: so kann selbst die sonst eher verdammlich erscheinende Neigung, ehe man mit einem Buch ernstlich anbindet darin zu blättern, dem der Glükk hat oder Geschikk von bedeutendem Nuzen sein, um jenen Mangel zu ergänzen. Doch ich schäme mich fast dieses geschrieben zu haben, wenn ich bedenke, wie das ganze Alterthum, das doch verurtheilt war nach denselbigen Regeln wie wir zu verstehen, von solchen Hülfsmitteln nichts wußte, ja wie auch von den ausgezeichnetsten prosaischen Werken nicht wenige so beschaffen sind, daß dergleichen auch gar nicht anzubringen wären ja vielmehr so verschmäht werden, daß selbst die unentbehrlichen äußeren Abtheilungen nichts mit der inneren Gliederung, aus der die Ahndung des ganzen entstehen kann, gemein haben, bei den poetischen aber alles ähnliche fast ins lächerliche fällt, endlich daß es auch unter uns doch nicht wenig solche giebt, die vornehm genug sind nicht selbst zu lesen sondern sich vorlesen zu lassen, denen mithin weder das Blättern hilft noch die Inhaltsanzeigen. Wir müssen also die Frage, woher denn die Ahndung des ganzen kommen soll, ohne welche das vollkommne Verständniß des einzelnen nicht möglich ist, versuchen auf die allgemeinste Weise zu beantworten. Hiebei ist nun zuerst zu bemerken, daß nicht jede zusammenhangende Rede in gleichem Sinn ein ganzes ist, sondern oft nur eine freie Aneinanderreihung von Einzelheiten, und dann ist ein Verstehen des einzelnen aus dem ganzen gar nicht aufgegeben; oft ist sie nur eine freie Aneinanderreihung von kleineren ganzen, und dann ist uns aufgegeben, jedes einzelne aus seinem kleineren ganzen zu verstehen.

Ob aber das eine oder das andere der Fall sein werde, das liegt immer schon in dem Begriff der Gattung, welcher eine Rede oder Schrift angehört. Aber auch innerhalb einer jeden solchen finden freilich mancherlei Abstufungen auch in dieser Hinsicht statt, daß der eine ein Werk derselben Gattung so streng als möglich hält, und der andere so gelöst als möglich; hievon aber bekommen wir eben die erste Ahndung aus einer allgemeinen Bekanntschaft mit dem Urheber und seiner Art und Weise. Bei Reden nun, welche nicht in schriftlicher Auffassung zu uns gelangen, also nur einmal gehört zu werden bestimmt sind, kann die vorläufige Ahndung vom ganzen, wenn nicht der redende selbst eine Uebersicht des ganzen voranschikkt, nicht weiter ausgebildet werden, als was vorläufige Kenntniß der Gattung und jene allgemeine Kunde von dem Urheber und seiner Art und Weise an die Hand giebt. Fehlt nun gar eines von beiden oder beides: so kann das fehlende nur ergänzt werden durch die Schlüsse, die wir von Anfang an machen aus dem Ton und Gestaltung des einzelnen und aus der Art und Weise der Fortschreitung. Es muß also allerdings ein Verständniß des ganzen geben auch wenn beides fehlt bloß durch das einzelne, aber dieses wird nothwendig nur ein unvollkommnes sein, wenn nicht das Gedächtniß das einzelne festgehalten hat, und wir nachdem das ganze gegeben ist zum einzelnen zurükkehren können, um es dann aus dem ganzen genauer und vollkommner zu verstehen. Somit verschwindet hier wieder der Unterschied zwischen dem, was bloß mündlich vernommen wird, und dem, was wir schriftlich vor uns haben, gänzlich, indem wir auch für jenes durch das Gedächtniß uns aller Vortheile bemächtigen, die dem lezten ausschließlich zu eignen scheinen, so daß wie auch schon Platon gesagt hat der Nuzen der Schrift nur darin besteht dem Mangel des Gedächtnisses abzuhelfen, zweideutig, weil sie wie auf das Verderben des Gedächtnisses gegründet eben dieses Verderben auch wieder aufs neue befördert. Und für Rede und Schrift gleichmäßig folgt aus dem gesagten, daß jedes erste Auffassen nur ein vorläufiges und unvollkommnes ist, gleichsam ein regelmäßigeres und vollständigeres Blättern, nur da hinreichend und für sich allein der Aufgabe gewachsen, wo wir gar nichts fremdes finden und das Verstehen sich von selbst versteht, das heißt wo überhaupt keine hermeneutische Operation mit bestimmtem Bewußtsein vorkommt. Wo aber es sich anders verhält, da müssen wir öfter vom Ende zum Anfang zurükkehren und das Auffassen ergänzend von neuem beginnen; je schwieriger die Gliederung des ganzen zu fassen ist, desto mehr suchend ihr vom einzelnen aus auf die Spur zu kommen, je reichhaltiger und bedeutsamer das einzelne ist, um so mehr suchend es vermittelst des ganzen in allen seinen Beziehungen aufzufassen. Freilich giebt es mehr oder weniger in jedem Werk auch solche Einzelheiten, welche nicht durch die Gliederung des ganzen ihr volles Licht erhalten, weil sie, daß ich so sage, außerhalb derselben liegen und nur als Nebengedanken bezeichnet werden können, die anderwärts eben so gut als hier einen gleichen Ort haben könnten, als Hauptgedanken aber vielleicht gar einem Werk von ganz andrer Art angehören müßten. Aber auch diese als der freien nur durch augenblikklichen Anlaß bestimmbaren Gedankenerzeugung des Urhebers angehörig bilden in einem gewissen Sinne wenigstens ein ganzes unter sich, nur weniger in Beziehung auf die Gattung eines bestimmten Werkes als in Beziehung auf die Eigenthümlichkeit des Urhebers, weniger beitragend zum Verständniß des ganzen, sofern es ein in der Sprache organisirtes und lebendes ist, als sofern es einen fruchtbaren Keimesmoment seines Urhebers fixirt hat und zur Darstellung bringt. Wie nun solche Reden die geringste Aufgabe wären für dieses Verhältniß des ganzen und einzelnen, wobei wir das ganze leicht von jedem einzelnen aus erfassen, und auch das einzelne fast errathen könnten, wenn uns nur das ganze in den leisesten Umrissen gegeben wäre: so wiederum sind die größte solche Werke des schöpferischen Geistes, sei übrigens Form und Gattung welche sie wollen, welche jedes nach seiner Art ins unendliche gegliedert und zugleich im einzelnen unerschöpflich sind. Jede Lösung der Aufgabe erscheint uns hier immer nur als eine Annäherung. Denn die Vollkommenheit würde darin bestehen, daß wir mit solchen Werken eben so verfahren könnten wie mit denen, welche wir als das minimum in dieser Hinsicht bezeichnet haben, nämlich daß wir aus der Gliederung des ganzen und des einzelnen wenigstens bis auf einen gewissen Grad der Aehnlichkeit selbst erfinden könnten. Und wenn wir uns dieses überlegen, finden wir darin wol einen mächtigen Grund, warum Wolf für den Ausleger wie für den Kritiker die Fertigkeit in der Composition als fast unerlaßliche Bedingung fordert. Denn es möchte vielleicht fast unmöglich sein bei dieser Aufgabe das divinatorische Verfahren, welches vorzüglich durch die eigne Productivität gewekkt wird, auch durch einen großen Reichthum von Analogien zu ersezen.

Doch mit dem bisher verzeichneten Umfang dieser Aufgabe noch nicht zufrieden zeigt uns Herr Ast einen nicht zu verachtenden Weg sie noch einmal zu potentiiren. Nämlich wie das Wort zum Saz und der einzelne Saz zu seiner nächsten Gliederung und diese zu dem Werke selbst wie ein einzelnes zu einer Gesammtheit oder ein Theil zum ganzen: so sei auch wiederum jede Rede und jedes schriftlich verfaßte Werk eben so ein einzelnes, das nur aus einem noch größeren ganzen vollkommen könne verstanden werden. Es ist aber leicht zu sehen, daß jedes Werk in zwiefacher Hinsicht ein solches einzelnes ist. Jedes ist ein einzelnes in dem Gebiet der Literatur, dem es angehört, und bildet mit andern gleichen Gehaltes zusammen ein ganzes, aus dem es also zu verstehen ist in der einen Beziehung, nämlich der sprachlichen. Jedes ist aber auch ein einzelnes als That seines Urhebers, und bildet mit seinen anderen Thaten zusammen das ganze seines Lebens, und ist also nur aus der Gesammtheit seiner Thaten, natürlich nach Maaßgabe ihres Einflusses auf jene und ihrer Aehnlichkeit mit ihr, in der andern nämlich der persönlichen Beziehung zu verstehen. Der Unterschied wird immer sehr groß sein, freilich größer oder kleiner nach der Beschaffenheit des Werks, zwischen einem Leser, der auf dem bisher beschriebenen Wege sich das Verständniß des ganzen erwirbt, und einem andern, der den Verfasser in seinem ganzen Leben bis zur Erscheinung des Werkes begleitet hat, und dem viel heller und bestimmter als jenem im Gange des ganzen wie in allem einzelnen der ganze Mensch entgegentritt. Derselbe Unterschied aber auch zwischen jenem und dem, welcher mit dem ganzen Kreise verwandter Werke bekannt auf eine ganz andere Art den sprachlichen Werth der einzelnen Theile und den technischen der ganzen Zusammensezung wird zu schäzen wissen. Sonach folgt auch für jedes ganze Werk als einzelnes, was für die kleineren Theile desselben folgte. Auch nach jenem wiederholten Auffassen bleibt alles Verstehen in dieser höheren Beziehung nur ein vorläufiges, und jedes wird uns in einem ganz andern Licht erscheinen, wenn wir, nachdem wir das ganze ihm verwandte Gebiet der Composition durchlaufen haben, und eben so nach gemachter Bekanntschaft mit andern auch verschiedenartigen Werken desselben Verfassers und soviel möglich mit seinem ganzen Leben, zu dem einzelnen Werk zurükkommen. Wie nun, wo es auf das Verstehen des einzelnen in einem Werk aus der Totalität des Werkes ankommt, uns Inhaltsanzeigen und schematische Uebersichten keinesweges jene erneuerten Auffassungen, jene wiederholte Rükkehr vom Ende wieder zum Anfang, wirklich ersezen konnten, theils weil wir uns doch dabei auf die Auffassungen eines andern verlassen müssen, und immer schon bedeutend können mißleitet sein, ehe wir das falsche darin gewahren, theils auch weil alle solche Hülfsmittel zu sehr am gänzlichen Mangel der Anschaulichkeit leiden, als daß sie das divinatorische Vermögen, worauf hier das meiste ankommt, lebendig erregen könnten: so ist auch hier, wo es auf das Verstehen des Werkes theils aus der verwandten Literatur, theils aus der Gesammtthätigkeit des Verfassers ankommt, wenig Trost und Hülfe bei allem, was um die Bekanntschaft mit beiden zu ersezen in Prolegomenen und Commentaren geleistet zu werden pflegt. Denn von den verwandten Werken wird gewöhnlich nur beigebracht, was der Verfasser selbst benuzt hat, und von ihm selbst seinem Thun und seinen Verhältnissen nur das, worauf Beziehung genommen wird in dem Werke selbst. So daß auch dieses nur dem einzelnen dient und keinesweges dem ganzen; daß aber eine lebendige und zuverlässige Charakteristik des Verfassers aus der Gesammtheit seiner Erscheinung gegeben würde, oder eine Morphologie der betreffenden Gattung durch die Vergleichung ganzer Gruppen, um das vollständige Verstehen dadurch denjenigen zu erleichtern, welche etwa mit einem bestimmten Werk ihre Bekanntschaft mit dem Verfasser oder mit der Gattung erst beginnen: das wäre auch dem Ort und der Absicht nicht angemessen.

Doch indem wir hier, was das Verstehen des einzelnen aus dem ganzen betrifft, auf dem Gipfel der Forderung zu stehen scheinen: so mögen wir uns hier wol einen Rükkblikk auf das bisherige nicht versagen. Wenn nämlich schon eben nur beiläufig bemerkt worden ist, daß es wol zwei verschiedene Classen von Auslegern sein mögen, welche sich in das Geschäft theilen, die eine mehr auf die Sprachverhältnisse jeder vorliegenden Schrift gerichtet, die andere mehr auf den ursprünglichen psychischen Proceß der Erzeugung und Verknüpfung von Gedanken und Bildern: so scheidet sich auf diesem Punkte ganz besonders klar die Differenz der Talente. Ich gebe nämlich hier das ganze Geschäft das einzelne Werk in dem Zusammenhang mit den analogen derselben Literatur aufzufassen dem sprachlichen Ausleger. Denn aus der Natur der Sprache und des mit ihr zugleich entwikkelten und an sie gebundenen gemeinsamen Lebens bilden sich die Formen aller Composition; das individuelle persönliche ist hier in dem, was am meisten geltend geworden ist, auch der am meisten zurükktretende Factor. Wogegen wer einen Schriftsteller welcher Art er auch sei in seiner Composition belauschen will, und zu diesem Ende sich möglichst seine ganze Art zu sein vergegenwärtigt, um selbst die Momente der Begeisterung und der Conception, die den alltäglichen Zusammenhang des Lebens wie höhere Eingebungen unterbrechen, dann aber auch alles, was irgend auf den Gang der Erfindung im einzelnen mit Einschluß sogar der für die Idee des ganzen gleichgültigen Nebengedanken sich bezieht, lebendig anschauen will um richtig zu schäzen, wie sich in ihm das ganze Geschäft der Composition zu seinem gesammten Dasein verhält oder auch sich für sich betrachtet als ein eigenthümliches eine bestimmte Persönlichkeit darstellendes entwikkelt: für den müssen sich natürlich alle jene Verhältnisse weit in den Hintergrund zurükkziehen. Allein das vollkommne Verstehen bleibt immer durch die Bemühungen beider bedingt, und es kann in keinem einzelnen Ausleger sein, der so ganz auf der einen Seite stände, daß ihm auch die Empfänglichkeit für das was auf der andern geschieht abgeht. Ein Ausleger von der lezten Art, der über das sprachliche hinpfuschen wollte, würde dennoch, auf wie verständige Art er auch in seinen Autor verliebt sein möge, und wie sehr er sich auch hüten möge ihm nicht wie es so oft von solchen geschieht Intentionen anzudichten, die ihm nicht in den Sinn gekommen sind, doch nicht nur vielfältig irren, und zwar um so mehr je mehr der Autor selbst ein Sprachbildner gewesen wäre, sondern er könnte auf unserm Gebiete doch immer nur sein, was man nicht mit Unrecht auf dem Gebiet der künstlerischen Productivität — ich fasse es allgemein, denn es trifft die Dichter und Redner, ja ich möchte auch sagen die Philosophen nicht minder als die Maler — einen Nebulisten genannt hat. Der andere aber eben so gedacht, wenn er auch in der That die Verhältnisse eines Werkes zu den übrigen seiner Gattung auf das richtigste ausmittelte, so daß er sich nicht nur mit scharfsinnigen Vergleichungen und Zusammenstellungen begnügte, sondern die Bedeutung desselben tiefsinnig auffaßte, würde dennoch, weil er in dem Werke nicht den ganzen Menschen zu sehen und mit ihm zu leben wüßte, sondern dafür die Fähigkeit ihm gänzlich fehlte, dem nicht entgehen was wir einen Pedanten nennen. Da es nun leichter ist sich von andern ergänzen zu lassen in dem, was man selbst wiewol unvollständig besizt, als sich lebendig anzueignen, woran man selbst gar keinen Theil hat: so scheint es, daß diejenigen, welche die Höhe, auf der wir uns jezt befinden, nur von der einen Seite ersteigen, weniger gut für sich selbst sorgen als sie nur andern nüzlich sind; und jedem, der ein Ausleger werden will, möchte zu rathen sein, daß er es lieber mit beidem versuche, sollte er auch deshalb nicht so leicht auf einer Seite ein Virtuose werden, weil er doch dem entgehen wird auf der andern ganz zu hinken. Wie wir nun diese beiden Seiten unseres Geschäfts schon von vorn herein unterschieden haben: so bot sich uns auch gleich jenes zwiefache Verfahren dar, das divinatorische und das comparative; und wir fragen wol billig danach, wie es sich mit beiden auf dieser höheren Stufe verhält. Vorher als wir noch ganz innerhalb des Werkes selbst standen, zeigte sich uns, daß beide nothwendig waren für jede Seite, für die grammatische wie für die psychologische. Nun aber wir es nicht nur einzeln der Sprache wegen zu thun haben mit Stellen aus andern Schriften, sondern mit einem ganzen Gebiet literarischer Production, und auf der andern Seite nicht mehr mit dem, was sich aus dem Act der ursprünglichen Conception eines Werks in der Seele entwikkelt, sondern die Aufgabe ist dieser selbst mit der ganzen Art und Weise seiner wirklichen Entwikklung aus der Einheit und dem Totalzusammenhang dieses bestimmten Lebens, nun ist es vielleicht nicht mehr mit beiden dasselbe. Betrachten wir nun zu dem Ende noch einmal jene beiden Seiten unsrer Aufgabe: so scheint doch die eine so sehr zurükkstehend an Ausbildung gegen die andere und daß ich so sage zusammengeschrumpft, daß es ganz unrichtig scheint in einer dereinstigen hermeneutischen Technik sie so als gleiche neben einander zu stellen. Bleiben wir zunächst beim classischen Alterthum stehn, welches doch immer der erste Gegenstand bleibt, an dem unsre Kunst geübt wird, wie viele von den bedeutendsten Schriftstellern giebt es nicht, von deren ganzem übrigen Leben und Sein wir so wenig wissen, daß überhaupt Bedenken entsteht, wie weit wir ihrer Person zu trauen haben. Und was wir von Sophokles und Euripides wissen außer ihren Werken, ist es wol von der Art uns den geringsten Aufschluß zu geben über die Differenz ihrer Compositionen? Oder so bekannte Männer wie Platon und Aristoteles, würde wol alles, was wir von ihrem Leben und ihren Verhältnissen kennen, uns auch nur im mindesten erklären, warum der eine diesen und der andere einen ganz anderen Weg eingeschlagen hat in der Philosophie, und bis wie weit sie sich wol haben nahe kommen können in der Composition in den uns nicht mehr zu Gebot stehenden Schriften? Ja sind wir wol mit einem einzigen alten so glükklich wie mit dem Römer Cicero, daß wir einen ganzen Schaz von Briefen als eigentliche Documente seiner Persönlichkeit von seinen größern Werken absondern können, um nun auch in diesen vermittelst jener seine ganze Persönlichkeit zu erblikken. Gehen wir nun gar zu den Productionen des fernen und grauen Orients, wie wäre wol da an einzelne Gestalten zu denken, die wir könnten unterscheiden wollen, um durch die eigenthümliche Art wie sich ihr Gemüth ausbildete auch ihre Werke zu erleuchten. Ist doch selbst auf dem vaterländischen Boden bei jenen früheren Erzeugnissen, mit denen wir uns noch nicht gar lange kunstmäßig beschäftigen, diese Ernte noch sehr sparsam; und nur je näher wir unserer Zeit kommen, und je mehr wir in dem weiten Umkreise des großen europäischen Marktes stehen bleiben, wo alles sich kennt und alles gleichsam in denselben Hallen lustwandelt, scheint erst der Beruf zu dieser Behandlung des Gegenstandes zu entstehen, und bieten sich die Hülfsmittel dazu in erfreulichem Maaße an. Außerdem aber wie kleinlich erscheint doch diese Seite neben jener. Die eine führt uns immer mehr ins große und weite, und wenn wir freilich scheinen die ganze Literatur in Anspruch zu nehmen für ein einzelnes Werk: so geschieht es doch nur, damit dieses ein desto besser auszumessender desto sicherer zu behandelnder Bestandtheil desselben großen ganzen sei. Die andere hingegen hält uns immer mehr in dem engen Raume des Einzellebens fest, und ein klares

Bild von diesem erscheint als das höchste Ziel so angestrengter und mannigfaltiger Mühen. Allein auch die größte historische Construction, der wir uns hier ja nur unterziehen um das einzelne Werk des einzelnen besser aufzufassen, findet doch mit diesem zugleich ihre Verklärung zunächst darin, daß sie unser eigenes Selbst und andere befruchtet. Und mit der Betrachtung des einzelnen, damit daraus nicht eine nur uns selbst und unsere wissenschaftlichen Bestrebungen verkleinernde Kleinlichkeit entstehe, sollen wir jene großartige verbinden. Die Kenntniß des einzelnen Menschen als solchen ist auch nicht das Ziel dieser Seite unserer Aufgabe, sondern nur das Mittel, um uns eben der Thätigkeiten desselben, welche uns auch zu jener objectiven Betrachtung aufregen, desto vollständiger zu bemächtigen. Und das dürfen wir uns doch nicht läugnen, daß man sich auch in den Zeiten des classischen Alterthums selbst um den Menschen nicht minder bekümmerte, und daß wir auch um deswillen den damaligen Lesern ein Verstehen einräumen müssen, um das wir sie nur beneiden können, weil uns das Material dazu fehlt. Soviel ist aber auch eben hieraus schon vollkommen gewiß, daß wir bei der psychologischen Aufgabe ein Uebergewicht des divinatorischen nicht vermeiden können, wie es ja auch allen Menschen umgekehrt so natürlich ist, die sich aus oft nur zu zerstreuten Notizen den ganzen Menschen vorzubilden pflegen. Aber nicht genug Vorsicht kann auch angewendet werden was sich hypothetisch so darstellt nach allen Seiten hin zu prüfen, und es auch dann nur noch vorläufig aufzustellen, wenn sich kein Widerspruch dagegen findet. Niemand aber wird es wol billigen können, wenn diese Seite bei irgend einer hermeneutischen Aufgabe ganz vernachlässigt wird, da ja schon die offenbar hieher gehörige Frage, ob das Werk ein in den ganzen Gang der geistigen Thätigkeit seines Urhebers hingehöriges sei oder nur durch besondere Umstände veranlaßt war, ob es zur Uebung auf irgend etwas größeres geschrieben worden oder aus einem aufgeregten Verhältniß als Streitschrift hervorgegangen ist, von der größten Wichtigkeit für den Ausleger sein muß. Das Verfahren auf der andern Seite ist schon seiner Natur nach überwiegend comparativ, indem ja nur durch Gegeneinanderhaltung dessen, was in mehreren Werken dasselbe ist, und der daneben bestehenden Differenzen das allgemeine Bild einer Gattung sich gestalten, und das Verhältniß des fraglichen Werkes dazu sich feststellen läßt. Aber theils ist auch hier schon etwas ursprünglich divinatorisches in der Art die Frage zu stellen, theils bleibt, so lange die Stelle eines Werkes in der gesammten Ordnung der es angehört nicht vollkommen bestimmt ist, auch hier noch ein nicht zu vernachlässigender Spielraum für das divinatorische Verfahren übrig.

Möchte es nun aber auch, wie ich jedoch nicht glaube, ein Mißgriff sein, daß ich auch auf dieser Stufe noch die Aufgabe des Auslegers als doppelseitig aufgestellt: so kommt er auf meine Rechnung allein, denn meine Führer nehmen dieses hier so wenig auf als vorher. Ja ich muß gestehen, daß ich auch die andre Seite der Aufgabe hier anders gefaßt habe als Herr Ast. Denn wo dieser ein Werk im ganzen aus einem höheren verstanden wissen will, da ist ihm doch das ganze der Literatur, der es sich anschließt, auf der einen Seite eine zu schwerfällige Masse, auf der andern Seite die Formel noch zu beschränkt, und indem er immer nur auf das classische Gebiet sich bezieht substituirt er die Formel, es solle verstanden werden aus dem Geiste des Alterthums. Dies könnte man ansehn als eine Abkürzung des von uns angegebenen Verfahrens. Denn dieser Geist wäre doch das allen Productionen derselben Art gemeinschaftlich inwohnende, was sich also ergäbe, wenn man von dem was dem einzelnen eigenthümlich ist abstrahirt. Allein Herr Ast protestirt ausdrükklich hiegegen und meint, dieser Geist brauche nicht erst zusammengesucht und gesezt zu werden aus dem einzelnen, sondern er sei in jedem einzelnen schon gegeben, weil jedes alterthümliche Werk nur eine Individualisation dieses Geistes wäre. Gegeben ohnstreitig in jedem einzelnen, aber ob auch aus jedem ohne weiteres erkennbar? zumal wenn doch in einer Rede z. B. des Demosthenes auf diese Art beisammen sind der Geist des Alterthumes, statt dessen ich nur gleich den hellenischen sezen will, aber dann auch der Geist der athenischen Redekunst, und noch der besondere Geist des Demosthenes, neben diesem aber erst als der Leib das, was der Zeit und der besonderen Veranlassung angehört. Nehme ich nun noch dazu, daß der Geist des Alterthums doch auch anderwärts zu finden ist als in den Productionen einer gewissen Art, ja daß er außer den Werken der Rede auch derselbe sein muß in den Werken der bildenden Künste und wo nicht sonst noch: so scheint diese Formel ganz über die bestimmten Grenzen der Hermeneutik hinauszugehn, die es immer nur mit dem in der Sprache producirten zu thun haben kann, weshalb es aber auch gewiß ihrer Anwendung überall an der rechten Haltung fehlen wird. Erinnern wir uns nur einen Augenblikk an das auf eben diesen Saz gebaute vor einiger Zeit nicht seltene Verfahren, da man die Kunstsprache eines Gebietes auf einem ganz andern gebrauchte: so wird wol niemand läugnen, daß wenn dergleichen Formeln nicht ein bloßes Spiel sind, das sich auf eine tüchtige Ansicht stüzt, sie eben nur der verderblichen Nebelei und Schwebelei angehören können. Und von dieser kann ich auch Herrn Ast in dieser seiner Theorie keinesweges freisprechen. Denn wenn ich in eben diesem Zusammenhang höre, daß die Idee als die das Leben enthaltende Einheit erzeugt werden soll aus dem entfalteten Leben als der Vielheit und der Form desselben als der Einheit schlechthin, da man doch besser noch das umgekehrte sagen würde: so finde ich mich allerdings unter solchen Nebeln, welche einer Theorie, die helles Licht verlangt, nicht günstig sein können. Soviel muß freilich jeder zugeben, daß auf welchem Gebiet wir uns mit der Auslegung bis zu dem jezt beschriebenen Punkt erhoben haben, ein großes gewonnen ist, um den Geist des Volks und der Zeit in dem Gebrauch der Sprache richtig aufzufassen, und daß es einer hierüber aufgestellten Theorie zu bedeutender Bestätigung gereicht, wenn die Betrachtung anderer Gebiete geistiger Productivität analoge Resultate liefert; aber weder möchte ich wagen den umgekehrten Weg zu gehn, und erst nach solchen allgezemeinen Annahmen das einzelne begreifen wollen, noch möchtete ich auch behaupten, daß dieses noch in das Gebiet der Hermeteneutik gehöre.

Dieses nun führt mich auf einen andern Punkt, daß nnämlich Herr Ast ein dreifaches Verständniß unterscheidet, ein hhistorisches ein grammatisches und ein geistiges. Nun nenntt er freilich das leztere, welches genau genommen wieder ein zuwiefaches ist in Beziehung auf den Geist des einzelnen Schyriftstellers und auf den Geist des gesammten Alterthums, so ı daß das ganze ein vierfaches wird, aber dieses leztere von den dreeien nennt er freilich das höhere, in welchem sich die andern beitiden durchdringen, und so könnte man glauben, er wolle hier eigeentlich doch nur die beiden Stufen bezeichnen, die wir auf Vereanlassung der Formel, daß das einzelne nur könne aus doem ganzen verstanden werden, gefunden haben. Allein dies bleibt mindestens sehr ungewiß. Denn wenn er sich jenes zwiefache geisttige als das höhere denkt, das grammatische und historische aber als doas niedere, wie sie denn auch wol auf Einer Stufe stehen müssien um sich gegenseitig, wie er sich ausdrükkt, in dem höheren ;zu durchdringen, warum hat er sie nicht auch beide als eins zuusammengefaßt, und nur das niedere und das höhere unterschiieden? Allein es kommt noch dazu, daß er hernach auch eime dreifache Hermeneutik unterscheidet, was doch unter dieser Vorraussezung gar nicht möglich wäre, nämlich eine Hermeneutik des Buchstaben des Sinnes und des Geistes. Diese Unterscheidung eines dreifachen Verständnisses von einer dreifachen Hermeneutik beruht nun zunächst darauf, daß ihm Verstehen nämlich auch der Rede und Auslegen nicht dasselbe ist, sondern Auslegen ist ihm Entwikklung des Verständnisses. Allein dies, worin er viele ältere zu Vorgängern hat, verwirrt nur die Sache. Die Entwikklung ist hier nichts anders als die Darstellung der Genesis des Verständnisses, die Mittheilung der Art und Weise wie einer zu seinem Verständniß gekommen ist. Das Auslegen unterscheidet sich von dem Verstehen durchaus nur wie das laute Reden von dem innern Reden: und käme zum Behuf der Mittheilung noch etwas anderes hinein: so könnte dies nur geschehen als Anwendung der allgemeinen Regeln der Wohlredenheit, aber ohne daß zu dem Inhalt etwas hinzukäme oder etwas sich daran änderte. Wollen wir indeß Herrn Ast seinen Unterschied gelten lassen: so könnte es dann wol nur eine dreifache Hermeneutik geben, sofern es so viele Arten gäbe das Verständniß zu entwikkeln, aber darauf weisen seine Bezeichnungen weder hin noch werden sie in diesem Sinne ausgeführt, so weit dies überhaupt geschieht. Eben so wenig aber treffen sie auch mit seinen drei Arten des Verständnisses zusammen. Denn die Hermeneutik des Buchstaben, welche die Wort- und Sacherklärungen an die Hand giebt, hat es sowol mit dem historischen als grammatischen Verständniß zu thun, mithin bleibt die Hermeneutik des Sinnes und des Geistes beide nur für das geistige Verständniß. Dieses ist nun freilich ein zwiefaches, allein so unterscheiden sich wieder jene beiden Hermeneutiken nicht, daß die eine könnte ausschließend auf den individuellen Geist des Schriftstellers, und die andere auf den Gesammtgeist des ganzen Alterthums gehn. Denn die Hermeneutik des Sinnes hat es nur mit der Bedeutung des Buchstaben in dem Zusammenhang einer einzelnen Stelle zu thun, dagegen giebt es auch und zwar in beiden Beziehungen eine geistige Erklärung der einzelnen Stelle, so daß hier nichts zusammenzustimmen scheint. Nur soviel ist klar, daß Wort- und Sacherklärung noch keine Auslegung sind, sondern nur Elemente derselben, und die Hermeneutik erst mit der Bestimmung des Sinnes allerdings vermittelst jener Elemente beginnt. Und eben so, daß die Erklärung als Bestimmung des Sinnes nie richtig sein wird, wenn sie nicht die Prüfung an dem Geist des Schriftstellers sowol als des Alterthums aushält. Denn keiner redet oder schreibt etwas gegen seinen eignen Geist außer in einem gestörten Gemüthszustand, und so auch in der andern Beziehung müßte man doch erst nachweisen, daß der Schriftsteller dem Geiste nach ein Mischling sei, wenn man in einem alten eine Erklärung als richtig annehmen wollte, die anerkannt mit dem Geist des Alterthums in Widerspruch steht. Dies sagt auch Herr Ast selbst, wo er von der Erklärung des Sinnes redet, daß wer den Geist eines Verfassers nicht begriffen habe auch nicht im Stande sei den wahren Sinn einzelner Stellen zu enthüllen, und daß nur der der wahre sei, der mit jenem Geist zusammenstimme. Also Herr Ast, wie dreifach er auch seine Hermeneutik aufstellt, giebt uns doch nur eine, die Hermeneutik des Sinnes, indem die des Buchstaben keine ist, und die des Geistes, sofern sie nicht in der des Sinnes aufgehn kann, auch über das hermeneutische Gebiet hinausgeht. Hier müssen wir also bei Wolf bleiben aber freilich sagen, daß wir um diese Kunst an irgend einer Rede vollständig zu üben, im Besiz sein müssen nicht nur der Wort- und Sacherklärungen, sondern auch des Geistes des Schriftstellers. Und dies meint auch wol Wolf ohngefähr, wenn er unterscheidet eine grammatische eine historische und eine rhetorische Interpretation. Denn grammatisch ist die Wort- und historisch die Sacherklärung, rhetorisch aber gebraucht er gleichbedeutend mit unserm heutigen ästhetisch. Sonach wäre dieses eigentlich nur die Auslegung mit Beziehung auf die besondere Kunstgattung, und enthielte nur einen Theil von dem, was Herr Ast das geistige Verständniß nennt, insofern nämlich die verschiedenen Kunstformen allerdings mit den Geist des Alterthums constituiren, und auf jeden Fall hätte er dann wol um unser ästhetisch zu erschöpfen dem rhetorischen noch das poetische hinzufügen müssen. Nähme er nun auch noch auf das individuelle oder den besonderen Geist des Schriftstellers Rükksicht, so erschöpfte sich seine Hermeneutik in fünf verschiedenen Interpretationen. Nur würde ich wie richtig auch die Sache sein möge immer gegen diesen Ausdrukk protestiren, der immer den Schein hervorbringt, als seien die grammatische und die historische Interpretation jede etwas besonderes für sich. Die Theologen haben schon diese beiden, um die gute Sache zu verstärken gegen eine schlimme, zu einer verbunden, und bedienen sich des Ausdrukks grammatisch=historischer Interpretation: sie thun es aber an und für sich gewiß mit großem Recht im Gegensaz gegen eine dogmatische und eine allegorische Interpretation, als ob diese ebenfalls etwas für sich sein könnten gleichviel ob richtiges oder unrichtiges. In einen ähnlichen Fehler verfällt auch Herr Ast, indem er unterscheidet einen einfachen Sinn und einen allegorischen Sinn, welches eben klingt, als ob der allegorische Sinn ein doppelter wäre. Ist aber eine Stelle allegorisch gemeint: so ist auch der allegorische Sinn der einzige und einfache Sinn der Stelle, denn sie hat gar keinen andern, und wollte sie jemand historisch verstehen: so gäbe er den Sinn der Worte gar nicht wieder, denn er legte ihnen nicht die Bedeutung bei, welche sie in dem Zusammenhang der Stelle haben; so wie umgekehrt, wenn eine anders gemeinte Stelle allegorisch erklärt wird. Denn geschieht dies wissentlich: so ist es keine Auslegung mehr sondern eine Nuzanwendung; wenn aber unwissentlich: so ist es eine falsche Erklärung, wie es deren auch sonst genug giebt, die aber auch ganz aus denselben Fehlern entsteht. Man könnte mit demselben Recht für freimaurerische und ähnliche Formeln noch eine mysteriöse Interpretation erfinden, und den mysteriösen Sinn von dem einfachen unterscheiden. Hat uns nun schon seit langem außer der dogmatischen Interpretation, mit der es dieselbe Bewandniß hat wie mit der allegorischen, ein Philosoph noch mit einer moralischen beschenkt: so steht zu hoffen, daß der endlich das rechte getroffen haben wird, der uns neuerlich erst eine panharmonische erfunden hat. Denn er kann ja wol nichts anders damit gemeint haben, als daß bei einer richtigen Interpretation alle verschiedenen Motive zu einem und demselben Resultat zusammenstimmen müssen. Alle diese Neuerungen, als ob es verschiedene Arten der Auslegung gebe, gleich=

sam als ob man zwischen ihnen wählen könne, wobei es denn gar nicht weiter der Mühe lohnen würde zu reden und zu schreiben, scheinen freilich ursprünglich nur im Ausdrukk zu liegen; aber es ist doch leider deutlich genug, daß sie nicht ohne nachtheiligen Einfluß auf die Sache selbst gewesen sind. Wie sie nun ihren Grund in dem immer noch chaotischen Zustand dieser Disciplin haben, so werden sie auch nicht eher, aber dann gewiß, verschwinden, wenn die Hermeneutik zu der ihr als Kunstlehre gebührenden Gestalt gelangt, und von der einfachen Thatsache des Verstehens ausgehend aus der Natur der Sprache und aus den Grundbedingungen des Verhältnisses zwischen dem redenden und vernehmenden ihre Regeln in geschlossenem Zusammenhang entwikkelt werden.

5.

Ueber Begriff und Eintheilung der philologischen Kritik.*)

Wenn zwischen der Wissenschaft und dem Leben wie wir uns auszudrükken pflegen der Streit zwischen Theorie und Praxis sich oft ziemlich schroff gestaltet: so finden wir ihn, wenn auch nicht in demselben Maaße, auf dieselbe Weise auch innerhalb des wissenschaftlichen Gebietes wieder in demselben Maaß, als die Leistungen auf irgend eine Weise als Kunstwerke können angesehen werden. Hievon geben sowol die naturwissenschaftlichen als die geschichtlichen Disciplinen Beweises genug. Daher ist nichts wünschenswerther, als wenn diejenigen, welche selbst zu großen Leistungen berufen sind, zugleich auch für die reine Theorie Aufgaben stellen, welche nicht nur die Keime zu neuen Leistungen entwikkeln, sondern auch, wenn sie gelöst werden, eine feste Norm darbieten und dadurch das Verfahren selbst regeln und sicherstellen.

Wir verdanken unserm F. A. Wolf sehr bedeutende Leistungen auf dem Gebiet der oben genannten Wissenschaft, theils die er von andern aufgenommen und der Vollendung näher gebracht, theils die von ihm selbst ausgegangen und bis auf einen bedeu-

*) Gelesen in der Sitzung der philosophisch-historischen Classe am 20. März 1830. L.

tenden Punkt gefördert worden sind. Aber die Aufgabe, die er für diese Doctrin in seinem encyclopädischen Aufsaz stellt, daß nämlich die Grundsäze, wornach in derselben verfahren wird, mit philosophischer Genauigkeit aufgestellt werden sollten und könnten, eine Aufgabe, die vielleicht früher gar nicht gefaßt werden konnte, ist ein befruchtender Keim, der wenn er auf guten Boden gefallen wäre schon hoch müßte empor gewachsen sein, ja nach allen Seiten hin Absenker getrieben haben. Allein Wolf hat nur die Aufgabe gestellt und nicht selbst Hand angelegt, ja die Art wie er sie stellte zeigt, daß er nur im Kampf gegen herrschende geringschäzige Vorstellungen solche Ansprüche für diese Disciplin geltend machen konnte. Wo aber von philosophischer Genauigkeit die Rede ist, da muß wol auch die Philosophie mitwirken oder einwirken wenigstens. Diese aber ist bei uns noch immer zu sehr mit ihrem innersten Leben, mit der Ausbildung der Formen für ihre Principien beschäftigt, als daß sie so bald sollte zu solchen nach außen gerichteten Thätigkeiten sich hergeben können. Es scheint mir aber, ehe man an eine solche Behandlung dieser Wissenschaft ernstlich denken kann, ist noch manches zu berichtigen, was gleichsam zum kleinen Dienst gehört. Dahin rechne ich nun vornämlich, daß Umfang und Inhalt derselben genau bestimmt werde. Dies scheint Wolfs Erklärung noch nicht zu leisten, und die welche Herr Ast giebt eben so wenig. Ich führe diesen wieder an, weil mir kein anderer Schriftsteller bekannt ist, der seitdem von diesen Gegenständen mit einer philosophischen Tendenz gehandelt hat.

Wolf sagt, die philosophische Kritik erforsche vornämlich Alter Aechtheit und Authentie der schriftlichen Werke, und beurtheile deren originale Richtigkeit, oder ihre bald zufälligen bald vorsäzlichen Verderbnisse. Herr Ast faßt kürzer zusammen, und erklärt die Kritik als Forschung über die Aechtheit der Schriften, ihrer einzelnen Theile Stellen und Wörter, und freilich läßt sich auf diesen Begriff der Aechtheit alles auch in der wolfischen Erklärung zurükkführen. Die weitere Verhandlung aber zeigt bei beiden, am deutlichsten jedoch die wolfische, wie sich die Aufgabe einer genaueren Begriffsbestimmung von der andern, nämlich der Eintheilung, nicht trennen läßt. Bekanntlich nämlich ist man schon immer gewohnt die philologische Kritik zu theilen in eine höhere und eine niedere. Gäbe es nun keine andere Art der Kritik als die philologische, nun so könnte man den Begriff bestimmen, und hernach die Frage aufwerfen, ob hinreichender Grund sei zu dieser Theilung, und worin er bestehe, und dem gemäß das Gebiet entweder ungetheilt lassen, oder es so oder anders theilen nach Maaßgabe der vorangegangenen Begriffsbestimmung. Nun aber sind diese beiden Ausdrükke Benennungen von verschiedenen Operationen, welche unabhängig von einander vorgenommen werden; und wenn es nun noch andere Arten der Kritik giebt: so entsteht die Frage, ob diese beiden wirklich mit einander genauer verbunden sind, oder ob nicht vielleicht eine davon einer andern Art der Kritik näher steht als der andern Hälfte der philologischen Kritik, d. h. ob der leztere Ausdruk mehr ist als nur eine willkührliche Zusammenfassung zweier ganz verschiedenen Thätigkeiten, vielleicht bloß deswegen, weil sie es beide mit Erzeugnissen des classischen Alterthumes zu thun haben. Daß nun der leztere Grund nicht hinreicht die philologische Kritik als Eine besondere Disciplin zu sezen, deshalb brauche ich mich nur auf das in meiner Abhandlung über die Hermeneutik gesagte zu berufen, indem es hier ebenfalls anwendbar ist. Es giebt auch in den neuern und den nicht classischen Sprachen dieselbe Forschung, wenn auch nicht so häufig, über Alter Aechtheit und Richtigkeit der Schriften; ja auch bei der mündlichen Rede, theils unmittelbar, theils nachdem sie zur Ueberlieferung geworden, kommen dieselben Aufgaben vor. Wenn nun bei Wolf außer der philologischen noch von einer und zwar vielfach doctrinalen und von einer wahrscheinlich auch ihr untergeordneten rhetorischen Kritik die Rede ist, die sich auch unter anderm mit den schriftlichen Werken des classischen Alterthums beschäftigt, und wenn unter den philologischen Wissenschaften selbst Wolf auch eine historische Kritik aufführt: so wäre es sehr leicht möglich, daß die sogenannte höhere Kritik mit einer von jenen näher verwandt wäre als mit der niedern, oder diese mit einer von beiden näher als mit der höheren. Und alsdann wäre es Unrecht die eine von dem verwandteren zu trennen und sie mit einem fremderen zu verbinden. Wir können also nicht den Begriff der philologischen Kritik bestimmen, ehe wir wissen, wie sich was man höhere und was man niedere Kritik nennt gegen einander verhalten.

Meine beiden Autoren nun stimmen hierin nicht zusammen. Wolf unterscheidet nach Verfahrungsweisen. Nämlich die niedere, die er deswegen lieber die beurkundende nennen möchte, belegt ihre Entscheidungen mit urkundlichen Zeugnissen; die höhere aber, die er deshalb lieber die divinatorische nennen möchte, findet ihre Ergebnisse mit Hülfe von innern Beweisgründen. Ast hingegen unterscheidet nicht nach der Verfahrungsweise, sondern nach dem Gegenstand. Die Kritik, welche die Aechtheit einzelner Stellen und Wörter erforscht, nennt er die niedere; die aber, welche es mit ganzen Schriften und mit Theilen derselben zu thun hat, nennt er die höhere. Beides ist offenbar nicht dasselbe, sondern beide Eintheilungen kreuzen sich; jede der wolfischen kann angewendet werden bei beiden astischen, und jede der astischen wird beide wolfischen in Anspruch nehmen. Wenn anders die astische eine wirkliche Eintheilung ist, denn sind nicht Stellen und Wörter auch Theile einer Schrift? Und wenn anders, möchte ich hinzufügen, auch die wolfische eine ist. Denn da Wolf selbst sagt, beide Gattungen arbeiteten selten allein, und das meiste so wie auch das sicherste sei eine aus beiden zusammengesezte Kritik: so scheint er mehr verschiedene Elemente desselben Verfahrens — so daß es nur zufällig geschehen kann, daß bei einer kritischen Aufgabe nur das eine und nicht auch das andere vorkomme — als wirklich zwei verschiedene Gattungen oder Arten beschrieben zu haben. Herr Ast hingegen hat für dasselbe aus beiden wolfischen Elementen zusammengesezte Verfahren mehr zwei

Felder von verschiedener Größe beschrieben, als daß er die Kunst selbst getheilt hätte. Ich bin aber weit entfernt deshalb den Unterschied zwischen niederer und höherer Kritik als zwei wirklich verschiedenen Zweigen derselben Kunst aufheben zu wollen. Denn dieser ist viel zu allgemein anerkannt, als daß ihm nicht etwas wahres zum Grunde liegen sollte. Eben so wenig kann ich glauben, daß meine beiden Schriftsteller diese Wahrheit ganz sollten verfehlt haben. Vielmehr bin ich gern damit einverstanden, wenn man sagt, daß beide gut genug zusammenstimmen, ihre Benennungen aber nur a parte potiori hergenommen hätten. Unter niederer und höherer Kritik hätten beide dasselbe gedacht, Ast habe ihr kleinere Stellen und Wörter angewiesen, weil eben Wolfs beurkundende Kritik am meisten über Auslassungen Zusäze und Veränderungen aus Verirrungen der Hand oder des Auges entscheide, und Wolf habe die Kritik, welche über die Aechtheit ganzer Werke und großer Abschnitte derselben entscheide, die divinatorische genannt, weil nur innere Gründe und die richtige oft sehr verwikkelte Gegeneinanderstellung vieler geschichtlichen Momente hier über Aechtheit und Unächtheit entscheiden. Nur daß eine Eintheilung, die so gemacht ist, wenig verspricht für die philosophische Genauigkeit der Behandlung. Denn beide Begriffe bleiben doch schwankend, da es nicht fehlen kann, daß es Fälle giebt, die der eine zur niedern Kritik rechnet, der andere aber zur höheren; und wenn sie nun so schwankend den höheren Begriff der philologischen Kritik constituiren: so kann es um diesen auch nicht am besten stehn.

Will ich nun doch lieber es noch weiter mit meinen beiden Führern versuchen, als für mich allein fast auf Gerathewohl eine neue Begriffsbestimmung von vorne anlegen: so kommt mir zum guten Glükk noch zweierlei zu Hülfe. Die philologische Kritik nämlich muß doch in einem bestimmten Verhältniß stehen zu den beiden Disciplinen, mit welchen Herr Ast sie in seinem Lehrbuch zusammenfaßt, und mit denen sie bei Wolf das Organon der Alterthumswissenschaft bildet; dann aber muß sie doch auch irgendwie als Kritik dasselbe sein mit der doctrinalen Kritik und der historischen Kritik, welche in dem wolfischen Cyclus ebenfalls vorkommen. Doch läßt mich auch Herr Ast hier nicht ganz im Stich, denn er schließt die Kritik zunächst an die Würdigung der Schriften des Alterthums im ganzen und einzelnen, und diese Würdigung, die er, nur weil sie durch dieselbe bedingt ist etwas sonderbarer Weise, mit zur Hermeneutik rechnet, ist nichts anderes als Wolfs doctrinale Kritik. Wenn ich nun diese zu Hülfe nehmen will, um nur vorläufig zu bestimmen, ob etwas und was die philologische Kritik mit dieser gemein hat: so habe ich es freilich mit einem vielleicht noch eben so wenig zum Behuf eines philosophisch genauen Verfahrens gehörig bestimmten Begriff zu thun; indeß glaube ich wenigstens nicht aus Bequemlichkeit zu fehlen, wenn ich einigermaßen an Herrn Ast mich anschließend sage, diese Kritik sei die Würdigung eines Werkes in Bezug auf seinen Gattungsbegriff. Ich sage absichtlich einigermaßen: denn was Herr Ast als Würdigung des Geistes einer Schrift aufstellt, und zwar in einer dreifachen Abstufung des relativen nationalen und unbedingten, scheint weit mehr zu umfassen; demohnerachtet aber glaube ich, daß bei einem richtigen Gebrauch meiner Erklärung sie für alles ausreichen wird, was Herr Ast meint, und daß auch Wolf nicht viel dagegen einwenden würde. Ist der Gegenstand dieser Kritik ein Werk der schönen Redekunst: so gebührt das Geschäft der rhetorischen oder ästhetischen Kritik; sonst gehört es den andern Doctrinen. Aber dieselbe Kunst verbreitet sich dann auch und zwar ohne Unterschied der Sprache weiter über die strengsten wissenschaftlichen Compositionen, ja auch über die Werke der bildenden und mimischen Künste. Ja ich könnte sagen noch weiter als über die Werke, auch über die Thaten, so daß alle politische und ethische Würdigung eines in sich abgeschlossenen ganzen unter denselben Begriff gehörte. Aber ich fürchte, die Antwort, was dieser Kritik mit unserer philologischen gemein sei, wird nur immer schwieriger, je größer uns dieses Feld erscheint. Indeß wenn wir dabei stehn bleiben, daß doch auch alle Werke des Alterthums Gegenstände für diese doctrinale Kritik sind: inwiefern sind denn, wenn wir doch von etwas gemeinsamem ausgehn wollen, dieselbigen auch Gegenstände der philologischen Kritik? Offenbar sind es die Werke selbst gar nicht; denn sobald wir überzeugt sind, daß wir das Werk selbst vor uns haben, hört die philologische Kritik auf, die höhere sowol als die niedere. Und wenn jemand etwas verdächtig finden wollte oder gar ändern, weil er glaubte etwas dem Gattungsbegriff des Werkes angemesseneres an die Stelle sezen zu können: so wäre dies eine Ueberschreitung der Grenzen der philologischen Kritik, und ein Uebergang in die doctrinale. Die philologische hat es daher nur mit der Schrift im äußerlichen Sinn zu thun, und es kommt nur darauf an, ob ihr Verfahren mit dieser sich auch auf einen ähnlichen Begriff zurükkführen läßt. Dieses nun scheint nicht schwierig, und die Aufgabe würde auszudrükken sein als die Würdigung der Schrift in Bezug auf die Treue; denn das ist der Begriff der Schrift, daß man das Wort, gleichviel ob äußerlich gesprochen, gleichviel ob einzeln oder in großem Zusammenhange, daraus vollständig muß herstellen können. Und auch für eine Urschrift gilt dieselbe Aufgabe und dieselbe Art sie zu lösen wie für die Abschriften, denn auch jene kann durch Schreibfehler aller Art entstellt sein. Nur wie die Sachen jezt liegen in Bezug auf die Schriften des Alterthums werden wir wol sagen müssen, daß der gesammte Vorrath von Abschriften eines Werks als Repräsentant der Urschrift Gegenstand der Würdigung sei. Denken wir uns nun diese durch alles einzelne durchgeführt, und überall das getreue angegeben: so werden wir damit einen großen Theil der Aufgabe der philologischen Kritik beschrieben haben. Auch sehen wir hieraus gleich nach Maaßgabe wie der Stoff in einer Masse von Copien desselben Werkes vor uns liegt, eine secundäre Aufgabe sich entwikkeln, nämlich die Copien selbst in verschiedene Abtheilungen zu bringen, je nachdem sie sowol was den Grad als auch die Art und Weise der Treue und Untreue betrifft sich mehr oder weniger von einander entfernen. So können wir auch das Verhältniß dieser kritischen Thätigkeit zu der hermeneutischen sowol als der grammatischen auf eine ziemlich einfache Formel bringen. Um nun bei der lezten anzufangen: so ist offenbar, daß die Grammatik vorausgesezt wird bei der Ausübung der Kritik. Denn jede Schrift will schon als öffentliche Rede dafür angesehn sein, daß sie den Gesezen der Sprache folge, und wo wir also etwas diesen offenbar widersprechendes finden, werden wir die Treue der Copie in Anspruch nehmen. Eben deshalb nun scheint mir nicht, daß man beurkundende Kritik und divinatorische in dem Sinne wie Wolf beide Ausdrükke nimmt so bestimmt von einander trennen könne, da wir ja den Werth der Urkunden großentheils nur nach ihrer grammatischen Angemessenheit schäzen können, und dieses doch immer innere Gründe sind, so daß die beurkundende Kritik sich selbst wieder auf die divinatorische bezieht und diese voraussezt. Gründet sich nun aber auf der einen Seite das kritische Urtheil auf die schon erworbene Sprachkunde: so ist eben so offenbar, daß die Sprachkunde zum großen Theil erworben worden ist durch den Umgang mit eben den Urkunden, welche der Gegenstand der kritischen Thätigkeit sind. Kann es nun geschehen sein, wie der Fall denn genug zu Tage liegt, daß gewisse grammatische Säze sich gebildet und Glauben erworben haben auf den Grund von schlechteren Urkunden, weil die besseren damals noch nicht aufgedekkt waren: so wird die Grammatik auch ihrerseits wieder auf die Kritik zurükkgehn, und im einzelnen bedeutend verbessert werden können, wenn die Urkunden richtig gewürdigt und vollständig benuzt werden. Es findet also ein unverkennbares Wechselverhältniß statt zwischen philologischer Kritik und Grammatik, indem beide von einander abhangen und beide sich gegenseitig fördern. Was aber das Verhältniß unserer Kritik zur Hermeneutik betrifft: so leuchtet wol ein, daß die kritische Thätigkeit die beständige Begleiterin der hermeneutischen ist, so jedoch daß wir sagen müssen, im ganzen gehe die hermeneutische voran, und die kritische entstehe erst mit den Schwierigkeiten, durch welche die hermeneutische sich gehemmt fühlt. Nur dann kann scheinen der umgekehrte Fall einzutreten, wenn eine Schrift sich für etwas ganz unwahrscheinliches ausgiebt; dann ist das kritische Interesse das erste. Tritt ein solcher Fall ein, dann ordnet sich, bis der Thatbestand vollkommen übersehen werden kann, das hermeneutische Verfahren ganz diesem kritischen unter. Aber freilich ist dies grade ein Fall, der in unserer vorläufigen Erklärung nicht enthalten ist, ja so ganz aus derselben herausgeht, daß wir es hier gar nicht mehr mit den Abschriften zu thun zu haben scheinen; sondern überall, wo sich eine Schrift für etwas ausgiebt was sie nicht ist, oder ein Complexus von Gedanken als Theil einer Schrift erscheint, der er nicht angehört, haben wir es mit den Werken selbst zu thun, nur in einer andern Hinsicht als die doctrinale Kritik. Nun liegen aber grade auf diesem Gebiet die größten Aufgaben und die größten Triumphe der höhern Kritik, und es ist beinahe zu befürchten, daß Herr Ast mit seiner Art höhere und niedere Kritik zu sondern Recht behalten, unsere bisherige Erklärung aber nur für die niedere Kritik gelten wird, und wir mithin auch noch nicht auf dem Wege sind, eine befriedigende Erklärung der philologischen Kritik als Einheit zu finden, welche sich dann leicht in höhere und niedere spalten ließe. Hiezu kommt noch, daß in unserer Erklärung auch die eigentliche Verbesserungskunst nicht mit enthalten ist, für die es auch gewiß im Gebiet der doctrinalen Kritik keine Analogie giebt, und die wir doch von der philologischen Kritik nicht gänzlich als etwas anderes und eigenes absondern können.

Kommen wir nun mit dieser Analogie nicht weiter als das bisherige: so möchte es gerathen sein, daß wir uns nach einer andern Art der Kritik umsehen, von welcher auch schon beiläufig die Rede gewesen ist, nämlich der historischen Kritik. Dieser Ausdrukk ist freilich wol noch nicht vollkommen wissenschaftlich zu einem genau bestimmten Werth ausgeprägt, und wenn wir gleich eine Menge vortrefflicher Leistungen auf diesem Gebiet besizen, darum auch wol mein Autor sich gar nicht weiter darüber ausgelassen hat: so fehlt viel, daß es ausgemessen und eingetheilt sein sollte, und noch weniger ist es auf Regeln gebracht. Ich glaube indeß nicht was die Sache betrifft weit zu fehlen, wenn ich darunter die Kunst verstehe aus Erzählungen und Nachrichten die Thatsachen auszumitteln. Es gehört dazu keinesweges nur Täuschung und Irrthümer von der Wahrheit zu sondern: auch das, was des Erzählers Urtheil und Zuthat ist, von der eigentlichen Wahrnehmung, und den Reflex, der aus seiner Art afficirt zu sein auf die Zeichnung fällt, von der Zeichnung selbst. Unter diese Formel aber können wir alle Aufgaben der philologischen Kritik über Aechtheit von Werken und Theilen derselben zu entscheiden ohne weiteres subsumiren. Giebt sich eine Schrift für ein Werk des Platon oder des Cicero an: so ist dies eine Erzählung, die wir in ihren einzelnen Theilen zu prüfen und mit andern verwandten zu vergleichen haben, um die eigentliche Thatsache auszumitteln, ob sie das sei wofür sie sich ausgiebt oder was sonst, und dann wann und wo entstanden und wo möglich wie zu dem falschen Ruf gelangt. Dasselbe gilt nun auch von einzelnen Theilen größerer ganzen in sehr verschiedenen Abstufungen. Eine Rolle, welche mehrere Werke unter dem Namen desselben Schriftstellers enthält, ist eine Erzählung, daß diese Werke demselben Verf. angehören, aus der nun die eigentliche Thatsache, ob die einzelnen Theile den Namen mit demselben Rechte tragen u. s. w., erst muß ausgemittelt werden. Eben so aber ist auch die Abschrift eines einzigen Werkes eine Erzählung der Thatsache, daß der genannte diesen Complexus von Gedanken so ausgedrükkt und in solcher Folge niedergeschrieben habe oder zum Niederschreiben gesprochen, und das eigentliche Verhalten dieser Thatsache ist dann auszumitteln bis auf den Grad von Continuität, wenn man will und kann, der bei der Composition obgewaltet. Aber es scheint, daß wir nicht nur den einen Theil der philologischen Kritik aus dieser Formel, welche der historischen Kritik eignet, am besten verstehn, den andern aber von diesem getrennt in der zuerst aufgestellten Analogie mit der doctrinalen Kritik lassen müssen; vielmehr können wir jenen auch hier unterbringen, indem auch die Abschriften als solche Erzählungen sind von der Folge von Sprachelementen, in welche ein Autor sein Werk äußerlich gestaltet; und nun findet hier auch die Verbesserungskunst ihren Ort, denn jede Emendation will ja nichts anders sein als die aus den Aussagen mittelbar oder unmittelbar hergestellte ursprüngliche Thatsache. Diese erscheint uns nun als ein nothwendiger Theil, als die eigentliche Vollendung der zuerst aufgestellten kritischen Aufgabe; und die Frage, Ob ein kritischer Herausgeber auch emendiren soll, oder ob sein Text nur sein soll die Gesammtheit seiner Urtheile über die Treue der Handschriften, diese zu verschiedenen Zeiten so verschieden beantwortete Frage ist keine Frage über die Grenzen der Kritik, sondern nur über die Grenze der Edition. Und die jezt wie es scheint wieder überwiegende Verneinung gründet sich theils darauf, daß da, wo Substitutionen nothwendig sind, gewöhnlich auch mehrere möglich sind, und dieses ungewisse mit dem weit gewisseren Ergebniß der Copien nicht dürfe vermischt werden: eine Maxime, von welcher aus mehrere vermittelnde Zwischenmaaßregeln sich ergeben, die auch oft sind eingeschlagen worden. Theils hat diese Enthaltsamkeit ihren Grund darin, daß die Edition doch selbst in die Classe der Copien d. h. der Erzählungen gehöre, wie denn grade dieses die meiste Noth mache, daß auch die alten Handschriften nicht selten schon Ausmittelungen sein wollten und Substitutionen aufnehmen, welchen nichts gegebenes zum Grunde lag. Darum müsse man diese Geschäfte sondern, indem das andere, die Thatsache auszumitteln, nur in Verbindung mit dem hermeneutischen Geschäft möglich sei, vor welchem und nicht in welchem der Herausgeber seine Stellung zu nehmen habe. Die bejahenden werden natürlich sagen, daß nur derjenige, welcher am meisten in der Vergleichung der Handschriften geübt sei, auch am besten substituiren werde, und daß doch auch in der bloßen Abschäzung der Richtigkeit des vorhandenen auf Sinn und Zusammenhang d. h. auf die hermeneutische Thätigkeit müsse zurükkgegangen werden, so daß man deutlich sieht, wie die verschiedenen Maximen sich auf die verschiedenen Momente der hier entwikkelten Verhältnisse beziehen.

Können wir nun die ganze philologische Kritik unter den Gesichtspunkt der historischen zusammenfassen und nur als ein besonderes Gebiet derselben ansehn: so würde das ganze wie es scheint so zu stellen sein. Unser ganzer classischer Apparat ist dann die Erzählung, aus welcher wir die ursprüngliche Thatsache, nämlich die Entstehung und Beschaffenheit der schriftlichen Werke des classischen Alterthums auszumitteln haben, und dieses allein scheint mir die einfache und zugleich vollständige Beschreibung der philologischen Kritik zu sein, aus welcher sich auch so manches noch ohne Weitläuftigkeit entwikkeln läßt, was Wolf in seiner diffusen und eben deshalb unzureichenden Erklärung übergangen hat. Soll jemals die Rede davon sein die Grundsäze, von denen die Kritiker bei ihrer Ausübung geleitet werden, wenn wirklich ihre Operationen mit demselben Recht divinatorisch heißen, mit welchem auch behauptet werden kann, daß sie nicht Ahndungen sondern wirklich Grundsäzen folgen, mit philosophischer Genauigkeit zu entwikkeln: so dürfte dies wol nur im Zusammenhang mit den Principien der historischen Kritik im allgemeinen geschehen können, und indem die literarische Thatsache zwar in ihrer besonderen Beschaffenheit aber doch immer mit Beziehung auf das allgemeine Verhältniß zwischen Thatsache und Erzählung betrachtet wird. Ich wollte, ich könnte es hier umgehen, daß ich die ursprünglich aufgestellte Analogie zwischen der philologischen und der doctrinalen Kritik ganz scheine fahren gelassen zu haben, um jene ganz unter die historische zu stellen; denn soll ich mich darüber rechtfertigen: so muß ich mich noch weiter von meinem Gegenstand entfernen, um den Ausdrukk Kritik in seinem weitesten Umfang zu betrachten. Die Tripartition, doctrinale philologische historische Kritik, haben wir nicht abgeleitet sondern nur aufgenommen, und aus dem bisherigen würde folgen, daß die philologische kein gleich selbständiges Glied wäre wie die andern beiden, sondern schillernd bald dem einen sich assimilire bald unter das andere sich subsumiren lasse. Lassen wir dies einstweilen gelten, und fragen wir, wie es denn um die übrigbleibende Theilung zwischen doctrinaler und historischer Kritik stehe: so ist das Verhältniß, welches wir für jene zum Grunde legten, doch nicht so zu fassen, daß die Gattungsbegriffe etwas äußerlich gegebenes wären, vielmehr sind sie als solche nirgend, sondern sie sind nur ein innerlich gegebenes als Richtungen und Typen der Production. Aber was sind sie so betrachtet anders als die eigentlichste innerste Thatsache, und die einzelnen Werke selbst sind nichts anderes als Erzählungen von dieser Thatsache, Erscheinung oder Wiederschein derselben in einem einzelnen. Und so läßt sich die doctrinale Kritik ebenfalls in die historische auflösen. Aber dasselbe begegnet dann derjenigen historischen, die wir bis jezt betrachtet haben, auch. Denn zu den einzelnen Thatsachen im Leben einer Nation giebt es auch ein gemeinsames inneres, nämlich den eigenthümlichen Lebenstypus selbst, von welcher innern That die einzelnen Lebensmomente selbst wieder nur Erzählungen sind. In diese Formel läßt sich dann alles, wes wir irgend im wissenschaftlichen Sinne des Wortes Kritik nennen, zusammenfassen, diese hat aber auch eine solche Allgemeinheit, daß wir leicht sehen, es giebt nur außer der kritischen Thätigkeit noch eine nämlich die productive in eben so mannigfaltigen Abstufungen, und beide in ihrer Beziehung auf einander constituiren das ganze geistige Leben. Die kritische aber ist nur um so mehr doctrinal oder historisch, um so mehr divinatorisch oder urkundlich, als das ursprüngliche, welches sie aus dem abgeleiteten herstellt, seiner Natur nach auch wieder als ein abgeleitetes erscheinen und als einzelnes vollkommen bestimmt gegeben werden kann oder nicht. Und so erscheint denn natürlich, daß auch die philologische Kritik, die ein eignes ganzes nur ist in einem positiven Sinne in Bezug auf einen als einzeln gegebenen geschichtlichen Zusammenhang, theils mehr das eine ist theils mehr das andere.

Es bleibt nun nur noch die Frage übrig, ob, die Sache so betrachtet, der Unterschied zwischen niederer und höherer Kritik ein wirklich theilender ist, und wie dann zu fassen. Hier nun will ich meinen alten Gang verfolgen und zu der Differenz zwischen meinen beiden Führern zurükkehren. Wenn durch eine kritische Operation ausgemittelt wird, eine Schrift oder ein Abschnitt einer Schrift habe einen andern Urheber als den bisher dafür ausgegebenen: so nennt dies jedermann eine Operation der höheren Kritik; fast immer wird darin divinatorisches und beurkundendes in verschiedenem Verhältniß gemischt sein. Wenn aber ein kleiner Saz nachgewiesen wird als ein Glossem, ja wenn eine Leseart erkannt wird als eine auf keiner Autorität beruhende Correction: ist nicht in beiden Fällen das Verhältniß dasselbige, nämlich die Ausmittelung eines andern Urhebers? und kann es in dem einen auf einem andern Wege erlangt sein als in dem andern? Dies dürfte sich schwerlich behaupten lassen, mithin nach Theilen Stellen und Wörtern können wir nicht theilen. Fast aber könnten wir die obige Theilung geltend machen in eine Kritik, die es mit den Werken das heißt dem Gedankengehalt zu thun hat, und die es mit den Abschriften d. h. dem Bezeichnungsgehalt zu thun hat, und dies als den eigentlichen Sinn der Unterscheidung zwischen höherer und niederer Kritik ansehn. Aber doch nur fast, denn der lezte Fall schien doch den andern gleichartig, und würde doch in den meisten Fällen nur den Bezeichnungsgehalt betreffen. Das Fast will nun freilich unserer Absicht nicht genügen, es scheint aber wenn wir es nicht wollen gelten lassen, werden wir die Theilung gar nicht aufrecht halten können, denn welche Operation der philologischen Kritik ließe sich nicht darauf zurükführen verschiedene Urheber zu unterscheiden. Ein einziger Versuch scheint mir noch übrig zu sein. Nämlich im eigentlichen Sinne des Wortes ist nur Urheber, wer etwas mit Wissen und Willen hervorbringt, eine Menge aber von Aufgaben für die philologische Kritik bezieht sich auf ohne Wissen und Willen irgend jemandes entstandenes. Aber auch diese bleiben keinesweges bei Worten oder einzelnen Säzen stehn, welche ausgelassen oder eingeschaltet werden, sondern auch grössere Abschnitte können leicht, wo sie als Fragmente vorkommen, durch einen blossen Schreibfehler einem falschen Autor zugeschrieben werden. Nur freilich, ob das eine oder das andere der Fall sei, weiss man nicht im voraus, sondern es ergiebt sich gewöhnlich erst aus der Untersuchung. Wollen wir aber durch die Eintheilung doch verschiedene Operationen unterscheiden, die ihre eignen Regeln haben: so müssen wir nicht auf das Ende sondern auf den Anfang sehen. Sonach würden wir sagen, Ueberall wo von der Voraussezung ausgegangen wird, daß sich zwischen das urkundlich vorliegende und die ursprüngliche Thatsache eine willkührliche Handlung gestellt und die Uebereinstimmung des ersten mit der lezten alterirt habe, da befinden wir uns in dem Gebiet der höhern Kritik und haben nach den Regeln derselben zu verfahren, wobei die höchste Aufgabe ist, die dazwischen getretene Handlung selbst so genau als möglich zu bestimmen, und Grund und Absicht der **Verfälschung** und einen Hergang bei derselben zur Darstellung zu bringen. Denn nur, wenn wir die wirkliche Thatsache grade so, wie sie auf die ursprünglichste Weise urkundlich hätte mitgetheilt werden können, anschaulich vor uns haben, können wir sagen, daß die Aufgabe im Sinn der historischen Kritik vollkommen gelöst sei. Gehen wir hingegen von der Voraussezung aus, daß nur unwillkührliche Handlungen die Differenz hervorgebracht haben: so versiren wir im Gebiet der niederen Kritik; aber auch hier kommt es darauf an die Handlung bestimmt anzugeben, und sie als Geschichte zur Anschauung zu bringen.

Ich würde hier abbrechen, wenn mir nicht noch die unbequeme Frage vorschwebte, ob sich denn die Theorie nicht auch noch die Krone aufsezte, Regeln anzugeben, von welcher Voraussezung man ausgehen müsse in den verschiedenen Fällen, oder ob dieses das schlechthin divinatorische bleibe, wofür sich keine Grundsäze angeben ließen. Und wiederum wenn es auch hiefür

Regeln gebe, ob diese dann zu einer von beiden Arten der Kritik gehörten ohne Unterschied beider, oder ob sie ein drittes Gebiet bildeten. Das leztere Dilemma scheuend würde ich kein Bedenken tragen zu sagen, dies gehöre mit zu der Anwendung der Regeln, welche selbst nicht wieder unter Regeln zu bringen sei, wie das der Fall ist bei allem was wir in dem höheren Sinne des Wortes Kunst nennen. Aber freilich verhält es sich anders damit, wenn in jedem Fall die Richtung auf ein kritisches Verfahren erst eintreten soll, wenn eine hermeneutische Schwierigkeit sich einstellt, oder wenn die Verschiedenheit der Handschriften eine Wahl nothwendig macht, und anders, wenn von der Vorstellung des Gesammtzustandes der alten Literatur die kritische Richtung immer von Anfang an die hermeneutische begleitet. Wenn lezteres vielleicht bei reizbarer Ungeduld den kritischen Vorwiz erzeugt: so ist es das einzige Mittel ein richtiges kritisches Gefühl auf dem Wege der Beobachtung zu entwikkeln, wogegen bei jenem es immer eine Sache des Zufalls bleibt, ob die Aufgaben gesehen werden oder nicht, und dann aus Mangel an kritischer Vorübung die kritische Willkühr in allen Beziehungen eintritt.

VI.

Zur Geschichte der Philosophie.

Untersuchung über den Philosophen Hippon. Gelesen in der Sitzung der philosophischen Classe am 14ten Februar 1820.

Ueber den Philosophen Hippon. *)

Mehrere alte Schriftsteller erwähnen nach Aristoteles eines Mannes dieses Namens theils theologischer theils physiologischer Behauptungen wegen. Allein dies geschieht auf so verschiedene Weise, und das wenige von ihm gemeldete bildet so wenig ein ganzes, daß deshalb seine ganze Stellung in der Geschichte der Philosophie noch sehr unzuverlässig ist, und eine neue Untersuchung, wenn sie nur einige feste Punkte giebt, und zeigt was wir wissen können und was nicht, schon etwas ersprießliches wäre.

Die erste Frage ist nun, ob alle, welche des Hippon erwähnen, denselbigen meinen, welches, da sowol sein Vaterland verschieden angegeben wird, als auch die Urtheile sehr verschieden sind, noch nicht als entschieden angesehen werden kann. Eines will ich hier gleich abthun. Antigonus Carystius **) nämlich führt von Hippon ein Buch an *περὶ τῶν λεγομένων τόπων φθείρειν τὰ εμπίπτοντα*, welches, ist der Name anders richtig (Vossius will Hippys lesen), offenbar ein anderer und weit späterer sein muß.

*) Gelesen in der Sizung der philosophischen Classe am 14. Februar 1820. S.

**) S. Fabr. bibl. gr. II. p. 658. Harl.

Aristoteles in beiden Stellen de anim. I, 2 und Metaph. I, 3 giebt das Vaterland des Hippon gar nicht an; ebensowenig Plutarch adv. Stoic. p. 1075 und Aelian Var. Hist. II, 31. Alex. Aphrod. und Simplicius zu den angeführten Stellen; auch Nemesius de nat. hom. c. 2 nicht. Allein Sext. Emp. Pyrrh. III, 430. und Pseudo-Orig. philos. ep. XVI. nennen ihn Ῥηγῖνος. Dagegen Clemens Alex. Adh. p. 20. Μήλιος, und Censorinus einen Metapontiner, mit Anführung, daß Aristoxenus ihn einen Samier genannt. Man sollte nun meinen, Censorin müsse noch eine bessere Autorität gehabt haben für jene Behauptung. Man sieht aber aus dieser Stelle deutlich, es sei derselbe Mann von einigen für einen Großgriechen, von andern für einen Kleinasiaten gehalten worden, und dann kann man sich wol leicht denken, wie auch Rhegium oder Metapont und Melos oder Samos sind zweifelhaft geworden; zumal die Schriften des Mannes zeitig müssen verloren gegangen sein. Denn nicht nur Simplic. sagt schon von ihm: ὃς δοκεῖ καὶ ἄθεος γεγονέναι *) und: ὡς εἰκὸς οὕτως ἐνόμισεν **), sondern auch Alex. Aphrod. ad Metaph. I. sagt schon, Hippon narratur. Die Identität geht aber auch ganz einfach aus folgender Combination hervor. Seine Meinung über die Seele und seine Theorie vom thierischen Samen, welche dem Rheginer beigelegt wird, hangen offenbar zusammen unter sich und mit seiner Annahme, daß das ὕδωρ ἀρχή sei. Wo Aristoteles jene anführt, nennt er ihn φορτικός und Simplic. sucht den Grund hievon in dem Atheismus, den Clemens dem Melier beilegt. Also wird dasselbe von dem Asiaten und dem Großgriechen gesagt. Auch Nemesius, der die Grundmeinung, die Seele sei Wasser, von ihm anführt, sagt geradezu Ἵππων ὁ φιλόσοφος. Er hat also nur Einen als Philosophen gekannt.

Daß nun dieser ihn φιλόσοφος nennt, Aristoteles aber ihn als einen φορτικός nicht unter die Philosophen zu sezen wagt

---

*) ad Phys. p. 6. **) in Arist. de anim. 8.

beweist freilich eine sehr verschiedene Schäzung, über deren Grund aber erst, wenn alles vor Augen liegt, Vermuthungen aufgestellt werden können.

Nun aber erscheinen freilich auch in dem, was von ihm angeführt wird, Widersprüche. Simplic. *) nämlich sagt, er habe wie Thales das Wasser als ἀρχή gesezt. Dieses modificirt Aler. Aphrod. so, den Nachrichten zufolge habe er das feuchte unbestimmt als Princip gesezt, nicht erläuternd, ob er Wasser darunter verstehe oder Luft. Origenes dagegen schreibt ihm zwei Principien zu, Wasser als das kalte, Feuer als das warme. Und Joannes Diaconus in seinen allegor. zum Hesiodus ad v. 116. sagt gar die Erde. Das leztere könnte man nun als ganz widerlegt ansehen durch Aristoteles, welcher behauptet, kein Philosoph habe die Erde als ἀρχή gesezt, wenn nur Aristoteles den Hippon als einen Philosophen constituirt hätte. Allein man sollte doch meinen, er würde ihn, da er ihn auch nicht bestimmt ausschließt, als Ausnahme ähnlich angeführt haben. Also muß man wol glauben, daß hier nicht von der ursprünglichen, sondern nur von einer abgeleiteten Erzeugung, wozu die γῆ das Princip ist, die Rede ist. Des Origenes Aussage von zwei Principien ist aber ohnedies nicht genau. Denn er sezt unmittelbar darauf hinzu, das Feuer sei aus dem Wasser erzeugt und habe dieses hernach besiegt. Das erzeugte ist aber nicht in demselben Sinn ἀρχή, als das erzeugende. Auch Sext. Emp. **) sagt zwar, Ἵππων πῦρ καὶ ὕδωρ. Allein da er es in Verbindung sezt mit dem xenophanischen πάντες γὰρ γαίης καὶ ὕδατος ἐκγενόμεσθα: so scheint auch hier nicht die ursprünglichste Erzeugung sondern vielleicht nur die des einzelnen Lebens, womit auch Hippon am meisten zu thun hatte, gemeint zu sein. Also bleiben wir zwischen den Aussagen des Simplic. und des Aler. Da nun die leztere die bestimmtere ist, und die erstere um so

*) ad Phys. p. 6.

**) adv. math. IX. 361. cf. Pyrrh. hyp. III. 4. 30.

mehr nach dieser gedeutet werden kann, als zumal bei einem Aristoteliker nach Aristot. ὕδωρ ἀρχὴ φύσεως τοῖς ὑγροῖς sehr leicht ὕδωρ für ὑγρόν steht; wozu noch kommt, daß Aristoteles den Hippon gar nicht Ursache gehabt hätte anzuführen, wenn er ganz dasselbe wie Thales gesagt hätte: so bekommt die Angabe des Alex. hiedurch die größte Wahrscheinlichkeit. Herakleits θάλασσα.

Die zweite Hauptmeinung, welche von ihm angeführt wird, ist die, die Seele sei Wasser. Diese legt ihm, wie es scheint auch anderen, Aristoteles *) bei, führt auch an, dies sei aus der wässrigen Beschaffenheit des thierischen Samens erwiesen worden. Hermias **) bestimmt dieses näher und sagt, sie sei ὕδωρ γονοποιόν ein samenbildendes Wasser, und allerdings giebt es kein Leben ohne Samenbildung. Hiebei also stehen geblieben haben wir alle Ursache ihn dem Anaximenes und Diogenes so nahe zu stellen als möglich, und ihn also, wenn wir ihn unter die Philosophen stellen wollen, im allgemeinen den Joniern beizugesellen. Dies ist auch gewiß des Aristoteles Meinung gewesen, wie man aus seiner Stellung sieht. Allein wie ist er nun in den Katalogus der Pythagoreer gekommen? Vom Jamblichus ist es bekannt, daß er die Pythagoreer mit Gewalt zusammengelesen, und die Reinigung seines Verzeichnisses wäre keine unverdienstliche Arbeit. Fabricius aber drükkt sich aus, als ob außer dem Jamblichus noch Censorinus den Hippon einen Pythagoreer nenne. Allein in der Hauptstelle Cap. 5. nennt er ihn nur den Metapontiner, und das frequenter ist mir zweifelhaft, da er mir sonst nirgend aufgestoßen. Auch Brucker führt keine andere Stelle an, sieht auch den Pythagoreismus des Hippon nicht als etwas ausgemachtes an, sondern sucht ihn zu erweisen. Dies beschränkt sich aber lediglich darauf, daß er eine Analogie findet zwischen dem Siege des Feuers über das Wasser und der daraus hervorgehenden Weltbildung und den pythagoreischen

*) de anim. I, 2.

**) irris. p. 175.

Philosophemen; allein es bedarf der größten Willkührlichkeit, um etwas sehr wenig bedeutendes zu Stande zu bringen. Simplicius *) hat gewiß nicht gewußt, daß einige den Hippon für einen Pythagoreer hielten. Er redet kurz vorher vom Alcmaeon, und erzählt dabei, er werde von vielen für einen Pythagoreer gehalten, warum sollte er nicht dasselbe vom Hippon gesagt haben, wenn es irgend angenommen gewesen wäre?

Im Zusammenhang mit jener Meinung von der Seele steht nun auch die vom thierischen Samen. Censorin führt darüber zweierlei an, der männliche Same entstehe aus dem Mark, und der Fötus entstehe lediglich aus dem männlichen Samen. Censorin sagt, daß in der lezten Meinung Hippon auch mit Diogenes Apoll. stimme, daß aber Alcmaeon derselben zuwider sei; von der ersten Meinung sagt er geradezu, daß Alcmaeon sie widerlege, und zwar grade die Gründe, welche Hippon angeführt, woraus man auf das Alter des Hippon schließen muß, indem nach Aristoteles Alcmaeon jung gewesen, als Pythagoras alt. Was aber Pseudo-Origines von der Seele und dem Samen anführt, ist so verfälscht, daß ohne Conjectur nicht zu helfen ist. Aber weder Brucker, der es sehr leichtsinnig paraphrasirt, noch die Herausgeber des Origenes haben etwas dafür gethan. Aus der Stelle des Aristoteles muß man schließen, Hippon habe den Samen πρώτη ψυχή genannt.

Es ist nun noch übrig, von dem Atheismus des Hippon zu handeln. In diesem wird er mit Diagoras, Euemerus, Theodorus, Diogenes und den anderen von mehreren zusammengestellt. Plutarchus **) entschuldigt diesen Atheismus; sie hätten nicht sagen wollen, die Götter wären sterblich, sondern sie hätten nur nicht geglaubt, daß es etwas unvergängliches gebe, welches für uns freilich die schlimmste Beschuldigung des Atheismus ist. Auf eine andere Weise entschuldigt oder vielmehr rechtfertigt

---

*) l. c.

**) adv. Stoic. p. 1075.

ihn Clemens *), den man dahin auslegen kann, sie hätten nicht das unvergängliche bezweifelt, sondern nur, daß die mythologischen Personen unvergänglich wären. Aber wodurch Hippon Veranlassung gegeben ihn diesen Bestreitern des Polytheismus zuzugesellen, das wird uns nirgend gesagt. Clemens **) führt ein Epitaphion an, welches Hippon sich selbst gesezt habe, welches freilich ganz nach der Idee des Clemens ausgelegt werden kann, vielleicht aber ist darin bloß die Ruhmredigkeit alter Physiologen ausgedrükkt, und dann wäre es eher gegen seinen Atheismus. Daß um dieseswillen Aristoteles ihm sollte eine εὐτελὴς διάνοια zugeschrieben haben, hat Simplic. gewiß nur in der Verlegenheit gesagt. Denn wir, denen seine Schriften fehlen, wissen gar nicht, worauf dies zu beziehen ist. In allen von ihm angeführten Meinungen hat er angesehene Genossen und Nachfolger. Es scheint mehr in der Art des Vortrags und in der Begründung zu liegen, worüber wir aber nichts vermuthen können, da wir von dem eigentlichen Inhalt und der Abzwekkung seiner Schrift, deren Ueberschrift sich nicht einmal erhalten hat, ja von der wir nicht einmal wissen, ob sie prosaisch war oder in Versen, auch gar nicht unterrichtet sind.

*) l. c. **) p. 48.

Kolibri 360 GmbH
Ferdinand-Jühlke-Straße 7
99095 Erfurt, Deutschland
produktsicherheit@kolibri360.de